동영상 강의 www.inup.co.kr

최신경향

측량학

특성화고 · 마이스터고 졸업(예정)자

9급 기술직 / 서울시 · 지방직
경력경쟁 임용시험

정병노 · 염창열 · 정경동 공저

들어가면서

요즘 공무원이 되기 위해 시간과 노력을 최대한 투자한다고 해도 높은 경쟁률을 뚫고 합격하기란 하늘에서 별 따기보다 더 어렵다. 그래서 수험서 선택은 합격의 당락을 가르는 중요한 문제이다.

일반 시중에 시판되고 있는 수험서는 기능사, 기사 위주의 문제만 즐비해서 공무원 수험서를 대신하기엔 턱없이 부족한 실정이다.

본 수험서는 어떤 교재를 선택할지 갈등하는 수험자들에게 현장에서 지도한 경험을 바탕으로 하여 실전에 강한 수험서가 되도록 노력하였다.

본 수험서의 특징을 요약하면
1. 초보에서부터 전공자까지 누구나 쉽게 공부할 수 있도록 해설하였다.
2. 계산기를 사용하지 않고, 직접 실전처럼 풀 수 있도록 문제를 편집하였다.
3. 고졸 공무원 수준보다 약간 난이도를 높여 실전에 대비하도록 하였다.
4. 기출문제를 분석하여 기능사, 기사 문제를 공무원시험에 맞게 편집하였다.
5. 공무원 시험에 반드시 알아야 할 필수항목은 단원 초입부분에 명시하였다.

본서의 내용 중 미흡한 부분이나, 잘못된 문제들은 추후 보완하여 더욱 수험자들에게 도움이 되는 수험서가 되도록 하겠다. 또한 매년 계속되는 기출문제 분석 및 발전된 문제를 개발하여 더 좋은 수험서가 되도록 노력하겠다.

끝으로 본서가 출간될 수 있도록 도움주신 한솔아카데미 사장님과 출판사업부 가족여러분들께 진심으로 감사의 말씀을 드린다.

저자 씀

공무원 면접 이렇게 job아라

| 기술직 경력경쟁 공무원 면접시험 출제 경향 분석 |

공무원 면접은 고졸 경력경쟁 임용의 경우 수준 높은 문제는 잘 출제되지 않고 공무원 수행능력에 지장이 있는지에 관한 문제가 적절하게 출제되고 있다. 면접관들이 단순히 현실적이고 개별적인 쟁점을 질문하는 것이 아니라 한 질문을 통해 여러 다양한 문제해결 능력이 있는지에 관한 복합적 사고를 요구하는 질문을 한다.

공무원의 면접 특성은 평범하지만 매우 광범위 하므로 면접방향을 잘 잡지 못한다면 준비한 내용을 질문하지 않으면 낭패를 볼 수 있다. 무슨 문제가 출제되어도 질문의 핵심적인 **키워드**를 생각하여 간단하게 답변하는 요령을 길러야 한다.

공직관, 국가관, 사회관, 윤리관, 인생관과 같은 5代 기본적인 가치관에 대한 문제도 자주 출제되며 정해진 답보다 주관적인 자기주장을 얼마나 논리적으로 주변인들에게 설득시키는 능력이 있는지를 파악하려 노력하고 있다.

공무원은 여러 형태의 민원을 접하게 되므로 가장 기본적인 가치관으로 수험생의 우열이 갈리지 않는다면 정답이 명확한 **전공과 시사상식과 수험자의 적극적 해결 의욕**을 평가하므로 준비를 철저히 해야 할 부분이다.

공무원들의 근무 시 직장동료, 주변 민원인 등의 주변인들과 일어날 수 있는 여러 갈등 상황에 대해서 질문하는 경우가 많다. 예를 들어 동료 직원과 업무적 마찰이 있을 때 대처요령, 개성과 논리가 서로 맞지 않았을 때 해결방안, 가치관과 적성에 맞지 않는 업무를 담당하게 되었을 때, 자기 타산에 맞지 않는 과분한 업무배정을 받았을 때, 등 봉사와 희생을 요구하는 문제가 자주 출제되므로 철저히 준비해야 한다.

질문이 주어지면 소신껏 확실한 대답을 해야 한다. 여운을 남겨둔 대답이라든지 불확실한 대답은 즉시 반박질문을 당하게 되며 끝까지 추궁을 당할 수 있어 면접 분위기를 완전히 망하게 할 수 있으니 철저히 대비해 확실한 답변을 하도록 연습해야 한다.

필요하지 않은 말은 절대 하지 말아야 한다. 면접관들은 계통에 전문가이기에 어설픈 대답은 도움이 되지 않고 오히려 역공을 당할 확률이 높다.

| 공무원 면접 평가 방법 |

평가 방법은 각 시도별 차이가 있으나, 보편적으로 3명의 면접관이 평가하여 평가 규정에 의거 최종 합격자를 결정합니다.

[예시: 서울시청 공무원 시험 면접안내]

서울시 기술직 경력경쟁임용 면접시험 평정표

구 분	면 접 진 행 절 차
사전 준비	**○ 응시자 교육 및 면접시험 평정표 작성** – 출석 확인 및 휴대폰 회수 – 응시요령 교육 및 면접시험 평정표(3매) 작성 〈첨부1 참고〉
면접 시행	**○ 개별면접** – 진행요원의 안내에 따라 면접시험장 대기장소로 이동 – 면접시험실 입실 전 진행요원에게 응시표와 신분증을 제출하고 본인임을 확인받음 – 면접시험실에 입실하면 면접위원(3인 1조)에게 인사를 하고, 면접시험 평정표(3매)를 중앙에 있는 면접위원에게 제출한 뒤 본인 좌석에 착석 – 개별면접(약 15분) : 5개 평정요소별 평가 – 면접이 종료되면 진행요원으로부터 응시표와 신분증, 휴대폰을 수령하여 귀가 　※ 영어면접은 실시하지 않음

| 최종 합격자 결정 기준 |

◆ 면접시험 평정결과(판정등급)와 필기시험 성적 등에 따라 최종합격자 결정
 –(우수) 필기시험 성적순위에 관계없이 '합격'
 –(보통) 우수 등급을 받은 응시자 수를 포함하여 선발예정인원에 달할 때까지
　　　　필기시험 성적순으로 '합격'
 –(미흡) 필기시험 성적순위에 관계없이 '불합격'

※ 추가 면접시험(심층면접)을 실시하는 경우
　▶(우수) "우수" 등급을 받은 응시자의 수가 선발예정인원을 초과하는 경우
　▶(미흡) "미흡" 등급을 받은 응시자의 수가 탈락예정인원을 초과하는 경우

서울시 기술직 경력경쟁임용 면접시험 평정표

평 정 요 소	위 원 평 정		
	상	중	하
가. 공무원으로서의 정신자세			
나. 전문지식과 그 응용능력			
다. 의사표현의 정확성과 논리성			
라. 예의·품행 및 성실성			
마. 창의력·의지력 및 발전가능성			
계	개	개	개
위 원 서 명	성 명 (서명)		

타 위원이 "하"로 평정한 항목		판 정	우 수	
			보 통	
타 위원이 "하"로 평정한 항목의 개수			미 흡	
		담당확인		

☐ **시험위원 유의사항**

1. (1) 우수 : 위원의 과반수가 5개 평정요소 모두를 "상"으로 평정한 경우
   (2) 미흡 : 위원의 과반수가 5개 평정요소 중 2개 항목 이상을 "하"로 평정한 경우와
   　　　　　 위원의 과반수가 어느 하나의 동일 평정요소에 대하여 "하"로 평정한 경우
   (3) 보통 : "우수"와 "미흡" 외의 경우
2. 위원은 굵은 선 안의 "상", "중", "하" 해당란에 O표로 평정하시고, 그 개수를 기재하십시오.

| 면접 시 질문 핵심 내용 파악! |

○ 자기소개

○ 공무원 지원동기 및 계기

○ 공무원으로서의 정신자세 공무원 윤리관 인생관

○ 공무원 조직 및 희망업무

○ 공직생활 시 도덕성

○ 시도별 해결해야 할 정책 및 대안

○ 전문지식과 그 응용능력–토목에 관한 전반적 지식

○ 의사표현의 정확성과 논리성

○ 예의·품행 및 성실성

핵심 key **내용을 준비하고 수없이 연습하라!**

질문1 당신이 생각하는 토목직 공무원의 장점 및 단점에 대해서 말해보시오.

토목이란 무에서 유를 창조하는 일이라 생각합니다.

토목직 공무원의 장점이라면 내가 관여한 모든 일들이 국민들 복지와 안전에 관계되는 일이며, 국민들 삶의 질을 높이는 일이라 생각되므로 힘든 일이라 할지라도 보람이 있는 일이라 생각됩니다. 그것이 장점입니다.

단점을 꼭 말해야 한다면 업무량은 생각했던 것보다 많을 것이고 편하기만 한 직업은 아니라고 생각합니다. 일이 힘들고 민원상대가 많다고 해서 그것이 꼭 단점이라고 생각하지는 않습니다. 앞으로 제가 토목직 공무원으로서 근무한다면 단점을 장점으로 발전시켜 힘든 일에 대해서도 초심을 잊지 않고 열심히 하겠습니다.

핵심 key

- 장점과 단점은 상대를 바꾸면 같은 맥락에 있다. (내가 힘들면, 수혜자는 행복하다)
- 단점인 것 같이 느끼는데 장점을 말하면 좋다.
- 공무원이란 안정된 기반 속에서 국가와 국민에 대한 일꾼이므로 공무원이 되고자 하는 국가적 사명의식과 비장한 결의를 어떻게 면접관에게 전달되느냐 하는 것이 아주 중요하다.

질문2 공무원 연봉은 일반 회사에 비해 차이가 많이 있는데 만족하겠는가?

제가 공무원을 희망했을 때 저를 가장 힘들게 했던 질문이 이런 질문이었습니다.

공무원의 월급이 적은데 괜찮겠냐고 많이들 물어보시는데 저는 직업을 선택하는 기준이 돈이 아니고 행복추구라고 생각합니다. 경제적인 면도 물론 중요하겠지만 가장 중요한 것은 그 일에 대한 행복과 보람이라고 생각합니다. 저는 공무원이 나를 행복하게 해줄 직업이라고 지금도 생각합니다.

핵심 key

- 면접관들은 대부분 40대 후반부터 50세 초반으로 형성되어 있으므로 수험자입장에서 솔직한 답변은 면접관들에게 호감을 얻지 못한다. 예를 들어 박봉에 힘들다는 솔직한 표현보다는 "부모의 도움 없이 저축하면서 자기 설계를 하면 충분히 미래를 꿈꿀 수 있는 보수입니다." 내용이 더 호감을 받을 것이다. 그리고 여기서 주의해야 할 점은 일이 좋아서, 국민에게 봉사하고 싶어서 급여는 상관이 없다고 하면 너무 가식적으로 보인다. 한쪽으로 치우치는 대답은 가볍게 피하면서 중용의 태도를 취하는 것도 지혜이다.

질문 3 1분 자기소개

현재 중소기업을 다니시는 아버님과 사랑하는 어머니의 3남1녀 중 둘째로 태어났습니다.
인문계로 진학해야 할지 특성화고로 진학해야 할지 고민 중에 친척 삼촌의 권유를 받아
00공업고등학교 토목과에 입학하였습니다.
성격은 명랑한 편이며 취미와 특기는 축구, 농구, 족구 등 운동을 좋아하는 광적인 남자입니다.
또한 학창 시절 부터 지금까지 주변 사람들과 자주 어울려 마당발이라는 별명을 얻게 되었고,
공무원이 되기 위해 죽도록 공부하여 전문성을 갖춘 수험생 ○○○입니다.
합격하게 되면 최선을 다해 근무하겠습니다. 감사합니다.

핵심 key

- 공무원은 생명이 참신성에 있다.
  이런 부분에 신경을 쓰고 남들보다 참신성, 성실성에 차별화시켜 소개한다. 자신을 분명하게
  파악하고 있는가를 명확하게 발표하고 자기주도적인 사람임을 강조해야 한다.

질문 4 자신의 장단점을 이야기 해 보세요.

저의 십 가훈은 "근면" 입니다. 가훈대로 부지런함은 저의 장점이나 성격이 다소 급한 편
이라 일처리를 서두르는 성향이 있다는 점이 단점입니다. 하루아침에 고쳐지지는 않겠지
만 늘 책을 정독하는 습관과 모든 일을 검토하는 습관으로 꾸준히 노력하여 단점을 보완
하려 합니다.

핵심 key

- 단점을 그대로 표현하기보다 장점을 부각시키는 것이 더 좋다. 너무 솔직한 대답은 면접관이
  공무상 융통이 없는 사람으로 평가 할 수 있기 때문이다. 그러나 단점을 얘기하면서 극복할
  수 있는 대책이 머리에 떠오르면 자신 있게 말하는 것도 나쁘지 않다.

질문 5 공무를 위해 사생활을 희생할 수 있습니까?

참으로 어려운 질문입니다.
제가 꿈꾸는 공무원은 봉사와 희생정신이 선행되어야 한다고 생각합니다. 어느 정도는
개인의 생활을 희생하더라도 공적인 업무를 우선하여 수행하고 개인적인 업무를 봐야 한
다고 생각합니다.

핵심 key

- 공무원 면접은 꼭 원하는 답을 요구하는 것이 아니다.

  같은 내용이라도 질문에 따라서 표현방법에 따라서 답은 항상 달라질 수 있다. 이 질문에 대한 답변 시 공익과 개인생활의 적절한 조화라고 표현할 수도 있으나 이를 묻는 질문이 아니다. 가능하면 공직을 위해서라면 사생활을 희생할 수 있다고 대답해야 좋은 평가가 기대된다.

질문 6 학창시절 동아리 활동으로는 무엇을 했나요?

저는 한 학기에 한 번씩은 지체장애인들을 위한 봉사활동을 했습니다. 여름방학과 겨울방학 각 일주일씩 그들이 생활하고 있는 희망원에서 함께 기거하며 빨래해주기, 몸 씻겨 주기 등을 했습니다. 누구나 장애인이 될 수도 있기 때문에 사회에서 소외된 그들과 함께 동반자의 입장에서 고통을 나눈 것이 큰 보람이었으며, 지체가 자유스럽지 못한 사람들이 음지에서 양지를 바라볼 수 있도록 도와주는 것이 우리의 도리라는 것을 마음 깊이 느꼈습니다.

질문 7 10년 후 자기 모습은?

만약 이번에 최종 합격하게 되어 공무원으로 임용이 된다면 우선 공무원으로서 결코 다른 사람에게 뒤지지 않는 강한 공무원이 되고 싶습니다.

업무나 대인관계에서나 남들보다 앞서며 솔선수범하는 공무원, 남들이 필요한 인재가 되고 싶습니다. 반드시 공무원에서도 최선을 다하고 또한 청렴했던 공무원으로 기억되는 그런 공무원이 되고 싶습니다. 그러다보면 10년 후쯤 저는 부서의 책임자가 되어 있지 않을까 생각합니다.

질문 8 자신의 의견이 상사의 의견과 다를 때 어떻게 하겠습니까?

한 직장의 조직체의 일원이 됐다면, 그 조직의 상관의 명령에 복종해야 하는 것은 당연한 일입니다. 제 의견과 다를 경우 예의에 어긋나지 않는 범위 내에서 제 의견을 말씀드린 후에 상사와의 의견 조율을 해보고 그래도 결론이 다르다면 제가 잘못되었을 수도 있으므로 불법적인 일을 강요했다면 거절하겠습니다.

핵심 key

- 대부분 면접관은 상급자이다. 면접 시 주의해야 할 사항은 너무 상급자의 명령에 강하게 불복하는 뉘앙스를 풍겨서는 안 된다. 이해되는 논리를 적당히 펼친 다음 거절하는 결론을 갖는 것이 지혜.

질문 9 토목직 공무원을 준비한 동기는?

어릴 때부터 공무원을 꿈꾸시다 실패한 아버지의 눈물어린 경험담을 듣고 아버지를 존경하게 되었고, 못 이룬 아버지의 꿈을 대신 만족시켜드리기 위해 막연하게 공무원을 꿈꿔왔습니다.

아버지는 공무원의 적극적 지원과 도움을 받아 토목사업을 하시는데 항상 훌륭한 공무원을 칭찬하는 모습 속에 어느덧 내 꿈으로 변해있었습니다.

핵심 key

- 이 질문은 예상순위 1순위인 문제이다. 본인이 생각한 답변을 철저히 준비해서 자신 있게 말 할 수 있도록 분정도의 발표 분량을 수십 번 연습해서 머릿속에 저장해 두어야 한다.

질문10 토목부서 중 가장 일하기 싫은 2개의 부서는?

제가 일하기 싫어하는 부서는 생각해 본 적이 없어서 죄송합니다.

저는 서울시청 공무원이 된다면 도로기반 사업에 관련된 부서에서 일하고 싶습니다. 평소 도로에 관심을 두고 있었고 계통에 공부를 열심히 했습니다. 서울시 도로망이 엄청 복잡한 구조이고, 교통난이 심각하다고 생각되어 이곳에 근무하게 되면 문제해결방안을 충분히 검토하고 서울 시민의 다리가 되어 주고 싶습니다.

핵심 key

- 질문의 내용이 평소 생각했던 반대로 물어보는 경향이 있다. 이때는 당황하지 말고 반어적인 방법을 동원하여 자기 생각한 방향으로 바꾸는 것도 좋은 방법이다.
  (예 : 싫어하는 것은 ? ⇒ 좋아하는 것으로 반전, 단점은? ⇒ 장점을 부각)

질문11 토목에서 기술과 성실 중 중요한 것은 무엇이라 생각하는가?

토목직 공무원은 국민의 문화와 문명을 책임지는 국가적 사명을 가지고 있다고 생각합니다. 물론 전문성을 길러 좀 더 좋은 토목기술을 생산하는 것도 중요하지만 저는 그 분야는 여러 학계나 전문성 있는 건설회사에서 담당해야 하는 부분이고 공무원은 성실로 승부해야 한다고 생각합니다. 제대로 된 기술이 제대로 적용되고 있는지 감시 감리하는 부분이 공무원의 책무라 생각합니다.

핵심 key

- 공무원은 관리 감독의 의무가 더욱 강하다는 느낌을 주어야 한다. 특히 토목직 공무원은 많은 공사를 관리해야 하므로 학문적이기 보다 성실성에 초점을 맞추어 말하는 것이 중요하다.

질문12 최고 관리감독이 되면 서해대교를 어떻게 처리하겠는가?

서해대교는 우리나라 사장교와 PSM(연속콘크리트 상자형교)의 대표적인 교량이라 할 수 있습니다.

서해안 시대가 도래하면서 서해권 교통망과 물류기반을 확충하기 위한 훌륭한 기반 시설이라 생각합니다. 제가 최고 관리감독관이 되어 현장을 지휘한다면 설계된 내용을 꼼꼼히 살펴 평생의 걸작이 되도록 잠을 자지 않더라도 완벽시공을 위해 노력할 것입니다.

핵심 key

- 최고 관리감독은 본인이 잠을 자지 않는 것보다는 총체적 지휘를 맡아야 한다. 즉 모든 직원들이 또는 공사를 담당하는 기업체와 노무자들까지도 소홀히 해서는 안 되는 부분을 강조하여 말해야 한다.

질문13 자연보존과 개발을 해결하고 싶다고 쓰셨는데 구체적인 대안은 있나요?

보존과 개발은 반대적 개념이지만 깊게 생각하면 상호 밀접한 보완관계라고 생각합니다. 필요한 여러 자원을 개발해야 다양한 재해를 막고 인류문화에 이바지할 수 있습니다. 그러나 너무 개발에 치우치면 자연적인 혜택을 오히려 받지 못하고 문화적 발전에도 제한을 받을 수 있다고 생각합니다.

그러므로 자연보존과 개발은 적당한 간격을 두고 진행되어야 한다고 생각합니다.

핵심 key

- 개발도상국에 있어서 지역개발은 공업화와 도시화에 주로 개발을 강조하고 있고, 상대적으로 선진국은 무분별한 개발을 억제하는 소리가 있다. 그러나 토목을 하는 사람들 입장에서는 개발 쪽으로 손을 드는 경향이 있다.

면접 시에는 본인의 소신을 어느 쪽이든 자신 있는 쪽을 선택하여 자신감 있게 설명하는 것이 좋다.

질문14 깨끗한 공무원이라고 적었는데 상사가 불공정 행위를 저지른다면 어떻게 하실 건가요?

제가 부당한 지시인지 판단할 수 없거나 긴급을 요하는 업무라면 일단 지시에 응하고 따를 것입니다. 그러나 제가 미심쩍게 생각되고 알아볼 수 있는 시간이 있다면 먼저 상사의 명령이 불법적이고 부당한 것인지 관계법령 등을 통해 알아본 뒤 정말 불법, 부당한 것이라면 상사에게 그 부분을 말씀드리고 다시 논의하도록 하겠습니다. 그래도 시키신다면 주위 동료들과 다른 선배님들과의 의논과 조언을 구하겠습니다. 그 후에 정당한 방법으로 맞서도록 하겠습니다.

핵심 key

- 부당한 지시는 설명에 따라서 할 수도 있고 안 할 수도 있지만 불법적인 지시는 반드시 하면 안 된다. 불법적인 지시도 해야 한다고 답했다면 즉시 탈락 한다는 점을 명심하도록 하자. 매년 10명 정도가 여기서 떨어진다.

질문15 민원인이 인허가 처리를 독촉하고 심하게 화를 내면서 경우에 벗어난 행동을 했을 때 어떻게 대처할지 말해보세요.

"죄송합니다. 민원인께서 조금만 진정하시고 기다리시면 제가 바로 일을 처리해보도록 하겠습니다."라고 일단 민원인을 진정시키고 민원을 해결하면 된다고 생각합니다.
민원인이 까다로움을 부리는 이유는 복잡한 행정절차를 잘 모르기 때문일 경우가 많을 것이므로 이 점을 이해하고 인내심을 살려서 설득하면 대부분 해결되리라고 생각합니다.

핵심 key

- 대부분 민원인이 까다로움을 부리는 경우는 대개 복잡한 행정절차를 잘 모르기 때문인 경우가 많을 것이므로, 복잡한 행정절차를 미리 안내하여 조급함을 달래고, 시간이 되면 민원인과 친숙한 사귐의 시간도 필요하다.

질문16 서울시에 필요한 서비스 개선책은?

서울시 문제점은 주택문제입니다.
사람들이 한 곳에서만 밀착하여 사는데 주택이 턱없이 부족하고, 집값 상승으로 서민들은 한숨만 쉬고 있는 실정입니다.
대책으로는 위성도시를 건설하여 인구 분산책을 유도하여 부동산경기를 조정하고 주변 고속도로망 확충을 통해 인구를 분산하는 효과를 노려야 한다고 봅니다.

핵심 key

- 서울시 문제는 여러 가지가 있다. 그 중 건설에 관련된 내용을 채택하여 발표하면 된다. 상기한 내용은 주택이면서 도로망 확충을 통한 인구 분산 대책이 나온 것으로 교통문제도 다루는 좋은 내용이라 할 수 있다.

질문17 취득한 자격증이 있는지? 있다면 취득 후 소감은?

2학년 초에 접어들자 3학년 선배들이 서울시청에 9명, 전라북도청에 3명이 합격한 소식을 듣고 나도 열심히 공부하여 공무원이 되겠다는 다짐을 했습니다.

2학년 때 열심히 공부하여 토목과에서 취득할 수 있는 자격증 3개를 취득하였습니다. 또한 3학년에 지적기능사를 취득하여 총 4개의 자격증을 얻고, 시간적 여유를 갖고 공무원시험 공부에 집중할 수 있었습니다. 취득할 때마다 기분은 하늘을 날 것 같았고 내 자신에 대한 믿음을 갖게 되었던 것 같습니다.

핵심 key

- 평소 본인의 학창시절을 상기하면서 열심히 준비해 자격증을 취득한 과정을 설명하면 된다. 특히 어려웠던 과정을 어떻게 슬기롭게 대처하여 좋은 결과가 나왔는지를 잘 표현해 주면 된다.

질문18 자신의 어떤 점이 업무에 가장 잘 어울린다고 생각합니까?

저는 고등학교 3학년 때 학급 실장으로 학급운영의 중심에 선적이 있습니다. 어수선한 학년 초 분위기를 학급동료들과 협의해서 목표를 갖고 좋은 결실은 맺는 학급으로 1년을 최선을 다하자는 의견을 의결시켜 학습 분위기와 공무원반 공부를 분위기를 한층 끌어올렸습니다.

그 결과 이번 공무원 필기시험에서 우리 반에서만 85점 이상 득점자가 8명이나 나오는 결과를 얻었습니다. 저의 이런 강한 리더십이 공무원 업무에 잘 어울린다고 생각합니다.

핵심 key

- 본인의 학교생활이나, 봉사활동, 동아리활동 등 직접 체험하고 좋았던 기억을 예시로 들면서 리더의 역할을 충분히 할 수 있다는 자신감으로 면접관의 호감을 얻도록 하는 것이 중요하다. 또한 어려운 상황을 극복한 사례가 있으면 더욱 더 좋다.

질문19 토목직 공무원으로 임용된다면 어떤 창의적인 생각으로 임하겠습니까?

핵심key

- 면접관이 이 질문을 한 요지는 창의력의 기본인 발상의 전환에 대한 개념을 이해하고 있는가
에 있다. 또한 발상의 전환에서 얼마나 뛰어난가를 보려는 것이다. 자칫 공직사회는 정체성
을 보이기 쉽고 그렇게 인식하는 것이 지금까지의 고정관념이었다.

이 질문은 이러한 고정관념을 깨려는 의도의 질문이다. 따라서 이를 통해서 그 사람의 의지
력과 발전가능성을 보려는 것이므로 자기가 경험했던 창의력을 말하면 좋겠지만 주위의 사람
들 중에서 창의력을 가지고 있는 사람이라는 평을 받고 있는 사람들의 이야기를 중심으로 말
을 해도 상관없다

질문20 주철근과 배력철근의 역할은 무엇인지 말하시오.

주철근은 설계하중에 의해 단면적이 정해지는 철근으로 구조적으로 주요한 힘인 압축력
에 대한 응력을 받는 철근입니다. 또한 배력철근은 응력 분포, 주철근 위치 확보, 균열
제어를 목적으로 하는 보조철근입니다.

핵심key

- 철근 콘크리트 슬래브 등에서 응력을 넓게 분포할 목적으로 주 철근
과 직각 방향으로 배치하는 철근을 배력철근(부철근)이라고 한다.

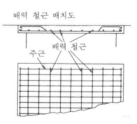

질문21 레미콘의 약자 및 내용을 설명하시오.

레미콘은 (Ready Mixed Concrete)의 약자로서 도로가 인접하여 운반시간을 최소화할 수
있는 곳이어야 하며 레미콘 특성상 분진, 소음의 우려가 있기 때문에 시가지에서 어느
정도 떨어져 있으면서 민원의 발생 우려가 없는 곳이어야 합니다.

① ks규정에는 1.5시간으로 규정하고 있으며 하절기에는 1.5시간 이내 동절기에는 2시간
   이내로 하는 경우도 있습니다.

② 공장비빔과 싣기 5분, 운반 30분, 현장대기 20분, 타설 10분입니다. 운반부터 타설까
   지 90분 이내에 이루어져야 합니다.

질문22 굳지 않은 콘크리트와 굳은 콘크리트 시험방법은?

굳지 않는 콘크리트란 굳은 콘크리트에 대응하여 사용되는 용어로 비빔 직후부터 거푸집 내에 타설하여 소정의 강도를 발휘하기까지의 콘크리트의 성질을 말합니다.

즉, 그 성질에는 워커빌리티, 펌퍼빌리티, 컨시스턴시, 성형성, 피니셔빌리티 등이 있습니다.

핵심 key

- 굳은 콘크리트시험이란 이미 성형이 되어서 강도를 발휘하고 있는지에 대한 시험을 말한다. 예를 들어 압축강도시험, 인장강도시험, 휨강도시험 등의 시험방법이 있다.

질문23 슬럼프 시험의 방법과 실험도구는?

콘크리트의 품질관리에 필요한 시험으로, 슬럼프콘(slump cone : 원뿔형의 쇠통틀)에 콘크리트를 채워 넣은 다음, 콘을 끌어올려 콘크리트가 내려간 양을 잰다. 이것을 슬럼프라고 하며 mm로 표시합니다.

콘크리트유동성을 측정하는 이 시험 도구는 슬럼프 콘, 다짐봉, 다짐대, 수밀평판, 슬럼프측정자가 있습니다.

핵심 key

- 슬럼프 테스트는 굳지 않은 콘크리트의 반죽질기를 측정하는 것으로, 워커빌리티를 판단하는 중요한 수단으로 사용된다.

질문24 측량에서 잘 다룰 수 있는 기계는 무엇입니까?

측량이란 지구표면상에 있는 어떤 점의 위치를 결정하는 기술을 말합니다.

측량에는 측지측량, 사진측량, 하천측량 천체측량 등 다양한 측량이 있습니다. 이러한 측량에서 다룰 수 있는 기계로는 평판, 레벨, 트랜싯, 토탈스테이션, GPS 등 많은 기계 기구들이 있는데 그 중 저는 수준측량에 이용되는 레벨과 각을 측정하는 토탈스테이션을 잘 다룹니다.

질문25 **포토홀이란 무엇이고 그 원인은 무엇인가?**

노면에 있는 물이 얼었다 녹기를 반복하게 되면 도면이 약화되어 아스팔트가 약해집니다. 눈이 오면 염화칼슘을 뿌려 눈을 녹이면서 아스팔트 노면이 떨어져 나가는 곳을 포토홀 이라고 합니다. 즉 원인으로는 과량의 염화칼슘을 뿌리는데 있다고 봅니다.

핵심 key

- 그 외 염화칼슘은 나무가 죽거나 자동차의 하부가 부식이 되기도 합니다.
  인체에도 영향을 줄 수 있습니다. 화학물질이기 때문에 건조되어 날아다니면서 호흡기나 피 부에 악영향을 줄 수 있습니다.

질문26 **도로에 균열이 생겼을 때 어떤 생각을 해보았나요?**

도로 균열의 원인은 싱크홀에 있다고 생각합니다.
싱크홀은 지각의 석회암이 지하수와 화학작용으로 녹아 바닥이 무너져 생기는 현상으로 지반을 견고하게 다지지 않고, 배수가 되지 않으면 생기는 것이라 생각되므로 철저한 공 사감독을 통해 성실시공이 답이라 생각합니다.

핵심 key

- 싱크홀의 원인을 들자면
  ① 지하에 원래 동굴이 있었는데 그 동굴이 붕괴되어 땅이 꺼짐
  ② 석회암 등이 오랜 세월 물의 침식을 받다가 위의 무게를 이기지 못하고 내려앉음 등이 주 원인이다.
  우리나라에서는 "돌리네" 라고도 하며 우리나라에서 일어나는 싱크홀의 경우 1번이 많다. 그 이유는 일제강점기 때 지하자원 탈취해 가던 일본인들이 폐광이 되자 그 처리를 제대로 하지 않아 묻혀진 곳에 건물 등을 지었기 때문이며, 이런 일이 드물게 발생한다.

질문27 **토목에서 가장 많이 사용되는 재료는?**

콘크리트란 시멘트가 물과 반응하여 굳어지는 수화반응을 이용하여 골재를 시멘트풀 반 죽하여 일정한 강도가 있는 성형제작물에 활용하는 토목분야에서 제일 많이 사용하는 건 설재료입니다.

- 콘크리트는 로마시대에 화산회(火山灰)와 석회석을 써서 만든 것이 시초라고 하나, 일반적으로는 19세기 초에 포틀랜드시멘트(Portland cement)가 발명된 후 1867년 프랑스에서 철망으로 보강된 콘크리트가 만들어진 것이 최초이다.
  그 후 독일을 중심으로 철근콘크리트의 개발이 계속되어 근년에는 댐이나 도로포장·교량 등의 토목공사나 건축용 구조재료의 중심이 되고 있다.

질문28 요즘 콘크리트 배합을 어떻게 하는가?

배합설계란 콘크리트 또는 모르타르를 만들 때의 시멘트, 잔 골재, 굵은 골재, 물 및 혼합 재료의 사용량 또는 그 비율을 말합니다. 또는 소요된 품질로서 작업에 적합한 워커빌리티를 갖는 콘크리트가 얻어 지며 경제적인 재료의 비율을 구하는 것을 배합 설계합니다.

- 배합설계 방법으로는
① 관례, 배합 참고표에 의한다.
② 골재의 공극을 기준으로 한다.
③ 시멘트 양과 컨시스턴시에 의한다.
④ 물과 시멘트의 비를 기준으로 소요의 컨시스턴시가 얻어지도록 하는 것 등이 있다.

질문29 콘크리트의 수축과 팽창

콘크리트 수축은 건조 시 콘크리트의 길이 혹은 체적이 감소하는 현상을 말하며 콘크리트의 건조 수축에 영향을 주는 요인에는 내적인 것으로서 콘크리트 중의 시멘트 양, 단위수량(水量), 물 시멘트 비등을 들 수 있습니다.
팽창은 반대 개념으로 온도 및 기타요인으로 체적이 증가하는 현상으로 수축시 역으로 이용하는 팽창콘크리트를 사용하면 좋다고 생각합니다.

질문30 압축강도와 인장강도 시험

압축강도는 콘크리트에 일정 압축력을 주었을 때 콘크리트 내부에서 견디는 강도를 말하며 압축강도시험을 통해 구할 수 있습니다. 보통 압축강도라 함은 28일간 표준 양생한 후의 강도를 기준으로 하고 있습니다.
인장강도는 콘크리트에 서로 인장력을 주었을 때 인장력에 견디는 힘을 말합니다.

질문31 당신의 자기계발을 위해 무엇을 할 계획입니까?

저는 공무원이 된다면 창의적인 업무를 위해서 고시원에 숙소를 정해 고졸공무원으로서 부족한 전문성 함양을 위해 노력할 것입니다. 1차 목표는 토목 관련 산업기사를 취득하고 3년 뒤 야간대학을 꿈꾸며 열심히 공부하겠습니다. 또한 시간이 있다면 평소 좋아하는 하이킹을 통해 서울시내 지리를 익히도록 하겠습니다.

핵심 key

- 본 질문은 공무원이 생활을 얼마나 창의적으로 하려는지 미리 관찰하여 앞으로의 발전가능성을 진단하려는 의도가 강하다. 따라서 본 질문은 주관적 입장에의 질문이므로 자기의 주관적 입장에서 설명하면 된다.
  다만 설명은 일목요연하고 조리있게 하여야 한다. 설명을 할 때에는 자기계발이 필요한 이유와 이점을 설명하고 개발의 내용에서는 공직수행과 관련되는 것과 자기의 개인적 부분으로 나누어서 설명하는 것이 좋겠다.

질문32 마지막으로 할 말은?

핵심 key

- 마지막 할 말은 본인이 준비했던 내용이나 예상했던 내용과는 정반대로 면접이 진행이 되었을 때 자신 있는 본인의 모습을 부각시키는 절호의 기회이다.
  면접을 망쳤다는 기분이 들었을 때는 면접관이 원하지 않아도 스스로 기회를 찾아 마지막 발언기회를 얻는 것도 지혜이다.

목차

Contents

꿈·은·이·루·어·진·다

1 측량의 개요

① 측량의 의의 및 분류

② 지구형상 및 원점

③ 좌표

④ 오차의 원인과 처리방법

측량의 개요

① 측량의 의의 및 분류

측량이란 지구 및 우주공간에 존재하는 점간의 상호위치 관계와 그 특성을 해석하여 그 결과를 계산하고 오차론에 의해 오차조정을 하여 도면으로 나타내는 작업을 말하며 이 단원의 핵심은 다음 관계를 정립하는 것이다.

※ 공무원 시험에는 대지측량과 평면측량 관계를 반드시 숙지해야 한다.

① 측량의 정의   ② 측량의 분류, 측량의 3요소
③ 대지측량과 평면측량의 관계   ④ 기하학적 측지학과 물리학적 측지학

1. 측량의 의의

측량이란 여러 가지 도구를 활용하여 각과 거리를 측정함으로써 알고자 하는 위치를 결정하는 기술로, 그 위치는 보통 공간상의 3차원 좌표로 표현된다.

이와 같이 측량은 좌표를 통하여 형상, 크기, 위치 결정 등 정량적 해석을 하는 것이다. 또한 존재하는 모든 점들의 위치를 결정하여 도식에 의해 도면으로 나타낸 것으로 측천양지(測天量地)에 비롯한 "하늘을 재고 땅을 헤아린다."는 뜻이다. 즉 땅의 위치를 정하고, 그 위치를 이용하여 땅의 크기를 결정한다는 의미를 나타낸다.

현대적 개념으로는 지구 및 우주공간에 존재하는 관측대상물에 대하여 길이, 각, 시, 질량 등의 요소에 의하여 정량적, 정성적인 해석을 하는 학문을 말한다.

2. 측량의 3요소

① 거리, 방향(각), 고저차(높이)를 측량의 3요소라 한다.

② 3요소(X, Y, Z)에 시간 T를 포함시켜 4차원 측정이 가능하다.

③ 측량에서 말하는 거리란 기준회전타원체 면상에 투영한 거리로 수평거리를 뜻한다.

3. 측량의 분류

(1) 측량구역의 넓이에 따른 분류

① 평면측량(국지적 측량)

지구의 곡률을 고려하지 않은 측량으로 허용 정밀도를 1/1,000,000로 할 경우 반경 11km, 면적 400km² 이내의 지역에서 실시하는 측량

② 대지측량(측지학적 측량)

지구의 곡률을 고려하여 지표면을 곡면으로 보고 행하는 정밀측량으로 허용정밀도가 1/1,000,000일 경우 반경 11km, 면적 400km² 이상인 넓은 지역의 측량으로 다음과 같이 나누어진다.

- 기하학적 측지학 : 지구 표면상에 있는 모든 점들 사이의 상호 위치 관계를 결정
- 물리학적 측지학 : 지구 내부의 특성, 지구의 형태 및 운동 등 물리학적 요소를 결정

(2) 대지 측량과 평면 측량의 구분

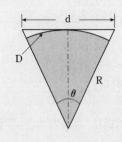

R : 지구반경으로 6,370km

D : 지구표면을 따라 관측한 곡선(호)의 길이

d : 수평면을 따라 관측한 직선(현)의 길이라 하면

$$\frac{d-D}{D} = \frac{1}{12}\left(\frac{D}{R}\right)^2$$ 이 된다.

① 거리오차 $(d-D) = \frac{1}{12}\frac{D^3}{R^2}$

② 허용 정밀도 $\left(\frac{d-D}{D}\right) = \frac{1}{12}\left(\frac{D}{R}\right)^2 = \frac{1}{m}$

③ 평면으로 간주되는 범위 $(D) = \sqrt{\frac{12R^2}{m}}$

기하학적 측지학(일반측량)	물리학적 측지학
측지학적 3차원 위치의 결정	지구의 형상 해석
길이 및 시의 결정	중력측정
수평위치의 결정	지자기측정
높이의 결정	탄성파측정
천문측량	대륙의 부동
위성측량	지구의 극운동과 자전운동
면적 및 체적산정	지구의 열
하해측량	해양의 조류
지도제작	지구 조석
사진측정	

KEY 출제유형 ‖ 대지측량과 평면측량 관계 ＊ 다음 3가지 예제유형 문제를 반드시 숙지

---

① 수평거리(D)를 알 때 허용 정도

예제1 지구표면의 거리 100km까지를 평면으로 볼 때 허용 정도는 얼마인가?

$$\frac{d-D}{D} = \frac{1}{12}\left(\frac{D}{R}\right)^2 = \frac{1}{12}\left(\frac{100}{6370}\right)^2 = \frac{1}{50,000}$$

② 허용정도를 알 때 평면의 한계

예제2 거리의 정도가 $\frac{1}{1,000,000}$ 일 때 평면으로 볼 수 있는 한계는 얼마인가?

$$\frac{d-D}{D} = \frac{1}{12}\left(\frac{D}{R}\right)^2 = \frac{1}{10^6}$$

$$\therefore D = \sqrt{\frac{12 \cdot R^2}{10^6}} = \sqrt{\frac{12 \times 6370^2}{10^6}} \fallingdotseq 22\text{km} \qquad r = \frac{D}{2} = 11\text{km}$$

③ 허용정도에 의한 거리 오차

예제3 허용정도가 $\frac{1}{10^6}$ 일 때 거리 오차는 얼마인가?

$$\frac{d-D}{D} = \frac{1}{12}\left(\frac{D}{R}\right)^2 = \frac{1}{10^6} \qquad \therefore d - D = \frac{D}{10^6} = \frac{22\text{km}}{10^6} = 2.2\,\text{cm}$$

(3) 법률에 따른 분류

① 기본 측량

모든 측량의 기초가 되는 공간 정보를 제공하기 위하여 국토교통부 장관이 실시하는 측량

② 공공 측량

국가, 지방 자치 단체, 그 밖에 대통령령으로 정하는 기관이 관계 법령에 따른 사업 등을 시행하기 위하여 기본 측량을 기초로 실시하는 측량. 또, 이 밖의 자가 시행하는 측량 중에서 공공의 이해 또는 안전과 밀접한 관련이 있는 측량으로서 대통령령으로 정하는 측량이 포함된다.

③ 지적 측량

토지를 지적 공부에 등록하거나 지적 공부에 등록된 경계점을 지상에 복원하기 위하여 필지의 경계 또는 좌표와 면적을 정하는 측량

④ 수로 측량

해양의 수심, 지구 자기, 중력, 지형, 지질의 측량과 해안선 및 이에 딸린 토지의 측량

⑤ 일반 측량

기본 측량, 공공 측량, 지적 측량 및 수로 측량 외의 측량

(4) 측량 목적에 따른 분류

① 지형 측량

측량결과를 일정한 축척과 도식으로 나타낸 것을 지형도라고 하는데, 이 지형도를 작성하기 위한 측량

② 천문 측량

천체(태양 및 별)의 고도, 방위각 및 시각을 관측하여 시, 경위도 및 방위 각 등을 결정하기 위한 측량.

③ 하천 측량

하천의 이수 및 치수를 위한 하천 공사를 하기 위하여 실시하는 측량으로 평면 측량, 고저 측량, 유량 측량 등이 있다.

④ 노선 측량

도로, 철도, 운하 등과 같은 교통로를 건설하기 위하여 실시하는 측량

⑤ 터널 측량

산악을 관통하여 도로, 철도, 수로 등을 건설할 때 실시하는 일체의 측량

⑥ 지하 시설물 측량

가스, 통신, 전력, 상하수도, 송유관, 지역난방 등 지하 시설물을 효율적으로 관리하기 위하여 이들의 매설 위치와 깊이를 측정하고 이를 도면화하는 측량.

⑦ 시가지 측량

건물, 도로, 철도, 하천 등의 위치나 크기를 재어 도시 지도를 작성하는 측량으로 항공사진 측량 방법을 이용한다.

⑧ 공항 측량

공항에서 중요한 것은 활주로이며, 공항 측량은 이 활주로의 방향을 자연 조건을 고려하여 배치하거나 기타 시설물을 건설하기 위한 측량

(5) 측량 순서에 따른 분류

넓은 지역을 측량하기 위해서는 먼저 측량의 기준이 되는 기준점으로 골조를 형성하여, 각 기준점의 위치를 요구 정확도로 측량하여야 한다. 이 기준점을 기초로 하여 세부 측량을 하여야 전체적으로 균형 있고 정밀한 측량 성과를 얻을 수 있다.

① 기준점 측량(골조측량)

기준점 측량은 측량의 기준이 되는 점들의 위치를 구하는 측량으로 골조 측량이라고도 한다. 천문점, 삼각점, 다각점, 수준점 등을 총칭하여 기준점이라고 하며, 기준점 측량에는 삼각 측량, 삼변 측량, 다각 측량, 수준 측량 등이 있다.

② 세부 측량

세부 측량은 상세한 도면이나 지형도를 만드는 측량으로 여기서 만들어진 지도는 여러 분야에 이용된다. 측량 방법은 기준점에 기초를 두고 이루어지며, 지형지물의 세부 사항을 측량하여 이것을 지형도에 나타냄으로써 세부 측량이 이루어진다. 세부 측량에는 주로 평판 측량, 사진 측량, 시거 측량 등이 이용된다.

핵심 01 다음 설명 중 옳지 않은 것은?

① 측지학이란 지구내부의 특성, 지구의 형상 및 운동을 결정하는 측량과 지구 표면상 모든 점들 간의 상호위치 관계를 산정하는 측량을 위한 학문이다.

② 측지측량은 지구의 곡률을 고려한 정밀측량이다.

③ 지각변동의 측정, 항로 등의 측량은 평면측량으로 한다.

④ 측지학에서는 지구의 측정을 위한 물리학적 측지학과 측량을 위한 기하학적 측지학으로 나눈다.

> **해설**
>
> 평면측량은 지역이 좁은 지역을 평면으로 간주한 측량이다.
> – 지각변동, 항로 등의 측량은 측지학적(대지) 측량으로 실시한다.

핵심 02 「지형공간의 구축 및 관리 등에 관한 법률」상 모든 측량의 기초가 되는 공간정보를 제공하기 위하여 국토교통부장관이 실시하는 측량은?

① 기본측량 ② 공공측량

③ 지적측량 ④ 수로측량

> **해설**
>
> 모든 측량의 기초가 되는 측량으로서 국토교통부장관의 명을 받아 국토지리원장이 실시하는 측량이다. (측량법 제2조 2항)

핵심 03 다음 측지학의 분류 중 기하학적 측지학에 속하는 것은?

① 중력 측정 ② 탄성파 측정

③ 지구의 운동 ④ 지구반경 측정

> **해설**
>
> 기하학적 측지학
> 지구 표면상에 있는 모든 점들 사이의 상호 위치 관계를 결정하는 것
> – 지구 반경의 측정은 기하학적 측지학에 속한다.

04 다음 중 측량의 3대 요소가 아닌 것은?

① 거리측량   ② 체적측량

③ 고저측량   ④ 각측량

> **해설**
>
> 측량의 3요소
> (1) 거리   (2) 방향   (3) 높이

05 측량의 대상물은 지표면, 지하, 수중 및 해양, 우주 공간 등 인간 활동이 미칠 수 있는 모든 영역인 정량적 해석과 정성적 해석으로 크게 나누어진다. 다음 중 정성적 해석에 속하는 것은?

① 특성 해석   ② 형상 결정

③ 위치 결정   ④ 크기 해석

> **해설**
>
> (1) 정량적 해석 : 형상 결정, 크기 해석, 위치 결정
> (2) 정성적 해석 : 특성 해석

06 다음 중 반경 11Km 이내의 지역에 대하여 지구의 곡률을 고려하지 않고 평면으로 간주하는 측량은?

① 평면 측량   ② 대지 측량

③ 측지 측량   ④ 평판 측량

> **해설**
>
> 평면 측량
> 지름으로 22Km의 범위, 반지름으로 11km의 범위를 평면으로 보고 측량한다.

핵심 07 다음 중 사용 기계의 종류에 따른 측량의 분류에 해당하는 것은?

① 노선 측량   ② 골조 측량
③ 스타디아 측량   ④ 터널 측량

> [해설]
>
> 측량 기계에 따른 분류
>
> 평판 측량, 트랜싯 측량, 레벨 측량, 스타디아 측량, 사진 측량, GPS 측량 등

핵심 08 측량 구역 넓이에 따른 측량의 분류에 대한 설명으로 옳은 것은?

① 평면 측량과 측지 측량을 구별하는 기준은 허용 오차의 영향을 받지 않는다.
② 평면 측량은 지구의 곡률을 고려하여 대규모 지역에서 이루어지는 정밀한 측량이다.
③ 거리의 허용 오차가 1/1,000,000일 경우, 반지름 10 km의 원형 지역은 평면 측량으로 실시한다.
④ 측지 측량은 높은 정확도를 요구하지 않는 소규모 지역에서의 측량이다.

> [해설]
>
> (1) 평면으로 간주하는 범위(D)는 허용오차($\frac{1}{m}$)의 영향을 받는다
>
> (2) 평면 측량(소지측량)은 지구의 곡률을 고려하지 않는 거리(D)에서 이루어지는 측량이다.
>
> (3) 거리의 허용 오차가 1/1,000,000일 경우, 반지름 11km내의 지역은 평면측량으로 행하므로 10km의 지역은 평면측량으로 행한다.
>
> (4) 측지 측량은 대규모지역(11km 이상)의 지역에서 행하는 측량이다.

핵심 09 다음 측지학에 관한 설명 중 잘못된 것은?

① 지구표면상의 길이, 각 및 높이의 관측에 의한 3차원 좌표 결정을 위한 측량만을 말한다.
② 지구곡률을 고려한 반경 11km 이상인 지역의 측량에 측지학의 지식을 필요로 한다.
③ 지구표면상의 상호위치 관계를 규명하는 것을 기하학적 측지학이라 한다.
④ 지구 내부의 특성, 형상 및 크기에 관한 것을 물리학적 측지학이라 한다.

> [해설]
>
> 지구의 곡률을 고려한 반경 11km 이상의 지역에서는 측지학의 지식이 필요하다.

10 「공간정보의 구축 및 관리 등에 관한 법률」에 따른 측량의 분류에 해당하지 않는 것은?

① 측지 측량
② 지적 측량
③ 수로 측량
④ 일반 측량

 해설

법률에 따른 분류에는 기본측량, 공공측량, 지적측량, 수로측량, 일반측량등이 있다. 측지측량은 측량구역의 넓이에 따른 분류이다.

11 다음 측량의 분류 중 평면 측량과 측지 측량에 대한 설명으로 틀린 것은?

① 거리 허용의 오차를 10^{-6}까지 허용할 경우, 반지름 11km까지를 평면으로 간주한다.
② 지구 표면의 곡률을 고려하여 실시하는 측량을 측지 측량이라 한다.
③ 지구를 평면으로 보고 측량을 하여도 오차가 극히 작은 범위의 측량을 평면 측량이라 한다.
④ 일반적인 토목공사는 보통 측지 측량이다.

해설

평면 측량

(1) 높은 정확도를 요구하지 않는 소규모 지역을 대상으로 토목 공사 등에 이용된다.
(2) 지구의 곡률을 고려하지 않고 지표면을 평면으로 간주하여 실시하는 측량이다.

12 다음 중 측량 목적에 의한 분류에 속하지 않는 것은?

① 공항 측량
② 항만 측량
③ 농지 측량
④ 평판 측량

해설

측량 목적에 의한 분류

(1) 지형 측량 (2) 노선 측량 (3) 하천 측량 (4) 항만 측량 (5) 터널 측량
(6) 광산 측량 (7) 농지 측량 (8) 시가지 측량 (9) 건축 측량 (10) 지적 측량
(11) 천문 측량 (12) 면적 측량 (13) 체적 측량 (14) 공항 측량

핵심 13

다음 중 허용정도에 의한 거리오차를 나타내는 식으로 옳은 것은?
(단, D : 곡선(호)의 길이, R : 지구반경)

① $\dfrac{1}{12}\left(\dfrac{D}{R}\right)^2$

② $\dfrac{1}{12}\cdot\dfrac{D^3}{R^2}$

③ $\dfrac{1}{24}\left(\dfrac{D}{R}\right)^2$

④ $\dfrac{1}{12}\left(\dfrac{D}{R}\right)^3$

해설

$$\dfrac{d-D}{D}=\dfrac{1}{12}\left(\dfrac{D}{R}\right)^2$$

$$\therefore\ d-D=\dfrac{1}{12}\cdot\dfrac{D^3}{R^2}$$

핵심 14

다음 중 측량목적에 따른 분류가 아닌 것은?

① 천문측량

② 거리측량

③ 수준측량

④ 지적측량

해설

거리 측량은 측량방법에 따른 분류이다.

핵심 15

거리 60km인 지역을 평면으로 고려하여 측량을 실시했을 때 얻어지는 측량성과의 허용오차범위를 나타내는 수식으로 맞는 것은?
(단, 지구의 반경은 6,370km)

① $\dfrac{60^2}{12\times6,370^2}$

② $\dfrac{30^2}{6\times6,370^2}$

③ $\dfrac{60^2}{6\times6,370^2}$

④ $\dfrac{60}{12\times6,370}$

해설

허용정도

$$\dfrac{(d-D)}{D}=\dfrac{D^2}{12R^2}=\dfrac{60^2}{12\times6370^2}=\dfrac{1}{135,256}$$

핵심 16

다음 측량의 분류 중 평면 측량과 측지 측량에 대한 설명으로 틀린 것은?

① 거리 허용의 오차를 10^{-6}까지 허용할 경우, 반지름 11km까지를 평면으로 간주한다.

② 지구 표면의 곡률을 고려하여 실시하는 측량을 측지 측량이라 한다.

③ 지구를 평면으로 보고 측량을 하여도 오차가 극히 작은 범위의 측량을 평면 측량이라 한다.

④ 토목공사 등에 이용되는 측량은 보통 측지 측량이다.

【해설】

평면 측량
(1) 지구의 곡률을 고려하지 않고 지표면을 평면으로 간주하여 실시하는 측량이다.
(2) 높은 정확도를 요구하지 않는 소규모 지역을 대상으로 토목 공사 등에 이용되는 측량은 보통 평면 측량이다.

핵심 17

다음 중 물리학적 측지학에 속하는 것은?

① 수평위치 결정
② 중력측정
③ 천문측량
④ 길이 및 시의 결정

【해설】

(1) '결정'이란 단어가 들어가면 기하학적 측지학이다.
(2) '운동'이란 단어가 들어가면 물리학적 측지학이다.

핵심 18

다음 중 평면측량과 대지측량을 구분하는 허용정도를 나타내는 식은?
(단, D : 곡선(호)의 길이, R : 지구반경)

① $\frac{1}{12}\left(\frac{D}{R}\right)^2$
② $\frac{1}{12}\cdot\frac{D^3}{R^2}$
③ $\frac{1}{24}\left(\frac{D}{R}\right)^2$
④ $\frac{1}{24}\left(\frac{D}{R}\right)^3$

【해설】

$$\frac{d-D}{D}=\frac{1}{12}\left(\frac{D}{R}\right)^2 \qquad \therefore d-D=\frac{1}{12}\cdot\frac{D^3}{R^2}$$

핵심 19

다음 중 지구곡률을 고려한 대지측량을 해야 하는 범위는?
(단, 정도는 1/100만으로 한다.)

① 반경 11km, 넓이 200km² 이상인 지역
② 반경 11km, 넓이 300km² 이상인 지역
③ 직경 22km, 넓이 400km² 이상인 지역
④ 직경 11km, 넓이 400km² 이상인 지역

해설

$$\frac{d-D}{D} = \frac{1}{12}\left(\frac{D}{R}\right)^2 \text{ 에서 } \frac{1}{1,000,000} = \frac{1}{12}\left(\frac{D}{6,370}\right)^2$$

$$\therefore D = \sqrt{\frac{12 \times 6,370^2}{1,000,000}} \fallingdotseq 22\text{km}$$

$$\therefore \text{반경 } r = \frac{D}{2} = 11\text{km}, \text{ 면적 } A = \pi\,r^2 \fallingdotseq 400\text{km}^2$$

② 지구형상 및 원점

구에 가까운 곡면으로 이루어진 지표면을 평면인 도면상에 나타내기 위해서는 지구의 형상과 크기를 알아야 하며 지구의 형상을 구로 볼 경우와 회전타원체로 보는 경우에 따라 곡률반경도 달라진다.

※ 공무원 시험에는 지구의 곡률반경과 지오이드, 원점에 대한 문제가 자주 출제된다.
① 지구의 곡률반경   ② 지구의 편평률과 이심률   ③ 지오이드
④ 원점   ⑤ 지구의 기하학적 성질

1. 지구를 구로 간주할 때

천문학, 지구물리학 등에 사용되며 회전 타원체의 삼축반경을 산술평균하여 R을 구한다.

곡률반경 $R = \dfrac{2a+b}{3}$

여기서, a : 적도반경(장반경) b : 극반경(단반경)

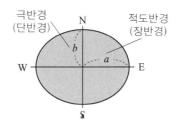

적도반경과 극반경

2. 지구를 회전타원체로 간주할 때

지구의 모습은 적도 반경이 극반경보다 약간 부풀려진 회전 타원체이다.

① 타원의 방정식	$\dfrac{X^2}{a^2} + \dfrac{Y^2}{b^2} = 1$
② 지구의 이심률(편심률)	$e = \dfrac{\sqrt{a^2-b^2}}{a}, \ e = \sqrt{\dfrac{a^2-b^2}{a^2}}$
③ 지구의 편평률	$\epsilon = \dfrac{a-b}{a}$
④ 중등 곡률반경	$R = \sqrt{M \cdot N}$

3. 지구 타원체

① 지구는 남북 단축을 기준으로 회전하는 회전타원체

② 지구 타원체는 불규칙한 면이 없이 매끈한 면을 가진 기하학적 타원체로서 삼각 측량, 경위도 결정, 지도 제작 등의 기준

③ 1924년 IUGG(국제측지학 및 지구물리학 연합) 총회에서 헤이포드 타원체를 국제 지구 타원체로 채택

④ 1979년 IUGG 총회에서 발표한 측지 기준계인 GRS80(Geodetic Reference System 1980)의 타원체를 정하였다.

⑤ 우리나라도 2002년 6월 29일부터 세계 측지계를 도입함에 따라GRS80 타원체를 기준 타원체로 사용하고 있다.

대표적인 지구타원체

발표자	연도	긴 반지름 (a)km	짧은 반지름 (b)km	편평률 $(a-b)/a$	비고
베셀	1841	6,377.397	6,356.079	1:299.15	한국, 일본, 동남아, 러시아
클라크	1880	6,378.249	6,356.515	1:293.47	아프리카
헤이포드	1909	6,378.388	6,356.912	1:297.00	남미, 영국, 서유럽
GRS$_{80}$	1980	6,378.137	6,356.752	1:298.26	IUGG 국제 타원체
WGS$_{84}$	1984	6,378.137	6,356.752	1:298.26	GPS 측량의 기준

지구 타원체는 타원의 방정식으로부터 장반경과 단반경의 크기가 결정되면 그 형상과 크기를 결정할 수 있다.

① 지구 타원체	한 타원의 주축을 중심으로 회전하여 생기는 실제 지구와 가장 가까운 회전타원체를 지구의 형으로 규정하는데 이때의 회전 타원체를 지구 타원체라 한다.
② 기준 타원체	어느 지역의 대지측량계의 기준이 되는 지구 타원체를 말하며 준거타원체라고 한다.
③ 국제 지구 타원체	1979년 IUGG 총회에서 국제적인 측량 및 측지작업에 사용하기로 의결한 하나의 통일된 지구 타원체 값을 말한다.

4. 지오이드(Geoid)

지구 타원체는 지표면의 기복과 지하 물질의 밀도 분포 및 구조 등의 영향을 고려하지 않은 것이므로 실제 지구와 좀 더 가까운 모양으로 결정할 필요가 있다.

지구 타원체가 기하학적으로 정의된 것이라면 지오이드(geoid)는 중력장 이론에 의하여 물리적으로 정의된 것이다.

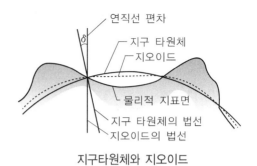

지구타원체와 지오이드

① 지오이드란 평균해수면을 육지내부까지 연장했을 때 지구 전체를 둘러싼 가상적인 공간이다.

② 지오이드 모양은 서양배 모양으로 생겼다.

③ 북극에서는 지오이드가 지구 타원체보다 약 13.5m 위에 있고 남극에서는 약 24.1m 아래에 있다.

④ 중위도의 반지름은 남반구가 북반구보다 약 15m 더 크다.

⑤ 수준측량의 기준면이 지오이드. 즉, 평균해수면이므로 지오이드는 해발의 기준면, 즉 고도 0m가 된다.

⑥ 지오이드에서의 위치에너지는 0이므로 지오이드를 등 Potential면이라고 한다.

⑦ 지오이드는 바다에서는 지구타원체보다 낮으나, 육지에서는 지오이드 위에 있는 물질의 인력으로 지오이드가 끌려 올라와 지구타원체보다 높아진다.

⑧ 지구타원체와의 차이는 수십 미터 미만이다.

⑨ 수면과 중력은 직각이므로 지오이드는 중력의 방향에 수직이다.

⑩ 지오이드 형상과 지구타원체 형상과의 어긋남을 지오이드 고 (geoid height)라 한다.

⑪ 지오이드 고를 알기 위한 방법에는 지구상의 중력에서 정하는 방법과 연직선 편차로부터 결정하는 두 가지 방법이 있다.

◎ **지오이드와 지구타원체**

지오이드는 평균 해수면을 육지까지 연장하는 가상적인 곡면이다.
육지에서 지오이드는 운하나 터널을 파서 해수면을 끌어들인 것과 같다.
지오이드 모양은 서양 배 모양으로 남·북반구가 비대칭형이다.

◎ **준거타원체의 기준요소**

- 삼각점의 경위도 좌표
- 지구의 편평률
- 측지 경위도

지구 타원체

지오이드의 모양

5. 구면 삼각형

(1) 구면 삼각형

측량 대상지역이 넓을 경우 세 측점을 잡아 삼각형을 만들면 구면상의 삼각형이 되어 세 변이 직선이 아닌 호의 형태로 되고 따라서 삼각형의 내각의 합이 180°를 넘게 된다. 이런 삼각형을 구면 삼각형이라 한다.

(2) 구과량

구면 삼각형 ABC의 세 내각을 A, B, C라 할 때 내각의 합은 180°보다 크며 이 차이를 구과량(도)이라 한다.

$$A + B + C \;>\; 180°$$

$$\epsilon = A + B + C - 180°$$

$$\epsilon'' = \frac{F}{r^2}\rho''$$

여기서 ρ'' : 206265''

F : 구면삼각형의 면적

r : 구의 반경

ϵ'' : 구과량

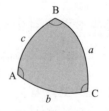

구면삼각형

6. 측량의 원점

(1) 평면 직각좌표의 원점

우리나라의 평면 직각 좌표계 원점은 서부 원점, 중부 원점, 동부 원점, 동해 원점의 4개를 기본으로 하고 있다. 평면 직각 좌표계에서는 모든 점의 좌표가 양수(+)가 되도록 종축(X축)에 600,000m, 횡축(Y축)에 200,000m를 더한다. 대삼각측량을 위한 가상의 기준점으로 모든 삼각형 X, Y좌표의 기준이 된다.

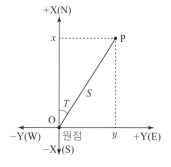

평면 직각 좌표계

우리나라 평면직각 좌표계의 원점

명 칭	경 도	위 도
동해원점	동경 131°	북위 38°
동부원점	동경 129°	북위 38°
중부원점	동경 127°	북위 38°
서부원점	동경 125°	북위 38°

(2) 경위도 원점

① 경위도 원점은 천문 측량을 실시하여 그 지점의 경도, 위도 및 방위각을 정함

② 2002년 6월 29일 초장기선 전파 간섭계(VLBI) 및 인공위성 측량(GPS)을 이용하여 ITRF좌표계와 GRS80 타원체를 기준으로 한 원점에 대한 새로운 값을 정함

③ 수원 국토지리정보원 구내에 설치 (1985. 12. 27)

우리나라 경위도원점

(3) 수준원점

① 높이의 기준은 평균 해수면

② 평균 해수면을 알기 위한 대표적 검조장이 청진, 원산, 목포, 인천, 진남포 (5개소)

③ 인천만의 평균해수면을 기준으로 인천시 인하대학 구내에 설치(1963년),

④ 표고는 인천만의 평균해수면으로부터 26.6871m

7. 지구의 기하학적 성질

(1) 자오선	천구의 북극, 천정, 천저, 천구의 남극을 지나는 대원을 자오선이라 한다.
(2) 항정선	자오선과 항상 일정한 각도를 유지하는 지표선으로서 그 선내 각점에서 방위각이 일정한 곡선을 말한다.
(3) 묘유선	천구상에서 천정과 동점 및 서점을 잇는 대원으로 묘유권(卯酉圈)이라고도 한다. 동쪽(묘의 방각)과 서쪽(유의 방각)을 잇는다는 뜻에서 생긴 말이며 자오선과는 천정에서 직각으로 교차한다.
(4) 측지선	지표상 두 점간의 최단거리 선으로 그 성질은 다음과 같다. ① 2개의 법면선의 중간에 있다. ② 2개의 법면선의 교각을 1 : 2로 나눈다. ③ 100km 이내일 경우 법면선의 길이와 같다고 본다. ④ 직접 측정하기 어렵고 계산에 의해서만 결정된다.
(5) 천문 경위도	지오이드에 준거하여 천문측량에 의해 구한 경위도.
(6) 본초 자오선	경도의 기준이 되는 자오선으로 경도 0°의 자오선이며 런던의 그리니치천문대를 지나는 자오선이다. 그리니치천문대의 자오선은 1884년 국제협정에 의해 지구의 경도의 원점으로 채용되었다. 또한 1935년부터 이 자오선을 기준으로 하는 그리니치시가 세계시로서 국제적 시간계산에 쓰이게 되었다.
(7) 위도	위도란 지표면상의 한 점에서 세운 법선이 적도면을 0°로 하여 이루는 각으로 남북위 0°~90°로 표시하며, 위도는 자오선을 따라 적도에서 어느 지점까지 관측한 최소 각거리로서 어느 지점의 연직선 또는 타원체의 법선이 적도면과 이루는 각으로 정의된다.

위도의 종류

천문위도	지구상의 한 점에서 연직선이 적도면과 이루는 각
측지위도	지구상의 한 점에서 타원체에 대한 법선이 적도면과 이루는 각
지심위도	지구상의 한 점과 지구중심이 이루는 선이 적도면과 이루는 각
화성위도	지구 타원체의 A점을 지나는 적도면의 법선이 장반경 a를 반경으로 하는 원상에 만나는 A′ 점과 지구중심을 연결하는 직선이 적도면과 이루는 각

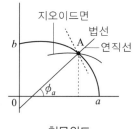

천문위도

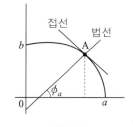

측지위도

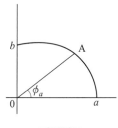

지심위도

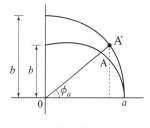

화성위도

8. 경도

경도는 본초자오선과 적도의 교점을 원점(0, 0)으로 하며, 본초자오선으로부터 적도를 따라 그 지점의 자오선까지 잰 최소 각거리로 동서쪽으로 $0°$~$180°$까지 나타내며, 측지경도와 천문경도로 구분한다.

경도의 종류

측지경도	본초자오선과 타원체상의 임의 자오선이 이루는 적도상 각 거리
천문경도	본초자오선과 지오이드상의 임의 자오선이 이루는 적도상 각 거리

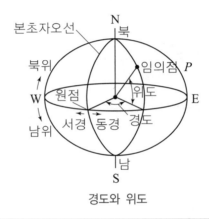

경도와 위도

9. Laplace 점

측지망이 광범위하게 설치된 경우 측량오차가 누적되는 것을 피해야 되는데 이에 따라 200~300km마다 1점의 비율로 삼각측량에 의해 계산된 측지 방위각과 천문측량에 의해 관측된 값들을 라플라스 방정식에 적용하여 계산한 측지 방위각과 비교하여 그 차이를 조정함으로써 보다 정확한 위치 결정이 가능하다.

이와 같이 삼각측량과 천문측량을 함께 실시되어 삼각망의 비틀림을 바로 잡을 수 있는 점을 라플라스점이라 한다.

핵심 01

국제 타원체로써 1979년 IUGG총회에서 결정하여 발표한 세계측지계로 우리나라의 측량기준인 것은?

① 버셀
② 클라크
③ GRS80
④ WGS84

해설

(1) GRS80 타원체는 GPS의 기준인 WGS84 타원체와 실용상 거의 차이가 없다.
(2) 우리나라는 GRS80 타원체를 이용하여 측량과 지도 제작이 이루어지고 있다.

핵심 02

우리나라에서 지구 타원체의 측정값은 누구의 것을 사용하는가?

① 헤이포드
② 클라이크
③ 베셀
④ GRS 80

해설

우리나라는 세계측지계를 도입함에 따라 2002년 6월 29일부터 GRS 80 타원체를 기준 타원체로 사용하고 있다.

핵심 03

회전타원체의 삼축 반경을 산술평균하는 지구의 크기는 다음 중 어느 것인가?
(단, 지구의 적도반경 : 6,370km, 극반경 : 6,350km이다.)

① 약 6,356km
② 약 6,363km
③ 약 6,375km
④ 약 6,380km

해설

회전타원체의 삼축반경을 산술평균해서 지구의 크기를 결정하면

평균반경 $R = \dfrac{2a+b}{3} = \dfrac{2 \times 6,370 + 6,350}{3} = 6,363 \text{km}$

핵심 04 현재 우리나라 제도권 측량을 할 때 사용되는 기준타원체는?

① 베셀타원체 ② 헤인포드 타원체

③ WGS80 ④ GRS80

> **해설**
>
> 우리나라는 세계측지계를 도입함에 따라 2002년 6월 29일부터 GRS80 타원체를 기준 타원체로 사용하고 있다.

핵심 05 적도반경과 극반경과의 차이는 약 몇 km인가? (단, 적도반경 : 6,370km이고 편평률은 $f = \dfrac{1}{299}$이다.)

① 21km ② 31km

③ 40km ④ 42km

> **해설**
>
> 편평률 $f = \dfrac{1}{299} = \dfrac{a-b}{a}$, $a-b = \dfrac{a}{299} = \dfrac{6,370}{299} ≒ 21km$

핵심 06 지오이드에 대한 설명으로 옳지 않은 것은?

① 평균 해수면을 육지까지 연장한 지구 전체의 가상 곡면이다.
② 일반적으로 지오이드 면은 해양에서는 지구 타원체보다 높고 대륙에서는 낮다.
③ 지구 타원체의 법선과 지오이드 법선의 불일치로 연직선 편차가 생긴다.
④ 지오이드는 중력장 이론에 의하여 물리적으로 정의된 것이다.

> **해설**
>
> 지오이드 면은 해양에서는 지구타원체보다 낮고, 대륙에서는 높다.

핵심 07 다음 중 지오이드에 관한 설명 중 옳지 않은 것은?

① 정지된 평균해수면을 육지까지 연장하여 지구전체를 둘러싸였다고 가상한 곡면이다.

② 어느 점에서나 중력방향은 이 면에 수직이다.

③ 수준측량은 지오이드면을 표고 0으로 하여 측정한다.

④ 지구의 부피, 표면적, 삼각측량, 경위도 결정 등의 기준이 된다.

> **해설**
>
> (1) 지오이드는 표고 0m인 수준측량의 기준이 된다.
> (2) 경도는 그리니치를 지나는 자오선, 위도는 적도를 기준으로 한다.

핵심 08 지구 타원체와 지오이드에 대한 설명으로 옳지 않은 것은?

① 일반적으로 지구 상 어느 한 점에서 지구 타원체의 법선과 지오이드 법선은 일치한다.

② 지구 타원체는 기하학적인 타원체이므로 굴곡이 없는 매끈한 면으로 삼각 측량의 기준이 된다.

③ 우리나라는 세계 측지계를 도입하여 GRS80 타원체를 기준 타원체로 사용하고 있다.

④ 수준 측량에서 정하는 표고는 지오이드를 기준으로 한 높이이다.

> **해설**
>
> 지구 타원체는 지표면의 기복과 지하 물질의 밀도 분포 및 구조 등의 영향을 고려하지 않은 것이므로 실제 지구와 좀 더 가까운 모양으로 결정할 필요가 있다.
> 지구 타원체가 기하학적으로 정의된 것이라면 지오이드(geoid)는 중력장 이론에 의하여 물리적으로 정의된 것이다.
> 즉 지구타원체와 지오이드는 일치하지 않는다.

핵심 09

공간정보의 구축 및 관리 등에 관한 법률 시행령 상 원점 위치가 동경 131°00′, 북위 38°00′이고, 적용 구역이 동경 130°~132°인 우리나라 직각 좌표계의 원점은?

① 동부 원점 ② 동해 원점

③ 서부 원점 ④ 중부 원점

· 우리나라 평면직각좌표 원점

명칭	경도	위도
동해원점	동경 131°	북위 38°
동부원점	동경 129°	북위 38°
중부원점	동경 127°	북위 38°
서부원점	동경 125°	북위 38°

핵심 10

지표면상 어느 한 지점에서 진북과 도북 간의 차이를 무엇이라 하는가?

① 구면수차 ② 자오선 수차

③ 자침 편차 ④ 연직선 편차

해설

어느 한 지점에서 진북과 도북간의 차를 자오선수차라 한다.

핵심 11

세변의 길이가 각각 30km, 40km, 50km인 구면 삼각형의 내각을 측정했다. 이 때 구과량이 +3″였다면 정확한 내각의 합은? (단, r=6,370km)

① 179° 59′ 57″ ② 180° 00′ 00″

③ 180° 00′ 03″ ④ 180° 00′ 05″

내각의 합=180° +3″=180° 00′ 03″

핵심 12 구면 삼각형의 성질에 대한 설명으로 맞지 않는 것은?

① 구면 삼각형의 내각의 합은 $180°$ 보다 크다.

② 어떤 측선의 방위각과 역방위각의 차이는 $180°$ 이다.

③ 2점간 거리가 구면상에서는 대원의 호길이가 된다.

④ 구과량은 구반경의 제곱에 비례하고 구면삼각형의 면적에 반비례한다.

해설

$\epsilon = \dfrac{F}{R^2} \times \rho''$ 에서 구과량은 구면 삼각형의 면적에 비례하고 구반경의 제곱에 반비례한다.

핵심 13 지오이드에 대한 설명으로 옳지 않은 것은?

① 정지된 평균 해수면을 육지까지 연장한 지구 전체의 가상곡면이다.

② 중력장 이론에 의하여 기하학적으로 정의된 것이다.

③ 지구 타원체를 기준으로 대륙에서는 높고 해양에서는 낮다.

④ 지구의 평균 해수면에 일치하는 등전위면이다.

해설

(1) 정지된 평균 해수면을 육지까지 연장한 지구 전체의 가상곡면이다.
(2) 중력장 이론에 의하여 물리적으로 정의된 것이다.
(3) 지구 타원체를 기준으로 대륙에서는 높고 해양에서는 낮다.
(4) 지구의 평균 해수면에 일치하는 등전위면이다.

핵심 14 현재 사용되는 지도의 위도표시 방법은 다음 중 어느 것을 사용하는가?

① 지심위도　　　　② 천문위도

③ 화성위도　　　　④ 측지위도

해설

측량학에서 지구는 타원체로 해석하므로 지도의 위도는 측지학적 위도를 사용한다.

핵심 15

대한민국 수준 원점을 인천만 평균 해면상의 높이로부터 그 수치를 지정하고 있다. 수준 원점의 수치로 옳은 것은?

① 26.6781m ② 26.8671m

③ 26.6871m ④ 26.7871m

대한민국 수준 원점은 인천만의 평균 해수면으로부터 26.6871m인 점을 사용하고 있다.

핵심 16

다음 중 한국의 경위도 원점이 설정되어 있는 곳의 위치는?

① 인천 ② 수원

③ 서울 남산 ④ 절영도

우리나라 경위도 원점은 경기도 수원시 국토지리정보원 내에 있다.

③ 좌표

좌표란 공간상의 한 물체 또는 한 점의 위치를 나타내는 규약이다. 측량에서는 좌표에 대한 개념을 잘 파악해야 할 필요가 있다.

※ **고졸 공무원 시험에는 UTM 좌표가 주로 출제되며 참고로 UPS 좌표와 측지좌표도 알아두면 좋다.**

① UTM 좌표는 지구를 위도 $8°$×경도 $6°$의 사각형으로 나타낸다.

② UPS 좌표는 양극지역에 대한 좌표이다.

1. 평면 직각 좌표

측량지역의 적당한 한 점을 좌표의 원점으로 정하고 그 평면상에서 원점을 지나는 자오선을 X축, 동서방향을 Y 축이라 하고 각 지점의 위치는 직교좌표값(x, y)로 표시한다.

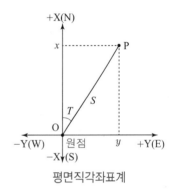

평면직각좌표계

우리나라 도원점의 위치(가상점)

명 칭	경 도	위 도	비 고
서부 원점	동경 $125°$	북위 $38°$	서부 좌표계
중부 원점	동경 $127°$	북위 $38°$	중부 좌표계
동부 원점	동경 $129°$	북위 $38°$	동부 좌표계
동해 원점	동경 $131°$	북위 $38°$	동해 좌표계

2. U.T.M 좌표

U.T.M(국제 횡 메르카토르(Mercator)) 투영법에 의하여 표현되는 좌표계로서 적도를 횡축, 자오선을 종축으로 하는 평면직각좌표를 말한다.

U.T.M 좌표의 특징

① 지구를 회전타원체로 보고 베셀(Bessel) 값을 사용한다.

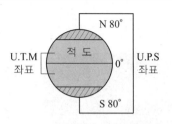

U.T.M, U.P.S좌표의 적용범위

② 지구 전체를 6°씩 60개의 구역(종)으로 나누고 각 종대의 중앙자오선과 적도의 교점을 원점으로 하여 원통도법인 횡 Mercator(TM) 투영법으로 등각투영한다.

③ 각 종대에서 위도는 남·북위의 각 80°까지만 포함시키며 다시 8° 간격으로 20구역(횡)으로 나누어 C(80°S~72°S)에서 X(72°N~80°N)까지 (단 I와 O는 제외) 20개의 알파벳 문자로 표시한다.

④ 즉 UTM좌표에서 종대 및 횡대는 경도 6°×위도 8°의 사각형 구역으로 구분된다.

⑤ 거리좌표는 m단위로 표시하며 종좌표에는 N을, 횡좌표에는 E를 붙인다.

⑥ 우리나라는 51, 52종대 및 ST횡대에 속한다.

⑦ 중앙 자오선의 축척계수는 0.9996이다.

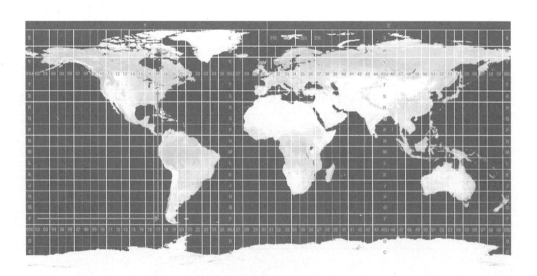

UTM 격자망

3. U. P. S 좌표

극심 입체투영법에 의해 위도 80°이상의 양극지역에 대한 좌표를 나타낸다.

4. 측지 좌표(지리좌표)

기본측량과 공공측량에 있어서 표준타원체(준거타원체)에 대한 지정위치를 경도, 위도 및 평균해수면으로부터의 수직거리로 표시한 것을 말한다.

5. 경위도 좌표

지구상의 절대적 위치를 표시하는데 가장 널리 사용되는 좌표계다.

경위도 좌표계의 특징

① 경도, 위도로 수평위치를 나타낸다. ② 타원체면으로부터의 높이, 또는 표고를 사용하면 3차원 위치가 표시된다. ③ 본초자오선(영국 그리니치(Greenwich) 천문대(경도의 원점)를 지나는 자오선)과 적도의 교점(위도의원점)을 원점으로 삼는다. (위도 0°, 경도 0°) ④ 1°에 대한 적도상의 거리는 약 111km이다.	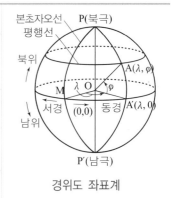 경위도 좌표계

6. W.G.S-84 좌표

① 좌표체계는 지도, 챠트, 측지의 목적으로 미국 국방성에서 개발하였다.

② 지구 타원체는 부피의 중심을 기준으로 하나 W.G.S 좌표체계는 지구의 질량 중심을 기준으로 한다.

③ W.G.S-84 는 1986년 이후 G.P.S 측량의 기준으로 사용되며 NNSS에서 사용되었던 W.G.S-72 좌표계를 보완, 대체한 좌표계이다.

7. 측지기준계(GRS : Geodetic Reference System)

국제 측지 및 지구물리 연합에 의하여 채택된 지구타원체 모형을 말하며 2010년부터 우리나라의 기준으로 사용하는 GRS 80은 WGS 84와 거의 동일하다.

핵심 01 우리나라 평면직각좌표계의 원점에 대한 설명으로 옳은 것은?

① 원전의 경도는 동경 127° 03′ 14.8913″ 이다.

② 원방위각은 3° 17′ 32.159″ 이다.

③ 모든 점의 좌표가 양수가 되도록 종축(X축)에 600,000M, 횡축(Y축)에 200,000을 더한다.

④ 지구의 질량중심을 좌표계의 원점으로 한다.

각각의 평면직교좌표계에서 모든 지역의 좌표가 양수가 되게 하기 위해 종축(X축)에는 500,000m(단, 제주도는 550,000m), 횡축(Y축)에는 200,000m를 더한다.

핵심 02 다음 중 측지좌표 기준계로서 GPS에서 채택하고 있는 좌표계는?

① GRS 80

② WGS 84

③ WGS 72

④ U.T.M

W.G.S 84 좌표계

GPS 측량은 지구의 질량 중심을 기준으로 한다.

핵심 03 다음의 사항 중 옳은 것은 어느 것인가?

① 우리나라의 수준면은 1911년 인천의 중등해수면 값을 기준으로 하였다.

② 일반적인 측량에 많이 사용되는 좌표는 극좌표이다.

③ 지각변동의 측정, 긴 하천 또는 항로의 측량은 평면측량으로 행한다.

④ 위도는 어떤 지점에서 준거타원체의 법선이 적도면과 이루는 각으로 표시한다.

해설

① 우리나라의 수준면은 전국 5개 검조장의 평균해수면을 기준으로 했다.

② 일반적인 측량에 많이 사용되는 좌표는 평면직교좌표이다.

③ 면적이 400km² 이상의 넓은 지역 또는 반경 11km 이상의 긴 지역은 지구의 곡률을 고려한 대지(측지학적)측량으로 행한다.

핵심 04 국토지리정보원 발행 기준점(삼각점) 성과표에 나타나지 않는 내용은?

① 경위도　　　　　　　② 평면 직각 좌표

③ 표고　　　　　　　　④ 3차원 지심 직각 좌표

해설

기준점(삼각점) 성과표는 평면좌표(x, y)에 대한 성과를 기록하고 있다. 3차원 좌표는 높이(z)에 대한 성과는 표시되어 있지 않다.

핵심 05 경위도 좌표계에 대한 설명으로 옳지 않은 것은?

① 경도와 위도에 의한 좌표로 수평 위치를 나타낸다.

② 위도는 어떤 지점의 수직선이 적도면과 이루는 각으로 표시한다.

③ 영국 그리니치 천문대를 지나는 본초 자오선과 적도의 교점을 원점(경도 0°, 위도 0°)으로 한다.

④ 경도는 본초 자오선으로부터 적도를 따라 동쪽, 서쪽으로 각각 0°에서 360° 까지 나타낸다.

해설

도는 본초 자오선으로부터 적도를 따라 동쪽, 서쪽으로 각각 0°에서 180°까지 나타낸다.

핵심 06 다음 중 국제 U.T.M 좌표의 적용범위는 어느 것인가?

① 북 및 남위간 90°까지　　　② 북 및 남위간 80°까지

③ 북 및 남위간 70°까지　　　④ 북 및 남위간 45°까지

해설

U.T.M 좌표
적도를 기준으로 남북으로 80°까지 적용범위로 하고 그보다 고위도 지역(양극지역)은 U.P.S 좌표를 사용한다.

07 다음 중 우리나라 중부원점의 좌표값은?

① 38°00′ N, 127°00′ E ② 38°00′ N, 129°00′ E

③ 38°00′ N, 125°00′ E ④ 38°00′ N, 123°00′ E

해설

우리나라 평면직각좌표 원점

원점	위도	경도
서부원점	38° N	125° E
중부원점	38° N	127° E
동부원점	38° N	129° E
동해원점	38° N	131° E

08 우리나라에서 사용하고 있는 좌표계에 대한 설명으로 옳지 않은 것은?

① 경위도 좌표계의 원점은 서부·중부·동부·동해 원점으로 나뉜다.

② 측량 범위가 넓지 않은 일반 측량에서는 평면 직각 좌표계가 널리 사용된다.

③ 3차원 직각 좌표계는 인공위성을 이용한 위치 측정에 주로 사용된다.

④ 평면 직각 좌표계는 평면 상 원점을 지나는 자오선을 X축, 동서 방향을 Y축으로 한다.

해설

평면직각좌표

명 칭	경 도(Y)	위 도(X)
서부 원점	동경 125°	북위 38°
중부 원점	동경 127°	북위 38°
동부 원점	동경 129°	북위 38°
동해 원점	동경 131°	북위 38°

09 다음 중 U.T.M 도법에 대한 설명이다. 옳지 않은 것은?

① 중앙 자오선에서 축척계수는 0.9996이다.

② 좌표계 간격은 경도를 6° 씩, 위도는 8° 씩 나눈다.

③ 우리나라는 51구역(ZONE)과 52구역(ZONE)에 위치하고 있다.

④ 경도의 원점은 중앙자오선에 있으며 위도의 원점은 북위 38° 이다.

해설

경도의 원점 : 그리니치 천문대, 위도의 원점 : 적도

핵심 10

다음 중 우리나라 평면직각좌표계의 원점의 수는?

① 1점 ② 2점

③ 3점 ④ 4점

해설

평면 직각좌표의 원점

(1) 서부도원점 : 동경 125° 북위 38° (2) 중부도원점 : 동경 127° 북위 38°

(3) 동부도원점 : 동경 129° 북위 38° (4) 동해도원점 : 동경 131° 북위 38°

핵심 11

우리나라 평면 직각 좌표계에 대한 설명으로 옳은 것은?

① 중부원점은 동경 124°~126°에서 적용이 된다.

② 원점은 서부원점, 중부원점, 동부원점, 동해원점의 4개를 기본으로 하고 있다.

③ 모든 점의 좌표가 양수(+)가 되도록 종축에 200,000m, 횡축에 600,000m 를 더한다.

④ 평면상에서 원점을 지나는 동서 방향을 X축으로 하며 자오선을 Y축으로 한다.

해설

우리나라의 평면 직각 좌표계 원점은 서부 원점, 중부 원점, 동부 원점, 동해 원점의 4개를 기본으로 하고 있다. 평면 직각 좌표계에서는 모든 점의 좌표가 양수(+)가 되도록 종축(X축)에 600,000m, 횡축(Y축)에 200,000m를 더한다.

우리나라 평면직각 좌표계의 원점

명칭	경도	위도
동해원점	동경 131°	북위 38°
동부원점	동경 129°	북위 38°
중부원점	동경 127°	북위 38°
서부원점	동경 125°	북위 38°

④ 오차의 원인과 처리방법

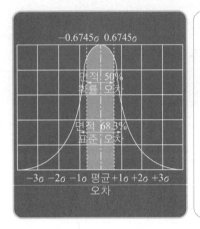

측량을 신속히 하면 정확도가 떨어지고 정확히 하려면 시간이 많이 걸린다. 따라서 측량의 목적에 맞는 정확도를 갖는 것이 중요하다. 모든 측량은 오차가 발생한다. 따라서 정확하다는 것은 오차가 작다는 것을 말하며 오차가 없다는 말이 아니다.

※ 공무원 시험에는 특히 경중률, 최확값, 오차에 관한 문제가 자주 출제되므로 반드시 신중히 공부해 두어야 한다.

① 측정의 신뢰도를 숫자로 나타낸 것을 경중률이라 한다.
② 정오차는 측정회수에 비례해서 증가한다.
③ 우연오차는 측정회수의 제곱근에 비례해서 증가한다.

1. 무게(또는 경중률)

측정값의 신뢰 정도를 표시하는 값을 무게 또는 경중률이라 한다. 서로 다른 조건으로 관측하였을 때 각 관측값의 신뢰도는 각각 다르다. 일정한 거리를 측정하는데 갑은 1회, 을은 3회를 측정했다면, 을의 측정값은 갑의 측정값의 3배의 신뢰도가 있는 것이므로, 이때 갑과 을의 경중률(무게)의 비는 1 : 3이라고 한다.

(1) 최확값(L_0)

어떤 관측량에서 가장 높은 확률을 가지는 값을 말하며 반복 측정된 값의 산술평균으로 구한다. 측정값을 l_1, l_2, l_3, $\cdots$, l_n 각 측정값의 경중률을 P_1, P_2, P_3, $\cdots$, P_n 최확값을 L_0 이라 하면

각 측정의 경중률이 같을 경우	각 측정의 경중률이 다를 경우
$L_0 = \dfrac{l_1 + l_2 + l_3 + \cdots + l_n}{n} = \dfrac{[l]}{n}$	$L_0 = \dfrac{P_1 l_1 + P_2 l_2 + P_3 l_3 + \cdots + P_n l_n}{P_1 + P_2 + P_3 + \cdots + P_n} = \dfrac{[P\,l]}{[P]}$

(2) 잔차(v)

잔차(v)는 최확값(μ)과 각 관측값 사이의 차를 말하며, 관측값들의 조정 시에는 잔차를 이용한다.

$$v = l - u$$

(3) 경중률(무게 또는 비중)과 오차와의 관계

① 경중률(P)은 정밀도의 제곱에 비례한다.

② 경중률(P)은 중등오차의 제곱에 반비례한다.

③ 경중률(P)은 관측회수에 비례한다.

④ 직접수준측량에서 오차는 노선거리의 제곱근에 비례한다.

⑤ 직접수준측량에서 경중률은 노선거리에 반비례한다.

⑥ 간접수준측량에서 오차는 노선거리에 비례한다.

⑦ 간접수준측량에서 경중률은 노선거리의 제곱에 반비례한다.

2. 참값과 참오차

① 참값이란 이론적으로 정확한 값으로 오차가 없는 값을 말하며 존재하지 않는다.

② 아무리 주의 깊게 측정해도 참값을 얻을 수는 없다.

③ 참값을 대신해서 최확값을 사용한다.

④ 참오차 : (참값-측정값)으로 존재하지 않는다.

KEY

> **예제** 거리를 관측하여 369.16m, 369.17m, 369.20m, 369.18m의 관측값을 얻었다. 이들의 관측 횟수가 각각 1, 2, 3, 4라면 최확값은 얼마인가?
>
> 최확값은 경중률을 고려하여 구해야 하며, 관측 횟수는 경중률에 비례하므로 다음과 같이 계산하면
>
> $$\mu = 369 + \frac{(1 \times 0.16) + (2 \times 0.17) + (3 \times 0.20) + (4 \times 0.18)}{1 + 2 + 3 + 4} \fallingdotseq 369.18 \text{m}$$

3. 오차의 원인

일반적으로 오차는 어떤 미지량에 대한 참값과 관측된 값의 차이로 정의된다. 측량으로 취득한 관측값에는 항상 오차가 있으므로 이에 대한 참값과 정확한 오차 크기는 알 수 없지만 오차 처리를 통하여 참값에 가장 가까운 최확값을 구할 수 있다.

(1) 기계적 오차	측량 기계·기구의 구조적 결함이나 조정 상태의 불완전 등에 따라 발생하는 오차이다. 이 오차를 줄이기 위하여 측량 작업 전에 충분히 점검하고 조정하여야 한다.
(2) 개인적 오차	측정자의 숙련 정도나 습성 등의 차이로 인하여 발생하는 오차이다. 이 오차를 줄이기 위하여 주의 깊게 관측하고 스스로 잘못된 습성을 고쳐 나가야 한다.
(3) 자연 오차	바람, 온도, 습도, 광선의 굴절 등과 같은 자연 현상의 변화는 오차의 발생 원인이 된다. 이 오차의 자연적 원인을 줄이기 위하여 될 수 있는 한 측량에 적합한 기상 조건에서 작업하는 것이 바람직하다.

4. 오차의 종류

(1) 정오차 (누차, 누적오차)	정오차는 수학적, 물리적인 법칙에 따라 일정하게 발생하며, 측정 횟수가 증가함에 따라 그 오차가 누적되므로 누적 오차라고도 한다. 정오차의 양은 부호(+, -)를 가지며, 조건과 상태가 변화하면 그 변화량에 따라 오차의 양도 변화하는 계통적 오차이다. 오차의 발생 원인이 확실하고, 측정회수에 비례해서 증가하므로 누차라고도 한다. 정오차는 발생 원인을 찾으면 쉽게 소거할 수 있다. $$R = a \times n$$ 여기서, R : 정오차, a : 1회 측정시의 오차, n : 측정회수
(2) 우연오차 (부정오차, 우차, 상차)	우연 오차는 착오와 정오차를 제거하고도 남는 오차로서 오차의 발생 원인이 불분명하며 아무리 주의해도 없앨 수 없는 오차로 부정오차라 하며, 때로는 서로 상쇄되어 없어지기도 하므로 상차라 하고, 우연히 발생한다 하여 우차라고도 한다. 우연오차는 측정회수의 제곱근에 비례하며 Gauss의 오차론에 의해 처리한다. $$R' = \pm b\sqrt{n}$$ 여기서, R' : 우연오차, b : 1회 측정시의 오차

5. 표준편차와 표준오차

관측값으로부터 최확값을 해석, 평가하는 방법으로는 표준편차 또는 평균 제곱근 오차가 널리 사용된다. 잔차의 제곱을 산술 평균한 값의 제곱근을 평균제곱근 오차라고 하며, 확률밀도 함수 전체의 68.3%인 범위의 오차이다.

표준 편차(σ)는

$$\sigma = \pm \sqrt{\frac{[vv]}{n-1}}$$

여기서, v : 각 측정값의 잔차
n : 측정 횟수

표준편차는 독립 관측값의 정밀도를 의미하고, 최확값에 대한 정확도는 표준 오차로 나타낸다. 측량 분야에서는 최확값으로부터 오차를 주로 다루게 되고, 넓은 의미에서 표준 편차와 표준 오차를 같이 사용하고 있다. 표준오차는 다음 식과 같이 표준 편차를 관측 횟수의 제곱근으로 나누면 구할 수 있다.

$$\text{표준오차는 } \sigma_m = \frac{\sigma}{\sqrt{n}} = \pm \sqrt{\frac{[vv]}{n(n-1)}}$$

6. 확률곡선

(1) 확률

확률이란 측량에 있어서 미지량을 관측할 경우 부정오차의 발생이 불확실할 때 이 오차가 일어날 가능성의 정도를 말하며, 그림 같은 양(+) 또는 음(−) 값을 가지는 오차의 범위에 해당되는 확률 곡선과 면적의 백분비(%)를 나타내는 그래프이다. 곡선으로부터 오차가 +1σ와 −1σ 사이에 있는 면적은 확률 곡선 아래의 전 면적의 약 68.3%이다. 이는 최확값이 ±1σ 내에 존재할 확률이 68.3%라는 것을 의미한다.

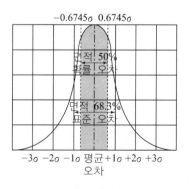

확률곡선

(2) 오차의 법칙

우연오차는 어떤 법칙을 갖고 분포하게 되는 분포특성이 있는데 이를 오차의 법칙이라 한다.

① 큰 오차가 생길 확률은 작은 오차가 생길 확률보다 매우 작다

② 같은 크기의 양(+)오차와 음(−)오차가 생길 확률은 같다.

③ 매우 큰 오차는 거의 생기지 않는다.

(3) 확률오차

확률 곡선의 밀도 함수 전체의 50% 범위를 나타내는 오차로서, 표준 편차의 67.45%에 해당한다.

① 관측값에 대한 확률 오차 $\gamma = \pm 0.6745\sigma$
② 최확값의 확률 오차 $\gamma_m = \pm 0.6745\sigma_m$

7. 평균 제곱근 오차

평균값	$(x) = \dfrac{[l]}{n} = \dfrac{l_1}{n} + \dfrac{l_2}{n} + \cdots + \dfrac{l_n}{n}$ 위 식에서 전 관측의 정밀도를 같게 하면 오차 전파식으로부터 평균제곱근 오차(m_x)를 구할 수 있다.
평균제곱근 오차 (표준오차)	$m_x{}^2 = \left(\dfrac{1}{n}\right)^2 m^2 + \left(\dfrac{1}{n}\right)^2 m^2 + \cdots + \left(\dfrac{1}{n}\right)^2 m^2 = n\left(\dfrac{m}{n}\right)^2$ $m_x = \pm \dfrac{m}{\sqrt{n}} = \pm \sqrt{\dfrac{[vv]}{n(n-1)}}$
경중률을 고려한 평균값, 평균제곱근 오차	① 경중률을 고려한 평균값 $(x_p) = \dfrac{p_1 l_1 + p_2 l_2 + \cdots + p_n l_n}{p_1 + p_2 + \cdots + p_n} = \dfrac{[pl]}{[p]}$ ② 경중률을 고려한 평균값의 평균제곱근 오차 $m_{st} = \pm \sqrt{\dfrac{[pvv]}{[p](n-1)}}$

예제 어느 거리를 동일한 조건으로 관측한 5개의 관측값이 다음과 같을 때 최확값, 표준 편차, 표준오차를 구하여라. (단, 관측값은 각각 306.256m, 306.289m, 306.248m, 306.267m, 306.235m이다.)

최확값은 동일 경중률이므로 산술 평균하면 다음과 같다.

$$최확값(\mu) = \frac{\sum l}{n} = \frac{1,531.295}{5} = 306.259 \text{m}$$

횟수	길이(m)	잔차(v)	v^2
1	306.256	−0.003	0.000009
2	306.289	+0.030	0.000900
3	306.248	−0.011	0.000121
4	306.267	+0.008	0.000064
5	306.235	−0.024	0.000576
	$\sum l = 1,531.295$	$\sum v = 0.000$	$\sum v^2 = 0.001670$

표준 편차(σ), 표준 오차(σ_m)를 구하면

$$\sigma = \pm \sqrt{\frac{[vv]}{n-1}} = \pm \sqrt{\frac{0.001670}{5-1}} ≒ \pm 0.020 \text{m}$$

$$\sigma_m = \frac{\sigma}{\sqrt{n}} = \frac{0.020}{\sqrt{5}} ≒ \pm 0.009$$

핵심 01 측량의 오차에 대한 설명으로 옳은 것은?

① 관측값의 신뢰도를 표시하는 값을 최확값이라고 한다.

② 정오차는 그 발생 원인이 확실하지 않으므로 확률 법칙에 따라 최소제곱법의 원리를 사용하여 처리한다.

③ 경중률은 관측 횟수에 비례하고, 관측 거리에 반비례하며 표준편차의 제곱에 반비례한다.

④ 측량 기계·기구의 구조적 결함이나 조정 상태의 불완전 등에 따라 발생하는 자연적 오차가 있다.

해설

① 관측값의 신뢰도를 표시하는 값을 경중률이라고 한다.

② 우연오차는 그 발생 원인이 확실하지 않으므로 확률 법칙에 따라 최소제곱법의 원리를 사용하여 처리한다.

③ 경중률은 관측 횟수에 비례하고, 관측 거리에 반비례하며 표준편차의 제곱에 반비례한다.

④ 측량 기계·기구의 구조적 결함이나 조정 상태의 불완전 등에 따라 발생하는 정오차가 있다.

핵심 02 다음 중 원인이 불분명하여 주의하여도 제거할 수 없는 오차는?

① 개인오차   ② 기계오차

③ 자연오차   ④ 우연오차

해설

우연오차(상차)

(1) 측정회수의 제곱근에 비례하며 Gauss의 오차론에 의해 처리한다.

(2) 오차가 생기는 원인이 불분명하고, 예측도 할 수 없고, 계산이나 측량 방법에 의하여 없앨 수도 없고, 아무리 주의하여도 없앨 수 없는 오차이다.

(3) 우연오차는 우연히 발생하므로 아무리 주의해도 없앨 수 없는 오차로 측정회수의 제곱근에 비례하며 Gauss의 오차론에 의해 처리한다.

핵심 03

다음 중 경중률에 대한 설명 중 틀린 것은?

① 같은 정도로 측정했을 때에는 측정회수에 비례한다.
② 경중률은 정밀도의 제곱에 비례한다.
③ 직접수준측량에서는 측량거리에 반비례한다.
④ 간접수준측량에서는 측량거리에 반비례한다.

간접수준측량에서는 경중률이 측량거리의 제곱에 반비례한다.

핵심 04

다음 중 오차론에서 다루는 오차는?

① 정오차   ② 기계오차
③ 우연오차   ④ 참오차

우연오차(상차)
(1) 측정회수의 제곱근에 비례하며 Gauss의 오차론에 의해 처리한다.
(2) 오차가 생기는 원인이 불분명하고, 예측도 할 수 없고, 계산이나 측량 방법에 의하여 없앨 수도 없고, 아무리 주의하여도 없앨 수 없는 오차이다.
(3) 우연오차는 우연히 발생하므로 아무리 주의해도 없앨 수 없는 오차로 측정회수의 제곱근에 비례하며 Gauss의 오차론에 의해 처리한다.

핵심 05

측량의 오차 중 발생 원인이 확실하지 않아 확률법칙에 따라 최소 제곱법의 원리를 이용하여 처리하며, 관측이 반복되는 동안 부분적으로 상쇄되어 없어지기도 하는 오차는?

① 부정 오차   ② 정오차
③ 착오   ④ 계통적 오차

해설

우연오차(부정오차, 우차, 상차)
우연오차는 착오와 정오차를 제거하고도 남는 오차로서 오차의 발생 원인이 불분명하며 아무리 주의해도 없앨 수 없는 오차로 부정오차라 하며, 때로는 서로 상쇄되어 없어지기도 하므로 상차라 하고, 우연히 발생한다 하여 우차라고도 한다. 우연오차는 측정회수의 제곱근에 비례하며 Gauss의 오차론에 의해 처리한다.

$$R' = \pm b \sqrt{n}$$

여기서, R' : 우연오차, b : 1회 측정시의 오차

핵심 06 다음 중 확률오차는 몇 %의 확률을 나타내는가?

① 68.72% ② 55%

③ 50% ④ 95.6%

해설

확률오차

일어날 확률이 50%일 때를 말하며 이때의 표준오차(σ)는 ±0.6745이다.

핵심 07 다음 오차의 3원칙 중 틀린 것은?

① 작은 오차는 큰 오차보다 자주 일어난다.

② (+)차와 (−)오차의 발생 횟수는 거의 같다.

③ 너무 큰 오차는 발생하지 않는다.

④ 큰 오차는 작은 오차보다 자주 일어난다.

해설

오차의 정규분포 곡선

종의 모양이며 평균값을 기준으로 작은 오차는 자주 발생하며 큰 오차는 거의 발생하지 않는다.

핵심 08 다음 중 최소자승법에 의하여 제거되는 오차는?

① 정오차 ② 부정오차

③ 개인오차 ④ 기계오차

해설

부정오차(우연오차)는 최소제곱법(최소자승법)으로 처리한다.

핵심 09 거리측정에서 생기는 오차 중 우연(偶然) 오차에 해당되는 것은?

① 측정하는 줄자의 길이가 정확하지 않기 때문에 생긴 오차

② 온도나 습도가 측정 중에 변해서 생긴 오차

③ 줄자의 경사를 보정하지 않기 때문에 생기는 오차

④ 일직선 상에서 측정하지 않기 때문에 생긴 오차

[해설]

우연오차

발생원인이 불분명하여 주의해도 없앨 수 없는 오차이다.

핵심 10 최소자승법의 원리를 이용하여 처리할 수 있는 오차 중 옳은 것은?

① 정오차   ② 우연오차

③ 착각   ④ 물리적 오차

[해설]

부정오차(우연오차)는 최소제곱법으로 처리한다.

핵심 11 같은 각을 관측횟수가 다르게 관측하여 다음 값을 얻었다. 최확값은 얼마인가?

1회	$48°\ 27'\ 20''$
4회	$48°\ 27'\ 25''$
5회	$48°\ 27'\ 28''$

① $48°\ 27'\ 25''$ ② $48°\ 27'\ 26''$

③ $48°\ 27'\ 27''$ ④ $48°\ 27'\ 28''$

[해설]

$$P_1 : P_2 : P_3 = N_1 : N_2 : N_3$$

$$최확값(\alpha_0) = \frac{P_1\alpha_1 + P_2\alpha_2 + P_3\alpha_3}{P_1 + P_2 + P_3} = \frac{(20'' \times 1) + (25'' \times 4) + (28'' \times 5)}{1 + 4 + 5} = 26''$$

$$\therefore 최확값은 \ 48°\ 27'\ 26'' \ 이다.$$

핵심 12

다음 중 평균제곱근 오차는 밀도함수 전체의 몇 % 범위를 나타내는가?

① 50%

② 68.26%

③ 67.45%

④ 95.45%

해설

(1) 평균제곱근 오차(중등오차) : 확률곡선에서 측정값이 나타날 확률이 68.26%일 경우를 말한다.

(2) 확률오차 : 확률곡선에서 측정값이 나타날 확률이 50%일 경우를 말하며 이때는 0.6745σ의 값을 갖는다.

핵심 13

AB 사이의 거리측정에서 이것을 4구간으로 나누어 각 구간의 평균 자승오차로 다음의 값을 얻었을 때 전구간의 평균 자승오차는?

구간	평균자승오차(mm)
1	±3.0
2	±4.0
3	±3.0
4	±4.0

① $\pm\sqrt{25}$ mm

② $\pm\sqrt{49}$ mm

③ $\pm\sqrt{50}$ mm

④ $\pm\sqrt{79}$ mm

해설

오차전파의 법칙에서

$$M = \pm\sqrt{m_1{}^2 + m_2{}^2 + m_3{}^2 + \cdots} = \pm\sqrt{3^2 + 4^2 + 3^2 + 4^2} = \sqrt{50} \text{ mm}$$

핵심 14 다음 중 잔차 v, 관측횟수를 n이라 하고, n이 그렇게 크지 않을 때 관측값의 평균자승 오차는?

① $m = \pm \sqrt{\dfrac{[vv]}{n}}$

② $m = \pm \sqrt{\dfrac{[vv]}{n(n-1)}}$

③ $m = \pm \sqrt{\dfrac{[vv]}{n-1}}$

④ $m = \pm 0.6745 \sqrt{\dfrac{[vv]}{n(n-1)}}$

해설

① $m = \pm \sqrt{\dfrac{[vv]}{n}}$: 1회 관측치의 표준오차

② $m = \pm \sqrt{\dfrac{[vv]}{n(n-1)}}$: 최확치에 관한 평균자승오차

④ $m = \pm 0.6745 \sqrt{\dfrac{[vv]}{n(n-1)}}$: 관측치의 확률오차

핵심 15 다음 오차에 대한 설명 중 옳지 않은 것은?

① 특정에 수반한 오차의 분류로는 정오차, 우연오차, 참오차 등이다.

② 정오차는 원인이 분명하여 항상 일정량의 오차가 발생한다.

③ 참값과 측정값과의 차를 참오차라고 한다.

④ 최확값과 측정값의 차를 확률오차라고 한다.

해설

확률오차
큰오차와 작은오차가 생기는 확률(50%)이 같다고 인정되는 오차

$(r_o) = \pm 0.6745 \sqrt{\dfrac{[vv]}{n(n-1)}}$

잔차(v) : 최확값과 측정값의 차

핵심 16

줄자로 1회 측정할 때 거리측정의 확률오차가 ±0.01m이었다. 5,000m 거리를 50m 줄자로 측정할 때 확률 오차는?

① ±0.1m

② ±0.2m

③ ±0.3m

④ ±0.4m

해설

$$E = \pm\, C\sqrt{n} = \pm\, 0.01 \sqrt{\frac{5,000}{50}} = \pm\, 0.1\text{m}$$

핵심 17

다음 중 1회 측정할 때마다 ±3mm의 우연 오차가 생겼다면 4회 측정할 때 생기는 오차의 크기는?

① ±15.0mm

② ±12.0mm

③ ±9.3mm

④ ±6.0mm

해설

우연 오차는 측정 횟수의 제곱근에 비례한다.

$$\therefore\ M = \pm\, 3\sqrt{n}\,\text{mm} = \pm\, 3\sqrt{4}\,\text{mm} = \pm\, 6.0\text{mm}$$

출제예상문제

★☆☆
01

측량의 3요소와 거리가 먼 것은?

① 각 측량
② 고저차 측량
③ 중력측량
④ 거리 측량

해설

측량의 3요소
거리, 각, 높이(고저)

★★★
02

다음 거리 60km인 지역을 평면으로 고려하여 측량을 실시했을 때 얻어지는 측량성과의 허용오차범위를 나타내는 수식으로 맞는 것은? (단, 지구의 반경은 6,370km)

① $\dfrac{60^2}{12 \times 6,370^2}$

② $\dfrac{30^2}{6 \times 6,370^2}$

③ $\dfrac{60^2}{6 \times 6,370^2}$

④ $\dfrac{60}{12 \times 6,370}$

해설

허용정도

$$\frac{(d-D)}{D} = \frac{D^2}{12R^2} = \frac{60^2}{12 \times 6,370^2}$$

★★★
03

지적 세부 측량에 대한 설명으로 옳은 것은?

① 지상 구조물 또는 지형지물이 점유하는 위치 현황을 지적도나 임야도에 등록된 경계와 대비하여 그 관계 위치를 표시하고 면적을 산출하기 위하여 경계 복원 측량을 한다.

② 현지 경계는 변동이 없으나 지적 공부 상에 경계가 잘못 등록되었을 때 공부를 정정하기 위해 신규 등록 측량을 한다.

③ 도시 개발 사업 등으로 토지를 구획하고 환지를 마친 토지의 지번, 지목, 면적, 경계 또는 좌표를 지적 공부에 새로이 등록하기 위해 지적 확정 측량을 한다.

④ 간척 사업에 따른 공유 수면 매립 등으로 새로운 토지가 생겼을 경우 토지를 새로이 지적 공부에 등록하기 위해 등록전환 측량을 한다.

[해설]

지적 세부측량

(1) 지적 도근점에 기초하여 필계점(筆界點)의 위치를 정하는 측량

(2) 필계점 복원의 정밀도 목표를 15~20cm로 잡고 있기 때문에 필계선의 변길이가 대부분 수십m임을 감안하면 평판 측량이 가장 적합하다.

(3) 지적확정 측량은 세부측량을 통해 정해진다.

★★☆
04

다음 측량에 관한 설명으로 옳지 않은 것은?

① 국제측지학회에서는 지구 타원체의 측정량을 베셀의 값을 사용한다.

② 지구 표면의 곡률을 고려하여 실시하는 측량을 대지 측량이라 한다.

③ 바다에서 육지의 기지점을 이용하여 해도상의 위치를 구하는 측량을 육분의 측량이라 한다.

④ 지구의 적도 반지름과 극 반지름의 차이는 약 21km 정도이다.

[해설]

국제측지학회에서는 지구 타원체의 측정량을 GRS80의 값을 사용한다.

★★★
05

다음 중 측지 측량에 대한 설명으로 옳은 것은?

① 지구 표면의 일부를 평면으로 간주하는 측량
② 지구의 곡률을 고려해서 하는 측량
③ 좁은 지역의 대축척 측량
④ 측량 기기를 이용하여 지표의 높이를 관측하는 측량

[해설]

1. 측지 측량(대지 측량)
   지구의 곡률을 고려하여 실시한 측량
2. 평면 측량
   지구를 평면으로 보고 실시하는 측량

★★★
06

대한민국 수준 원점을 인천만 평균 해면상의 높이로부터 그 수치를 지정하고 있다. 수준 원점의 수치로 옳은 것은?

① 6.7871m
② 26.8671m
③ 26.6871m
④ 226.6781m

[해설]

수준 원점
인천 앞바다의 평균 해수면으로부터 26.6871m인 점

★★★
07

다음 중 적도의 반경과 극반경과의 차이는? (단, 적도반경 6,300km, 편평률 = $\frac{1}{300}$)

① 21.0km
② 31.3km
③ 41.0km
④ 42.6km

[해설]

편평률 $(\epsilon) = \dfrac{a-b}{a}$ 에서

$a - b = \dfrac{1}{300} \times a = \dfrac{6,300}{300} = 21.00km$

08 ★★☆

적도 반지름이 6,370km이고 극 반지름이 6,360m일 때 편평률은?

① $\dfrac{1}{637}$

② $\dfrac{1}{318.5}$

③ $\dfrac{1}{297.0}$

④ $\dfrac{1}{299}$

해설

편평률

$$\epsilon = \frac{a-b}{a} = \frac{6,370-6,360}{6,370} = \frac{10}{6,370} = \frac{1}{637}$$

09 ★★★

다음 중 측량의 높이는 무엇을 기준으로 하는가?

① 평균 해수면

② 동부 원점 지표면

③ 서부 원점 지표면

④ 만조위 해수면

해설

높이의 기준은 평균 해수면이며, 그 높이는 0이다.

10 ★★☆

지구상의 임의의 점에 대한 절대적 위치를 표시하는 데 일반적으로 널리 사용되는 좌표계는?

① 평면 직각 좌표계

② 경·위도 좌표계

③ 3차원 직각 좌표계

④ UTM좌표계

해설

경·위도 좌표계
(1) 지구상의 어떤 점의 절대적 위치를 표시하는데 일반적으로 널리 사용되는 좌표계이다.
(2) 영국 그리니치 천문대를 지나는 본초 자오선과 적도의 교점을 원점으로 한다.

★☆☆
11

지구의 크기로서는 회전타원체의 삼축 반경을 산술평균 하는 것으로 그 값은 다음 중 어느 것인가? (단, 지구의 적도반경 : 6,400km, 극반경 6,300km이다.)

① 약 6,356km 　　　　② 약 6,370km

③ 약 6,367km 　　　　④ 약 6,380km

해설

평균반경

$$R = \frac{2a+b}{3} = \frac{2 \times 6,400 + 6,300}{3} = 6,367 \text{km}$$

★★★
12

다음 중 우리나라의 삼각점이 소속되어 있는 좌표계의 표시이다. 서부 원점의 좌표계는?

① 동경 129 , 북위 38 　　　② 동경 127 , 북위 38

③ 동경 125 , 북위 38 　　　④ 동경 124 , 북위 38

해설

서부 원점 : 동경 125 , 북위 38

★★☆
13

다음 측지학에 관한 설명 중 잘못된 것은?

① 지구 내부의 특성 형상 및 크기에 관한 것을 물리학적 측지학이라 한다.
② 지구표면상의 상호위치 관계를 규명하는 것을 기하학적 측지학이라 한다.
③ 지구표면상의 길이, 각 및 높이의 관측에 의한 3차원 좌표 결정을 위한 측량만을 말한다.
④ 지구곡률을 고려한 반경 11km 이상인 지역의 측량에 측지학의 지식을 필요로 한다.

해설

1. 기하학적 측지학
   점들의 상호 위치관계를 결정
2. 물리학적 측지학
   지구 내부의 특성, 지구의 형상 및 크기를 결정

★★★
14 지적에 사용되는 용어에 대한 설명으로 옳은 것은?

① 지적공부에는 지적도, 임야도, 경계점좌표등록부, 토지대장, 임야대장 등이 있다.

② 분할은 2필지 이상의 토지를 1필지로 합하는 것이다.

③ 지목은 하나의 지번이 붙는 토지의 등록 단위이다.

④ 필지는 토지의 주된 사용 목적에 따라 토지의 종류를 구분·표시하는 명칭이다.

> 해설
>
> 1. 지적공부(地籍公簿)란 토지대장, 임야대장, 공유지연명부, 대지권등록부, 지적도, 임야도 및 경계점좌표등록부 등 지적측량을 통하여 조사된 토지의 표시와 해당 토지의 소유자 등을 기록한 대장 및 도면(정보처리시스템을 통하여 기록·저장된 것을 포함한다)을 말한다.
> 2. 분할은 1필지를 2필지 이상으로 나누는 것
> 3. "지목"이란 토지의 주된 용도에 따라 토지의 종류를 구분하여 지적공부에 등록한 것을 말한다.
> 4. 필지(筆地), 필(筆)은 구획된 논이나 밭, 임야, 대지 따위를 세는 단위이다. 땅에 대한 소유권이나 건물이 앉은 터를 기준으로 해서, 토지 구역 경계로 갈라 정한 국토를 등록하는 기본단위이다.

★★☆
15 다음 중 기하학적 측지학에 속하지 않는 것은?

① 측지학적 3차원 위치의 결정 ② 면적 및 체적의 산정

③ 길이 및 시의 결정   ④ 지구의 극운동과 자전운동

> 해설
>
> 1. 기하학적 측지학
>   점들의 상호 위치관계를 결정
> 2. 물리학적 측지학
>   지구 내부의 특성, 지구의 형상 및 크기를 결정

★★☆

16

다음 중 물리학적 측지학에 속하지 않는 것은?

① 지구의 형상해석　　　　② 지자기 측정
③ 중력 측정　　　　　　　④ 천문 측량

해설

천문측량은 기하학적 측지학이다.

★★★

17

3각 측량의 구과량에 대한 다음 설명 중 틀린 것은?

① 3각형에서는 3내각의 합이 $180°$ 보다 큰 것
② 4각형에서는 4내각의 합이 $360°$ 보다 큰 것
③ n다각형에서는 n내각의 합이 $(n-2)180°$ 보다 큰 것
④ 평면 다각형의 폐합오차는 구과량과 같다.

해설

구과량
3각형에서는 3내각의 합이 $180°$ 보다 큰 것

★★☆

18

내륙에서 멀리 떨어져 있는 섬에서는 내륙의 기준면을 직접 연결할 수 없어 하천이나 항만공사 등에서 필요에 따라 편리한 기준면을 정하는 경우가 있는데 이것을 무엇이라 하는가?

① 수준면　　　　　　　　② 기준면
③ 수준원점　　　　　　　④ 특별기준점

해설

특별 기준면(special datum plane)
내륙에서 멀리 떨어져 있는 섬에서는 내륙의 기준면을 직접 연결할 수 없으므로, 그 섬 특유의 기준면을 사용하는 것을 말한다.

★★☆

19

다음 중 일반적인 측량에 많이 이용되는 좌표는?

① 사교좌표   ② 극좌표

③ 직교좌표   ④ 천문좌표

일반적인 측량에 많이 이용되는 좌표는 직교좌표다.

★★★

20

다음 중 상차(compensating error)와 가장 관계가 가까운 오차는?

① 정오차   ② 우연 오차

③ 기계 오차   ④ 착오

해설

우연 오차

(+), (−) 오차가 같은 정도로 서로 상쇄되어 없어지는 경우를 상차라 한다.

★★☆

21

직각 좌표계에서 중앙자오선과 적도의 교점을 원점으로 횡메르카토르도법으로 투영한 좌표계는?

① U.T.M 좌표   ② U.P.S 좌표

③ 3차원 극좌표   ④ 가우스 크뤼거 좌표

해설

U.T.M 좌표

U.T.M(국제 횡 메르카토르(Mercator)) 투영법에 의하여 표현되는 좌표계로서 적도를 횡축, 자오선을 종축으로 하는 평면직각좌표를 말한다.

★★★
22

「공간정보의 구축 및 관리 등에 관한 법률」상 '등록전환'의 정의는?

① 새로 조성된 토지와 지적공부에 등록되어 있지 아니한 토지를 지적공부에 등록하는 것을 말한다.

② 임야대장 및 임야도에 등록된 토지를 토지대장 및 지적도에 옮겨 등록하는 것을 말한다.

③ 지적공부에 등록된 지목을 다른 지목으로 바꾸어 등록하는 것을 말한다.

④ 지적도에 등록된 경계점의 정밀도를 높이기 위하여 작은 축척을 큰 축척으로 변경하여 등록하는 것을 말한다.

> **해설**
>
> ① : 신규등록에 대한 내용이다
> ③ : 지목변경에 대한 내용이다
> ④ : 지적측량에 대한 내용이다

★★☆
23

극심입체 투영법에 의해 위도 80° 이상의 양극지역에 대한 좌표를 표시하는데 사용되는 좌표는?

① U.T.M 좌표   ② U.P.S 좌표
③ 3차원 극 좌표   ④ 가우스 크뤼거 좌표

> **해설**
>
> U.P.S 좌표
> 극심 입체투영법에 의해 위도 80° 이상의 양극지역에 대한 좌표를 나타낸다.

★★★
24

다음 중 G.P.S 측량에 사용되는 좌표계는?

① W.G.S-72   ② W.G.S-84
③ 경위도 좌표   ④ 측지좌표

> **해설**
>
> WGS84 좌표
> 지구의 질량중심을 기준으로 하는 좌표계이다.

★★★
25

다음 1회 측정할 때 ±3mm의 우연 오차가 발생하였다. n회 측정할 때 오차의 크기는?

① $\pm 3\sqrt{n}\,\text{mm}$ 　　② $\pm 3\sqrt{2n}\,\text{mm}$

③ $\pm 3n\,\text{mm}$ 　　　④ $\pm 3\sqrt{3n}\,\text{mm}$

우연 오차
측정 횟수 제곱근에 비례한다.
∴ $M = \pm E\sqrt{N} = \pm 3\sqrt{n}\,\text{mm}$

★★☆
26

오차론에 의해서 처리할 수 있는 오차는?

① 누차 　　② 착오
③ 정오차 　④ 우연 오차

해설

(1) 정오차나 착오는 세심한 주의와 보정을 하면 소거할 수 있다.
(2) 우연오차는 측정결과에 끝까지 남게 되므로 오차론에 의하여 처리한다.

★★☆
27

다음 위도에 관한 설명 중 옳지 않은 것은?

① 천문위도란 어떤 지점에서 연직선과 적도면이 이루는 각으로 표시된다.
② 지심위도란 관측점과 지구중심을 연결한 선이 적도면과 이루는 각으로 표시된다.
③ 화성위도란 관측점의 법선이 적도면과 이루는 각으로 표시된다.
④ 측지위도란 어떤 지점에서 표준 타원체의 법선이 적도면과 이루는 각으로 표시된다.

해설

화성위도
지구 중심으로부터 타원체의 장반경을 반경으로 하는 구를 그리고 타원체의 한 점을 지나는 적도면의 법선이 이 구와 만나는 점과 지구 중심을 맺는 직선이 적도면과 이루는 각

★★☆
28

다음 중 지오이드에 대한 설명 중 틀리는 것은?

① 평균해수면을 육지까지 연장하는 가상적인 곡면을 Geoid라 하며 이것은 준거타원체와 일치한다.

② Geoid는 중력장의 등포텐셜면으로 볼 수 있다.

③ 실제로 Geoid는 굴곡이 심하므로 측지측량의 기준을 채택하기 어렵다.

④ 지구의 형은 평균해수면과 일치하는 지오이드면으로 볼 수 있다.

지오이드
준거타원체와 거의 일치하지만 정확히 일치하지는 않는다.

★☆☆
29

다음 측량의 분류 중 평면 측량과 측지 측량에 대한 설명으로 틀린 것은?

① 거리 허용 오차를 10^{-6}까지 허용할 경우, 반지름 11km까지를 평면으로 간주한다.

② 지구 표면의 곡률을 고려하여 실시하는 측량을 측지 측량이라 한다.

③ 지구를 평면으로 보고 측량을 하여도 오차가 극히 작게 되는 범위의 측량을 평면 측량이라 한다.

④ 토목공사 등에 이용되는 측량은 보통 측지 측량이다.

토목공사 등에 이용되는 측량은 보통 평면 측량이다.

★★★
30

관측점의 연직선이 적도면과 이루는 각으로 지오이드를 기준으로 한 것은?

① 측지학적 위도   ② 천문위도

③ 지심위도   ④ 화성위도

해설

(1) 측지위도 : 지도에 표시되는 위도로서 지구상의 한 점에서 타원체에 대한 법선이 적도면과 이루는 각

(2) 천문위도 : 지구상의 한 점에서 연직선이 적도면과 이루는 각으로 지오이드를 기준으로 한 위도이다.

(3) 지심위도 : 지구상의 한점과 지구 중심을 맺는 선이 적도면과 이루는 각

(4) 화성위도 : 지구 중심으로부터 타원체의 장반경을 반경으로 하는 구를 그리고 타원체의 한 점을 지나는 적도면의 법선이 이 구와 만나는 점과 지구 중심을 맺는 직선이 적도면과 이루는 각

★☆☆

31 다음 중 중력 측량 시 이용되는 수준점은 무엇을 기준으로 하는가?

① 비고
② 표고
③ 높이
④ 고도

해설

중력측정
표고를 알고 있는 지점에서 중력에 의한 변화현상(길이 or 시간)을 측정하는 것으로 단위는 gal이다.

★★☆

32 다음 중 지구상의 위치를 표시하는 데 주로 사용하는 좌표계가 아닌 것은?

① 평면 직각 좌표계
② 경위도 좌표계
③ 4차원 직각 좌표계
④ UTM 좌표계

해설

지구상의 위치를 표시하는 좌표계
• 평면 직각 좌표계
• 경위도 좌표계
• 3차원 직각 좌표계
• TM 및 UTM좌표계

33 ★★★

다음 중 무게 또는 경중률에 대한 설명 중 옳지 않은 것은?

① 같은 정도로 측정했을 때에는 측정횟수에 비례한다.
② 무게는 정밀도의 제곱에 반비례한다.
③ 직접 수준측량에서는 거리에 반비례한다.
④ 간접 수준측량에서는 거리의 제곱에 반비례한다.

무게(경중률)는 정밀도의 제곱에 비례한다.

34 ★★★

다음 중 반경 11Km 이내의 지역에 대하여 지구의 곡률을 고려하지 않고 평면으로 간주하는 측량은?

① 평면 측량   ② 대지 측량
③ 측지 측량   ④ 평판 측량

해설

평면 측량
지구의 곡률을 무시하고, 지름 22Km의 범위, 반지름 11km의 범위를 평면으로 보고 측량한다.

35 ★★☆

해양측지에서 간출암 높이 및 해저수심의 기준이 되는 면은 다음 중 어느 것인가?

① 약 최고고저면   ② 평균중등수위면
③ 수애면   ④ 약 최저저조면

★★★
36

다음 관계 중 옳은 것은? (단, N : 지구의 횡곡률반경, R : 지구의 자오선 곡률반경, a : 타원지구의 적도의 반경, b : 타원지구의 극반경이다.)

① 측량의 원점에서의 평균곡률반경은 $\dfrac{a-2b}{3}$ 이다.

② 타원에 의한 지구의 곡률반경은 $\dfrac{a-b}{a}$ 로 표시한다.

③ 지구의 편평률은 $\sqrt{N \cdot R}$ 로 표시된다.

④ 지구의 편심률은 $\sqrt{\dfrac{a^2-b^2}{a^2}}$ 로 표시된다.

[해설]

편평률$(\epsilon) = \dfrac{a-b}{a}$, 구의 곡률반경 $(R) = \dfrac{2a+b}{3}$

★★★
37

다음 지오이드에 대한 다음 설명 중 틀린 것은?

① 대륙에서는 지구 타원체보다 낮으며, 해양에서는 지구 타원체보다 높다.
② 일종의 수면이므로 물의 성질 때문에 지오이드면은 항상 중력방향에 수직이다.
③ 대체로 실제 지구형과 지구 타원체 사이를 지난다.
④ 평균 해수면을 육지까지 연장하여 지구를 덮는 곡면을 가상하여 이 곡면이 이루는 모양을 지오이드라 한다.

[해설]

지오이드
밀도가 낮은 곳은 내려가고, 밀도가 높은 곳에서는 올라가므로 바다에서는 지구타원체보다 낮고 육지에서는 지오이드 위에 있는 물의 인력으로 지오이드가 끌려 올라와 지구 타원체보다 높아진다.

★★☆
38

다음 반경 2m인 구면상의 구면삼각형 면적이 1m²이라면 이 구면 삼각형의 구 과량은 얼마인가?

① 51,566″   ② 20,6265″

③ 51,5666″   ④ 31,756″

> **해설**
>
> $$\epsilon'' = \frac{F}{r^2}\rho'' = \frac{1.000}{2^2} \times 206,265'' = 51,566'' \fallingdotseq 14°$$

★★★
39

삼각형의 3개 내각 측정 시 각각 다른 경중률로 측정하였을 때 각각의 최확치 를 구하기 위한 오차분배 방법으로 옳은 것은?

① 경중률에 비례하여 오차를 배분한다.

② 경중률에 반비례하여 오차를 배분한다.

③ 각의 크기에 비례하여 오차를 배분한다.

④ 각의 크기에 반비례하여 배분한다.

> **해설**
>
> 경중률(신뢰도)
> 각각의 무게를 계산하여 경중률에 반비례하여 오차를 배분한다.

★★★
40

다음 표준 편차와 표준 오차에 대한 설명 중 옳지 않은 것은?

① 표준 편차는 관측값으로 부터 최확값을 해석하는 방법으로 사용한다.

② 표준 오차는 독립 관측값의 정밀도를 의미하고, 최확값에 대한 정밀도는 표준 편차로 나타낸다.

③ 측량 분야에서 넓은 의미로 표준 편차와 표준 오차는 같이 사용한다.

④ 표준 오차는 표준 편차를 관측 횟수의 제곱근으로 나누어 구한다.

> **해설**
>
> 최확값에 대한 정밀도
> 표준 오차로 나타내고 표준 편차는 독립 관측 값의 정밀도를 의미한다.

41 ★★☆

다음 중 어떤 측량에서 가장 높은 확률을 가지는 값을 의미하는 용어는?

① 잔차값   ② 최확값

③ 관측값   ④ 오차값

최확값
어떤 관측량에서 확률적으로 가장 높은 확률을 가지는 값

42 ★★★

어느 거리를 관측하여 100.28m, 100.20m, 100.16m의 관측값을 얻었고 이들의 경중률이 순서대로 각각 1 : 3 : 2일 때 최확값은?

① 100.20m   ② 100.30m

③ 100.44m   ④ 100.58m

해설

$$최확치 = \frac{P_1 \cdot A + P_2 \cdot B + P_3 \cdot C}{P_1 + P_2 + P_3}$$

$$= 100 + \frac{1 \times 0.28 + 3 \times 0.20 + 2 \times 0.16}{1 + 3 + 2} = 100.20\text{m}$$

43 ★★★

어떤 측선을 측정하여 다음 결과를 얻었다. 최확값을 구하면 얼마인가?

측정	측정값(m)	측정 횟수
1	150.180	2
2	150.250	3
3	150.220	4

① 149.782m   ② 149.221m

③ 150.782m   ④ 150.221m

해설

$$150 + \frac{0.180 \times 2 + 0.250 \times 3 + 0.220 \times 4}{2 + 3 + 4} = 150.221\,\text{m}$$

★★☆
44

다음 중 경중률에 대한 설명으로 틀린 것은?

① 경중률은 관측 횟수에 비례한다.

② 서로 다른 조건으로 관측했을 때에는 경중률이 다르다.

③ 경중률은 관측 거리에 반비례한다.

④ 경중률은 표준 편차에 반비례한다.

> [해설]
>
> 경중률은 관측 횟수에 비례하고, 측정 거리에 반비례한다.

★★☆
45

세 사람이 두 점의 거리를 3회 측정하여 각각 10.124m, 10.124m, 10.116m의 평균값을 얻었다. 이 거리의 최확값은 얼마인가?

① 10.119m

② 10.121m

③ 10.134m

④ 10.158m

> [해설]
>
> 최확값 $L_0 = \dfrac{[l]}{n} = \dfrac{10.124 + 10.124 + 10.116}{3} = 10.121\,\mathrm{m}$

★★☆
46

다음 중 최확값과 경중률에 관한 설명으로 옳지 않은 것은?

① 경중률이 다르면 최확값은 경중률을 고려해서 구해야 한다.

② 경중률은 관측 횟수에 비례한다.

③ 최확값은 어떤 관측에서 가장 높은 확률을 가지는 값이다.

④ 경중률은 관측 거리의 제곱에 비례한다.

> [해설]
>
> 경중률
> 측정 거리에 반비례하고, 관측 횟수에 비례한다.

★★★
47

2점 간의 거리를 A가 3회 측정하여 30.4m, B가 2회 측정하여 28.4m를 얻었다. 이 거리의 최확값은?

① 27.6m　　　　　　　② 28.4m

③ 29.6m　　　　　　　④ 30.2m

해설

최확치 $H_p = \dfrac{30.4 \times 3 + 28.4 \times 2}{3+2} = 29.6 \, \text{m}$

★★★
48

거리 측량의 결과 평균 제곱근 오차(표준 오차)가 3cm일 때 확률 오차는?

① ±1.949cm　　　　　② ±1.649cm

③ ±2.024cm　　　　　④ ±1.024

해설

확률 오차 $r_0 = \pm 0.6745 m_0 = \pm 0.6745 \times 3 = \pm 2.024 \, \text{cm}$

★★★
49

어떤 두 점간의 거리를 같은 측정기로 5회 측정한 결과 최확치가 99.950m이고 매회 잔차 제곱의 합계가 450mm이었다면 확률 오차는?

① 2.6mm　　　　　　　② 3.2mm

③ 4.6mm　　　　　　　④ 4.2mm

해설

확률 오차 $r_0 = \pm 0.6745 m_0$

$$= \pm 0.6745 \sqrt{\dfrac{v^2}{n(n-1)}} = \pm 0.6745 \sqrt{\dfrac{450}{5(5-1)}} = \pm 3.2 \, \text{mm}$$

★★☆

50 다음 중 거리 측량의 정밀도에 관한 사항 중 옳은 것은?

① 정밀도는 최확값을 확률 오차로 나눈 것이다.

② 확률 오차의 값은 중등 오차에 0.6745배 곱한 값이다.

③ 정밀도는 확률 오차를 중등 오차로 나눈 것이다.

④ 정밀도는 최확치를 중등 오차로 나눈 것이다.

해설

(1) 정밀도 $= \dfrac{\text{중등오차(또는 확류오차)}}{\text{최확값}}$

(2) 확률 오차 $r_0 = 0.6745 m_0 \, (m_0 = \text{중등오차})$

★☆☆

51 다음 중 가장 정밀도가 높은 것은?

① $\dfrac{1}{10,000}$　　　　② $\dfrac{1}{5,000}$

③ $\dfrac{1}{1,000}$　　　　④ $\dfrac{1}{500}$

해설

정밀도는 분모가 큰 숫자일수록 오차가 적으므로 정밀도가 높다.

★★☆

52 측량한 측선의 길이가 600m이고 정밀도가 1/600이었다면 이때 오차는 몇 cm 인가?

① 100cm　　　　② 96.57cm

③ 97.67cm　　　　④ 98.67m

해설

오차 $E = 600 \times \dfrac{1}{600} = 1\text{m} = 100\text{cm}$

2 GPS 거리 측량

GPS 거리 측량

 GPS의 개요

GPS는 지상, 해상, 공중 등 지구상의 어느 곳에서나 시간이나 공간의 제약 없이 인공위성에서 발신하는 정보를 수신하여 정지해 있거나 이동하는 물체의 위치를 측정할 수 있는 시스템으로, 현재 민간용으로 가장 많이 쓰이고 있는 자동 항법 시스템이다.

※ **공무원 시험에는 개념적인 부분이 많이 출제되므로 다음관계를 숙지해야 한다.**
① GPS의 구성   ② GPS의 장·단점
③ GPS와 NNSS를 비교   ④ GPS의 응용분야

1. GPS(Global Positioning System)

GPS는 인공위성을 이용하여 정확한 위치를 알고 있는 위성에서 발사한 전파를 수신하여 관측점까지의 소요시간을 관측하여 관측점의 위치를 구하는 범지구위치결정체계이다. 측량 방법은 위치가 알려진 위성에서 미지점의 위치를 결정하는 후방교회법에 의한다.

핵심 KEY

① 범지구 위치결정체계의 약어로서 WGS-84 좌표체계를 사용한다.
② 미국 국방성에 의해 개발된 24개의 인공위성에서 보내지는 신호를 수신기를 통해 정확한 위치결정에 사용된다.
③ 위성의 궤도고도는 약 20,000km, 주회동기 0.5 항성일이며 복수의 세슘 및 루비듐 원자시계와 위치결정용 L_1 Band 와 L_2 Band 송신기를 탑재했다.
④ GPS 위성의 전파항법체계는 우주부분, 제어부분, 사용자부분으로 이루어졌다.

2. G.P.S의 특징

관측점간의 시통이 필요하지 않다.	24시간 상시 높은 정밀도를 가진다.
날씨의 영향을 받지 않는다.	정밀도가 높은 3차원 좌표를 얻을 수 있다.
고밀도 측량이 가능하다.	WGS 84가 이용좌표계다.
장거리 측량이 가능하다.	NNSS의 개량 발전형이다.
실시간 측량이 가능하다.	

3. GPS 위성궤도

궤도	대략 원궤도
궤도 수	6개
위성 수	24개
궤도경사각	55°
사용좌표계	WGS-84

GPS 위성궤도

4. GPS의 구성

(1) 우주 부문	① 고도 20,183km와 55°의 기울임 각을 가진 위도 60°의 6개의 원형 궤도면 위에 배치되어 있는 GPS 위성들로 구성 ② 11시간 58분의 주기를 가지고 지구주위를 돈다. ③ 3차원 후방교회법으로 위치 결정
(2) 사용자 부문	위성으로부터 전송되는 신호정보를 수신할 수 있는 GPS수신기와 자료처리를 위한 위성으로부터 전송되는 시간과 위치정보를 처리하여 정확한 위치와 속도를 구한다.
(3) 제어 부문	GPS 시스템은 예상치 못한 여러 가지 환경들과 불의의 사태 속에서도 정확한 서비스를 제공하기 위해 정밀한 지상관리시스템이 필요하다. ① 궤도와 시각 결정을 위한 위성의 추적 ② 위성시간의 동일화 ③ 위성으로부터의 자료전송

위성의 변화

사용자부문

관제(제어)부분

5. GPS측량의 장·단점

장점	단점
기상조건에 영향 받지 않는다.	우리나라 좌표계에 맞게 변환해야 한다.
야간에 관측이 가능하다.	위성의 궤도정보가 필요하다.
관측점 간의 시통이 필요 없다.	전리층 및 대류권에 관한 정보를 필요로 한다.
장거리도 측정이 가능하다.	
3차원 측정이 가능하다.	
움직이는 대상물 측정이 가능하다.	
고정 및 측량이 가능하다.	
24시간 상시 높은 정밀도를 유지한다.	
실시간으로 측정이 가능하다.	

6. GPS의 응용분야

(1) 측지측량 분야

① 지상측량보다 더 효율적인 측량이 기대된다.

② 정밀기준점측량, 중력측량, 항공사진측량, 노선측량 등에 이용된다.

(2) 교통 분야

① 교통부문 지리정보체계(GIS-T)

② 인공지능 교통정보체계(ITS)

③ 차량항법시스템(CNS)

(3) 지도제작

(4) 항공분야

(5) 해상측량분야

(6) 우주분야

(7) 군사용

(8) 레저 스포츠 분야

7. GPS와 NNSS의 비교

항목	N.N.S.S	G.P.S
개발시기	1950년대	NNSS의 개량 발전형(1973년대)
궤도	극궤도운동	원궤도운동
고도	약 1,075km	약 20,163km
거리관측법	인공위성전파의 도플러효과 이용	전파의 도달소요시간 이용 (위성으로부터 거리관측)
이용좌표계	WGS-72	WGS-84
구성	위성 5개	총 위성 26개 (6개의 궤도에 4개씩의 위성을 가지고 있으며 보조 위성 2개 포함)
응용	선박의 항법, 측지기준점	• 범세계위치 결정체계. 3차원 위치 결정가능 • 선박, 항공기, 로켓의 항법원조, 지각변동의 관측 등

01 다음 3차원 위치를 결정할 수 있는 위성 함측 시스템으로 두 점간의 시통이 되지 않는 지형에서도 관측 가능한 거리 측량은 무엇인가?

① 광파거리 측정
② 전파 거리 측정
③ GPS 측량
④ 장거리 측량

GPS 측량기
범세계적 위치 결정 체계로 시통되지 않은 곳의 3차원 위치를 결정할 수 있고, 정확히 관측점의 위치를 구하는 측량이다.

02 GPS와 같은 GNSS측량의 일반적인 특성에 대한 설명으로 옳지 않은 것은?

① 실시간으로 3차원 위치 측정이 가능하다.
② 기선을 결정할 경우에는 두 측점 간에 서로 잘 보여야 한다.
③ 기상에 관계없이 하루 24시간 어느 시간에도 이용이 가능하다.
④ 민간을 신호하는 신호사용에 따른 경제적 부담이 없다.

해설

GPS 장점
(1) 기상조건에 영향 받지 않는다.
(2) 야간에 관측이 가능하다.
(3) 관측점 간의 시통이 필요 없다.
(4) 장거리도 측정이 가능하다.
(5) 3차원 측정이 가능하다.
(6) 움직이는 대상물 측정이 가능하다.
(7) 고정 및 측량이 가능하다.
(8) 24시간 상시 높은 정밀도를 유지한다.

핵심 03 다음 위성측량에 대한 설명으로 틀린 것은?

① GPS에서 사용되고 있는 기준타원체는 WGS 84 타원체이다.

② NNSS에 의한 위치결정 시스템은 도플러 현상을 이용한다.

③ GPS는 군사적 목적으로 개발되었으나 그 활용분야가 민간부분에까지 널리 확대되고 있다.

④ 관측의 소요시간과 정확도 면에서의 문제점을 보완하기 위해 GPS의 발전형으로 NNSS를 개발하였다.

해설

NNSS의 개량 발전형이 GPS이다.

핵심 04 다음 중 GPS의 구성 요소가 아닌 것은?

① 천체 부분   ② 우주 부분

③ 제어 부분   ③ 사용자 부분

해설

GPS의 구성요소
우주 부분, 관제(제어) 부분, 사용자 부분

핵심 05 다음 중 GPS 측량의 기준이 되는 표준좌표계는?

① GRS 80   ② WGS 84

③ International(1967)   ④ Tm 90GPS

해설

GPS측량
지구의 질량 중심을 기준으로 하는 WGS 84 좌표계를 사용한다.

핵심 06

다음 중 GPS 위성의 궤도는 무슨 궤도인가?

① 타원궤도 ② 극궤도
③ 원궤도 ④ 정지궤도

> **해설**
>
> (1) NNSS : 극궤도
> (2) GPS : 원궤도

핵심 07

가상 기준점(VRS)을 활용한 Network-RTK 측량 과정을 순서대로 바르게 나열한 것은?

> (가) 전송받은 보정값을 통해 정밀 좌표를 획득
> (나) 사용자는 제어국으로 현재 위치 정보를 전송
> (다) 기준국은 GPS데이터를 수신하고 제어국으로 전송
> (라) 제어국은 수집된 기준국 데이터를 이용하여 보정값을 생성
> (마) 제어국은 사용자가 요청한 위치에 해당하는 보정값을 전송

① (나)→(라)→(다)→(마)→(가)
② (나)→(마)→(라)→(다)→(가)
③ (다)→(라)→(나)→(마)→(가)
④ (다)→(마)→(라)→(나)→(가)

> **해설**
>
> VRS : 기존의 RTK측량방식이 기지국에 1대, 이동국에 1대, 총 2대의 수신기를 필요로 했던 방식을 상시관측소를 기준으로 1대의 수신기와 블루투스 통신이 가능한 1대의 휴대전화로 실시간 위성측량이 가능한 측량 방법이다.

08 다음 중 GPS 위성은 지구를 둘러싸는 6개의 궤도상에서 몇 도 간격을 유지하는가?

① 30° ② 60°
③ 90° ④ 120°

해설

GPS 위성은 지구를 둘러싸는 6개의 궤도상 위성은 각 궤도를 60° 간격으로 유지하고 있다.

09 다음 중 GPS에서 사용하고 있는 좌표계로 옳은 것은?

① WGS 72 ② WGS 84
③ PZ 30 ④ ITFR 96

해설

GPS측량은 지구의 질량 중심을 기준으로 하는 WGS 84 좌표계를 사용한다.

10 측점간의 시통이 불필요하고 24시간 상시 높은 정밀도로 3차원 위치측정이 가능하며, 실시간 측정이 가능하여 항법용으로도 활용되는 측량방법은?

① NNSS 측량 ② GPS 측량
③ VLBI 측량 ④ 토탈스테이션 측량

해설

GPS측량
약 20,000km 상공의 위성에서 발사한 전파의 도달 소요시간을 이용하여 위치를 관측하므로 측점간의 시통이 불필요하고 3차원 위치측정이 가능하며 높은 정밀도로 관측이 용이하다.

다음 중 범세계적 위치결정체계(GPS)에 대한 설명 중 옳지 않은 것은?

① 기상에 관계없이 위치결정이 가능하다.
② NNSS의 발전형으로 관측 소요시간 및 정확도를 향상시킨 체계이다.
③ 우주 부분, 제어 부분, 사용자 부분으로 구성되어 있다.
④ 사용되는 좌표계는 WGS 72이다.

해설

GPS의 좌표체계
지구의 질량중심을 사용하는 WGS 84 좌표이다.

다음 중 NNSS와 GPS에 대한 설명 중 잘못된 것은?

① NNSS는 전파의 도달 소요시간을 이용하여 거리 관측을 한다.
② NNSS는 극궤도 운동을 하는 위성을 이용하여 지상위치 결정을 한다.
③ GPS는 원궤도 운동을 하는 위성을 이용하여 지상위치 결정을 한다.
④ GPS는 범지구적 위치 결정 시스템이다.

해설

거리의 관측방법
(1) NNSS : 인공위성의 도플러 효과를 이용한 것이다.
(2) GPS : 전파의 도달 소요시간을 이용한 것이다.

다음 중 GPS를 응용할 수 있는 분야가 아닌 것은?

① 측지 측량 분야   ② 레져스포츠 분야
③ 차량 분야   ④ 잠수정의 위치추적 분야

해설

GPS 위성에서 보이지 않는 수중의 위치는 결정이 곤란하다.

핵심 14

다음 중 GPS 측량에 대한 다음 설명 중 잘못된 것은?

① 절대 관측방법은 GPS측량 중 오차가 가장 적은 방법이다.

② 정지측량은 후처리 측량법이다.

③ 이동측량은 이동차량의 위치결정에 사용된다.

④ RTK측량은 실시간 이동측량을 말한다.

정지측량

GPS 측량방법 중 가장 정밀도가 높아 기준점 측량에 이용된다.

절대관측방법은 정밀도가 떨어진다.

핵심 15

다음 중 GPS의 특징을 설명한 다음 사항 중 틀린 것은?

① 장거리 측량에 주로 이용된다.

② 관측점간의 시통이 필요하지 않는다.

③ 날씨에 영향을 많이 받는다.

④ 고정밀도 측량이 가능하다.

GPS측량은 날씨, 시통 등의 영향을 받지 않는다.

② GPS의 측량방법 및 오차

이단원은 GPS 측량방법을 알고 측량에 따른 오차는 무엇인지를 알고 처리 방법에 대하여 아는 것이 중요하다.

※ 공무원 시험에는 다음관계를 반드시 숙지해야 한다.
　① 정지측량, 이동측량, R.T.K 측량
　② DOP, SA, 사이클슬립
　③ GPS오차

1. GPS 위치결정 방법

GPS를 이용하여 측량하는 방법으로는 수신기 하나만을 사용하는 단독 위치 결정과 2대 이상의 수신기를 사용하는 상대위치 결정이 있다. 상대위치 결정 방법은 다시 실시간 DGPS, 후처리 DGPS, 실시간 이동 측량(RTK)으로 구분된다.

(1) 절대관측 방법

4개 이상의 위성으로부터 수신한 신호 가운데 C/A코드를 이용해서 실시간으로 수신기의 위치를 결정하는 방법이다.

---

① 지구상에 있는 사용자의 위치를 관측하는 방법

② 위성신호 수신 즉시 수신기의 위치 계산

③ GPS의 가장 일반적이며 기초적인 응용단계이다.

④ 계산된 위치의 정확도가 낮다. (15~25m의 오차)

⑤ 선박, 자동차, 항공기 등의 항법에 이용

---

(2) 상대관측 방법

① 정지(static)측량	2개 이상의 수신기를 각 측점에 고정하고 양 측점에서 동시에 4대 이상의 위성으로부터 신호를 수신하는 방식이다. 수신시간은 수신기의 수에 반비례, 기선거리에 비례하며 10분에서 2시간 정도까지이다. · 계산된 위치 및 거리 정확도가 가장 높은 GPS 측량법 · VLBI의 보완 또는 대체 가능 · 수신 완료 후 컴퓨터로 각 수신기의 위치, 거리 계산 · 정도는 수 cm 정도(1ppm~0.01ppm)
② 이동(kinematic) 측량	기지점의 1대 수신기를 고정국, 다른 수신기를 이동국으로 하여 4대 이상의 위성으로부터 신호를 수초 – 수분 정도 포맷하는 방식이다. · 이동차량 위치 결정, 공사측량 등에 이용 · 정도는 10cm~10m 정도
③ RTK (Real Time Kinematic)	실시간 이동측량으로 불리며 현장에서 직접데이터를 확인할 수 있으며 1필지 확정측량의 경계관측에 매우 양호한 측량방법

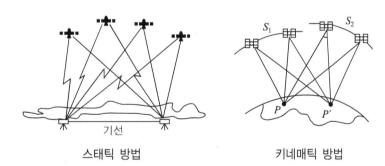

스태틱 방법   키네매틱 방법

KEY

◉ DGPS(Differential GPS)

- 이미 알고 있는 기지점 좌표를 이용하여 오차를 줄이는 방식
- 기점에 기준국용 GPS 수신기를 설치하여 각 위성의 보정값을 구해 이동 국용 GPS 수신기의 위치 오차를 줄이는 위치결정 방식

◉ RTK의 장점

- 과학적이고 합리적인 위치 표시 가능
- 기준점의 위치정보는 높은 정밀도
- 측량비용 절감
- 고효율, 신속, 정확한 측량

2. GPS 측량과 지오이드

① GPS에 의해 측정되는 타원체는 지오이드에 대해서 수학적으로 가장 근사한 가상적인 면인 지심타원체를 기준으로 관측한다.

② GPS 측량으로 결정된 좌표들은 기존의 평면직각좌표로 변환하기 위해 파라미터들을 사용하지만 표고는 지오이드에 준거하고 있지 않고 표고값이 일치하지 않으므로 GPS 측량에서 지오이드를 고려해야 한다.

③ GPS에 의한 표고의 결정은 지오이드가 결정되지 않은 지역에서는 적용할 수 없으므로 GPS Levelling을 실용화하기 위해서 정밀한 지오이드 결정이 필요하다.

④ GPS 측량의 높이

$$H = h - N$$

여기서, H : 정표고

h : 타원체고

N : 지오이드고

3. GPS 오차

GPS 오차는 시스템 오차와 수신기 오차 및 위성 배치 상태에 따른 오차로 구분할 수 있다. 시스템 오차에는 위성 시계 오차, 위성 궤도 오차, 전리층 굴절 오차 및 대류권 굴절 오차 등이 있다.

GPS 시스템 오차	오차 범위(m)
전리층 굴절 오차	0~10
대류권 굴절 오차	0~2
위성 궤도 오차	1~5
위성 시계 오차	0~2

(1) 전리층 굴절 오차

① 전리층 굴절 오차는 약 350km 고도 상에 집중적으로 분포되어 있는 자유 전자(free electron)와 GPS 위성 신호와의 간섭(interference) 현상에 의하여 발생

② 전리층 굴절 오차는 SA 제거 이후 가장 큰 오차 요인으로 작용

③ 전리층굴절 오차는 코드 측정값에서는 지연, 반송파 위상 측정값에서는 앞섬 형태로 발생

④ 일반적으로 전리층 지연은 모델식을 적용하여 보정하는데, 약 50%까지 오차를 보정할 수 있다.

(2) 대류권 굴절 오차

① 대류권 굴절 오차는 고도 50km까지의 대류권에서 GPS 위성 신호 굴절 현상으로 인하여 발생

② 코드 측정값 및 반송파 위상 측정값 모두에서 지연 형태로 나타남

③ 대류권 굴절 오차의 크기는 2m 이내로서 기저선의 길이가 짧고 기준국과 사용자사이의 고도차가 작을 경우, 오차 상관 관계가 크므로 차분 기법에 의하여 상쇄된다.

(3) 다중 경로 오차

① GPS 위성으로부터 직접 수신된 전파 이외에 부가적으로 주위의 지형지물에 의하여 반사된 전파 때문에 발생하는 오차

② 코드에 의한 의사 거리 측정값에서는 20m 이내, 반송파 위상 측정값에서는 5cm 이내의 크기

③ 다중 경로 오차는 전파의 반사 요인에 의하여 성질이 결정되므로 차분 기법에 의하여 상쇄되지 않는다.

④ 다중 경로 오차의 영향을 최소화하기 위하여 반사된 전파의 영향이 없거나 이를 차단할 수 있도록 GPS 안테나를 설치해야 함

(4) 사이클 슬립

① 사이클 슬립(cycle slip)은 GPS 반송파 위상 추적 회로에서 반송파 위상값을 순간적으로 놓쳐서 발생하는 오차이다.

② 주로 GPS 안테나 주위의 지형지물에 의한 신호 단절, 높은 신호 잡음 및 낮은 신호 강도로 발생한다.

③ 반송파 위상 데이터를 사용하는 정밀 위치 측정 분야에서는 매우 큰 영향을 끼칠 수 있음

KEY

◉ DOP(=정밀도 저하율)

GPS 관측지역의 상공을 지나는 위성의 기하학적 배치상태에 따라 측위의 정확도가 달라지는 것

◉ 사이클 슬립의 처리

- 수신회로의 특성에 의해 파장 정수배만큼 점프하는 특성
- 데이터 전처리 단계에서 사이클 슬립 발생 시 편집가능
- 기선 해석 소프트웨어에서 자동처리

핵심 01

다음 GPS 측량방법 중 가장 시간이 많이 걸리는 측량 방법은? (단, 두 점의 위치 결정임)

① DGPS 측량
② 정지측량
③ 1점 측위
④ RTK측량

해설

정지(Static)측량은 멀리 떨어진 기준점의 정확한 위치결정에 사용되며 측량시간은 십 여분에서 몇 시간까지 정확도나 관측거리에 따라 달라진다.

핵심 02

다음 중 GPS 측량에 대한 다음 설명 중 잘못된 것은?

① 절대 관측방법은 GPS측량 중 오차가 가장 적은 방법이다.
② 정지측량은 후처리 측량법이다.
③ 이동측량은 이동차량의 위치결정에 사용된다.
④ RTK측량은 실시간 이동측량을 말한다.

해설

절대관측방법
정밀도가 떨어지며 정지측량이 GPS 측량방법 중 가장 정밀도가 높아 기준점 측량에 이용된다.

핵심 03

다음 중 GPS 측량에서 위성 궤도의 고도는 약 몇 km인가?

① 40,000km
② 30,000km
③ 20,000km
④ 10,000km

해설

GPS 측량을 위한 위성 궤도의 고도는 약 20,200km이다.

정답 01 ②　　02 ①　　03 ③

핵심 04

다음 중 GPS 측량을 하고자 할 때 고려해야 할 사항으로 잘못된 것은?

① 임계고도각은 15° 이상이 되어야 한다.
② 측점간의 시통이 잘되는 곳에 기준점을 설치한다.
③ 관측되는 위성은 최소 4개 이상이어야 한다.
④ 고압선이나 고층건물이 있는 부분은 피한다.

해설

GPS 측량은 위성의 전파를 수신하여 측량하므로 관측점간의 시통이 불필요하다.

핵심 05

GPS 측량에 대한 설명으로 옳지 않은 것은?

① GPS와 유사한 위치 결정 체계로는 GLONASS, Galileo 등이 있다.
② 상대 위치 결정 방법은 실시간 DGPS, 후처리 DGPS, 실시간 이동 측량으로 나뉜다.
③ 사이클 슬립(cycle slip)은 주로 GPS 안테나 주위의 지형·지물에 의해 신호가 단절되어 발생한다.
④ 단독 위치 결정 방법은 2대 이상의 GPS 수신기를 사용하여 위치를 결정하는 것이다.

해설

단독위치결정방법
GPS를 이용하여 1대의 수신기로 관측된 지점의 경위도와 높이를 구하는 방법을 말하며, 1점 측위라고도 한다. 최저 4개의 GPS 위성의 유사거리를 관측하여 위치를 계산한다.

핵심 06

GPS의 측위방법 중 Static 측량에 대한 설명으로 잘못된 것은?

① 공사측량에 널리 이용된다.
② 측량 시간이 많이 걸린다.
③ 가장 정밀도가 높은 GPS측위법이다.
④ VLBI의 보완이 가능하다.

해설

정지 측량
정확한 방법이나 시간이 많이 걸려 기준점 측량에 주로 이용된다.

07 다음 중 DGPS 측량법과 관련성이 가장 높은 측량방법은?

① 절대 측위　　　　　② 정지 측위
③ 후처리 측위　　　　④ RTK측량

해설

DGPS
GPS 상대측위를 말하며 RTK 방법과 동일한 방법으로 관측하는 반면에 반송파 신호대신 위성의 코드신호를 사용한다.

08 다음 중 GPS 위성의 기하학적 배치상태에 따른 정밀도의 저하율을 나타내는 용어는?

① DOP　　　　　② RTK
③ S/A　　　　　④ AS

해설

DOP
관측지점의 위성의 기하학적 배치상태에 따라 측위의 정확도가 달라지는 것

09 GPS 반송파 위상 추적회로에서 반송파 위상값을 순간적으로 놓쳐서 발생하는 오차는?

① 사이클 슬립　　　　② 다중 경로 오차
③ 위성 궤도 오차　　　④ 대류권 굴절 오차

해설

사이클 슬립
① 사이클 슬립(cycle slip)은 GPS 반송파 위상 추적 회로에서 반송파 위상값을 순간적으로 놓쳐서 발생하는 오차이다.
② 주로 GPS 안테나 주위의 지형지물에 의한 신호 단절, 높은 신호 잡음 및 낮은 신호 강도로 발생한다.
③ 반송파 위상 데이터를 사용하는 정밀 위치 측정 분야에서는 매우 큰 영향을 끼칠 수 있음

정답 04 ② 　 05 ④ 　 06 ① 　 07 ④ 　 08 ① 　 09 ①

핵심 10

다음 중 GPS 오차와 관계가 적은 것은?

① 관측점의 시통오차
② 전파의 다중경로 오차
③ Cycle Slip
④ 전파 지연오차

GPS는 기후, 관측점 간의 시통에 관계없이 측량이 가능하다.

핵심 11

GPS측량으로 측점의 표고를 구하였더니 99.123m였다. 이 지점의 지오이드 높이가 50.150m라면 실제 표고(정표고)는 얼마인가?

① 129.273m
② 48.973m
③ 69.048m
④ 89.123m

실제표고 = 타원체의 표고 − 지오이드고 = 99.123 − 50.150 = 48.973m

여기서, GPS 측량으로 구한 높이는 타원체의 높이이다. 이를 실제표고로 변환시킬 때 지오이드고를 빼준다.

핵심 12

GNSS(Global Navigation Satellite System) 측량의 오차에 대한 설명으로 옳지 않은 것은?

① 위성 위치를 구하는 데 필요한 위성 궤도 정보의 부정확성으로 인하여 발생하는 위성의 궤도 정보 오차가 있다.
② 위성에서 송신된 전파가 지형·지물에 의해 반사된 반사파와 함께 수신되어 발생되는 다중 경로 오차가 있다.
③ 위성에서 송신된 전파는 전리층과 대류층에서 전파 속도의 변화에 의해 오차가 발생된다.
④ 전파를 수신하고 있는 위성의 기하학적 배치 상태는 측위 정확도에 영향을 주지 않는다.

DOP는 관측지역의 상공을 지나는 위성의 기하학적인 배치상태에 따라 측위의 정확도가 영향을 받는다.

핵심 13

다음 중 GPS 반송파 위상 추적회로에서 반송파 위상차의 값을 순간적으로 놓침으로써 발생하는 오차는?

① Cycle Slip
② AS
③ SA
④ DOP

Cycle Slip은 반송파 위상차의 값을 순간적으로 놓쳐서 발생하는 오차이다.

핵심 14

다음 글에서 설명하는 오차는?

> 위성에서 송신된 전파가 지형·지물에서 반사되는 반사파와 함께 수신되는 현상으로, 반사파는 위성으로부터의 직접파에 비해 긴 경로를 통과하기 때문에 코드의 도달 시간 지연과 반송파 위상의 지연을 일으켜 거리 오차로 작용한다.

① 다중 경로 오차
② 수신기 기기 오차
③ 위성의 궤도 정보 오차
④ 위성 및 수신기 시계 오차

해설

다중경로 오차
위성으로부터 직접 수신된 전파 이외의 부가적으로 주위의 지형물에 의하여 반사된 전파 때문에 생기는 오차를 말한다.

핵심 15

GIS 데이터베이스로부터 유용한 정보를 추출하기 위한 버퍼(buffer)분석의 설명으로 옳은 것은?

① 공간 형상의 둘레에 특정한 폭을 가진 구역을 정하여 분석하는 데 이용된다.
② 땅의 기울어진 정도와 방향, 높낮이 등과 같은 특성 분석에 이용된다.
③ 전기, 전화, 상하수도 등과 같은 관망의 연결성과 경로 분석에 이용된다.
④ 벡터 데이터 층을 겹쳐 토질에 따른 토지 이용 현황을 알아보는 데 이용된다.

해설

버퍼[buffer] 분석
버퍼링 분석은 특정 지도 객체나 사용자가 지정하는 지점으로부터 일정 거리 내에 존재하는 영역을 분석하여 표시하는 분석이다.

③ 거리 측량의 오차 보정

거리 측량에는 테이프를 이용한 측량에서부터 기계·기구를 이용한 측량, 기선 측량과 같은 정밀 측량에 이르기까지 다양한 방법이 사용되고 있다. 일반적으로 거리측량을 쉽고 간단한 측량으로 생각하기 쉽지만 모든 측량 성과의 정확도에 큰 영향을 끼치므로 신중하고 정확하게 측량하여야 한다.

※ **공무원 시험에는 거리측량 오차 보정 문제풀이가 자주 출제되므로 복잡한 수식은 암기하여 단순히 대입하여 해답을 찾는 습성이 필요하다.**

① 표준테이프에 대한 보정   ② 온도에 대한 보정
③ 경사에 대한 보정   ④ 처짐 보정
⑤ 표고 보정   ⑥ 장력 보정

1. 거리 측량의 정의

거리란 두 점 간의 최단 거리이며, 일반적으로 수평 거리를 말하며 그림과 같이 크게 수평 거리, 경사 거리, 수직 거리의 세 가지로 구분된다. 실제 측량에서 관측되는 거리는 경사 거리이므로, 지도를 제작하거나 면적을 계산할 때에는 이것을 실제 측량에 필요한 거리인 수평 거리로 환산하여 사용한다.

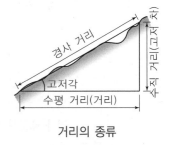

거리의 종류

2. 표준 테이프에 대한 보정

기선 측량에 사용한 테이프가 표준줄자에 비하여 얼마나 차이가 있는지를 검사하여 보정한다. 검사하여 구한 보정값을 테이프의 특성값이라 하며, 정확한 길이 L_0은 다음과 같다.

$$C_0 = \pm \frac{\Delta l}{l} L$$

$$L_0 = L + C_0$$

여기서, C_0 : 특성값 보정량, Δl : 테이프의 특성값, l : 사용 테이프의 길이

L_0 : 보정한 길이, L : 측정 길이

KEY

> **예제** 표준 길이보다 5cm 긴 50m 테이프로 A, B 두 점 간의 거리를 측정한 결과 154.52m이었다. A, B 간의 정확한 거리를 계산하여라.
>
> $$L_0 = L\left(1 \pm \frac{\Delta l}{l}\right) = 154.52\left(1 + \frac{0.05}{50}\right) ≒ 154.675\text{m}$$

3. 온도에 대한 보정

테이프는 온도의 증감에 따라 신축이 생기게 된다.
측량할 때의 표준 온도와 같지 않으면 보정을 해주어야 한다.

$$C_t = \alpha\,(t - t_0)L$$

여기서, C_t : 온도 보정량

α : 테이프의 팽창 계수

t : 측정할 때의 테이프의 온도(℃)

t_0 : 테이프의 표준온도(℃)로 보통 15℃

3. 경사에 대한 보정

수평 거리 대신 그림과 같이 경사거리 L 을 측정하였다면, 다음과 같이 보정한다.

$$C = \frac{-h^2}{2L}$$

여기서, C : 경사 보정량, h : 기선 양 끝의 고저 차

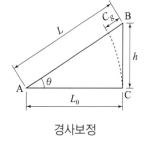

경사보정

핵심KEY

> **예제** A, B 두 점 간의 경사 거리를 측정하였더니 90.000m였고, A, B 두 점 간의 고저차가 3.000m이었다. 경사 보정량과 A, B 두 점 간의 수평 거리를 계산하여라.
>
> $$C = \frac{-h^2}{2L} = \frac{3^2}{2 \times 90} = 0.05\text{m} \text{ 이므로 } L_0 = 90 - 0.05 = 89.950\text{m}$$

5. 처짐에 대한 보정

테이프를 두 지점에 얹어 놓고 장력 P로 당기면 처진다. 두 지점 간의 관측 거리는 실제 길이보다 길어진다. 처짐에 대한 보정은 다음과 같이 한다.

$$C_s = -\frac{nl}{24}\left(\frac{wl}{P}\right)^2 = -\frac{L}{24}\left(\frac{wl}{P}\right)^2$$

여기서, C_s : 처짐 보정량, w : 줄자의 자중, P : 장력, L : 측정 길이,
n : 지지말뚝 구간 수, l : 지지말뚝 간격

6. 표고에 대한 보정

기선은 평균 해수면에 평행한 곡선이므로 이것을 평균 해수면에서 측정한 길이로 환산해야 한다. 따라서 보정량 C_h는 다음과 같다.

$$C_h = -\frac{LH}{R}$$

여기서, C_h : 평균 해수면상의 길이로 환산하는 보정량
R : 지구의 평균 반지름(약 6,370km)
H : 기선 측정 지점의 표고

표고보정

7. 장력에 대한 보정

강철 테이프를 표준 장력보다 큰 힘으로 당기면 늘어나고, 작은 힘으로 당기면 적게 늘어난다. 후크의 법칙으로 구한 보정량은

$$C_p = (P - P_0)\frac{L}{AE}$$

여기서, C_p : 장력에 대한 보정량

A : 테이프 단면적(cm^2)

P : 측정시의 장력(kg)

P_0 : 표준장력(보통 10kg)

E : 테이프의 탄성 계수(kg/cm^2)

KEY

- ● **거리측정값의 보정 시 항상 (−)가 되는 경우**

  - 경사보정
  - 처짐보정
  - 평균해수면위의 길이로 환산한 보정

- ● **특성값(정수) 보정에 관한 문제유형**

  - 표준테이프보다 긴 테이프로 실제거리 L을 측정했다. 측정값은?

  $$L\left(1 + \frac{\triangle l}{l}\right)$$

  - 표준테이프보다 짧은 테이프로 어떤 거리를 측정한 값이 L이었다. 실제 거리는?

  $$L\left(1 - \frac{\triangle l}{l}\right)$$

  - 즉 실제거리와 측정거리를 잘 구분해야 된다.

- ● **표고보정의 비례 관계**

  거리의 비 = 높이의 비 $\dfrac{C_h}{L} = \dfrac{H}{R}$

  $$\therefore C_h = -\frac{L \cdot H}{R}$$

  측량에서는 비례식을 잘 이용하면 쉽게 풀리는 문제가 많다.

8. 광파거리 측정기와 전파거리 측정기의 비교

구분	광파거리 측정기	전파거리 측정기
정밀도	$(1\sim2)\pm2\times10^{-6}D(cm)$ D : 관측거리(m)	$(3\sim5)\pm4\times10^{-6}D(cm)$
최소 조작인원	1명(측정자와 반사경)	2명
측정가능거리	원거리용 : 약 10m~60km 근거리용 : 약 1m~1km	약 100m~80km
기상조건	안개나 눈 등에 의해 시준 불가능	기상조건에 거의 좌우되지 않음
방해물	광선에 방해받지 않아야 한다.	장애물에 의해 전파가 방해를 받음(특히 송전선 부근의 경우)
조작시간	1변 10~20분	1변 20~30분
종류	지오디미터	텔룰로미터

· **초장기선 전파 간섭계(V.L.B.I)**

지구상에서 1,000~10,000km 정도 떨어진 거리를 한조의 전파계를 설치하여, 전파원으로부터 나온 전파를 수신하여 2개의 간섭계에 도달한 전파의 시간차를 관측하여 거리를 측정한다.

9. 토털 스테이션을 이용한 거리 측량

토털 스테이션(total station)은 기존의 각을 측량하는 세오돌라이트와 거리를 측량하는 전자파 거리 측정기(EDM : electronic distance measurement)를 조합시킨 측량기계로서 거리와 각을 동시에 측량할 수 있다.

(1) 장점

① 지형의 영향을 거의 받지 않는다.

② 측량 거리가 100m 이상 되면 높은 정밀도의 성과를 얻을 수 있다.

③ 측량 거리가 50m 이상 되어 테이프로 거리를 측정하기 곤란한 경우에 효율적이다.

④ 테이프를 사용할 때와 비교하여 작업 인원이 적다.

(2) 토털 스테이션 거리 측량의 오차

개인 오차	오독, 구심의 부정확, 기상 요인과 기계고의 부정확한 측정 등에 의하여 발생하는 오차
기계 오차	기계의 부정확한 조정에 의하여 발생하는 오차
자연 오차	전자기 에너지의 파장과 굴절률에 영향을 주는 대기 온도, 대기 압력, 습도에 의하여 발생하는 오차
거리에 따른 토털 스테이션의 오차	· 거리에 비례하는 오차 　광속도 오차, 광변조 주파수의 오차, 굴절률의 오차 · 거리에 비례하지 않는 오차 　측정기의 상수, 반사경 상수의 오차, 위상차 측정 오차, 측정기와 반사경의 구심오차

(3) 토털 스테이션의 용도

① 설계된 측점의 좌표와 현장의 측점 좌표를 기계에 입력가능

② 기지점인 기계점과 후시점의 좌표를 이용하여 기선이 될 수 있는 두 점 사이의 방위각을 산출 가능

③ 두 기지점을 사용하여 기계를 세운 점의 좌표를 산출 기능

④ 기지점을 이용하여 임의의 기계점의 높이 산출 가능

⑤ 좌표의 결과값은 알고 있으나 현장에서 측점의 위치를 찾지 못할 경우 사용가능

테이프를 이용하여 거리를 관측한 경우 보정해야 할 보정량 중 항상 (−) 부호를 가진 것으로 옳게 짝지어진 것은?

ⓐ 특성값 보정	ⓑ 온도보정	ⓒ 경사 보정
ⓓ 표고 보정	ⓔ 장력 보정	

① ⓐ, ⓑ   ② ⓑ, ⓒ

③ ⓒ, ⓓ   ④ ⓓ, ⓔ

해설

거리측량 보정량 중 항상(−)값을 갖는 것

(1) 경사보정

(2) 처짐보정

(3) 표고보정

 표준 길이보다 2cm 긴 50m 테이프로 측점 A, B 간의 거리를 측정한 결과 200m이었을 때, 두 점 A, B 간의 정확한 거리[m]는?

① 199.29   ② 199.92

③ 200.08   ④ 200.80

해설

$$L\left(1+\frac{\triangle l}{l}\right)=200\left(1+\frac{0.02}{50}\right)=200.08$$

 다음 중 일률적인 경사지에서 AB 두 점간의 거리를 측정하여 200m를 얻었다. AB간의 고저차가 20m였다면 수평거리는?

① 198.3m   ② 199.0m

③ 198.7m   ④ 198.9m

해설

$$C_h=-\frac{h^2}{2L}=-\frac{20^2}{2\times200}=-1.0\text{m}$$

$$\therefore\ D=L+C_h=200-1.0=199\text{m}$$

핵심 04

다음 표준자보다 3cm 짧은 30m의 테이프로 측정한 300m의 길이는 얼마인가?

① 289.9m

② 299.7m

③ 300.1m

④ 300.01m

> **해설**
>
> 표준자보다 짧은 자로 측정했으므로 측정한 길이는 작게 나타난다.
> 앞으로 길면 (+), 짧으면 (−)로 계산한다.
> $$L_o = L\left(1 - \frac{\triangle l}{l}\right) = 300\left(1 - \frac{0.03}{30}\right) = 299.7\text{m}$$

핵심 05

측량 결과가 다음과 같을 때, 두 점 A, B 간의 경사 거리[m]는?

(단위 : m)

측점	N(X)	E(Y)	지반고
A	110.123	100.346	192.239
B	106.123	100.346	195.239

① 3

② 5

③ 7

④ 9

> **해설**
>
> 경사거리$= \sqrt{(110.123 - 106.123)^2 + (192.239 - 195.239)^2} = 5\text{m}$

핵심 06

관측값의 조정에 이용하며, 관측값과 최확값 사이의 차로 정의되는 것은?

① 잔차

② 참값

③ 참오차

④ 편의

> **해설**
>
> 관측값과 최확값의 차는 잔차이다.

핵심 07

다음 135m 측선의 우연오차가 135mm였다면 같은 정도로 측량한 15m 측량선의 우연오차는?

① ±405mm

② ±25mm

③ ±205mm

④ ±45mm

해설

우연오차는 측량거리의 제곱근에 비례하므로

$$우연오차 = \pm \frac{135\text{mm}}{\sqrt{\dfrac{135\text{m}}{15\text{m}}}} = 45\text{mm}$$

핵심 08

검정한 길이보다 20mm가 긴 30m 테이프로 정사각형의 토지를 측정하여 8,100m² 의 면적을 구하였다. 이 토지의 실제 한 변 길이[m]는?

① 89.94

② 89.98

③ 90.02

④ 90.06

해설

$$A = 8,100\text{m}^2$$

$$\therefore \ a = 90\text{m}$$

실제 한 변 길이 $a_0 = 90\left(1 + \dfrac{0.02}{30}\right) = 91.06\text{m}$

핵심 09

다음 중 평균표고 637m인 지형에서 $\overline{AB}$ 측선의 수평거리를 측정한 결과 5,000m였다. 평균 해수위면상의 거리로 환산하면? (단, 지구의 반경은 6,370km)

① 5,000.57m

② 5,000.66m

③ 4,999.50m

④ 4,999.43m

해설

$$C_h = -\frac{DH}{R} = -\frac{5 \times 637}{6,370} = -0.50\text{m}$$

$$\therefore \ L = D + C_h = 5,000 - 0.50 = 4,999.50\text{m}$$

핵심 10

다음 2,000m를 50m 스틸테이프로 측정할 때 매회 측정 시 정오차 +2.5mm
일 때 전길이에 대한 오차는 얼마나 기대되는가?

① 100mm

② 101.24mm

③ 102.50mm

④ 110.42mm

[해설]

전길이에 대한 오차＝정오차 ± 우연오차

정오차 $e_1 = \dfrac{L}{l} \cdot \delta_1 = \dfrac{2,000}{50} \times (+2.5) = 100\text{mm}$

핵심 11

테이프로 거리를 측량할 때 발생되는 오차에 대한 설명으로 옳지 않은 것은?

① 관측 시의 온도가 표준 온도보다 낮은 경우 (−)값의 보정량이 생긴다.

② 경사 거리를 수평 거리로 보정하는 경우 보정량은 항상 (−)값을 가진다.

③ 테이프 상수란 사용 테이프의 길이와 표준 테이프 길이와의 차이를 말한다.

④ 경사 거리를 수평 거리로 보정하는 경우 보정량은 $\left(-\dfrac{\text{고저차}}{2 \times \text{경사거리}}\right)$로
구한다.

[해설]

경사 거리를 수평 거리로 보정하는 경우 보정량은 $-\dfrac{\text{고저차}^2}{2 \times \text{경사거리}}$로 구한다.

핵심 12

그림에서 AC, AD, CE의 거리를 측정하여 다음 값을 얻었을 때 이것으로 AB의
거리를 구하면 얼마인가?(단, AC=30m, AD=40m, CE=62.5m)

① 51.3m

② 52.3m

③ 53.3m

④ 54.4m

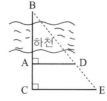

[해설]

$\triangle BCE \backsim \triangle BAD$이므로 $(AB = x)$

$x : 40 = (x+30) : 62.5$

$62.5x = 40(x+30)$

$\therefore x = 53.3\text{m}$

핵심 13

그림과 같이 A, B 두 점 간의 경사거리(L)를 측정하였더니 50.000m였고, A, B 두 점 간의 고저차(h)가 1.000m이었다. A, B 두 점 간의 경사를 보정한 수정거리(L_0)[m]는?

① 19.987

② 49.990

③ 49.993

④ 49.996

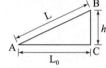

해설

$$C_h = -\frac{h^2}{2L} = -\frac{1^2}{2 \times 50} = -0.01\,\text{m}$$

$$\therefore D = L + C_h = 100 - 0.01 = 49.990\ \text{m}$$

핵심 14

다음 사거리 50m에 대하여 1cm가 경사보정이 될 때 높이는 얼마인가?

① 0.5m

② 1.0m

③ 1.5m

④ 2.0m

해설

경사보정량 $C_h = \dfrac{h^2}{2L}$ 에서

$$h = \sqrt{C_h \times 2L} = \sqrt{0.01 \times 2 \times 50} = 1\text{m}$$

핵심 15

A, B 두 사람이 거리를 측량한 결과가 각각 10.540 m $\pm$ 1 cm, 10.490 m $\pm$ 3 cm 였다면 최확값[m]은?

① 10.525

② 10.530

③ 10.535

④ 10.540

해설

경중률은 우연오차(부정오차)의 제곱에 반비례하므로

경중율 : $\dfrac{1}{1^2} : \dfrac{1}{3^2} = 9 : 1$

최확값 $= 10 + \dfrac{(0.54 \times 9) + (0.49 \times 1)}{10} = 10.535\text{m}$

핵심 16

지구상에서 1,000~10,000km 정도 떨어진 거리를 전파원으로부터 나온 전파를 수신하여 전파의 시간차를 관측하여 거리를 측정하는 방법은?

① 광파 간섭 거리계
② 전파 간섭 거리계
③ 미해군 위성항법
④ 초장기선 전파 간섭계

해설

초장기선 전파 간섭계(V.L.B.I)
지구상에서 1,000~10,000km 정도 떨어진 거리를 한조의 전파계를 설치하여, 전파 원으로부터 나온 전파를 수신하여 2개의 간섭계에 도달한 전파의 시간차를 관측하여 거리를 측정한다.

핵심 17

A, B 두 점 간의 경사 거리가 100 m이고 고저차가 20 m일 때, 두 점의 경사는? (단, 수평 거리는 경사 거리를 보정하여 계산한다)

① $\dfrac{1}{3.4}$

② $\dfrac{1}{4.9}$

③ $\dfrac{1}{6.4}$

④ $\dfrac{1}{7.9}$

해설

경사에 대한 보정량은

$$\frac{-h^2}{2L} = \frac{-20^2}{2 \times 100} = -2\,\mathrm{m}$$

두점의 경사 $= \dfrac{20}{100-2} = \dfrac{1}{4.9}$

핵심 18

다음 중 광파거리 측정기의 특징이 아닌 것은?

① 광파거리 측정기의 1변 조각시간은 40~60분 정도이다.
② 안개와 구름이 있는 조건하에서 방해를 받는다.
③ 목표지점에 반사경을 장치하면 1인으로 측정이 가능하다.
④ 근거리용 관측 가능거리는 약 1m~1km이다.

해설

광파거리 측정기의 1변 조각시간은 10~20분 정도이다.

핵심 19

다음 중 토털 스테이션(TS)에 대한 설명으로 옳지 않은 것은?

① 사용자가 필요에 따라 정보를 입력할 수 있다.

② 인공위성을 이용하므로 측량결과 값이 정확하다.

③ 레코드 모듈(record module)에 성과값을 저장, 기록할 수 있다.

④ 컴퓨터와 카드 리더(card reader)를 이용할 수 있다.

해설

토털 스테이션의 특징

(1) 레코드 모듈에 약 2,000여 개의 데이터를 형성하여 성과값을 저장, 기록할 수 있다.

(2) 측량 결과를 수치적으로 도면화하기 쉽다.

(3) 사용자가 필요에 따라 자유롭게 정보를 입력할 수 있다.

(4) 기록된 성과는 컴퓨터와 카드 리더를 이용하여 언제든지 찾아 볼 수 있다.

핵심 20

그림과 같이 점 A와 점 D 사이에 터널을 시공하고자 한다. 터널 $\overline{AD}$의 길이 [m]는? (단, $\overline{AB}$ // $\overline{DE}$이며, $\overline{AB}$ = 1400 m, $\overline{CD}$ = 325 m, $\overline{DE}$ = 350 m이다)

① 970.0

② 970.5

③ 975.0

④ 975.5

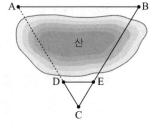

해설

비례식을 이용하면

$\overline{AB} : \overline{DE} = \overline{AD+DC} : \overline{DC}$

$1400 : 350 = (AD+325) : 325$

등식을 풀면

$\overline{AD} = 975\,\mathrm{m}$

그림과 같이 간접 거리 측량을 했을 때 $\overline{AB}$의 거리[m]는? (단, $\overline{BC} = 20\,m$, $\overline{BD} = 10\,m$이며, $\overline{AB} \perp \overline{BC}$, $\overline{AC} \perp \overline{CD}$이다)

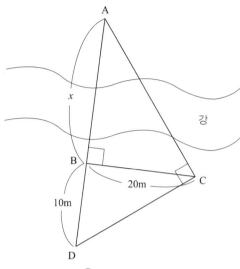

① 30

② 40

③ 50

④ 60

$\triangle ABC \backsim \triangle CBD$

$x : 20 = 20 : 10$

$\therefore x = \dfrac{400}{10} = 40$

④ 오차와 정밀도

오차와 정밀도는 어느 단원이든 매우 중요하고 자주 출제되는 부분으로 최확값, 정밀도, 확률오차와 중등오차의 개념을 꼭 이해해야 한다.

※ 공무원 시험에는 다음 관계를 반드시 숙지해야 한다.

① 정밀도란 측정량과 오차의 비로 정확도를 나타낸다.

② 최확값이란 참값을 대신한 실제의 값이다.

③ 확률오차와 중등오차

1. 정밀도

일련의 어느 값을 관측할 때, 관측의 정교성과 균질성을 표시하는 척도로서, 표본의 이산 정도를 표현하는 평균값으로부터의 표준 편차처럼 반복 측정에 기초한 통계값으로 표현된다. 측정값들의 상대적인 편차가 적으면 정밀하다고 하고 편차가 크면 정밀하지 못하다고 한다.

① 정밀도가 좋다 : 분모수가 크다.

② 정밀도가 나쁘다 : 분모수가 작다.

2. 최확값(L_0)

최확값이란 같은 기구와 같은 측정방법으로 여러번 반복 측정하여 그 평균값을 구한 것으로 참값을 대신 해서 실제의 값으로 쓰인다.

지금 n회 같은 정도로 반복 측정한 값을 l_1, l_2, l_3, $\cdots$, l_n이라 하면

$$L_0 = \frac{l_1 + l_2 + \cdots + l_n}{n} = \frac{[l]}{n}$$

3. 정밀도를 나타내는 방법

(1) 확률오차(r_0) 또는 중등오차(m_0)

중등오차는

$$m_0 = \pm \sqrt{\frac{v_1{}^2 + v_2{}^2 + v_3{}^2 \cdots + v_n{}^2}{n(n-1)}} = \pm \sqrt{\frac{[vv]}{n(n-1)}}$$

여기서, 최확값과 측정값에 대한 차이를 잔차라 한다.

즉 $L_0 - l_1 = v_1,\ L_0 - l_2 = v_2,\ \cdots,\ L_0 - l_n = v_n$

$[vv] = v_1{}^2 + v_2{}^2 + v_3{}^2 + \cdots + v_n{}^2$

$r_0 = 0.6745 m_0$의 관계가 있으므로 확률오차는

$$r_0 = \pm 0.6745 \sqrt{\frac{[vv]}{n(n-1)}}$$

(2) 2회 측정값의 차이와 평균값(L)과의 비율로 표시하는 방법

$$L = \frac{L_1 + L_2}{2}$$

$$M = \frac{L_1 - L_2}{L}$$

여기서, $L_1,\ L_2$: 같은 양을 2회 측정한 값

M : 정밀도

$L_1 - L_2$: 거리 측량의 교차

(3) 경중률을 포함하는 최확값, 중등오차, 확률오차의 관계

항목＼구분	경중률(P)이 일정한 경우	경중률(P)이 다른 경우
최확값(L_0)	$L_o = \dfrac{l_1 + l_2 + \cdots + l_n}{n} = \dfrac{[l]}{n}$	$L_o = \dfrac{P_1 l_1 + P_2 l_2 + \cdots + P_n l_n}{P_1 + P_{2+} \cdots + P_n}$ $= \dfrac{[Pl]}{[P]}$
평균제곱근오차, 중등오차(m_0)	① 1회 관측(개개의 관측값)에 대한 $m_0 = \pm \sqrt{\dfrac{[vv]}{n-1}}$ ② n개의 관측값(최확값)에 대한 $m_0 = \pm \sqrt{\dfrac{[vv]}{n(n-1)}}$	① 1회 관측(개개의 관측값)에 대한 $m_0 = \pm \sqrt{\dfrac{[Pvv]}{n-1}}$ ② n개의 관측값(최확값)에 대한 $m_0 = \pm \sqrt{\dfrac{[Pvv]}{[P](n-1)}}$
확률오차(r_0)	① 1회 관측(개개의 관측값)에 대한 $r_0 = \pm 0.6745 \cdot m_0$ ② n개의 관측값(최확값)에 대한 $r_0 = \pm 0.6745 \cdot m_o$	① 1회 관측(개개의 관측값)에 대한 $r_0 = \pm 0.6745 \cdot m_o$ ② n개의 관측값(최확값)에 대한 $r_0 = \pm 0.6745 \cdot m_0$

4. 허용정밀도의 범위

지형에 따른 정밀도		사용 기계에 따른 정밀도	
지형	정밀도의 범위	사용기구	정밀도의 범위
산지	$\dfrac{1}{500} \sim \dfrac{1}{1,000}$	체인	$\dfrac{1}{1,000} \sim \dfrac{1}{5,000}\left(\dfrac{1}{10,000}\right)$
평지	$\dfrac{1}{1,000} \sim \dfrac{1}{5,000}$	유리섬유 테이프	$\dfrac{1}{2,000} \sim \dfrac{1}{5,000}$
시가지	$\dfrac{1}{5,000} \sim \dfrac{1}{50,000}$	강철 테이프	$\dfrac{1}{5,000} \sim \dfrac{1}{25,000}\left(\dfrac{1}{100,000}\right)$

(1) 정오차(E_1) : 측정회수에 비례

$$E_1 = \alpha \cdot n$$

여기서, α : 1회 측정시의 오차,

n : 측정회수

(2) 우연오차(E_2) : 측정회수의 제곱근에 비례

$$E_2 = \pm \alpha \sqrt{n}$$

핵심 01

그림의 $\overline{AB}$ 거리를 구한 값은? (단, $\overline{AD}$ 는 직선이고, $\overline{AD}$ 와 $\overline{BC}$ 가 만나는 점은 E 라고 할 때, $\overline{BE}$ =20m, $\overline{CE}$ =8m, $\overline{CD}$ =22m이며, $\overline{AB} \perp \overline{BC}$, $\overline{BC} \perp \overline{CD}$ 이다)

① 50.5m

② 55.0m

③ 60.5m

④ 70.0m

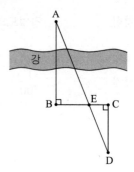

해설

이 도형은 △ABE와 △DCE는 닮음이므로

$20 : 8 = x : 22$가 성립된다.

$$\therefore x = \frac{20 \times 22}{8} = 55.0 \text{m}$$

핵심 02

경중률에 대한 설명으로 옳지 않은 것은?

① 경중률은 관측 값의 신뢰도를 표시한다.

② 경중률은 표준 편차의 제곱에 비례한다.

③ 경중률은 관측 횟수에 비례한다.

④ 경중률은 관측 거리에 반비례한다.

해설

① 경중률(P)은 정밀도의 제곱에 비례한다.

② 경중률(P)은 중등오차의 제곱에 반비례한다.

③ 경중률(P)은 관측회수에 비례한다.

④ 직접수준측량에서 오차는 노선거리의 제곱근에 비례한다.

⑤ 직접수준측량에서 경중률은 노선거리에 반비례한다.

⑥ 간접수준측량에서 오차는 노선거리에 비례한다.

⑦ 간접수준측량에서 경중률은 노선거리의 제곱에 반비례한다.

핵심 03

다음 표는 어떤 두 점간의 거리를 같은 거리 측정기로 3회 측정한 결과를 나타 낸 것이다. 이에 대한 표준 오차(σ_m)는? (단, 최확값은 154.4m이다.)

구 분	측정값(m)
1	$L_1 = 154.4$
2	$L_2 = 154.7$
3	$L_3 = 154.1$

① $\pm \sqrt{\dfrac{0.18}{6}}$ m

② $\pm \sqrt{\dfrac{0.09}{12}}$ m

③ $\pm \sqrt{\dfrac{0.18}{4}}$ m

④ $\pm \sqrt{\dfrac{0.09}{6}}$ m

해설

(1) 최확치

$$L_0 = 154 + \frac{0.4 + 0.7 + 0.1}{3} = 154.4\text{m}$$

(2) 표준 오차

$$m_0 = \pm \sqrt{\frac{[w]}{n(n-1)}} = \pm \sqrt{\frac{0.0^2 + 0.3^2 + 0.3^2}{3(3-1)}} = \pm \sqrt{\frac{0.18}{6}}\text{ m}$$

핵심 04

다음 두 점 사이를 3회 반복하여 거리를 관측한 결과 425.30m를 얻었고 다시 2회 반복 관측하여 425.60m를 얻었다. 이때 두 점 사이의 거리에 대한 최확값은?

① 425.42m

② 425.48m

③ 425.50m

④ 425.54m

해설

경중률은 관측회수에 비례하므로

$$L_p = \frac{[PL]}{[P]} = 425 + \frac{3 \times 0.30 + 2 \times 0.60}{3 + 2} = 425.42\text{m}$$

핵심 05 측량 기사 A, B, C가 어떤 거리를 관측하여 다음의 결과를 얻었을 때, 관측 거리의 최확값[m]은?

구분	관측 거리(m)	관측 횟수(회)
측량 기사 A	100.25	2
측량 기사 B	100.15	3
측량 기사 C	100.10	4

① 100.10 ② 100.15
③ 100.20 ④ 100.25

해설

$$\frac{\sum PL}{\sum P} = \frac{(100.25 \times 2) + (100.15 \times 3) + (100.10 \times 4)}{2+3+4} = 100.15$$

핵심 06 다음 중 거리측정에서 생기는 오차 중 우연오차에 해당되는 것은?

① 측정하는 줄자의 길이가 정확하지 않기 때문에 생긴 오차
② 온도나 습도가 측정 중에 때때로 변해서 생긴 오차
③ 줄자의 경사를 보정하지 않기 때문에 생기는 오차
④ 일직선상에서 측정하지 않기 때문에 생기는 오차

해설

우연오차는 자연적으로 발생하는 오차로써 처리가 불가능한 오차다.

핵심 07 A, B, C 3반이 동일 조건에서 어떤 거리를 측정하여 다음의 결과(최확값±평균제곱오차)를 얻었다. 경중률 $P_1 : P_2 : P_3$은 어느 것인가? (단, 100.521m ±0.01m, 100.526m±0.02m, 100.532m±0.03m)

① 36 : 9 : 4 ② 36 : 4 : 9
③ 1 : 4 : 9 ④ 9 : 4 : 1

해설

경중률은 오차의 제곱에 반비례하므로
$$P_1 : P_2 : P_3 = \frac{1}{0.01^2} : \frac{1}{0.02^2} : \frac{1}{0.03^2} = 36 : 9 : 4$$

핵심 08

다음 중 두 점 간 거리를 n회 측정한 값이 L_1, L_2, L_3, $\cdots$, L_n이고, 평균치가 L_0, 관측값의 최확값에 대한 잔차를 V_1, V_2, V_3, $\cdots$, V_n이라 할 때, 다음 사항 중 옳은 것은?

① 1회 측정의 확률오차는 $R = \pm 0.6745 \sqrt{\dfrac{\sum V^2}{(n-2)}}$ 이다.

② 평균치에 대한 확률오차는 $r_0 = \pm 0.6745 \sqrt{\dfrac{\sum V^2}{(n-1)}}$ 이다.

③ 1회 측정의 중등오차는 $m = \pm \sqrt{\dfrac{\sum V^2}{n(n-2)}}$ 이다.

④ 평균치의 중등오차는 $m_0 = \pm \sqrt{\dfrac{\sum V^2}{n(n-1)}}$ 이다.

> **해설**
>
> (1) 평균치의 중등오차 $m_0 = \pm \sqrt{\dfrac{\sum V^2}{n(n-1)}}$
>
> (2) 평균치의 확률오차 $r_0 = \pm 0.6745 \sqrt{\dfrac{\sum V^2}{n(n-1)}}$
>
> (3) 1회 측정의 중등오차 $m_0 = \pm \sqrt{\dfrac{\sum V^2}{(n-1)}}$

핵심 09

다음 중 450m 기선을 50m 줄자로 9구간으로 나누어 측정할 때 1구간의 확률오차가 ±0.01m 이었다면 450m에 대한 확률 오차는?

① ±0.01m   ② ±0.02m

③ ±0.03m   ④ ±0.05m

> **해설**
>
> 50m마다 ±0.01m이므로
>
> $\therefore C = \pm m_0 \sqrt{n} = \pm 0.01 \sqrt{\dfrac{450}{50}} = \pm 0.03\text{m}$

핵심 10

두 측점 A, B 간의 거리를 왕복 측량한 결과가 199.98m, 200.02m일 때 정밀도는?

① $\dfrac{1}{3,000}$

② $\dfrac{1}{4,000}$

③ $\dfrac{1}{5,000}$

④ $\dfrac{1}{6,000}$

해설

AB거리 평균 $= \dfrac{199.98 + 200.02}{2} = 200\text{m}$

AB거리 오차 $= 199.98 - 200.02 = -0.04\text{m}$

정밀도 $= \dfrac{0.04}{200} = \dfrac{1}{5,000}$

정답 10 ③

출제예상문제

★★★

01
다음 중 측량에서 사용하는 거리는 어떤 거리를 의미하는가?

① 수직 거리　　　　　　　② 경사 거리

③ 수평 거리　　　　　　　④ 간접 거리

해설

측량에서 거리라고 하면 수평 거리를 의미한다.

★★☆

02
경사지의 거리 측량에서 다음 그림과 같이 거리와 각을 측정했다. 수평거리는 몇 m인가?

① 10.13m

② 12.00m

③ 21.613m

④ 22.136m

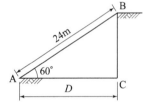

해설

$D = L \cos\theta = 24 \times \cos 60° = 12\text{m}$

03
1회 거리측정에서 우연오차가 ±5mm일 때, 4회 연속 측정에서의 총 우연오차는 얼마인가?

① ±500mm　　　　　　　② ±10mm

③ ±47mm　　　　　　　④ ±49mm

해설

$E = \pm 5\sqrt{n} = \pm 5\sqrt{4} = \pm 10\text{mm}$

★★☆
04

구배가 15%인 도로의 경사 거리 135m에 대한 수평 거리는 얼마인가?
(단, 수평거리 100m에 대한 15% 도로의 경사거리는 101.12m이다.)

① 133.5m

② 130.0m

③ 132.0m

④ 136.5m

해설

$$\sqrt{15^2 + 100^2} = 101.12\text{m}$$

$$135 : 101.12 = \chi : 100$$

$$\therefore \ \chi = 133.5\text{m}$$

★★★
05

테이프를 이용한 거리 측량에서 발생하는 오차 중 정오차가 아닌 것은?

① 테이프의 길이가 표준 길이보다 긴 경우

② 테이프가 자중으로 인해 처짐이 발생한 경우

③ 측정할 때 온도가 표준 온도보다 낮은 경우

④ 측정 중 장력을 일정하게 유지하지 못하였을 경우

해설

정오차는 정상적으로 측정했을 때 생기는 오차이므로 장력을 일정하게 유지하지 못했을 때 생기는 오차는 착오(과실)이다.

★★☆
06

다음 중 부정오차에 속하지 않는 것은?

① 누적오차

② 상차

③ 추차

④ 우연오차

해설

(1) 부정오차 : 우연오차는 우차, 상차, 부정오차, 추차

(2) 정오차 : 누차, 누적오차

★★★
07

50m의 줄자로 길이 800m를 측정할 때 줄자에 의한 길이 측정오차를 50m±4cm 라면, 이때 발생하는 오차는?

① ±2cm

② ±4cm

③ ±8cm

④ ±16cm

> **[해설]**
>
> 우연오차는 측정회수의 제곱근에 비례
>
> $$E=\pm\,\delta\sqrt{n}=\pm\,4\sqrt{\dfrac{800}{50}}=\pm\,16\text{cm}$$

★★★
08

20m 줄자로 두 지점의 거리를 측정한 결과 180m를 얻었다. 1회 측정마다 ±3mm 의 우연오차가 있을 때 옳은 것은?

① 320±0.009m

② 320±0.013m

③ 320±0.048m

④ 320±0.024m

> **[해설]**
>
> 우연오차는 측정회수의 제곱근에 비례하므로 $n=\dfrac{180}{20}=9$
>
> $$\therefore\ E=\pm\,3\sqrt{n}=\pm\,3\sqrt{9}=\pm\,0.009\text{mm}$$

★☆☆
09

강철 줄자에 의한 거리 측량 시 발생하는 정오차의 원인에 해당하는 것은?

① 측정 중에 줄자에 가해진 장력이 표준 장력과 다르다.

② 야장에 측정값의 수치를 잘못 기록하였다.

③ 측정 중에 습도가 변하였다.

④ 눈금을 크게 잘못 읽었다.

> **[해설]**
>
> 장력보정은 오차가 정하여져 있어서 보정이 가능한 정오차이다.

10

다음 중 거리 측량을 실시할 수 없는 장비는?

① 토털 스테이션(Total Station)
② GPS
③ VLBI
④ 절충 레벨

절충 레벨
여러 점들 사이의 고저차를 관측하는 장비

11

전파 거리 측량기(electronic wave distance measurment)의 반송파는?

① 극초단파
② 레저 광선
③ 적외선
④ 가시광선

(1) 전파 거리 측정기 : 극초단파를 변조 고주파로 바꾸어 반송시켜 거리측정
(2) 광파 거리 측정기 : 전파 대신 적외선, 레이저 광선, 가시광선 등을 사용

12

거리 측량에서 발생한 오차 상태 중 정오차에 해당하는 것으로만 묶은 것은?

> ㄱ. 측정할 때 온도가 표준 온도보다 5℃ 높았다.
> ㄴ. 측정한 테이프의 길이가 표준 길이보다 5cm 짧았다.
> ㄷ. 측정 도중 급격한 습도 변화로 테이프 신축이 발생하였다.
> ㄹ. 측점 사이의 간격이 멀어져 테이프 자체의 무게 때문에 처짐이 일정
> 하게 발생하였다.

① ㄱ, ㄷ
② ㄱ, ㄴ, ㄹ
③ ㄴ, ㄷ, ㄹ
④ ㄱ, ㄴ, ㄷ, ㄹ

정오차는 수학적, 물리학적인 법칙에 따라 일정하게 발생되어 발생원인을 발견하면
처리가 가능한 오차이다. 급격한 습도의 변화의 오차는 정오차가 아니다.

***
13 80m의 측선을 20m의 줄자로 관측하였다. 만약 1회의 관측에 +5mm의 누적오차와 ±5mm 있다고 하면 정확한 거리는?

① 80.02m±0.01m
② 80.05m±0.01m
③ 80.02m±0.05m
④ 80.03m±0.04m

[해설]

정오차$=\dfrac{80}{20}\times 0.005 = 0.02m$

우연오차$=\pm 0.005\sqrt{4}=\pm 0.01m$

***
14 다음 중 전자파 거리 측정기에 대한 설명으로 틀린 것은?

① 전파 거리 측정기는 광파 거리 측정기보다 먼 거리를 측정할 수 있다.
② 전파 거리 측정기는 광파 거리 측정기보다 지면에 대한 반사파 영향을 많이 받는다.
③ 전파 거리 측정기는 광파 거리 측정기보다 기상에 대한 영향을 크게 받는다.
④ 지오디미터(Geodimeter)는 광파 거리 측정기의 일종이다.

[해설]

(1) 광파거리측정기는 빛을 사용하기 때문에 날씨에 대한 영향을 받는다.
(2) 전파 거리 측정기는 광파 거리 측정기보다 기상에 대한 영향을 적게 받는다.

★★☆
15 다음 거리측량에 관한 설명 중 옳지 않은 것은?

① 전자파거리 측정기에 의한 거리측정의 오차 중에서 광속도오차, 굴절률오차 등은 거리에 비례한다.
② 장거리 삼변측량에 이용되는 거리측량기에는 쇼란과 하이란 등이 있다.
③ 전자파거리 측정기에는 텔루로미터, 지오디미터 등이 있고, 텔루로미터는 기상조건에 영향을 많이 받으므로 정도가 낮다.
④ 삼변측량이란 삼각망의 수평각 대신에 변의 길이를 관측하여 삼각점의 위치를 구하는 측량이다.

[해설]

광파거리측정기는 빛을 사용하기 때문에 날씨에 대한 영향을 받는다.

★★☆
16

거리측량에서 생기는 다음 오차 중 우연오차에 해당되는 것은?

① 거리를 일직선상에서 측정하지 않기 때문에 생기는 오차
② 측정하는 테이프의 길이가 정확하지 않기 때문에 생기는 오차
③ 테이프의 경사를 정확히 보정하지 않기 때문에 생기는 오차
④ 온도나 습도가 측정 중에 때때로 변하기 때문에 생기는 오차

> **해설**
>
> (1) 정오차 : 일정한 크기가 정해져 있어 보정이 가능
> (2) 우연오차 : 주의해도 없앨 수 없는 오차

★☆☆
17

다음 중 토털 스테이션 기계 내의 입력 프로그램이 아닌 것은?

① GPS   ② 좌표 추적 기능
③ 원점 좌표 세팅   ④ 후방 방위각 표점

> **해설**
>
> 기계 내 입력 프로그램
> (1) 측점 좌표 입력   (2) 원점 좌표 세팅   (3) 후방 방위각 측정
> (4) 후방 교회법   (5) 지반고 계산프로그램   (6) 좌표 추적 기능
> (7) 계산 및 대변 측정 기능   (8) 경계 측량 및 터널 측량 프로그램

★★☆
18

다음 중 토털 스테이션의 사용상 주의 사항이 아닌 것은?

① 기계 본체를 지면에 직접 닿도록 한다.
② 이동시에는 기계를 삼각에서 분리시켜 이동한다.
③ 전원 스위치를 내린 후 배터리를 본체로부터 분리한다.
④ 커다란 진동이나 충격으로부터 기계를 보호한다.

> **해설**
>
> 흙이나 먼지는 본체 나사구멍을 손상시키므로 가능한 기계 본체가 지면에 직접 닿지 않도록 주의한다.

★★★
19

다음 그림과 같은 수평면과 45°의 경사를 가진 사면(斜面)의 길이 16.33m의 토사면(土斜面)이 있다. 이 사면을 30°로 할 때, 사면의 길이를 얼마로 하면 좋은가? (단, sin30°=0.5, sin135°=0.7이다.)

① 17.86m

② 19.86m

③ 22.86m

④ 23.86m

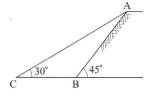

해설

$sinn$법칙을 적용하면 $\dfrac{\overline{AB}}{\sin 30} = \dfrac{\overline{AC}}{\sin 135}$

$\therefore \overline{AC} = \overline{AB}\,\dfrac{\sin 135°}{\sin 30°} = \dfrac{16.33 \times 0.7}{0.5} = 22.862\text{m}$

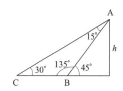

★★★
20

기선의 길이가 1,500m이고 표고 h가 6,370m인 곳의 평균 해수면에 대한 보정량은? (단, 지구반경은 6,370km이다.)

① −150cm

② +75cm

③ −30cm

④ +20cm

해설

$$C_h = -\frac{Dh}{R} = -\frac{1,500 \times 6,370}{6,370,000} = -1.5\text{m}$$

★★☆
21

테이프만으로 어떤 트래버스를 측정할 때 트래버스의 중앙에 장애물이 있어서 서로 대각선상의 점들 간에는 투시가 안 될 경우 적당한 방법은?

① 수선구분법

② 삼각구분법

③ 계선구분법

④ 구형구분법

해설

(1) 수선구분법 : 측선에 장애물이 있을 때 사용

(2) 삼각구분법 : 모든 측선 간 장애물이 없을 때 사용

(3) 계선법 : 시통 시 장애물이 있어 장애물을 피해갈 때 사용

★★☆
22

연장 3km의 거리를 30m의 테이프로 측정하였을 때 1회 측정의 부정오차를 ±4mm로 보면 부정오차의 총합은?

① ±20mm

② ±25mm

③ ±40mm

④ ±45mm

해설

총 우연오차 $= \pm a\sqrt{n} = \pm 4\sqrt{\dfrac{3,000}{30}} = \pm 40\text{mm}$

★★★
23

20m의 줄자를 검정자(표준자)와 비교한 결과 2cm 늘어져 있다고 한다. 이 줄자를 써서 거리를 측정한 결과 250.50m였다. 표준자로 보정한 거리는?

① 250.26m

② 250.45m

③ 250.54m

④ 250.75m

해설

$C_0 = \pm \dfrac{\Delta l}{l} L$에서 늘어져 있으므로 (+)

$C_0 = + \dfrac{0.02}{20} \times 250.50 = 0.25\text{m}$

$\therefore \ L_0 = L + C_0 = 250.50 + 0.25 = 250.75\text{m}$

★★★
24

20m의 테이프가 표준길이보다 2cm 짧을 때 이 테이프로 100m²인 면적을 측정했다면 실면적은?

① 100.10m²

② 100.20m²

③ 98.90m²

④ 99.80m²

해설

면적은 길이의 제곱이므로 $A = A_0 \left(1 \pm \dfrac{\Delta l}{l} \right)^2$이 되고 부호는 (−)

$\therefore \ A = 100 \left(1 - \dfrac{0.02}{20} \right)^2 = 99.8\text{m}^2$

★★☆
25

20m 줄자로 두 지점의 거리를 측정한 결과 320m를 얻었다. 1회 측정마다 ±3mm의 우연오차가 있을 때 바른 거리는 얼마인가? (단, 단위는 m이다.)

① 320±0.012

② 320±0.014

③ 320±0.022

④ 320±0.044

해설

우연오차는 측정회수의 제곱근에 비례하므로

$$E = \pm 3\sqrt{\frac{320}{20}} = \pm 12\text{mm}$$

★★★
26

무게 또는 경중률에 대한 설명 중 옳지 않은 것은?

① 무게는 정밀도의 제곱에 반비례한다.

② 같은 정도로 측정했을 때에는 측정회수에 비례한다.

③ 직접 수준측량에서는 거리에 반비례한다.

④ 간접 수준측량에서는 거리에 제곱에 반비례한다.

해설

경중률은 정밀도의 제곱에 비례한다.

★★☆
27

총 200m의 측선을 20m 줄자로 측정하였다. 1회 측정에서 +5mm의 누적오차와 ±25mm의 우연오차가 있었다면 정확한 거리는?

① 200.00±0.05m

② 200.05±0.079m

③ 100.020±0.01m

④ 100.025±0.01m

해설

정오차 $= 5n = +5 \times \dfrac{200}{20} = +50\text{mm}$

우연오차 $= \pm 25\sqrt{n} = \pm 25\sqrt{\dfrac{200}{20}} = \pm 79.05\text{mm}$

∴ 정확한 거리 $= 200 + 0.05 \pm 0.079 = 200.05 \pm 0.079\text{m}$

28 ★★☆

정밀도에 관한 다음 설명 중 옳지 않은 것은?

① 정밀도란 어떤 양을 측정했을 때의 그 정확성의 정도를 말한다.

② 정밀도는 확률오차 또는 중등오차와 최확치와의 비율로 표시하는 방법이 있다.

③ 정밀도는 2회 측정치의 차이와 평균치와의 비율로 표시하는 방법이 있다.

④ 확률오차 r_0 와 중등오차 m_0 사이에는 $m_0 = 0.6745r_0$의 관계식이 성립된다.

[해설]

확률오차(r_0)

밀도함수 전체의 50% 범위를 나타내는 오차로 표준편차(또는 중등오차)의 67.45%를 나타낸다. 즉, $r_0 = \pm 0.6745m_0$ 또한, 표준편차 내에 관측값이 있을 확률$(\mu \pm \sigma)$은 68.26%가 된다.

29 ★★☆

다음 전자파거리 측정기에 대한 설명 중 옳지 않은 것은?

① 전파거리 측정기는 광파거리 측정기보다 시가지 건물 및 산림 등의 장해를 받기 쉽다.

② 광파거리 측정기는 전파거리 측정기보다 1변 관측의 조작시간이 길다.

③ 전파거리 측정기의 최소 조작 인원은 2명이며 광파거리 측정기는 1명이다.

④ 전파거리 측정기를 사용하는 경우에 생기는 오차는 거리에 비례하는 것과 비례하지 않는 경우로 나뉜다.

[해설]

1변 관측 시 조작 시간은 광파거리측정기 10~20분, 전파거리측정기 20~30분

30 ★★★

다음 그림에서 BC=30m, BD=15m일 때 AB 사이의 거리는 얼마인가?

① 100m

② 80m

③ 70m

④ 60m

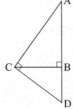

[해설]

$\triangle ABC \backsim \triangle CBD$이므로 $AB : BC = BC : BD$, $AB \cdot BD = BC \cdot BC$

$\therefore AB = \dfrac{BC^2}{BD} = \dfrac{30^2}{15} = 60m$

★☆☆
31

AB측선에 장애물이 있어 직접 측정할 수 없으므로 AC 및 BC를 측정하여 거리를 구하였다. AB의 거리는 얼마인가? (단, AC=5m, BC=3m)

① 3m

② 4m

③ 5m

④ 6m

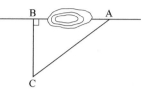

해설

$$AC^2 = AB^2 + BC^2$$

$$\therefore AB = \sqrt{AC^2 - BC^2} = \sqrt{5^2 - 3^2} = 4m$$

★★☆
32

1회 측정에서 ±3mm의 우연오차가 생길 때 9회 측정했을 때의 우연오차는 얼마인가?

① ±9mm

② ±0.3mm

③ ±4mm

④ ±3mm

해설

$$E = \pm 3\sqrt{n} = \pm 3\sqrt{9} = \pm 9mm$$

33

측량에 있어서 실측거리는 240.00m이었다. 정확한 거리는?
(단, 테이프에서 팽창계수는 +0.00001, 10℃로 한다. 이 테이프는 15℃에 있어서 검정치는 30m+3.2mm이다.)

① 239.99m

② 240.00m

③ 240.01m

④ 241.25m

해설

$$C_t = \alpha(t - t_0)L = 0.00001(10 - 15) \times 240.00 = -0.012m$$

$$\therefore L_0 = L + C_t = 240.00 - 0.012 = 239.99m$$

★★★
34

그림과 같이 거리와 각을 측정하여 AB의 간접 거리를 재려고 한다. AB 두 점간의 거리는? (단, AC=4m, BC=3m이다.)

① 3m

② 4m

③ 5m

④ 9m

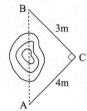

피타고라스 정리에 의하면 $\overline{AB}^2 = \overline{AC}^2 + \overline{BC}^2$

∴ 거리 $\overline{AB} = \sqrt{\overline{AC} + \overline{BC}} = \sqrt{4^2 + 3^2} = 5m$

★★★
35

AB간의 거리를 4개의 구간으로 나누어 각 구간의 평균 자승오차를 구하여 표의 값을 얻었다. 전 구간의 평균 자승오차를 구한 값은?

구 간	평균 자승오차
1	±3mm
2	±4mm
3	±3mm
4	±4mm

① $\pm\sqrt{14}$ mm

② $\pm\sqrt{24}$ mm

③ $\pm\sqrt{50}$ mm

④ $\pm\sqrt{49}$ mm

오차 전파의 법칙에 따라

$$M = \sqrt{m_1^2 + m_2^2 + m_3^2 + \cdots} = \sqrt{3^2 + 4^2 + 3^2 + 4^2} = \pm\sqrt{50}\,mm$$

36 ★☆☆

다음 중 골격 측량 방법을 설명으로 옳지 않은 것은?

① 삼각 구분법은 측량할 곳의 넓이가 그리 넓지 않고 측점간의 투시가 잘 되는 곳에 적당하다.
② 수선 구분법은 경계선상에 장애물이 있거나 지형이 길고 좁은 경우에 적당하다.
③ 계선법은 트래버스의 중앙에 장애물이 있거나 대각선의 투시가 곤란한 경우에 이용된다.
④ 지거법은 어떤 한 점에서 측선에 내리는 수선의 길이를 이용하는 방법이다.

해설

(1) 골격 측량 : 측점과 측점 사이의 관계 위치를 정하는 뼈대작업
(2) 지거측량 : 세부 측량 방법

37 ★☆☆

범세계적 위치결정체계(GPS)에 대한 설명 중 옳지 않은 것은?

① 기상에 관계없이 위치결정이 가능하다.
② NNSS의 발전형으로 관측소요시간 및 정확도를 향상시킨 체계이다.
③ 우주 부분, 제어 부분, 사용자 부분으로 구성되어있다.
④ 사용되는 좌표계는 WGS 80이다.

해설

GPS는 WGS 84 좌표계를 사용한다.

Civil Engineering

3 수준측량

수준측량

① 수준측량의 개요

수준측량이란 지구상의 여러 점들 사이의 고저차를 구하는 측량으로 건설현장에서 가장 많이 사용되는 측량방법이다.

※ 공무원 시험에는 수준측량 용어, 분류는 자주 출제된다.

① 수준측량의 정의
② 수준측량에 사용되는 용어
③ 수준측량의 분류

1. 수준측량의 정의

수준측량(Leveling)이란 지구상에 있는 점들의 고저차를 관측하는 것이다.

2. 수준측량의 이용

① 기존 지형에 가장 알맞은 도로, 철도 및 운하의 설계
② 계획된 고저에 의한 건설 공사의 배치
③ 토공량의 산정과 공사 지역의 배수 특성의 조사
④ 토지의 현황을 표현하는 지도의 제작

3. 수준측량의 용어

연직선	지표면의 어느 점으로부터 지구 중심에 이르는 선을 말한다.
수준면	각 점들이 중력방향에 직각으로 이루어진 곡면으로 지오이드면, 회전타원체면 등으로 가정하지만 소규모 범위의 측량에서는 평면으로 가정해도 무방하다.
수준선	지구의 중심을 포함한 평면과 수준면이 교차하는 곡선으로 보통 시준거리의 범위에서는 수평선과 일치한다.
수준점(B.M)	기준 수준면에서부터 높이를 정확히 구하여 놓은 점으로 수준측량의 기준이 되는 점이며 우리나라에서는 국도 및 주요 도로를 따라 2~4km마다 수준표석을 설치하여 놓았다.
기준면	지반고의 기준이 되는 면을 말하며 이 면의 모든 높이는 0이다. 일반적으로 기준면은 평균해수면을 사용하고 나라마다 독립된 기준면을 가진다.
수준원점	기준면(가상의 면)으로부터 정확한 높이를 측정하여 정해 놓은 점으로 우리나라는 인천 인하대학교 교정에 있으며 그 높이는 26.6871m이다.
수평면	연직선에 직교하는 곡면으로 시준거리의 범위에서는 수준면과 일치한다.
지평면	어떤 한 점에서 수평면에 접하는 평면

지평선과 수평선 관계도

지구의 표면

> ◉ **곡선과 직선**
>
> 1. 곡선 : 수준선, 기준선, 수평선, 특별기준선 등은 모두 직선에 가까운 곡선이다.
> 2. 직선 : 지평선만이 직선이다.
> 3. 수평선은 수준선이나 기준선보다 더 편평한 직선에 가까운 곡선이다. 따라서 시준거리 내에서는 직선으로 보기도 한다.

4. 수준측량 시 사용 용어

측점	표척을 세워서 시준하는 점으로 수준측량에서는 다른 측량방법과 달리 기계를 임의점에 세우고 측점에 세우지 않는다.
후시(B.S.)	기지점(높이를 알고 있는 점)에 세운 표척의 눈금을 읽는 것
전시(F.S.)	표고를 구하려는 점에 세운 표척의 눈금을 읽는 것
기계고(I.H.)	기계를 수평으로 설치했을 때 기준면으로부터 망원경의 시준선까지의 높이 $I.H. = G.H. + B.S.$
지반고(G.H.)	기준면에서 그 측점까지의 연직거리 $G.H. = I.H. - F.S.$
이기점(T.P.)	전후의 측량을 연결하기 위하여 전시와 후시를 함께 취하는 점으로 다른 점에 영향을 주므로 정확하게 관측해야 한다.
중간점(I.P.)	전시만 관측하는 점으로 다른 측점에 영향을 주지 않는 점이다.
고저차	두 점간의 표고의 차

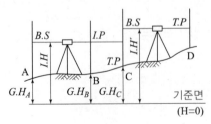

수준측량 시 사용 용어

5. 수준측량의 분류

(1) 측량 목적에 따른 분류

고저차 수준측량	필요한 2점 사이의 고저차를 구하기 위한 수준측량
선 수준측량	일정한 노선에 따라 지표면의 고저차를 구하는 수준측량
단면 수준측량	일정한 면적내의 땅의 고저차를 구하는 수준측량으로 토공량의 계산 등에 쓰인다.

(2) 기본 수준 측량의 분류

1등 수준측량	공공 측량이나 그 밖의 측량에 기준이 되며 1등 수준점간의 거리는 평균 4km이다.
2등 수준측량	공공측량이나 그 밖의 측량에 기준이 되며 2등 수준점간의 거리는 평균 2km이다.

(3) 측량 방법에 따른 분류

직접 수준 측량	레벨과 표척을 이용하여 지점 간의 고저 차를 직접 측량하는 방법으로 현장에서 가장 많이 사용한다.
간접 수준 측량	삼각 수준 측량 : 임의의 지점 사이의 연직각과 거리를 측정하여 기하학적인 원리에 의하여 높이 차를 구하는 방법이다.
	스타디아수준측량 : 스타디아측량으로 고저차를 구하는 방법이다.
	기압 수준 측량 : 기압 차에 따라 높이 차를 구하는 방법이다.
	항공 사진 측량 : 사진의 입체시에 의한 높이 차를 구하는 방법이다.
교호 수준 측량	하천과 계곡 같은 지역에서 중간 부분에 기계를 설치할 수 없을 때 양안에 측량점으로부터 같은 거리에 떨어진 위치에 레벨을 세워 측량하고, 두 지점의 높이 차를 평균하여 원하는 지점의 높이를 구하는 방법이다.

핵심 01 다음 수준 측량의 분류에서 측량 목적에 따른 분류에 해당되지 않는 것은?

① 횡단 수준 측량　　② 고저차 수준 측량
③ 단면 수준 측량　　④ 기본 수준 측량

해설

측량 목적에 따른 분류
(1) 고저차 수준 측량
(2) 단면 수준 측량(종단 측량, 횡단 측량, 표면 수준 측량)

핵심 02 다음 중 수준측량의 용어, 후시(B.S)의 뜻을 바로 설명한 것은?

① 수준측량에 있어서 진행방향에 대한 시준치를 후시라 한다.
② 고저를 측정하기 위하여 표척을 시준할 때 이것을 후시라 한다.
③ 한 번 시준이 끝난 다음 2점의 표고를 확인하기 위하여 다시 한번 시준할 때 이것을 후시라 한다.
④ 기계고(시준고)를 알기 위하여 표고를 알고 있는 점에 세운 표척의 시준을 후시라 한다.

해설

후시(B.S.)
표고를 알고 있는 점에 세운 표척을 읽는 것으로 후속되는 측량에 영향을 미치므로 mm 단위로 읽는다.

핵심 03 다음 높이를 구하기 위한 면으로 모든 점의 높이가 0(zero)인 것으로 다음 중 가장 옳은 것은 어느 것인가?

① 수평면　　② 수직면
③ 수준면　　④ 기준면

해설

기준면
높이를 측정하기 위한 기준이 되는 면으로 모든 점의 표고를 0이라 한다.

다음은 수준 측량의 용어이다. 이 중 틀린 것은?

① 지평면은 지평선의 한 점에서 접하는 평면이다.
② 수평선은 수평면에 평행한 곡선을 말한다.
③ 수평면은 정지된 해수면상에 중력 방향으로 수직인 곡면이다.
④ 지평선은 수평면의 한 점에서 접하는 접선이다.

> 해설
>
> 지평면은 수평면상의 한 점에 접하는 평면이다.

다음 중 중력방향에 90°를 이루고 있는 지구상의 평면을 무엇이라 하는가?

① 수평면 ② 지평면
③ 수준면 ④ 정수면

> 해설
>
> 수평면과 수준면은 곡면이고, 지평면만이 평면으로 간주한다.

다음 수준측량에 관한 사항 중 옳지 않은 것은?

① 수준면은 각 점들이 중력방향에 직각으로 이루어진 곡면이다.
② 중간점 I.P.는 전시만하는 점으로 다른 점의 지반고에 영향을 주므로 정확한 측정을 요한다.
③ 한국 1등 수준측량의 오차범위는 2km 왕복 시 ±5mm이다.
④ 수준측량이란 지표면의 고저를 측량하는 것을 말한다.

> 해설
>
> I.P(중간점)점
> 어떤 점의 지반고(표고)를 참고적으로 구할 때만 사용하며, 정확한 측정이 필요 없어 5~10mm 단위로 읽는다.

핵심 07

다음 중 횡단 수준 측량에 대한 설명으로 틀린 것은?

① 중심선에 직각 방향으로 지표면의 고저를 측량하는 것을 말한다.

② 높은 정확도를 요하지 않을 경우에는 간접 수준 측량 방법을 사용할 수 있다.

③ 토공량 산정에 활용된다.

④ 관측 결과로 측점의 3차원 위치를 정확하게 얻는 것을 목적으로 한다.

해설

GPS 측량

지구상의 3차원 위치를 구하는 측량이다.

핵심 08

다음 중 오직 전시(F.S)만을 요구하는 측점을 무엇이라 하는가?

① T.P(이기점) 　　　② I.P(중간점)

③ I.H(기계고) 　　　④ G.H(지반고)

해설

⑴ 전시(F.S)를 하는 점에는 이기점(T.P)과 중간점(I.P)이 있다.

⑵ 이기점은 전시와 후시를 하는 점이다.

⑶ 중간점은 전시만 하는 점이다.

핵심 09

다음 중 폭이 200m인 하천의 양변을 횡단하여 정밀한 수준 측량을 하고자 한다. 다음 중 가장 적당한 측량 방법은?

① 정밀 수준 측량법 　　　② 시거 측량법

③ 교호 수준 측량 　　　④ 직접 수준 측량법

해설

교호 수준 측량

하천, 계곡은 기계 오차, 표척의 읽기 오차가 증가하므로 이 오차를 소거한 관측 방법이다.

핵심 10

다음 중 수준 측량 방법 중 직접 수준 측량에 해당되는 것은?

① 삼각 고저 측량법
② 레벨에 의한 고저 측량법
③ 스타디아 측량에 의한 고저 측량법
④ 기압차에 의한 고저 측량법

[해설]

직접수준측량
일반적으로 레벨을 직접 사용하여 측점 간의 고저차를 직접 구하는 측량

핵심 11

다음 중 수준 측량을 할 때 전시라 함은?

① 진행방향에 대한 전방 표척의 읽음값을 말한다.
② 기지점에 세운 함척의 읽음값을 말한다.
③ 동일측량에서 2개의 읽음 중 처음 읽은 것을 말한다.
④ 미지점에 세운 함척의 읽음값을 말한다.

[해설]

후시(B.S) : 기지점에 세운 표척의 읽음값
전시(F.S) : 미지점에 세운 표척의 읽음값

핵심 12

다음 수준 측량에 사용되는 용어에 관한 설명 중 옳지 않은 것은?

① 높이의 기준이 되는 수평면으로 이 면상의 모든 점의 표고가 0인 면을 기준면이라 한다.
② 지구의 중심을 포함한 평면과 수평면이 교차하는 곡선을 수평선이라 한다.
③ 수평면은 어떤 점에서도 수선이 나타내는 중력의 방향에 직각인 평면이다.
④ 수평면의 어떤 한 점에서 접하는 평면을 지평면이라 한다.

[해설]

수평면 : 그 면상의 각점에 있어서 중력의 방향에 직각인 곡면

핵심 13 다음 수준측량에 대한 다음사항 중 옳지 않은 것은?

① 중간점은 전시만을 관측하는 점으로 그 점의 오차는 다른 측량 지역에 큰 영향을 준다.
② 후시는 기지점에 세운 표척의 읽음 값이다.
③ 수평면은 각 점들의 중력방향에 직각을 이루고 있는 면이다.
④ 수준점은 기준면에서 표고를 정확하게 측정하여 표시한 점이다.

해설

중간점은 전시만 하므로 다른 측량지역에 영향을 미치지 않는다.

핵심 14 다음 중 수평면의 설명 중 옳은 것은?

① 그 면상의 각 점에 있어서 중력의 방향에 수직인 곡면
② 어떤 점에 있어서 지구의 중심방향에 직각인 평면
③ 어떤 점에 있어서 중력의 방향에 직각인 평면
④ 어떤 점을 통해 지구를 대표하는 회전 타원면

해설

수평면은 중력의 방향에 직각인 점들을 연결한 곡면이다.

핵심 15 다음 수준측량의 용어 설명 중 옳지 않은 것은?

① 기준면 : 지반의 높이를 비교할 때 기준이 되는 면으로 우리나라에서는 평균해수면을 사용하고 있다.
② 표고 : 기준면(평균해수면)에서 수직 방향으로 측정한 어느 점까지의 거리
③ 수준점 : 각종 측량의 높이의 기준으로 사용되며 수준 원점을 출발하여 국도 및 중요한 도로에 매설되어 있다.
④ 후시 : 표고를 알고자하는 점에 표척을 세워서 취한 표척의 읽음 값

해설

후시(B.S) : 기지점에 세운 표척의 읽음값

정답 13 ① 14 ① 15 ④

136 • 측량학

② 레벨의 종류와 구조

수준측량에서 사용되는 레벨은 여러 종류가 있다. 레벨의 구조를 이해하는 것이 수준측량의 정밀도를 높일 수 있으며 특히 기포관의 곡률반경과 감도의 측정은 자주 출제되는 중요한 부분이다.

※ 공무원 시험에는 다음 관계를 반드시 숙지해야 한다.

① 망원경의 배율 $(m) = \dfrac{F}{f}$

② 기포관의 구비조건

③ 기포관의 감도란 기포관 1눈금이 끼인 중심각

1. 레벨의 종류

① 덤피레벨 : 망원경이 고정되어 있어 구조가 견고하며 정밀도가 좋다.

② 미동레벨 : 기포 상 합치식 레벨이라고도 하며 정밀 측량용 레벨이다.

③ 자동레벨 : 보정기(Compensator)가 부착되어 사용하기 쉽고 신속하게 측정할 수 있어 가장 많이 사용된다.

④ 전자레벨 : 바코드 수준척을 사용하여 레벨에 내장된 컴퓨터로 표척의 눈금을 읽는다.

자동레벨

미동레벨

기포관
경사 미동 나사
반사경

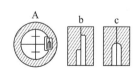

합치식 기포관

2. 레벨의 조정 조건

① 기포관축과 연직축은 직각이다. LL ⊥ VV
② 시준선과 기포관축은 평행이다. CC // LL

이 조건이 가장 중요하며 이 조건이 완벽하게 만족되면 전·후시
의 거리가 등거리가 아니어도 시준축 오차가 발생하지 않는다.

여기서, LL : 기포관축, VV : 연직축, CC : 시준선

——————— 시준축
——————— 기포관축
·········· 연직축

레벨조건

3. 약수준 측량기구

핸드 레벨	측량의 답사나 예측에 사용되며 손으로 들고서 표척의 눈금을 읽어 대략의 높이차를 측정한다.
클리노미터 핸드 레벨	경사각도와 경사각을 측정하는 레벨이다.
표척	표척은 수준 측량에서 측점에 수직으로 세우는 자이다. 종류에는 일반 표척, 팽창률이 매우 적은 정밀한 수준 측량에 사용되는 인바표척, 레벨로 표척에 새겨진 바코드를 자동적으로 읽을 수 있는 바코드 표척 등이 있다.

4. 레벨의 구조

(1) 망원경

① 배율(m)

망원경의 배율은 대물렌즈와 접안렌즈의 초점거리의 비로 나타낸다.

$$m = \frac{대물렌즈의\ 초점거리}{접안렌즈의\ 초점거리} = \frac{F}{f}$$

② 합성렌즈

망원경의 대물렌즈는 빛의 굴절률이 달라 생기는 구면수차와 색수차를 제거하기 위해
합성렌즈를 사용한다.

5. 기포관

(1) 기포관의 구조

기포관(level tube)은 유리관 안의 윗면에 어떤 반지름의 원호를 만들어, 그 속에 점성이 적
은 알코올(alcohol)이나 에테르(ether)등의 액체를 넣어서 기포를 남기고 양단을 막은 것.

(2) 기포관의 구비조건

① 곡률 반지름이 클 것

② 액체의 점성 및 표면장력이 작을 것

③ 관의 곡률이 일정하고, 관의 내면이 매끈할 것

④ 기포의 길이는 될 수 있는 한 길어야 할 것

(3) 기포관의 감도

수평으로부터의 기울기를 어느 정도로 표시할 수 있는 성능을 말하며, 기포가 1눈금만큼 이
동하는데 기포관축을 기울여야 하는 각도를 초($''$)로 나타낸 값을 말한다. 즉,

① 기포가 1눈금 이동하는데 기포관축을 기울여야 하는 각도

② 기포가 1눈금 이동하는데 끼인 기포관의 중심각을 기포관의 감도라 한다.

(4) 감도의 측정

그림에서

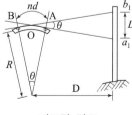

기포관 감도

· L : 기포가 n눈금 움직였을 때 스타프의 읽음값의 차이

· d : 기포관 1눈금의 길이로 2mm

· R : 기포관의 곡률 반경

· D : 레벨과 스타프의 거리라 하면

$nd : R = L : D$

$$\therefore R = \frac{nd}{L}D$$

또한, 호도법을 이용하여 감도(P)를 구하면

$nd = R \cdot \theta$ (θ는 라디안)

$$\therefore \ P = \rho'' \frac{L}{nD} = 206265'' \times \frac{L}{nD}$$

여기서, P(감도)$= \dfrac{\theta}{n}$

KEY

◉ **기포관의 감도와 곡률반경**

1. 기포관의 곡률반경(R)

$$R = \frac{nd}{L} D$$

2. 기포관의 감도(P)

$$P = \frac{L}{nD} \rho = 206265'' \times \frac{L}{nD}$$

3. 기포관의 감도가 좋으면(기포관의 기포 1눈금이 끼인 중심각이 작으면) 정밀도는 높아지나 세우는데 시간이 많이 걸린다.
4. 따라서 기포관의 감도는 적당한 것이 좋다. 필요 이상으로 감도가 높으면 불합리하다.
5. 기포관의 감도와 곡률반경은 매우 자주 출제된다.
6. 기포관의 움직임은 관이 굵고 기포가 길수록 예민하다.

핵심 01 다음 중 외부 초점식 레벨에서 레벨의 크기는 어느 것으로 표시하는가?

① 망원경의 배율
② 대물렌즈의 크기
③ 망원경의 전 길이
④ 대물렌즈의 초점 거리

해설

(1) 내부 초점식 : 대물렌즈의 초점 거리
(2) 외부 초점식 : 망원경의 전체 길이

핵심 02 다음 중 레벨의 망원경 시준선을 옳게 설명한 것은?

① 대물렌즈의 광심과 대안렌즈의 광심을 연결
② 대물렌즈의 광심과 십자선의 교점을 연결
③ 대물렌즈의 광심과 수평축과 연직축의 교점을 연결
④ 대물렌즈의 초점과 대안렌즈의 초점을 연결

해설

(1) 광심 : 렌즈의 한 점에서 빛이 입사하는 광선과 반사되는 광선이 나란하게 되는 점
(2) 광축 : 대물렌즈와 접안렌즈의 광심을 연결한 선
(3) 시준선 : 대물렌즈의 광심과 십자선의 교점을 연결한 선

핵심 03 다음 중 망원경의 배율을 옳게 표시한 것은?

① 대물경의 초점 거리와 접안경의 초점 거리의 비
② 접안경의 초점거리와 대물경의 초점거리의 비
③ 대물, 접안 양경의 초점 거리의 화
④ 대물, 접안 양경의 초점 거리의 차

해설

망원경의 배율(m)

$$m = \frac{대물렌즈의\ 초점거리}{접안렌즈의\ 초점거리} = \frac{F}{f}$$

핵심 04 다음 중 기포관의 구비조건으로 잘못된 것은?

① 곡률 반경이 작을 것

② 기포의 길이가 길면 감도가 좋아진다.

③ 액체의 표면 장력 및 점성이 적을 것

④ 기포관 내면의 곡률반경이 모든 점에서 균일할 것

해설

곡률반경이 클수록(편평할수록) 기포의 움직임이 예민해진다. 기포관의 기포는 움직임이 예민할수록 정밀하다.

핵심 05 다음 중 기포관의 감도에 대한 설명 중 옳지 않은 것은?

① 기포관의 1눈금이 곡률중심에 낀 각으로 감도를 표시한다.

② 곡률중심에 낀 각이 작을수록 감도가 높다.

③ 필요이상으로 감도가 높은 기포관을 사용하는 것은 불합리하다.

④ 기포의 움직임은 관이 굵고, 기포가 길수록 둔감해진다.

해설

기포의 감도는 기포관의 곡률반지름과 액체의 점성에 가장 큰 영향을 받고, 기포의 길이가 길수록 예민해진다.

핵심 06 다음 중 기포관의 감도를 바르게 나타낸 것은?

① 기포관의 길이가 곡률 중심에 끼는 각

② 기포관의 눈금의 양단이 곡률 중심에 끼는 각

③ 기포관의 두 눈금이 곡률 중심에 끼는 각

④ 기포관의 1눈금이 곡률 중심에 끼는 각

해설

기포관의 감도(P) $P = \rho'' \dfrac{L}{nD}$

(1) 기포가 1눈금 이동하는데 기포관축을 기울여야 하는 각도

(2) 기포가 1눈금 이동하는데 끼인 기포관의 중심각

핵심 07

다음 레벨의 수준기 감도를 재기 위하여 D 떨어진 곳에 표척을 세워 기포를 중앙에 있도록 시준하여 표척을 읽으니 n_1이었다. 다음 수준기의 기포를 n눈금 이동시켜 시준하여 표척의 읽기 n_2를 얻었다면 이 수준기의 감도를 구하는 식으로 옳은 것은? (단, L는 표척의 눈금차)

① $\rho'' \dfrac{L}{nD}$ ② $\rho'' \dfrac{L}{D}$

③ $\dfrac{L}{nD}$ ④ $\rho'' \dfrac{L}{nD}(n_1 - n_2)$

해설

$nd : R = L : D$ 의 비례식과 $nd = R \cdot \theta$라는 두 식을 응용하면 감도(P)는 중심각 θ를 n으로 나눈 것이므로 $nd = R \cdot \theta(\text{rad})$이다.

$$\therefore \ \frac{\theta}{n} = \frac{d}{R} = \frac{L}{ndD} d(\text{rad}) = \rho'' \frac{L}{nD}$$

핵심 08

다음 중 레벨(level)로부터 40m 떨어진 곳에 세운 수준척의 읽음값이 1.130m였다. 다음 기포를 수준척의 방향으로 2눈금 이동하여 수준척을 읽으니 1.150m였다면 이 기포관의 곡률반경은? (단, 기포관 한눈금의 길이는 2mm)

① 10.26m   ② 6.4m

③ 10.4m   ④ 8.0m

해설

$nd : R = L : D$ 이므로 $R = \dfrac{nd}{L}D = \dfrac{2 \times 0.002}{(1.150 - 1.130)} \times 40 = 8.0\text{m}$

핵심 09

레벨과 함척 사이의 거리가 50m이고 기포가 중앙에 있을 때와 기포를 4눈금 이동시켰을 때의 차가 0.01m였다. 기포 눈금의 길이가 2mm일 때 이 기포관의 곡률 반경은?

① 50m   ② 40m

③ 30m   ④ 20m

해설

곡률 반경 $R = \dfrac{ndD}{L} = \dfrac{4 \times 0.002 \times 50}{0.01} = 40\text{m}$

③ 수준측량 방법

수준측량의 원리는 기준선(H=0m)을 기준으로 지반의 높고 낮음을 측정하는 것이다. 이 단원은 이런 원리를 생각하면서 이해하는 것이 중요하다.

※ 공무원 시험에는 지반고 계산문제가 자주 출제된다.

① 수준측량시의 시준거리
② 수준측량시의 주의사항
③ 교호수준측량

1. 직접 수준측량의 원리

$$\triangle H = (a_1 - b_1) + (a_2 - b_2) + \cdots$$
$$= (a_1 + a_2 + \cdots) - (b_1 + b_2 + \cdots)$$
$$= \sum B.S 의\ 값 - \sum F.S\ 의\ 값$$
$$\therefore\ H_B = H_A + \triangle H = H_A + \sum B.S - \sum F.S$$

직접수준측량

기계고(IH)		IH=GH+BS
지반고(GH)		GH=IG-FS
고저차(H)	고차식	H=$\sum$ BS-$\sum$ FS
	기고식 승강식	H=$\sum$ BS-$\sum$ TP

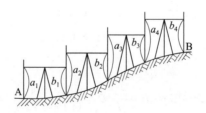

직접수준측량의 원리

■ 직접 수준측량의 시준거리

① 아주 높은 정확도의 수준측량 : 40m

② 보통 정확도의 수준측량 : 50~60m

③ 그 외의 수준측량 : 5~120m

시준거리가 길면

작업 → 신속, 표척눈금 읽기 → 부정확, 정확도 → 상승

시준거리 짧으면

작업 → 느리고, 표척눈금 읽기 → 정확, 정확도 → 하락(레벨 세우는 횟수 증가)

KEY

◉ **시준거리와 정확도**

1. 시준거리가 긴 경우
   표척의 눈금읽기는 부정확하나 레벨을 세우는 횟수가 감소하므로 작업이
   신속해지고 측량시의 오차는 기계 세우는 횟수에 비례하므로 줄어든다.

2. 시준거리가 짧은 경우
   위의 경우와 반대가 된다.
   시준거리가 짧으면 표척의 눈금읽기 오차는 작아지나 기계를 세우는 횟
   수가 증가하여 측량시의 오차가 증가한다.
   높은 정밀도를 요하는 측량에서는 적당한 시준거리(40~60m)를 가져야
   표척의 눈금읽기 오차와 레벨을 세우는 횟수에 의한 오차를 줄여 정밀
   한 측량을 할 수 있다.

2. 전시와 후시를 같게 하면 소거되는 오차

① 레벨의 조정이 불완전하여 시준선이 기포관축과 평행하지 않을 때(오차가 가장 크다)의 오차

② 지구의 곡률오차, 빛의 굴절오차

③ 시준거리를 같게 하면 초점나사를 움직일 필요가 없으므로 그때 발생하는 오차

3. 직접 수준측량 시 주의사항

① 왕복측량을 원칙

② 전시와 후시의 거리는 비슷하게 할 것

③ 후시로 시작해서 전시로 끝남

④ 표척을 전·후로 움직여 최소값을 읽는다.

⑤ 이기점(T.P.)은 1mm, 중간점(I.P.)은 5~10mm 단위로 읽는다.

4. 직접 수준측량의 방법

기계고($I.H.$) = 지반고($G.H.$) + 후시($B.S.$)

지반고($G.H.$) = 기계고($I.H.$) - 전시($F.S.$)

그림에서

$$I.H. = H_A + b_A$$

$$H_B = I.H. - f_B = H_A + b_A - f_B$$

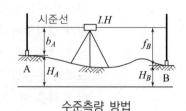

수준측량 방법

5. 교호수준측량

수준측량은 전·후시를 등거리로 취해야 여러 오차들을 줄일 수 있는데 측선 중에 계곡, 하천 등이 있으면 측선의 중앙에 레벨을 세우지 못하므로 정밀도를 높이기 위해 양 측점에서 측량하여 2점의 표고차를 2회 산출하여 평균하는 방법이다.

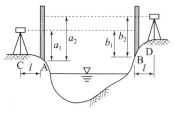

교호수준측량

$$H_B - H_A = \triangle h = \frac{(a_1 - b_1) + (a_2 - b_2)}{2} = \frac{(a_1 + a_2) - (b_1 + b_2)}{2}$$

■ 수준측량의 야장기입법

고차식	·단지 두 점 사이의 고저차만을 구할 때 편리 ·중간시가 없음(후시와 전시만 있음)
기고식	·기계의 높이를 기준 중간시가 많은 대부분의 야장기입법
승강식	·검산이 확실해 정밀한 수준측량에 사용 ·중간점이 많으면 계산이 복잡하고, 시간과 비용이 많이 든다.

7. 스타프를 거꾸로 세웠을 경우

터널이나 담장 등의 천정 높이를 측정할 경우 스타프를 거꾸로 세워서 읽을 경우는 읽음값에 (−) 부호를 붙여 계산하면 천정의 높이를 알 수 있다.

핵심 KEY

◉ **교호수준측량으로 소거되는 오차**

1. 레벨의 시준축 오차 : 가장 큰 영향을 줌
2. 지구의 곡률에 의한 오차
3. 광선의 굴절에 의한 오차

핵심 01 다음은 수준측량의 작업방법에 관한 설명이다. 틀린 것은?

① 폐합트래버스인 경우 출발점에 세운 표척은 필히 도착점에 세운다.

② 시준거리를 길게하면 능률과 정확도가 떨어진다.

③ 레벨과 전시표척, 후시표척의 거리는 등거리로 한다.

④ 직접수준측량은 간접수준측량보다 정확도가 높다.

[해설]

시준거리가 길어지면
(1) 기계를 세우는 횟수가 감소하여 능률적이다.
(2) 측량시의 오차는 줄어드나 표척의 눈금 읽기 오차가 증가한다.
(3) 정밀한 측량에서는 적당한 시준거리를 40~60m 정도로 한다.

핵심 02 레벨을 이용하여 표고가 51.50m인 A점에 표척을 세워 측정한 값이 1.24m일 때 표고 52m의 등고선이 지나는 B점의 위치를 찾기 위해 시준해야 할 표척의 읽음값은?

① 0.54m ② 0.74m

③ 0.94m ④ 1.24m

[해설]

A점의 기계고$= 51.50 + 1.24 = 52.74$m
B점의 지반고=기계고−전시이므로
$52.74 - x = 52$
$\therefore\ x = 52.74 - 52 = 0.74$m

핵심 03 다음 중 1등 수준측량을 할 경우 적당한 시준거리는?

① 40~60m ② 60~80m

③ 80~100m ④ 100~120m

[해설]

수준측량의 시준거리
(1) 1등 수준측량 : 40m   (2) 적당한 시준거리 : 40~60m
(3) 최단 시준거리 : 3~5m   (4) 보통 측량시의 시준거리 : 5~120m

04 다음 중 수준측량에서 전시와 후시가 등거리가 아니기 때문에 생기는 오차 중 가장 큰 것은?

① 지구의 만곡에 의해 생기는 오차

② 기포관축과 시준축이 평행되지 않기 때문에 생기는 오차

③ 시준선상에 생기는 기차에 의한 오차

④ 시준하기 위해 렌즈를 움직이기 때문에 생기는 오차

해설

전·후시를 같게 하는 주목적은 시준축오차를 제거하기 위함이다.

---

05 수준측량 작업에 있어서 전시(前視)와 후시(後視)의 거리를 같게 하여도 소거되지 않는 오차는?

① 시준선(축)오차 제거　　② 지표면(地表面) 구차의 영향 제거

③ 표척의 눈금오차 제거　　④ 기차(氣差)의 영향 제거

해설

표척의 눈금오차는 기계오차이므로 읽음값을 조정해야 한다.

---

06 20m 거리에 있는 두 개의 집수정 A, B를 2% 경사의 우수관으로 연결하고자 직접 수준 측량을 실시하였다. A집수정 바닥에 세운 표척 읽음값이 1.832m였다면 B집수정 바닥에 세운 표척의 읽음값[m]은? (단, 물은 A집수정에서 B집수정 방향으로 흐른다)

① 1.432　　　　　　　　② 2.032

③ 2.232　　　　　　　　④ 3.832

해설

2%의 경사이므로 A, B지점의 고저차는

$100 : 2 = 20 : x$

$\therefore x(고저차) = \dfrac{40}{100} = 0.4\text{m}$

A지점의 표고가 B지점의 표고보다 40cm 높다.

$\therefore$ A표척의 읽음값 $= 1.832 + 0.4 = 2.232\text{m}$

정답　01 ②　02 ②　03 ①　04 ②　05 ③　06 ③

핵심 07 다음 중 수준측량에서 표척을 세울 때 주의 사항으로 옳지 않은 것은?

① 표척을 세우는 장소는 지반이 단단하여야 한다.

② 표척은 수직으로 세우기 위해 앞뒤로 흔들어 준다.

③ 표척은 노출 방지를 위해 복잡한 지역에 세운다.

④ 표척은 가능한 두 점 사이의 거리가 같도록 세운다.

해설

표척은 지반이 단단하고, 평탄한 장소를 택한다.

핵심 08 다음 그림에서 No. 2의 지반고는 얼마인가?

① 45.68m

② 46.49m

③ 46.68m

④ 47.44m

해설

$$H_2 = 46.5 + 0.98 - 1.02 + 0.69 - 0.47 = 46.68\,\text{m}$$

핵심 09 다음 그림과 같이 수준 측량을 하여 b_1=1.650m, b_2=1.550m, a_1=1.850m, a_2=1.750m의 결과를 얻었을 때 두 점간의 고저차는?

① 0.200m

② 0.230m

③ 0.255m

④ 0.320m

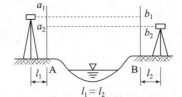

해설

$$H = \frac{(a_1 - b_1) + (a_2 - b_2)}{2} = \frac{(1.850 - 1.650) + (1.750 - 1.550)}{2} = 0.200\,\text{m}$$

10 그림과 같이 터널 내에서 직접 수준측량을 실시할 경우 이에 대한 설명으로 옳은 것은? (단, 전·후시 읽음 값의 단위는 m이고, No.0의 지반고는 100.000m이다.)

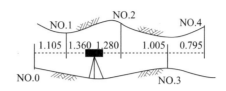

① No.1은 후시로 -1.360m이고 지반고는 102.465m이다.
② No.2는 전시로 -1.280m이고 지반고는 102.385m이다.
③ No.3은 전시로 1.005m이고 지반고는 101.100m이다.
④ No.4는 전시로 -0.795m이고 지반고는 100.310m이다.

[해설]

측점	B.S.	F.S.		I.H	G.H
		T.P.	I.P.		
0	1.105			101.105	100.000m
1			-1.360		102.465m
2			-1.280		102.385m
3			1.005		100.100m
4		-0.795			101.900m

11 다음 중 교호 수준측량을 실시할 때 이로운 점은 어느 것인가?

① 작업속도가 빠르다.
② 레벨의 시준축 오차를 줄일 수 있다.
③ 전시, 후시의 거리차가 심하다.
④ 기계오차는 줄어드나 지구곡률 의한 오차는 늘어난다.

[해설]

교호수준측량 시 제거되는 오차
(1) 레벨의 시준축 오차(기계오차)
(2) 지구의 곡률 및 광선굴절에 의한 오차 등으로 이러한 오차를 제거하여 측량의 정도를 높일 수 있다.

핵심 12

수준점 A, B, C에서 표고를 구하려는 점 P까지 직접 수준 측량을 하였을 때, 점 P의 표고[m]는? (단, A→P 표고 = 45.50m, B→P 표고 = 45.56m, C→P 표고 = 45.54m이다)

① 45.52

② 45.53

③ 45.54

④ 45.55

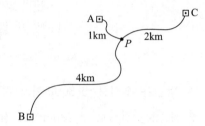

해설

경중률 A:B:C = $A : B : C = \dfrac{1}{1} : \dfrac{1}{4} : \dfrac{1}{2} = 4 : 1 : 2$

최확값

$$\frac{\sum PL}{\sum P} = \frac{45.50 \times 4 + 45.56 \times 1 + 45.54 \times 2}{4 + 1 + 2} = 45.52$$

핵심 13

기지점의 지반고가 100m, 기지점에 대한 후시는 2.85m 미지점에 대한 전시가 1.50m일 때 미지점의 지반고는?

① 100.70m

② 101.35m

③ 102.85m

④ 104.65m

해설

$G.H. = I.H. - F.S.$에서 기계고 $I.H. = 100 + 2.85 = 102.85\,\text{m}$이므로

지반고는 $G.H. = 102.85 - 1.50 = 101.35\,\text{m}$

핵심 14

수준측량에서 담장 PQ가 있어, P점에서 표척을 QP 방향으로 거꾸로 세워 아래 그림과 같은 독정값을 얻었다. A점의 표고 H_A=100.00m일 때 B점의 표고는?

① 100.39m

② 100.93m

③ 101.93m

④ 101.39m

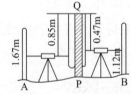

해설

표척을 거꾸로 세우면 읽음값에 (−) 부호를 붙인다. (천정 높이 측정)

∴ $H_B = H_A + 1.67 - (-0.85) + (-0.47) - 1.12 = 100.93\,\text{m}$

핵심 15 그림과 같은 터널에서 직접 수준 측량을 실시하였다. B점의 지반고는? (단, A점의 지반고는 50m이고, 표척 눈금의 읽음 단위는 m이다)

① 50.46m

② 50.56m

③ 50.66m

④ 50.76m

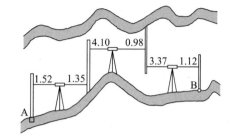

해설

[방법 1]

각점의 지반고는

전 지반고+후시−전시 이므로

$G_b = (50+1.52-1.35+4.10+0.98-3.37-1.12)$m

$\quad = 50.76$m

[방법 2]

$\sum$후시$-\sum$전시$=2.25-1.49=0.76$m

즉, B점의 지반고 = A점 지반고(50m)+0.76=50.76m

핵심 16 다음과 같은 갱내 수준측량에서 C점의 표고는? (단, A점의 지반고는 20.00m)

① 15.49m

② 20.49m

③ 20.51m

④ 20.71m

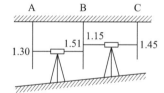

해설

$H_A - 1.3 + 1.51 - 1.15 + 1.45 = H_C$

$\therefore \ H_C = 20.51$m

핵심 17 그림과 같은 수준측량에서 지반 A와 지반 B의 표고차는 얼마인가?

① 2.19m

② 2.65m

③ 2.24m

④ 2.08m

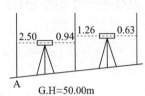

해설

표고차 $= \sum$ 후시 $- \sum$ 전시 $= (2.50 + 1.26) - (0.94 + 0.63) = 2.19\text{m}$

4 간접 수준측량과 종·횡단 수준측량

간접 수준측량은 지형의 복잡한 어려움 때문에 여러 가지 원리를 이용하여 고저차를 간접적으로 구하는 측량이나 직접수준측량에 비해 정밀도가 낮다.

※ 공무원 시험에는 구차(양차), 삼각수준측량 문제가 자주 출제된다.

① 앨리데이드에 의한 수준측량
② 삼각 수준측량은 직접수준측량보다 정밀도가 낮다.
③ 횡단 수준측량

1. 간접 수준측량

(1) 앨리데이드에 의한 수준측량

$$H = \frac{nD}{100}$$

여기서, n : 시준판의 눈금의 읽음값($n_2 - n_1$), D : 두 점의 수평거리

$H_b = H_a + I + h - S$

(2) 삼각수준측량

트랜싯을 사용하여 고저각과 거리를 관측하여 계산에 의해 고저차를 구하는 방법

① 두 측점간의 거리를 알 경우

$$H_B = H_A + i_A + l\tan\alpha_A - h_B$$

② 양차(구차 + 기차)를 고려하면

$$H_B = H_A + i_A + l\tan\alpha_A - h_B + \frac{(1-K)l^2}{2R}$$

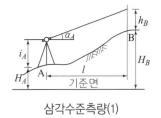

삼각수준측량(1)

여기서, R : 지구반지름(약 6,370km), K : 굴절률

양차의 계산을 하지 않으려면 A, B 양 지점에서 관측하여 평균하면 된다. (양차가 서로 상쇄되어 없어짐)

핵심 **KEY**

○ **양차(구차+기차)의 비교**

1. 구차 : 지구 곡률에 의한 오차로 크기는 $\dfrac{l^2}{2R}$ 이며 항상(+)이다.

2. 기차 : 빛의 굴절에 의한 오차로 크기는 $-\dfrac{Kl^2}{2R}$ 이며 항상(−)이다.

3. 수준측량에서 시준거리(l)가 길어지면 구차와 기차를 고려해야 하는데 이를 합하여 양차라 한다.

2. 종·횡단 수준측량

(1) 종단 수준측량

철도, 도로, 하천 등의 노선을 따라 각 측점의 고저차를 측정하는 측량으로 종단면도를 얻기 위함이다.

(2) 횡단 수준측량

종단 측량의 각 측점에서 중심선에 직각방향으로 지표면의 고저차를 측정하는 측량이다.

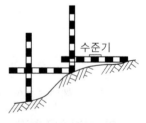

횡단측량 방법

■ 횡단 수준측량의 방법

① 레벨에 의한 방법 : 가장 정밀

② 테이프와 폴에 의한 방법

③ 폴에 의한 방법 : 중요하지 않은 곳, 경사가 급한 곳에 사용

3. 유토곡선(= 토적곡선, mass curve)

종단도를 따라 토량을 누계하면서 그린 곡선을 유토곡선 또는 토적곡선이라 하며, 흙의 운반계획과 토공사를 위한 적정 장비 선정을 위해 토공현장에서 활용되고 있다.

■ 유토곡선의 성질

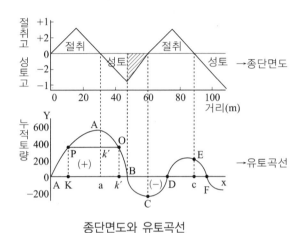

종단면도와 유토곡선

① 유토곡선의 (+) 부분은 흙이 남아서 땅을 깎아야 하고 마이너스 (−) 부분은 흙이 모자라는 부분이므로 흙을 쌓을 부분이다.

② 곡선의 최대값은 땅깎기에서 흙쌓기로 옮기는 점이고, 최소값은 흙쌓기에서 땅깎기로 옮기는 점이다.

③ 수평선이 곡선과 교차한 점을(땅깎기와 흙쌓기가 균형이 되는 점) 토공균형점이라 한다.

④ 누적토량이 0을 기준으로 하는 평행선보다 유토곡선이 위쪽에 있는 경우(상향구배)는 사토량이며, 아래쪽에 있는 경우(하향구배)는 토취량이다.

핵심 01

다음 중 간접수준측량에서 수평거리 8km일 때 지구곡률의 오차는 얼마인가?
(단, 지구의 반경은 6,400km로 함)

① 2m ② 3m

③ 4m ④ 5m

해설

$$곡률오차(구차) = \frac{D^2}{2R} = \frac{8^2}{2 \times 6,400} = 0.005\,km$$

핵심 02

다음은 횡단수준측량을 한 결과이다. d점의 지반고는? (단, No.4의 지반고는 15m이다.)

	왼쪽		측점	오른쪽	
$-\dfrac{1.20}{15.00}$	$-\dfrac{2.00}{12.00}$	$-\dfrac{0.9}{4.00}$	(NO.4) $\dfrac{1.30}{0}$	$-\dfrac{2.00}{8.00}$	$+\dfrac{2.75}{15.00}$
a	b	c		d	e

① 14.30m ② 8.30m

③ 13.00m ④ 8.00m

해설

$\dfrac{고저\ 읽음}{거리}$ 은 중심말뚝(0)을 기준으로 좌측거리는 (−), 우측은(+)로 거리로 표시

$\therefore\ H_d = 15 + 1.30 - 2.00$

$= 14.30m$

핵심 03

다음 중 간접 수준측량에서 수평거리 40m, 경사분획 5, 측표의 높이 2.0m, 기계의 위치 시준공까지의 높이가 1m일 때, 고저차는?

① 0.5m

② 1.0m

③ 1.5m

④ 2.0m

[해설]

$100 : n = D : h$에서 $100 : 5 = 40 : h$

$\therefore\ h = \dfrac{5 \times 40}{100} = 2\mathrm{m}$

$\therefore\ H = i_A + h - z = 1 + 2 - 2 = 1\mathrm{m}$

핵심 04

다음 중 간접 수준측량에 대한 설명 중 틀린 것은 어느 것인가?

① 스타디아 측량으로 두 점의 고저차를 구하는 것

② 두 점간의 기압차로 두 점의 고저차를 구하는 것

③ 간접 삼각 수준측량은 직접 수준측량보다 정밀도가 높다.

④ 두 점간의 연직각과 수평거리로 삼각법에 의해 고저차를 구하는 것

[해설]

직접수준측량의 정밀도는 간접수준측량의 정밀도보다 높다.

핵심 05

다음 표와 같은 횡단 수준측량에서 우측 12m 지점의 지반고는? (단, 측점 No.10의 지반고는 50.00m이다.)

① 50.50m

② 50.60m

③ 49.00m

④ 48.50m

좌		No.	우	
$\dfrac{2.50}{12.00}$	$\dfrac{3.40}{6.00}$	No.10		
	$\dfrac{2.00}{0}$	$\dfrac{2.00}{0}$	$\dfrac{2.40}{6.00}$	$\dfrac{1.50}{12.00}$

[해설]

횡단야장에서 분모는 거리, 분자는 표척의 읽음값이므로 우측 12m의 지반고는

$50 + 2.00 - 1.50 = 50.50\mathrm{m}$

핵심
06

다음 표는 도로 중심선을 따라 20m 간격으로 종단측량을 실시한 결과이다. No.1의 계획고를 50m로 하고 2%의 상향구배로 설계한다면 No.5의 성토 또는 절토고는?

① 0.58m (성토)

② 0.58m (절토)

③ 0.82m (절토)

④ 0.22m (절토)

측점	No.1	No.2	No.3	No.4	No.5
지반고	54.50	54.75	53.30	53.12	52.18

해설

(1) No.5 계획고 = $50 + 0.02 \times (4 \times 20) = 51.60$m

(2) No.5 (계획고−지반고) = $51.60 - 52.18 = -0.58$m(절토)

핵심
07

전자파 거리측정기(EDM)로 경사거리 165.360m(프리즘상수 및 기상보정된 값)을 얻었다. 이때 두점 A, B의 높이는 447.401m, 445.389m 이다. A점의 EDM 높이는 1.417m, B점의 반사경(reflector) 높이는 1.615m이다. AB의 수평 거리는 몇 m인가?

① $\sqrt{165.360^2 - 1.814^2}$ m

② $\sqrt{165.360^2 + 1.814^2}$ m

③ $\sqrt{165.360^2 - 2.824^2}$ m

④ $\sqrt{165.360^2 + 2.824^2}$ m

해설

(1) $\overline{AB}$ 의 높이차 = $H_A + I - S - H_B = 447.401 + 1.417 - 1.615 - 445.389 = 1.814$m

(2) $\overline{AB}$ 의 수평거리 = $\sqrt{165.360^2 - 1.814^2}$

핵심 08 교호 수준 측량을 실시하여 다음과 같은 성과를 얻었다. B점의 표고(H_B)는?
(단, A점의 표고(H_A)=30m, a_1=1.750m, a_2=2.440m, b_1=1.050m, b_2=1.940m이다.)

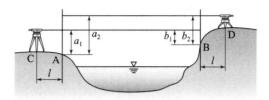

① 30.500 m
② 30.600 m
③ 30.700 m
④ 30.800 m

해설

$$\Delta h = \frac{(1.750+2.440)-(1.050+1.940)}{2} = 0.600\text{m}$$

A점의 표고(H_A)=30m

B점의 표고(H_B)=30+0.600=30.600m

핵심 09 다음과 같은 측량결과를 얻었다. B점의 지반고는 얼마인가? (단, A점의 지반고=101.40m, 기계고(I.H)=1.60m, B점의 표척의 높이=3.80m, AB=50m, α=45°)

① 49.2m
② 59.2m
③ 69.2m
④ 79.2m

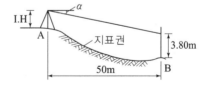

해설

$$H_B = H_A + I.H - D \cdot \tan\alpha - S = 101.40 + 1.60 - 50 \times \tan 45° - 3.80 = 49.20\text{m}$$

핵심 10

기고식 수준 측량 야장 기입 결과가 다음과 같을 때, (가) ~ (라)에 해당하는 값을 옳게 짝 지은 것은?

(단위 : m)

| 측점 | 후시 | 기계고 | 전시 | | 지반고 |
			이기점	중간점	
No.0	1.980				100.000
No.1				2.520	(가)
No.2	1.850		2.140		(나)
No.3				2.210	(다)
No.4			0.950		(라)
계	3.830		3.090	4.730	

	(가)	(나)	(다)	(라)
①	99.360	99.740	99.480	100.730
②	99.460	99.740	99.580	100.730
③	99.460	99.840	99.480	100.740
④	99.460	99.840	99.580	100.740

해설

(단위 : m)

| 측점 | 후시 | 기계고 | 전시 | | 지반고 |
			이기점	중간점	
No.0	1.980	101.980			100.000
No.1				2.520	99.460
No.2	1.850	101.69	2.140		99.840
No.3				2.210	99.480
No.4			0.950		100.740
계	3.830		3.090	4.730	

⑤ 오차와 정밀도

공무원 시험에 수준측량의 오차와 정밀도는 매우 자주 출제된다. 특히 정오차와 부정오차의 분류, 최확값을 구하는 문제, 양차, 오차의 허용범위 등 모두 알아두어야 할 사항들이다.
① 정오차와 부정오차의 분류
② 직접수준 측량의 오차$(E) = \pm K\sqrt{L}$
③ 수준측량의 정밀도는 허용오차로 대신한다.

1. 오차의 분류

(1) 정오차

표척의 0점 오차 : 기계의 세움을 짝수회로 하면 소거

표척의 눈금부정에 의한 오차

광선의 굴절에 의한 오차(기차)

지구의 곡률에 의한 오차(구차)

표척의 기울기에 의한 오차 : 표척을 전·후로 움직여 최소값을 읽는다.

온도 변화에 의한 표척의 신축

시준선(시준축) 오차 : 기포관축과 시준선이 평행하지 않아 발생하며 가장 큰 오차.
전·후시를 등거리로 취하면 소거됨

레벨 및 표척의 침하에 의한 오차 : 측량 도중 수시로 점검

(2) 우연오차

시차에 의한 오차 : 시차로 인해 정확한 표척값을 읽지 못해 발생

레벨의 조정 불완전

기상변화에 의한 오차 : 바람이나 온도가 불규칙하게 변화하여 발생

기포관의 둔감

기포관 곡률의 부등에 의한 오차

진동, 지진에 의한 오차

대물렌즈의 출입에 의한 오차

■ 정오차와 우연오차

온도변화(정오차)나 기상변화(우연오차)처럼 미묘한 차이에 따라 분류되므로 정확한 의미파악이 중요하다.

2. 직접수준측량의 오차

$$E = \pm K\sqrt{L} = C\sqrt{n}$$

여기서, K : 1km 수준측량시의 오차

L : 수준측량의 거리(km)

C : 1회의 관측에 의한 오차

3. 오차의 허용범위

(1) 왕복 측정할 때의 허용오차 (L=km, 노선거리)	1등 : $\pm 2.5\sqrt{L}$ mm, 2등 : $\pm 5.0\sqrt{L}$ mm
(2) 폐합수준측량을 할 때 폐합차	1등 : $\pm 2.5\sqrt{L}$ mm, 2등 : $\pm 5.0\sqrt{L}$ mm
(3) 하천측량(4km에 대하여)	유조부 : 10mm, 무조부 : 15mm, 급류부 : 20mm

· 유조부 : 조류가 느껴진다 해서 감조부라 하며 하천이 바다와 만나는 하류부분을 말한다.

· 무조부 : 조류의 영향이 없는 하천의 중류부분을 말한다.

4. 오차의 조정

(1) 폐합, 왕복, 결합수준측량의 경우

측점간의 거리에 정비례하여 생긴 것으로 하여 각 수준점에 배분한다.

$$오차조정량(E_i) = \frac{L_i}{[L]} \times E$$

여기서, E : 관측오차, L_i : 출발점에서 i측점까지의 거리, $[L]$: 전측선의 거리

(2) 각 기지점으로부터 미지점을 측량한 경우

경중률은 노선의 길이에 반비례하는 것으로 하여 P점의 표고를 구한다.

$$경중률 = P_1 : P_2 : P_3 = \frac{1}{l_1} : \frac{1}{l_2} : \frac{1}{l_3}$$

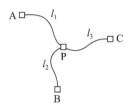

여기서 P점의 표고(H_P)를 구하면

$$H_P = \frac{P_1 \cdot H_1 + P_2 \cdot H_2 + P_3 \cdot H_3}{P_1 + P_2 + P_3}$$

$$\frac{\sum P \cdot H}{\sum P}$$

핵심 KEY

◉ **경중률과 최확값의 관계**

1. 거리측량	2. 수준측량	3. 각측량
$L_P = \dfrac{[P \cdot L]}{[P]}$	$H_P = \dfrac{[P \cdot H]}{[P]}$	$\alpha_P = \dfrac{[P \cdot \alpha]}{[P]}$

** 경중률과 최확값과의 관계는 일정하며 문제를 해결하는 핵심은 경중률 (P)을 구하는 것이다.

◉ **측정회수(n)와 오차(E)와의 관계**

1. 수준측량 : 측정회수의 제곱근에 비례 $E_1 = \pm C\sqrt{n_1}$

2. 각측량 : 측정회수의 제곱근에 반비례 $E_1 = \pm \dfrac{C}{\sqrt{n_1}}$

핵심 01

P점의 표고를 정하기 위하여 그림과 같이 A, B, C 수준점으로부터 수준 측량을 한 결과가 다음과 같다. 경중률 A : B : C는?

수준점	거리	관측지
A	5km	35.20m
B	3km	35.10m
C	2km	35.30m

① 5 : 3 : 2

② 6 : 10 : 15

③ 3 : 5 : 6

④ 10 : 6 : 4

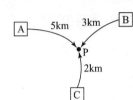

해설

경중률(P)은 거리에 반비례하므로

경중률 $P = A : B : C = \left(\dfrac{1}{5} : \dfrac{1}{3} : \dfrac{1}{2} \right) \times 30 = 6 : 10 : 15$

핵심 02

1등 수준 측량의 등급으로 편도 4km를 왕복 수준 측량했을 때 최대 허용오차 [mm]는?

① ± 4

② ± 5

③ ± 7

④ ± 10

해설

1등 수준측량의 최대 허용오차 $= \pm 2.5\sqrt{n} = \pm 2.5\sqrt{4} = \pm 5mm$

03 그림과 같이 (1), (2), (3) 코스로 수준측량한 결과는 다음과 같다. 두 A, B점간의 고저차는?

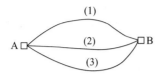

코스	측정결과	거리
(1)	23.10m	4km
(2)	23.20m	2km
(3)	23.30m	2km

① 22.24m

② 22.24m

③ 23.22m

④ 23.24m

해설

경중률(P)은 거리에 반비례한다.

경중률 $= \dfrac{1}{4} : \dfrac{1}{2} : \dfrac{1}{2}$ 각 항에 4를 곱하면 경중률 $= 1 : 2 : 2$

최확값$(H_P) = \dfrac{\sum PH}{\sum P} = \dfrac{1 \times 23.10 + 2 \times 23.20 + 2 \times 23.30}{1+2+2} = \dfrac{116.1}{5} = 23.22\text{m}$

---

04 P점의 표고를 정하기 위하여 그림과 같이 A, B, C 수준점으로부터 수준 측량을 한 결과가 다음과 같다. P점의 최확치값은?(단, 경중률 A : B : C = 6 : 10 : 15)

수준점	거리	관측지
A	5km	35.20m
B	3km	35.10m
C	2km	35.30m

① 35.216m

② 35.281m

③ 35.261m

④ 35.349m

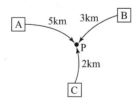

해설

최확치 $H_P = \dfrac{P_1 H_1 + P_2 H_2 + P_3 H_3}{P_1 + P_2 + P_3}$

$= 35 + \dfrac{6 \times 0.2 + 10 \times 0.1 + 15 \times 0.3}{6+10+15} = 35 + \dfrac{6.7}{31} = 35.216\text{m}$

---

05 기본 수준 측량에서 1등 수준 측량의 경우 왕복 차의 허용 기준은? (단, 은 수준 측량을 실시한 편도 노선 거리(km)이다.)

① $\pm 10.0 \sqrt{L}\,\text{mm}$ ② $\pm 5 \sqrt{L}\,\text{mm}$

③ $\pm 3 \sqrt{L}\,\text{mm}$ ④ $\pm 2.5 \sqrt{L}\,\text{mm}$

해설

1등 수준측량의 허용오차 $= \pm 2.5 \sqrt{L}\,\text{mm}$

2등 수준측량의 허용오차 $= \pm 5.0 \sqrt{L}\,\text{mm}$

06 직접고저측량을 하여 2km 왕복에 오차가 5mm 발생했다면 같은 정확도로 8km를 왕복측량 했을 때 오차는?

① 5mm ② 10mm

③ 15mm ④ 20mm

해설

수준측량의 오차는 거리의 제곱근에 비례한다.

$$\sqrt{2} : 5 = \sqrt{8} : x$$

$$x = \frac{5\sqrt{8}}{\sqrt{2}} = \frac{5 \times 2\sqrt{2}}{\sqrt{2}} = 5 \times 2 = 10\text{mm}$$

07 우리나라의 수준측량에 있어서 1등 수준점의 왕복허용 오차는 얼마인가? (단, L 은 편도거리(km)이다)

① $\pm 2.5 \sqrt{L}\,\text{mm}$ ② $\pm 5.0 \sqrt{L}\,\text{mm}$

③ $\pm 7.5 \sqrt{L}\,\text{mm}$ ④ $\pm 0.3 \sqrt{L}\,\text{mm}$

해설

1등 수준측량의 허용오차 $= \pm 2.5 \sqrt{L}\,\text{mm}$

2등 수준측량의 허용오차 $= \pm 5.0 \sqrt{L}\,\text{mm}$

핵심 08

두 개의 수준 A점과 B점에서 C점의 높이를 구하기 위하여 직접 수준 측량을 하여 A점으로부터 높이 75.30m(거리 2km), B점으로부터 높이 75.34m (거리 5km)의 결과를 얻었을 때 C점의 보정된 높이는 얼마인가?

① 75.375m

② 75.311m

③ 75.360m

④ 75.363m

해설

경중률은 거리에 반비례 $\dfrac{1}{2} : \dfrac{1}{5} = 5 : 2$

$\therefore$ 최확치 $= 75.3 + \dfrac{(5 \times 0.00) + (2 \times 0.04)}{5+2} = 75.3 + \dfrac{0.08}{7} = 75.311\,\text{m}$

핵심 09

다음 중 수준측량에서 정오차인 것은?

① 기상변화에 의한 오차

② 기포관의 곡률의 부등

③ 표척눈금의 불완전

④ 기포관의 둔감

해설

수준측량에서 정오차

항상 일정한 크기로 정하여져 있다. 표척눈금의 불완전(부정)은 정오차이다.

핵심 10

다음 중 수준 측량의 오차 중 기계적 원인이 아닌 것은?

① 레벨 조정의 불완전

② 레벨 기포관의 둔감

③ 시차

④ 대물렌즈 출입에 의한 오차

해설

수준 측량의 기계적인 오차의 원인

(1) 레벨 조정의 불완전

(2) 레벨 기포관의 둔감

(3) 레벨 기포관 곡률에 의한 부등

(4) 대물렌즈의 출입에 대한 오차

핵심 11

다음 중 수준 측량에서 고저 오차는 거리와 어떤 관계가 있는가?

① 거리에 비례
② 거리에 반비례
③ 거리의 제곱근에 비례
④ 거리의 제곱근에 반비례

해설

수준 측량의 고저 오차
거리의 제곱근($\sqrt{\ }$)에 비례한다.
∴ $E = C\sqrt{L}$

핵심 12

다음 중 수준 측량의 경중률에 대한 설명으로 옳은 것은?

① 경중률은 거리에 비례한다.
② 경중률은 오차의 제곱에 반비례한다.
③ 경중률은 오차의 제곱근에 반비례한다.
④ 경중률은 측정 횟수에 비례한다.

해설

평판 측량 : 경중률은 관측 횟수에 비례하고, 측정 거리에 반비례한다.
수준 측량 : 경중률은 오차의 제곱에 반비례한다.

★☆☆
01

다음 중 삼각점의 표고 설명 중 옳은 것은?

① 기준면인 평균해수면으로부터의 높이로 표시한다.

② 최고해수면으로부터의 높이로 표시한다.

③ 최저해수면으로부터의 높이로 표시한다.

④ 수애선으로부터의 높이로 표시한다.

[해설]

수준측량에서 표고는 5개 검조장의 기준 수준면 즉 평균해수면을 사용한다.

★★☆
02

우리나라 수준원점의 표고로 옳은 것은?

① 25.6871m

② 26.6871m

③ 27.6871m

④ 28.6871m

[해설]

수준원점은 인천광역시 인하공업전문대학 내에 설치되어 있으며, 표고는 26.6871m 이다.

★★☆
03

다음 중 수준측량에서 사용되는 용어의 설명 중 잘못된 것은?

① 표고를 구하려는 점에 세운 표척의 눈금을 읽는 것을 전시라 한다.

② 미지점에 세운 표척의 눈금을 읽는 것을 후시라 한다.

③ 이기점이란 전시와 후시의 연결점이다.

④ 중간점이란 전시만을 취하는 점이다.

[해설]

후시는 기존에 높이(표고)를 알고 있는 점에 세운 표척의 읽음값이다.

04 수준 원점으로부터 국토 및 주요 도로변에 2~4km마다 수준 표석을 설치하고 표고를 결정해 놓은 점은?

① 수준점
② 특별 기준면
③ 기준면
④ 수평면

[해설]

1등 수준점
2~4km마다 설치하여 이점의 높이를 이용하여 부근 점들의 높이를 정하는 데 기준이 된다.

05 수준면과 지구의 중심을 포함한 평면이 교차하는 선을 무엇이라 하는가?

① 수평면
② 기준면
③ 연직선
④ 수준선

[해설]

수준선
모든 점에 있어서 중력 방향에 직각이다.

06 수준 측량에 사용되는 용어에 대한 설명으로 틀린 것은?

① 수준면 : 연직선에 직교하는 모든 점을 잇는 곡면
② 수준선 : 수준면과 지구의 중심을 포함한 평면이 교차하는 선
③ 기준면 : 지반의 높이를 비교할 때 기준이 되는 면
④ 특별 기준면 : 연직선에 직교하는 평면으로 어떤 점에서 수준면과 접하는 평면

[해설]

(1) 특별 기준면 : 육지에서 떨어져 있는 섬에서는 내륙의 기준면을 직접 연결할 수 없으므로, 그 섬 특유의 기준면을 정해 놓고 사용하는 면
(2) 수평면(horizontal line) : 연직선에 직교하는 평면으로 어떤 점에서 수준면과 접하는 평면

★★☆
07

다음 측량에 관한 설명 중 옳지 않은 것은?

① 우리나라 수준점의 표고는 26.6871m이다.

② 수준 측량 작업은 평면상의 위치를 구하는 것이다.

③ 측량의 기준면이란 평균 해수면이며, 높이는 0이다.

④ 측량 순서는 준비, 외업, 내업 등으로 한다.

[해설]

수준측량

좌표 x, y, z 중에 z(높이)에 해당하는 수직상의 위치를 구하는 것이다.

★★★
08

그림 A, C 사이에 연속된 담장이 가로막혔을 때의 수준측량시 C점의 지반고는?
(단, A점의 지반고 10m이다.)

① 9.89m

② 10.62m

③ 11.86m

④ 12.54m

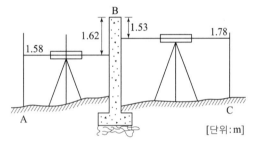

[단위 : m]

[해설]

$H_C = 10 + 1.58 + 1.62 - 1.53 - 1.78 = 9.89$m

* 그림을 보고 A지점에서부터 스케치를 보고 위치를 구해간다.

★★★
09

다음 중 수준측량에 있어서 전시와 후시의 시준거리가 같지 않을 때 발생되는
오차에 가장 큰 영향을 주는 경우는?

① 기포관축이 레벨의 회전축에 직교되지 않을 때

② 시준선상에 생기는 기차에 의한 오차

③ 기포관축과 시준축이 평행되지 않았을 때 생기는 오차

④ 지구의 만곡에 의하여 생기는 오차

[해설]

전·후시 거리를 같게 하는 이유
기포관축과 시준축이 평행하지 않을 때 생기는 오차 소거

10 ★★☆

다음 중 수준측량 시 정밀한 측정에 사용하는 야장기입법은?

① 고차식　　　　　② 승강식

③ 이란식　　　　　④ 기고식

> 해설
>
> 기고식 야장법 : 장애물이 있어 중간시가 많을 때 사용한다.
> 승강식 야장법 : 완전한 검산이 가능하여 정밀한 측정에 사용된다.

11 ★★★

수준측량 방법 중 가장 정밀도가 높은 측량은 다음 중 어느 것인가?

① 직접 수준 측량　　　② 삼각 수준 측량

③ 스타디아 측량　　　④ 공중 사진 측량

> 해설
>
> 직접 수준 측량
> 측점 간의 고저차를 직접 구하는 측량 방법으로 가장 널리 이용되며 정밀도가 가장 높다.

12 ★★★

하천 양안에서 교호 수준 측량을 실시하여 그림과 같은 결과를 얻었다. A점의 지반고가 100.250m일 때 B점의 지반고는?

① 99.268m

② 99.768m

③ 100.732m

④ 101.214m

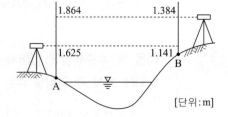

[단위:m]

> 해설
>
> $H_B = H_A + h$
>
> • $H_A = 100.250\text{m}$
>
> $$h = \frac{(a_1 + a_2) - (b_1 + b_2)}{2}$$
> $$= \frac{(1.625 + 1.864) - (1.141 + 1.384)}{2} = 0.482\text{m}$$
>
> $\therefore \ H_B = 100.250 + 0.482$
> $$= 100.732\text{m}$$

13

다음 중 수준측량 레벨 망원경의 시준선이란?

① 대물 렌즈의 광심과 십자선의 교점을 연결한 직선
② 대물 렌즈의 광심과 대안 렌즈의 광심을 연결한 직선
③ 대물 렌즈의 광심과 수평축과 연직축의 교점을 연결한 직선
④ 대안 렌지의 광심과 연직축의 교점을 연결한 직선

해설

시준선
대물 렌즈의 광심과 십자선의 교점을 연결한 직선

14

다음 중 레벨의 원형 기포관을 이용하여 대략 수평으로 세우면 망원경 속에 장치된 컴펜세이터(Compensator)에 의해 시준선이 자동적으로 수평 상태로 되는 레벨은 어느 것인가?

① 덤피 레벨   ② 자동 레벨
③ Y레벨   ④ 핸드 레벨

해설

자동 레벨
원형 기포관을 이용하여 대략 수평으로 세우면 망원경 속에 장치된 컴펜세이터(compensator)에 의해 시준선이 자동적으로 수평 상태가 되는 레벨이다.

15

다음 중 거의 100m 지점의 표척을 기포가 중앙에 있을 때와 기포가 5눈금 이동되었을 때의 양쪽을 읽어 그 차가 0.050m였다. 이 기포관의 감도 적당한 것은?

① 10″   ② 20″
③ 30″   ④ 40″

해설

$R : nd = D : L$에서 $R = \dfrac{nd}{L} D$, 즉 $nd = R\theta$

∴ 감도$(P) = \dfrac{\theta}{n} = \dfrac{d}{R} = \dfrac{L}{nD}$ (rad)

$$P'' = 206265'' \frac{L}{nD} = 206265'' \times \frac{0.050}{5 \times 100} = 20''$$

16 ★★☆

다음 중 망원경의 배율은 어떻게 표시하는가?

① 대물렌즈의 초점 거리와 접안렌즈의 초점 거리의 합
② 대물렌즈의 초점 거리와 접안렌즈의 초점 거리의 비
③ 대물렌즈의 초점 거리와 접안렌즈의 초점 거리의 차
④ 대물렌즈와 접안렌즈 사이의 거리

해설

$$망원경\ 배율 = \frac{대물렌즈의\ 초점\ 거리(F)}{접안렌즈의\ 초점\ 거리(f)}$$

∴ 접안렌즈의 초점 거리와 대물렌즈의 초점 거리의 비

17 ★★☆

그림과 같은 수준측량 결과에서 No.3의 지반고는 얼마인가? (단, 단위는 m이다.)

① 9.456m
② 10.158m
③ 10.858m
④ 11.234m

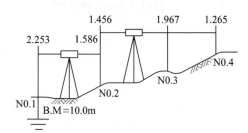

해설

No.3 지반고
$$= 10m + 2.253 - 1.586 + 1.458 - 1.967$$
$$= 10.158m$$

18 ★★★

다음 중 길이 2m에 대하여 눈금 읽기차가 2cm, 기포의 이동거리 눈금이 0.2cm일 때 기포관의 곡률반경은 얼마인가?

① 20m
② 2m
③ 0.2m
④ 0.02m

해설

$$R = \frac{nd}{L}D = \frac{0.002}{0.02} \times 2 = 0.2m$$

★★☆
19

다음 중 레벨과 함척 사이의 거리가 50m이고 기포가 중앙에 있을 때와 기포를 4눈금 이동시켰을 때의 차가 0.01m였다. 기포 눈금의 길이가 2mm일 때 이 기포관의 곡률 반경은?

① 40m

② 20m

③ 30m

④ 10m

해설

곡률 반경 $R = \dfrac{ndD}{L} = \dfrac{4 \times 0.002 \times 50}{0.01} = 40\text{m}$ $(\because 2\text{mm}=0.002\text{m})$

★★☆
20

다음 중 기포관의 감도에 대한 설명 중 옳은 것은?

① 기포관 1눈금의 크기로 나타낸다.

② 기포관축 액체의 표면 장력이 클수록 좋다.

③ 기포관 눈금에 대한 중심각이 클수록 좋다.

④ 기포관의 곡률 반지름이 클수록 기포관의 감도가 좋다

해설

감도

(1) 기포가 1눈금 움직이는 데에 대한 중심각이다.

(2) 액체의 점성 및 표면 장력이 작아야 한다.

(3) 중심각이 작을수록 기포관의 감도가 좋다.

★★★
21

A로부터 B에 이르는 수준 측량의 결과가 표와 같을 때 경중률은?

코스	측정값	거리
1	32.42m	2km
2	32.43m	4km
3	32.40m	5km

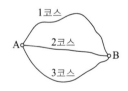

① 2 : 4 : 5

② 5 : 4 : 2

③ 10 : 5 : 4

④ 4 : 5 : 10

해설

• 경중률은 거리에 반비례 : $P_1 : P_2 : P_3$

$= \dfrac{1}{2} : \dfrac{1}{4} : \dfrac{1}{5} = 10 : 5 : 4$

★★☆
22

지면이 견고한 지점에 레벨을 세우고 레벨 중심에서 수평으로 50m 떨어진 점의 표척을 시준하니 기포가 중앙에 있을 때 1.690m, 기포 이동량 8mm 움직였을 때, 1.640m이었다. 기포관의 곡률반지름은?

① 8.00m ② 8.26m

③ 10.56m ④ 10.20m

해설

$$R : nd = D : L 에서 \quad R = \frac{nd}{L} D = \frac{0.008}{(1.690 - 1.640)} \times 50 = 8.00 \, \text{m}$$

★★★
23

교호수준측량을 실시하여 다음과 같은 결과를 얻었다. A점의 표고가 100.256m이면 B점의 지반고는? (여기서, $a = 1.876 \text{m}$, $b = 1.246 \text{m}$, $c = 0.746 \text{m}$, $d = 0.076$)

① 99.606m

② 100.906m

③ 101.006m

④ 101.556m

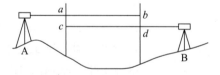

해설

$$H_B = H_A + h$$

• $H_A = 100.256 \text{m}$

• $h = \dfrac{(a_1 + a_2) - (b_1 + b_2)}{2}$

$$= \frac{(a + c) - (b + d)}{2}$$

$$= \frac{(1.876 + 0.746) - (1.246 + 0.076)}{2}$$

$$= 0.65$$

∴ $H_B = 100.256 + 0.65 = 100.906 \text{m}$

★★★
24 수준측량 시 전·후시 거리를 같게 취해도 제거되지 않는 오차는?

① 레벨의 조정이 불완전하여 시준선이 기포관축과 평행하지 않아 발생하는 오차
② 지구의 곡률오차
③ 표척의 침하에 의한 오차
④ 빛의 굴절오차

전시와 후시의 거리를 같게 하는 이유
(1) 지면과 수면 위의 공기밀도차로 빛의 굴절오차(기차, 구차)를 제거
(2) 시준축과 기포관축에 평행하지 않을 때(레벨의 불완전 오차 제거)

★★☆
25 다음 중 수준 측량 시 측정자의 주의 사항으로 옳은 것은?

① 표척을 전·후로 기울여 관측할 때에는 최대 읽음값을 취해야 한다.
② 표척과 기계의 거리는 6m 내외를 표준으로 한다.
③ 표척을 읽을 때에는 표척의 최상단 또는 최하단을 읽는다.
④ 이기점에서는 오차에 영향을 주므로 1mm까지 읽는다.

(1) 표척을 전·후로 기울여 관측할 때에는 최소 읽음값을 취해야 한다.
(2) 표척과 기계의 거리는 60m 내외를 표준으로 한다.
(3) 표척을 읽을 때에는 최상단 또는 최하단을 읽지 않도록 한다.
(4) 이기점에서는 오차에 영향을 주므로 1mm까지 읽는다.

★★★

26 다음 중 갱내 수준측량에서 아래 그림과 같은 관측결과를 얻었다. A점의 지반고가 15.32m일 때 C점의 지반고는?

① 16.49m

② 16.35m

③ 14.49m

④ 14.32m

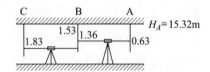

> **해설**
>
> 역표척 읽음값에는 (−)를 붙여 똑같이 계산하면 된다.
>
> $H_C = H_A + (-0.63) - (-1.36) + (-1.53) - (-1.83) = 16.35\,\text{m}$

★★☆

27 다음 중 우리나라 2등 수준점 사이의 평균 거리는?

① 1km

② 2km

③ 3km

④ 4km

> **해설**
>
> (1) 1등 수준 측량 : 평균 거리는 4km 정도
>
> (2) 2등 수준 측량 : 평균 거리는 2km 정도

★★☆

28 다음 중 수준 측량에서 기계적 및 자연적 원인에 의한 오차를 대부분 소거시킬 수 있는 가장 좋은 방법은?

① 간접 수준 측량을 실시한다.

② 전시와 후시의 거리를 동일하게 한다.

③ 표척의 최대값을 읽어 취한다.

④ 관측 거리를 짧게 하여 관측 횟수를 최대로 한다.

> **해설**
>
> 시준선과 기포관축이 평행하지 않기 때문에 일어나는 오차를 없애기 위하여 전·후의 시준 거리를 같게 하여 시준오차를 최소화 한다.

29
★★☆

다음 중 두 점의 거의 중앙에 레벨을 세워 측정하는 주된 이유는?

① 측량 거리를 조정하기 위하여

② 함척의 침하 방지를 위하여

③ 광선 굴절 및 지구 곡률에 의한 오차를 제거하기 위하여

④ 측량의 능률을 높이기 위하여

[해설]

전시와 후시의 거리를 같게 하면 지구의 곡률 오차와 빛의 굴절 오차가 제거된다.

30
★★★

다음 중 종단 및 횡단 수준 측량에서 중간점(I.P)이 많은 경우 편리한 방법은?

① 기고식　　　　　② 고차식

③ 승강식　　　　　④ 교호 수준식

[해설]

노선 측량
노선이 길고 측점들이 대부분 중간점이므로 기고식 야장기입법을 많이 이용한다.

31
★★★

경사면 AB거리를 측정하여 AB=20.00m를 얻었다. 또 1측점에서 레벨을 거치하여 A, B상에 표척을 세워 읽음값이 A=2.80m, B=0.80m를 얻었을 때 AB의 수평거리를 구한 값은?

① $\sqrt{396}$ m

② $\sqrt{400}$ m

③ $\sqrt{404}$ m

④ $\sqrt{369}$ m

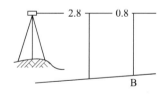

[해설]

$\overline{AB}$의 고저차 $= 2.80 - 0.80 = 2.0\,\text{m}$

$\overline{AB}$의 수평거리 $= \sqrt{20^2 - 2^2} = \sqrt{396}\,\text{m}$

★★☆
32

다음 중 수준측량에서 도로의 종단 측량과 같이 중간시가 많은 경우에 현장에서 주로 사용하는 야장 기입법은 어느 것인가?

① 기고식   ② 고차식

③ 승강식   ④ 이란식

> **해설**
>
> ① 기고식 : 중간시 많을 때
> ② 고차식 : 중간점이 없이 후시, 전시만 많이 있는 두 점 사이의 높이차 계산
> ③ 승강식 : 정확한 측정에 사용

★★★
33

다음 중 수준 측량의 고저차를 확인하기 위한 검산식으로 옳은 것은?
(단 B.S : 후시, F.S : 전시, T.P : 이기점, I.H : 기계고)

① Σ F.S$-\Sigma$T.P   ② Σ B.S$-\Sigma$T.P

② ΣI.H$-\Sigma$F.S   ④ ΣI.H$-\Sigma$B.S

> **해설**
>
> 검산방법
> 고저차$=\Sigma$후시$-\Sigma$이기점$=(\Sigma$B.S$-\Sigma$T.P$)$

★★☆
34

수준측량의 용어에 대한 설명으로 옳지 않은 것은?

① 후시 : 기지점(높이를 알고 있는 값)에 세운 표척의 눈금을 읽은 값
② 지반고 : 기계를 수평으로 설치하였을 때 기준면으로부터 망원경의 시준선 까지의 높이
③ 이기점 : 전후의 측량을 연결하기 위하여 전시와 후시를 함께 취하는 점
④ 중간점 : 전시만 관측하는 점으로 다른 측점에 영향을 주지 않는 점

> **해설**
>
> 지반고 : 기준면으로부터 측점까지의 연직 거리를 말한다.

★★★
35 다음 중 수준 측량에서 T.P(이기점)의 설명으로 옳은 것은?

① 기준면과 기계 시준점의 높이차

② 표고를 알고 있는 점에 세운 표척의 읽은 값

③ 기계를 옮기고자 할 때 전후의 측량을 연결하기 위하여 전시와 후시를 함께 읽는 점

④ 표고만을 구하고자 표척을 세워 전시만을 취하는 점

> **해설**
>
> T.P(이기점) : 기계를 옮기기 위하여 어떠한 점에서 전시와 후시를 시준한 값

★★☆
36 다음은 종·횡단 측량에 관한 설명이다. 틀린 것은?

① 종단도를 보면 노선의 형태를 알 수 있으나 횡단도는 알 수 없다.

② 종단측량은 횡단측량보다 높은 정확도가 요구된다.

③ 종단도의 횡축척과 종축척은 서로 다르게 잡는 것이 일반적이다.

④ 횡단측량은 노선의 중심말뚝만 설치되면 종단측량에 앞서 실시할 수 있다.

> **해설**
>
> 종단측량에 의해 중심말뚝의 높이를 알아야만 횡단측량의 결과를 계산할 수 있다.

★★☆
37 다음 중 등고선을 측정하기 위해 어느 한 점에 레벨을 세우고 표고 20m B지점의 표척읽음값이 1.80m이었다. 21m 등고선을 구하려면 시준선의 표척 읽음값을 얼마로 하여야 하는가?

① 0.2m

② 0.8m

③ 1.8m

④ 2.9m

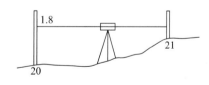

> **해설**
>
> A점의 지반고(21)=B점의 지반고(20)+후시(1.8)−전시(x)
>
> ∴ x=20+1.8−21=0.8m
>
> ∴ 시준척의 읽음값=0.8m

★★☆

38

레벨로 양안에 세운 수준척 A, B의 눈금을 읽으니 a_1=2.800m, b_1=3.260m였고 반대편에서 A점과 B점의 수준척을 읽은 값이 a_2=3.370m, b_2=3.810m였다. 이때 양안의 두 점 A와 B의 높이 차이는? (단, 양안에서 시준점과 표척까지의 거리 CA=DB=l)

① 0.429m

② 0.450m

③ 0.480m

④ 0.490m

해설

교호수준측량에서

$$h = \frac{1}{2}\{(a_1 - b_1) + (a_2 - b_2)\} = \frac{1}{2}\{(2.800 - 3.260) + (3.370 - 3.810)\} = 0.45\,\text{m}$$

★★☆

39

교호 수준 측량에 대한 설명 중 옳은 것은?

① 두 점 간의 연직각과 수평거리도 삼각법에 의해 구한다.

② 넓은 하천 또는 계곡을 건너서 있는 두 점 사이의 고저 차를 구한다.

③ 스타디아법으로 고저차를 구한다.

④ 기압차로 고저차를 구한다.

해설

교호수준 측량

• 두 측점 사이에 강, 호수, 하천 등이 있어 중간에 기계를 세울 수 없을 때 사용한다.

• 지면과 수면 위의 공기의 밀도차에 대한 보정과 시준측 오차를 소거하기 위하여 교호수준측량을 한다.

★★★

40

다음 수준측량 시 거리 l에 대한 양차의 값은? (단, 굴절계수 K 지구반경=R)

① $\frac{(K-1)}{2R}l^2$

② $\frac{(1+K)}{2R}l^2$

③ $\frac{(1-K)}{2R}l^2$

④ $\frac{(1 \pm K)}{2R}l^2$

해설

양차= $\frac{(1-K)}{2R}l^2$

★★★
41
그림의 수준 측량 측정값을 사용하여 B점의 지반고를 구한 값은 얼마인가?
(단, A점의 지반고는 100m)

① 100.21m

② 98.21m

③ 97.21m

④ 96.21m

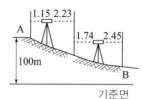

해설

$$H_B = H_A + (\sum B.S - \sum F.S) = 100 + (1.15 + 1.74) - (2.23 + 2.45) = 98.21\,\text{m}$$

★★★
42
수준기의 감도가 한 눈금 20″의 덤피레벨로 100m 전방의 표척을 읽은 후 기포의 위치가 1눈금 이동되었다. 이때 생기는 오차는 얼마인가?

① 0.002m

② 0.005m

③ 0.01m

④ 0.126m

해설

$$L = \frac{\theta''}{\rho''} \cdot n \cdot D = \frac{20''}{206265''} \times 1 \times 100 = 0.01\,\text{m}$$

★★☆
43
다음과 같은 수준측량에서 B점의 지반고는 얼마인가? (단, α=45°, A점의 지반고 =40.00m, HI =1.50m(기계고), 스타프 읽은값=1.30m, D=50m(수평거리)이다.)

① 55.2m

② 76.2m

③ 86.2m

④ 90.2m

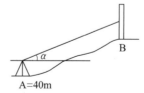

해설

$$H_B = H_A + I.H + D\tan\alpha - S = 40 + 1.50 + 50 \times \tan45° - 1.30 = 90.2\,\text{m}$$

★★☆

44

다음 중 레벨의 구조상의 조건 중 가장 중요한 것은 어느 것인가?

① 연직축 ⊥ 기포관축

② 기포관축 // 망원경의 시준선

③ 표척을 시준할 때 기포의 위치를 볼 수 있게끔 되어 있을 것

④ 망원경의 배율과 수준기의 감도가 평행되어 있을 것

[해설]

레벨의 가장 중요한 구조상의 조건은 시준선은 어느 곳에서나 일정해야 한다. 즉 "시준축 // 기포관축"이어야 한다.

★★☆

45

수준 측량의 야장에서 후시의 합계가 전시의 합계보다 작을 때 옳은 것은?

① 처음 점은 최후의 점보다 높다.

② 처음 점은 최후의 점보다 낮다.

③ 최후의 점과 처음 점은 높이가 같다.

④ 최후의 점은 처음 점보다 B.M 높이만큼 낮다.

[해설]

후시의 합계가 전시의 합계보다 작을 때 처음 지반고는 마지막 지반고보다 높다.

★★★

46

다음 수준 측량 야장에서 측점 3의 지반고는 얼마인가?

측 점	후시	전시		지반고
		T.P	I.P	
A	2.216			100.000
1	3.713	0.906		101.310
2			2.821	102.202
3	4.603	1.377		( )
B		0.522		107.727

① 104.646m ② 103.646m
③ 102.646m ④ 101.646m

[해설]

$H_3 = H_A + (후시 - T.P) = 100 + (2.216 + 3.713 - 0.906 - 1.377) = 103.646m$

다음 수준측량의 기고식 야장 결과로 측점 3의 지반고를 계산한 값은?
(단, 관측값의 단위는 m이다.)

측점	B.S.	F.S.		I.H	G.H
		T.P	I.P		
1	1.428				4.374
2			1.231		
3	1.032	1.572			
4			1.017		
5		1.762			

① 3.500m

② 4.230m

③ 4.245m

④ 4.571m

3점의 지반고 $= 4.374 + 1.428 - 1.572 = 4.230\text{m}$

다음 그림에서 담장 PQ가 있어 P점에서 표척을 반대로 세워 다음과 같이 읽었을 때, A점의 표고가 100m 라면 B점의 표고는?

① 101.525m

② 102.525m

③ 103.235m

④ 103.425m

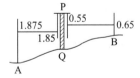

역표척은 읽음 값에 (−)부호를 붙인다.
$H_B = 100 + 1.875 - (-1.85) + (-0.55) - 0.65 = 102.525\text{m}$

★★★
49 다음 그림에서 B점의 해발 높이는?

① 8.65m

② 9.49m

③ 10.51m

④ 12.19m

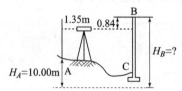

해설

역표척일 때는 (−)를 넣어 계산하는 것을 잊지 말아야 한다.

$H_B = 10 + 1.35 + 0.84 = 12.19\text{m}$

★★★
50 그림에서 No.3의 지반고는?

① 20.344m

② 20.442m

③ 20.416m

④ 22.123m

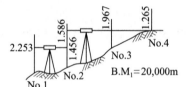

해설

$H_3 = H_1 + (\sum B.S - \sum F.S) = 20 + (2.253 + 1.586 - 1.456 - 1.967) = 20.416\text{m}$

★★☆
51 다음 중 수준측량에서 정오차인 것은?

① 기상 변화에 의한 오차   ② 기포관의 곡률의 부등

③ 광선의 굴절에 의한 오차   ④ 기포관의 둔감

해설

양차 구하는 식에 굴절 오차는 조정이 가능하므로 정오차다.

★★★
52

교호수준측량의 결과가 다음과 같다. A점의 표고가 100.00m일 때 B점의 표고는? (단, a_1=2.665m, a_2=0.530m, b_1=3.965m, b_2=1.116m)

① 99.057m

② 98.057m

③ 97.057m

④ 95.057m

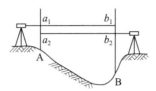

[해설]

$$높이차(h) = \frac{(2.665 - 3.965) + (0.530 - 1.116)}{2} = -0.943m$$

$$\therefore H_B = 100.00 - 0.943 = 99.057m$$

★★★
53

하천의 양안에서 교호수준측량 결과 a_1=1.995m, b_1=2.765m, a_2=1.113m, b_2=1.333m이었다. A점의 표고가 76.495m이면 B점의 표고는?

① 70.923m

② 70.662m

③ 76.000m

④ 77.158m

[해설]

$$h = \frac{1}{2}\{(a_1 - b_1) + (a_2 - b_2)\} = -0.495$$

$$H_B = H_A + h = 76.000m$$

★★☆
54

다음 중 하천 양안의 고저차를 측정할 때 교호 수준 측량을 이용하는 주요 원인은?

① 광선 굴절 오차와 시준오차의 제거

② 레벨의 수평각 오차 제거

③ 연직축 오차 제거

④ 기포관축 오차 제거

[해설]

교호 수준 측량

지면과 수면 위의 공기 밀도차로 굴절 오차가 발생하므로 이 오차와 시준 오차를 소거하기 위하여 양안에서 측량하여 두 점의 표고차를 2회 산출하여 평균한다.

★★★
55

그림과 같이 B.M.1로부터 3개의 경로로 직접 수준측량을 하여 A점의 표고를 구할 때 각 경로의 경중률은? (제1선 H_1= 50.26m, 제2선 H_2=50.31m, 제3선 H_3=50.28m)

① 2:3:4

② 6:4:3

③ 4:3:2

④ 3:2:4

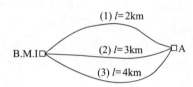

해설

무게(경중률)는 거리에 반비례하므로

$$P_1 : P_2 : P_3 = \frac{1}{2} : \frac{1}{3} : \frac{1}{4} = 6 : 4 : 3$$

★★★
56

간접 수준 측량에서 수평거리 10km일 때 지구 곡률의 오차는? (단, 지구곡률반지름은 6,400km이다.)

① $\dfrac{1}{128}$ km

② $\dfrac{1}{64}$ km

③ $\dfrac{1}{256}$ km

④ $\dfrac{1}{358}$ km

해설

지구의 곡률오차(구차)는 실제보다 작게 나타나므로 항상 (+) 해준다.

구차 $h = \dfrac{D^2}{2R} = \dfrac{10^2}{2 \times 6,400} = \dfrac{1}{128}$ km

★★★
57

다음 그림의 수준 측량 결과를 보고 B점의 지반고를 계산한 값은? (단, A점 지반고는 30m, A점 함척 눈금은 1.450m, B점 함척 높이는 0.640m)

① 30.810m

② 29.891m

③ 28.143m

④ 26.147m

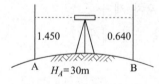

해설

$$H_B = H_A + (\Sigma \text{후시} - \Sigma \text{전시}) = 30 + (1.450 - 0.640) = 30.810 \text{m}$$

58

수준측량에서 왕복차의 제한이 4km에 10mm라면, 9km 왕복했을 때는 얼마인가?

① 3.5mm
② 4.5mm
③ 7.5mm
④ 15.0mm

> **해설**
>
> $E = C\sqrt{n}$ 이므로 $10 = C\sqrt{4}$
>
> $C = \dfrac{10}{\sqrt{4}} = 5\text{mm}$이므로 3km 오차 $= 5\sqrt{9} = 15\text{mm}$

59

1,2등 수준 측량에서 2km 왕복 측량의 허용 오차는 몇 mm인가?

① 1등 수준측량 : 4mm, 2등 수준측량 : 10mm
② 1등 수준측량 : 5mm, 2등 수준측량 : 10mm
③ 1등 수준측량 : 4mm, 2등 수준측량 : 20mm
④ 1등 수준측량 : 5mm, 2등 수준측량 : 20mm

> **해설**
>
> 왕복측량시의 허용오차
>
> 1등 : $E = 2.5\sqrt{L} = 2.5\sqrt{4} = 5\text{mm}$
>
> 2등 : $E = 5.0\sqrt{L} = 5.0\sqrt{4} = 10\text{mm}$

60

A, B, C 점으로부터 수준측량을 하여 P점의 표고를 결정한 경우 P점의 표고는?
(단, A→P 표고=367.70m, B→P 표고=367.73m, C→P 표고=367.75m)

① $367.7 + \dfrac{0.27}{12}\,\text{m}$

② $367.7 + \dfrac{0.27}{13}\,\text{m}$

③ $367.7 + \dfrac{0.43}{13}\,\text{m}$

④ $367.7 + \dfrac{0.43}{12}\,\text{m}$

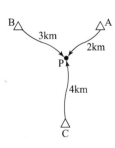

03 수준측량 • 191

해설

경중율은 노선거리에 반비례(직접수준측량)

$$P_A : P_B : P_C = \frac{1}{2} : \frac{1}{3} : \frac{1}{4} = 6 : 4 : 3$$

$$\therefore \ H_P = \frac{[P \cdot H]}{[P]}$$

$$= 367.7 + \frac{0.00 \times 6 + 0.03 \times 4 + 0.05 \times 3}{6 + 4 + 3} = 367.7 + \frac{0.27}{13} \, \text{m}$$

★★☆
61

다음 오차의 원인 중 정오차(누차)에 속하는 것은?

① 레벨 조정의 불완전   ② 함척 눈금의 불완전

③ 기포의 둔감   ④ 대물경의 출입에 의한 오차

해설

정오차

(1) 표척의 눈금부정   (2) 구차와 기차

(3) 표척의 영눈금오차   (4) 표척의 기울기 오차

(5) 표척의 신축 오차   (6) 표척의 침하

★★☆
62

A, B 두 점에서 교회수준측량을 실시하여 다음의 결과를 얻었다. A점의 표고가 67.104m일 때 B점의 표고는?

(단, a_1=3.756m, a_2=1.572m, b_1=4.995m, b_2=3.209m)

① 65.666m   ② 68.578m

③ 64.666m   ④ 64.668m

해설

$$h = \frac{1}{2}\{(a_1 + a_2) - (b_1 + b_2)\} = -1.438\,\text{m}$$

$$H_B = H_A + h = 65.666\,\text{m}$$

★★☆
63 다음은 왕복 수준측량의 작업방법에 관한 설명이다. 틀린 것은?

① 출발점에 세운 표척은 필히 도착점에 세운다.

② 시준거리를 같게 하면 정확도가 향상된다.

③ 레벨과 전시표척, 후시표척의 거리는 등거리로 한다.

④ 측점 거리를 길게 하여 능률과 정확도를 향상시킨다.

시준거리를 길게 하면 효율적이기는 하나 정확도에서 시준오차가 발생한다.

★★★
64 C점의 정확한 높이를 구하기 위하여 A, B 2개의 수준점에서 직접수준측량을 하여 다음의 결과를 얻었다. C점의 정확한 높이는?

A점에서 온 높이 → 33.5m(거리 2km)
B점에서 온 높이 → 33.7m(거리 5km)

① 33.426m   ② 33.518m

③ 33.557m   ④ 33.642m

(1) 경중률은 노선거리에 반비례

$$P_1 : P_2 = \frac{1}{2} : \frac{1}{5} = 5 : 2$$

(2) $H_C = \dfrac{[PH]}{[P]} = \dfrac{5 \times 33.5 + 2 \times 33.7}{5 + 2} = 33.557\,\mathrm{m}$

★★★
65

다음 표는 횡단측량의 야장이다. b점의 지반고는? (단, 기계고는 같고 측점 No.5의 지반고는 10m임)

측점	좌			중점	우	
	a	b	c		d	e
No.5	2.70	2.10	2.65	1.30	2.45	3.05
	19.60	12.50	5.00	0	4.50	18.0

① 10.15m ② 9.20m

③ 8.80m ④ 7.60m

횡단측량의 야장은 $\dfrac{고저차}{거리}$ 로 표시한다.

∴ b점의 지반고 = $H_5 + B.S. - F.S. = 10 + 1.30 - 2.10 = 9.20\text{m}$

★★★
66

두 점간의 고저차를 관측하기 위해 2개조로 구성하여 실시하였다. A조의 측량 성과는 50.446m ±0.002m, B조는 50.633m ±0.004m 이었다면 두 점간의 고저차에 대한 경중률은?

① 4:1 ② 2:1

③ 1:2 ④ 1:4

경중률은 중등(확률) 오차의 제곱에 반비례하므로

$$P_1 : P_2 = \frac{1}{2^2} : \frac{1}{4^2} = \frac{1}{4} : \frac{1}{16} = 4 : 1$$

★★★
67

다음 중 수준측량에서 왕복차의 제한이 9km에 대하여 12mm일 때 4km의 왕복에서는 얼마인가?

① 7.24mm

② 6.36mm

③ 7.12mm

④ 8.00mm

직접 수준측량의 오차는 노선거리의 제곱근에 비례한다.

$$\sqrt{9} : 12 = \sqrt{4} : x$$

$$\therefore \ x = \frac{12\sqrt{4}}{\sqrt{9}} = 8\,\text{mm}$$

★★★
68

A, B 두 점간의 고저차를 구하기 위하여 그림과 같이 (1), (2), (3) 코스로 수준측량한 결과 다음과 같다. 두 점간의 고저차는?

코스	측정결과	거리
(1)	29.5m	4km
(2)	29.4m	2km
(3)	29.3m	2km

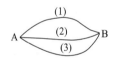

① 29.5m

② 29.4m

③ 29.3m

④ 29.2m

관측의 무게는 수준측량의 노선길이에 반비례하므로

$$P_1 : P_2 : P_3 = \frac{1}{4} : \frac{1}{2} : \frac{1}{2} = 1 : 2 : 2$$

고저차의 최확치 H_o 는

$$H_o = \frac{\sum P \cdot H}{\sum P} = \frac{29.5 \times 1 + 29.4 \times 2 + 29.3 \times 2}{1 + 2 + 2} = 29.4\,\text{m}$$

★★☆

69

다음 중 2등 수준측량으로 2km 왕복측량을 하여 12mm의 오차가 생겼다. 이 오차를 어떻게 처리하는 것이 좋은가?

① 허용범위에 들어가므로 거리에 반비례하여 조정한다.

② 허용범위에 들지 않으므로 재측량한다.

③ 측정별로 오차가 과대한 장소에만 조정한다.

④ 측정오차를 고려할 필요가 없다.

해설

수준측량의 허용오차에 대하여 검토해야 한다.

1등 수준측량 : $2.5\sqrt{L}\,\text{mm}$

2등 수준측량 : $5.0\sqrt{L}\,\text{mm}$

∴ 2km 왕복시의 허용오차(E)

$E = 5.0\sqrt{4} = 10.0\text{mm}$

∴ 12mm는 허용오차를 벗어나므로 재측량해야 한다.

Civil
Engineering

04 각측량

① 각의 종류와 측정법

각의 종류에는 교각, 편각, 방위각 등이 있다. 이러한 각을 측정하는 방법에는 단측법, 배각법, 방향각법, 각 관측법 등이 있다.

※ 공무원 시험에는 특히 방위각과 대회관측 관계를 반드시 숙지해야 한다.

① 각의 종류 　　　　　　② 배각법의 특징
③ 방위각의 개념 　　　　④ 대회관측

1. 각의 종류

(1) 수평각

방향각	임의의 기준선, 일반적으로 직각 좌표의 X축을 기준으로 어느 측선까지 시계 방향으로 측정한 각이다.
방위각	자오선의 북을 기준으로 어느 측선까지 시계방향으로 측정한 각이다.
교각	전측선과 그 측선이 이루는 각
편각	전 측선의 연장선을 기준으로 각 측선과 이루는 각(+, −)
진북방향각 **(자오선 수차)**	도북을 기준으로 한 도북과 진북의 사잇각으로, 삼각점의 원점으로부터 동쪽에 있으면 (−), 서쪽에 있으면 (+) 방위각(α)=방향각(T)−자오선 수차($\pm \Delta \alpha$)

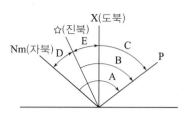

수평각의 종류

(2) 연직각

고저각	고저각은 수평선을 기준으로 목표 측점에 대한 시준선과 이루는 각으로 상향각을 (+), 하향각을 (−)로 한다.
천정각	천정(天頂)은 관측자를 지나는 연직선이 위쪽에서 천체와 교차하는 점이다. 천정의위쪽 방향을 기준선으로 할 때 목표물에 대한 시준선과 이루는 각을 천정각이라고 하며, 수평선상의 시준각은 90° 가 된다.
천저각	천저(天底)는 관측자를 지나는 연직선이 아래쪽의 천체와 교차하는 점이다. 천저의 아래쪽 방향을 기준선으로 할 때 목표물에 대한 시준선과 이루는 각을 천저각이라고 한다.

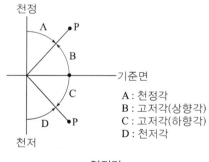

연직각

2. 각도를 나타내는 방법

(1) 60진법

원주를 360 등분할 때 그 하나의 호에 대한 중심각을 1도($°$)로 표시한다.

단위는 도($°$), 분($'$), 초($''$)로 나타내고 크기는 다음과 같다.

원=$360°$, $1°=60'$, $1'=60''$, 1직각=$90°$

(2) 호도법

원의 반지름과 호의 길이가 같을 때 그 중심각을 1라디안으로 표시한다.

단위는 라디안(rad : 호도)으로 나타내고, 크기는 반지름을 R 라고 하면 다음과 같다.

$\dfrac{\text{원의 중심각(rad)}}{2\pi R} = \dfrac{1(\text{rad})}{R}$ 이므로

원의 중심각(rad)$= \dfrac{2\pi R}{R} = 2\pi$ (rad)

여기서, π는 원주율

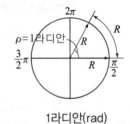

1라디안(rad)

(3) 60진법과 호도법의 상호 관계

원을 60진법과 호도법으로 나타내면 각각 $360°$ 와 2π라디안이므로

원의 중심각 $= 360°$ (60진법) $= 2\pi$rad(호도법)

$\therefore \ 1\text{rad} = \dfrac{360°}{2\pi} ≒ 57.29578° = 57°17'45 = 206,265''$

$1° = \dfrac{\pi}{180} = 0.0174533\text{rad}$

> **핵심KEY**
>
> **예제1** 90°는 몇 라디안(rad)인가?
>
> $1° = \dfrac{2\pi R}{360°} = 0.0174533\,\text{rad}$이므로
>
> $90° = 90 \times 0.0174533 ≒ 1.57\,\text{rad}$
>
> **예제2** 1.58rad은 몇 도 몇 분 몇 초인가?
>
> $1.58\,\text{rad} = 1.58 \times 57.29578° = 90.527332° ≒ 90°31'38''$

3. 한 점 주위의 각을 잴 경우

(1) 단측법

단측법(단각법)은 높은 정확도를 요구하지 않을 경우에 사용한다.

1개의 각을 1회 측정하는 방법으로 단각법이라고도 한다.

단측각 = 나중 읽음값 − 처음 읽음값

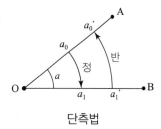

단측법

(2) 배각법

배각법은 트래버스 측량과 같이 한 측점에서 한 개의 각을 높은 정밀도로 측정할 때 사용하며, 시준할 때의 오차를 줄일 수 있고 최소 눈금 이상의 정밀한 관측값을 얻을 수 있다.

1개의 각을 2회 이상 반복 관측하여 어느 각을 측정하는 방법으로 반복법이라고도 한다.

$\angle \text{AOB} = \dfrac{\alpha_n - \alpha_o}{n}$

여기서, α_n : 종독, α_o : 초독

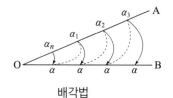

배각법

■ **배각법의 특징**

배각법은 방향각법과 비교하여 읽기오차(β)의 영향을 적게 받는다.

눈금을 직접 측정할 수 없는 미량의 값을 누적하여 반복횟수로 나누면 세밀한 값을 읽을 수 있다.

눈금의 불량에 의한 오차를 최소로 하기 위하여 n회의 반복결과가 360°에 가깝게 해야 한다.

내축과 외축을 이용하므로 내축과 외축의 연직선에 대한 불일치에 의하여 오차가 생기는 경우가 있다.

배각법은 방향수가 적은 경우에는 편리하나 삼각측량과 같이 많은 방향이 있는 경우는 적합하지 않다.

(3) 방향각법

방향각 관측법은 그 한 점 주위에 여러 개의 각이 있을 때 한 점을 기준으로 하여 시계 방향으로 순차적으로 측정하는 방법이다. 1점 주위에 있는 각을 연속해서 측정할 때 사용하는 방법으로 시간은 절약되나 정밀도가 낮다.

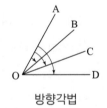

방향각법

(4) 각 관측법(조합각 관측법)

조합각 관측법은 수평각 관측법 중에서 가장 정확한 값을 얻을 수 있는 방법으로 1등삼각 측량에서 주로 이용된다.

· 총 관측수 $= \dfrac{N(N-1)}{2}$

· 조건식의 수 $= \dfrac{(N-1)(N-2)}{2}$

각 관측법

4. 측선과 측선 사이의 각을 잴 경우

(1) 교각법

어떤 측선이 그 앞의 측선과 이루는 각을 관측하는 방법으로 요구하는
정확도에 따라 단측법, 배각법으로 관측할 수 있다.

교각법

(2) 편각법

어떤 측선이 그 앞 측선의 연장선과 이루는 각을 측정하는
방법으로 선로의 중심선 측량에 적당하다.

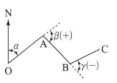

편각법

(3) 방위각법

각 측선이 진북(자오선)방향과 이루는 각을 시계방향으로 관측하
는 방법으로 직접 방위각이 관측되어 편리하다.

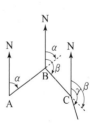

방위각법

◉ **측량방법에 따른 측각법**

1. 1, 2등 삼각측량 : 각관측법
2. 3, 4등 삼각측량 : 각관측법, 방향각법
3. 트래버스측량 : 단측법, 배각법

◉ **방향각과 방위각**

1. 방향각 : 기준선으로부터 어느 측선까지 시계방향으로 잰 수평각을 말하며 측량에서는 좌표축의 X^N 방향 즉, 도북방향을 기준으로 어느 측선까지 시계방향으로 잰 수평각을 가리킨다.
2. 방위각 : 자오선을 기준으로 어느 측선까지 시계방향으로 잰 수평각을 말한다.
   방향각(T)=진북방위각(α)+자오선수차($\pm\gamma$)

5. 대회관측

(1) 기계의 정위와 반위로 한각을 두 번 관측하며 이것을 1대회 관측이라 하고 측정정도에 따라 n대회까지 관측한다. 보통 1, 3, 5대회 관측을 많이 사용한다.

(2) n대회 관측시 초독의 위치는 $\dfrac{180°}{n}$ 씩 이동한다.

◉ **3대회 관측 시 초독의 위치**

$\dfrac{180°}{3} = 60°$

∴ 0° , 60° , 120° 를 초독으로 놓고 대회관측을 실시한다.

핵심 01

다음 중 30°는 몇 라디안인가?

① $\dfrac{\pi}{6}$ rad

② $\dfrac{\pi}{12}$ rad

③ $\dfrac{\pi}{24}$ rad

④ $\dfrac{\pi}{30}$ rad

해설

$$1° = \frac{2\pi \text{rad}}{360} \fallingdotseq 0.0174533\text{rad} = \frac{\pi}{180}\text{rad}$$

$$30° = 30 \times 0.0174533 = 30 \times \frac{\pi}{180}\text{rad} = \frac{\pi}{6}\text{rad}$$

핵심 02

그림과 같이 각을 관측하는 방법은 다음 중 어느 것인가?

① 방향관측법
② 반복관측법
③ 배각관측법
④ 각관측법

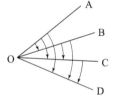

해설

각 관측법
한 점 주위의 여러 개의 각을 정밀하게 측정하는 방법이다. 조건식의 수가 많아 정밀한 보정이 가능하기 때문이다.

핵심 03

그림과 같이 시준방향이 5개인 방향선 사이의 각을 조합각관측법(각관측법)으로 관측한 각의 개수는?

① 5개
② 10개
③ 15개
④ 20개

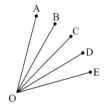

해설

$$총 \ 관측각 \ 수 = \frac{N(N-1)}{2} = \frac{5(5-1)}{2} = 10개$$

정답 01 ①　02 ④　03 ②

핵심 04

다음 중 트랜싯으로 각을 측정하여 초독 $20°20'20''$, 3배각의 종독이 $10°20'$ $20''$였다. 단측법에 의한 결과가 $116°40'20''$일 때 정확한 값은?

① $116°39'20''$

② $116°40'00''$

③ $116°40'20''$

④ $116°40'40''$

3배각의 합 $= 10°20'20'' + 360° - 20°20'20'' = 350°$

∴ 정확한 측정값 $= \dfrac{350°}{3} = 116°40'00''$

핵심 05

그림과 같이 한 점 O에서 많은 각을 측정할 때 사용하는 관측 방법은?

① 배각 관측법

② 단측법

③ 방향 관측법

④ 각관측법

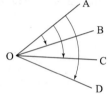

방향 관측법

1점 주위에 있는 각을 연속해서 측정할 때 사용하는 방법으로 시간은 절약되나 정밀도가 낮다.

핵심 06

$15°$를 라디안(rad) 단위로 표시하면?

① $\dfrac{\pi}{4}$

② $\dfrac{\pi}{8}$

③ $\dfrac{\pi}{12}$

④ $\dfrac{\pi}{180}$

$\pi : 180 = X : 15$

$X = \dfrac{\pi}{180} \times 15 = \dfrac{\pi}{12}$

07 다음 중 다각측량의 각관측 방법 중 방위각법에 대한 설명이 아닌 것은?

① 각 측선이 일정한 기준선과 이루는 각을 우회로 관측하는 방법이다.

② 지역이 험준하고 복잡한 지역에서는 적합하지 않다.

③ 각각이 독립적으로 관측되므로 오차 발생 시 오차의 영향이 독립적이므로 이후의 측량에 영향이 없다.

④ 각관측값의 계산과 제도가 편리하고 신속히 관측할 수 있다.

방위각법
직접 방위각이 관측되는 장점, 오차가 이후의 측량에 계속 누적되는 단점이 있다.

08 다음 중 각을 측정할 때 반복법을 많이 이용하는 가장 큰 이유는 어느 것인가?

① 오차를 발견하기 쉽다.　　② 관측각의 정도가 좋다.

③ 각을 읽기가 쉽다.　　④ 시간이 절약된다.

반복법
읽기오차가 1/n로 줄어들어 관측각의 정도가 좋게 된다.

09 다음의 배각법에 의한 각 관측 방법에 대한 설명 중 잘못된 것은?

① 방향각법에 비해 읽기오차의 영향이 적다.

② 많은 방향이 있는 경우는 적합하지 않다.

③ 눈금의 불량에 의한 오차를 최소로 하기 위하여 n회의 반복 결과가 $360°$에 가깝게 해야 한다.

④ 내축과 외축의 연직선에 대한 불일치에 의한 오차는 자동 소거된다.

해설

(1) 방향각법에 비해 읽기오차가 $\dfrac{1}{n}$로 줄어든다.

(2) 많은 방향이 있는 경우는 시간이 많이 걸려 비능률적이므로 각관측법으로 정밀한 관측을 한다.

(3) 내축과 외축의 연직선에 대한 불일치에 의한 오차는 제거하기 곤란하다.

각의 측정 단위에 대한 설명으로 옳지 않은 것은?

① 60진법은 원주를 360등분할 때 그 한 호에 대한 중심각을 $1°$로 표시한다.
② 호도법은 원의 지름과 호의 길이가 같을 때 그에 대한 중심각을 1라디안으로 표시한다.
③ 원을 60진법과 호도법으로 나타내면 각각 $360°$와 2π 라디안으로 나타낼 수 있다.
④ 측량에서는 주로 60진법으로 표현되는 도(degree)와 호도법으로 표현되는 라디안(radian)이 사용되고 있다.

호도법은 원의 반지름과 호의 길이가 같을 때 그에 대한 중심각을 1라디안으로 표시한다.

다음 수평각 측정에서 배각법의 특징에 대한 설명으로 옳지 않은 것은?

① 배각법은 방향각법과 비교하여 읽기 오차의 영향을 적게 받는다.
② 눈금의 부정에 의한 오차를 최소로 하기 위하여 n회의 반복 결과가 $360°$에 가깝게 하는 것이 좋다.
③ 눈금을 직접 측정할 수 없는 미량의 값을 누적하여 반복 횟수로 나누면 세밀한 값을 읽을 수 있다.
④ 배각법은 반복해서 평균을 내어 구한 값으로 수평각 관측법 중 가장 정밀한 방법이다.

조합각 관측법(각관측법)
수평각 관측법 중 가장 정확한 방법으로 1등 삼각 측량에서 주로 이용된다.

핵심 12

단측법으로 관측한 각을 기록한 야장이 다음 표와 같을 때 ∠AOB의 평균값은?

기계점	망원경	시준점	관측각	결과 (평균값)
O	정위	A	0° 00′ 00″	
		B	70° 06′ 00″	
	반위	B	250° 06′ 00″	
		A	179° 59′ 56″	

① 70° 06′ 00″   ② 70° 06′ 02″
③ 70° 06′ 03″   ④ 70° 06′ 04″

정위 $B - A = 70°06′00$
반위값 $B - A = 70°06′04$
정위와 반위의 평균값 $= 70°06′02$

핵심 13

다음 중 수평각을 측정하는 다음 방법 중 가장 정도가 높은 방법은?

① 단측법   ② 배각법
③ 방향관측법   ④ 각관측법

해설

각관측법
조건식의 수 : $\dfrac{(N-1)(N-2)}{2}$개
정밀도가 가장 좋아 1등 삼각측량에 주로 사용

핵심 14

동일한 조건으로 ∠A, ∠B, ∠C, ∠D를 측정한 결과가 그림과 같을 때, 각 오차를 조정한 ∠A의 값은?

① 33° 59′ 52″

② 33° 59′ 54″

③ 34° 00′ 06″

④ 34° 00′ 08″

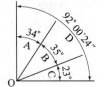

[해설]

∠A + ∠B + ∠C = 93°

오차(m) = 24″

각측정을 4회 했으므로 오차 배분량은 $\dfrac{24}{4} = 6″$

∴ ∠A = 34° 00′ 06″

핵심 15

다음 중 A, B 두 방향에 대한 협각을 3대회 관측하려면 수평분도반(水平分度盤)의 위치는?

① 30° 90° 120°

② 0° 60° 120°

③ 120° 180° 270°

④ 90° 120° 270°

n대회 관측시 분도원의 위치는 $\dfrac{180°}{n}$ 이므로 $\dfrac{180°}{3} = 60°$씩 초독의 위치를 이동하면서 관측한다.

즉, 0°, 60°, 120°

핵심 16

30° 40′ 10″인 각을 1′까지 읽을 수 있는 트랜싯(transit)을 사용하여 4회의 배각법으로 관측하였을 때 각 관측값은? (단, 기계오차 및 관측오차는 없는 것으로 한다.)

① 30° 40′ 10″

② 30° 41′ 20″

③ 30° 40′ 15″

④ 30° 42′ 10″

30° 40′ 10″ × 4 = 122° 40′ 40″

1′까지 읽을 수 있는 트랜싯이므로 122° 41′가 읽힌다.

∴ 관측값 = $\dfrac{122° 41′}{4} = 30° 40′ 15″$

핵심 17 다음 중 트래버스의 수평각 관측방법 중 교각법의 장점이 아닌 것은?

① 측점마다 독립관측이 되어 작업순서가 없어서 좋다.

② 반복법에 의한 측각이 가능하다.

③ 측각에 오차가 있어도 다른 각에 영향을 주지 않는다.

④ 계산이 편리하고 신속히 관측할 수 있어 노선측량이나 지형측량에 널리 사용된다.

해설

교각법의 단점은 교각을 각각 측정해야 하므로 방위각법에 비해 계산이 불편하고 작업속도가 느리다.

핵심 18 배각법으로 측량한 결과가 다음과 같을 때, ∠AOB의 평균값은?

기계점	망원경	시준점	누계각	반복횟수	결과	평균
O	정위	A	0° 00′ 00″	0		
		B	136° 01′ 00″	3		
	반위	B	316° 01′ 00″	0		
		A	180° 00′ 12″	3		

① 45° 20′ 14″

② 45° 20′ 16″

③ 45° 20′ 18″

④ 45° 20′ 20″

해설

3배각이므로

정위 : $\dfrac{136° 01′00″}{3} = 45° 20′20″$

반위 : $\dfrac{316° 01′00″ - 180° 00′12″}{3} = 45° 20′16″$

∠AOB의 평균값 :

$\dfrac{45° 20′20″ + 45° 20′16″}{2} = 45° 20′18″$

핵심 19

다음 중 세오돌라이트(theodolite)를 이용하여 2개의 수평각을 배각법으로 관측하였을 때 최확치로 옳은 것은?

① 초독값
② 종독값
③ 관측자가 가장 정확하다고 생각되는 값
④ 정위 반위의 산술 평균의 값

정위와 반위의 측정값 → 산술 평균한 값 → 최확치값

핵심 20

다음 중 한 측점에서 9개의 방향선이 구성되었을 때 각 관측법에 의한 관측각의 총 수는?

① 72개　　　　② 36개
③ 9개　　　　④ 8개

해설

관측각의 총수= $\dfrac{N(N-1)}{2} = \dfrac{9(9-1)}{2} = 36$개

핵심 21

수평각 측정 방법에 대한 설명으로 옳지 않은 것은?

① 단측법은 가장 간단한 방법으로 정밀도가 낮은 관측방법이다.
② 배각법은 측정한 값의 처음과 마지막의 차이에 반복 횟수를 곱해서 관측각을 구하는 방법이다.
③ 방향각 관측법은 한 측점 주위에 여러 개의 측점이 있을 때 시계 방향의 순서에 따라 각 점을 시준하여 측정한 각들의 차에 의하여 각의 크기를 측정하는 방법이다.
④ 조합각 관측법은 가장 정밀한 결과를 낼 수 있어 높은 정밀도를 필요로 하는 측량에 사용된다.

해설

배각법은 트래버스 측량과 같이 한 측점에서 한 개의 각을 높은 정밀도로 측정할 때 사용하며, 시준할 때의 오차를 줄일 수 있고 최소 눈금 이상의 정밀한 관측값을 얻을 수 있다. 1개의 각을 2회 이상 반복 관측하여 어느 각을 측정하는 방법으로 반복법이라고도 한다.

② 트랜싯의 조정

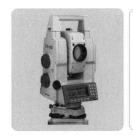

트랜싯의 조정조건은 L⊥V, C⊥H, H⊥V이다. 이렇게 조건에 맞게 조정된 트랜싯은 정확한 측정을 보장한다.

※ 공무원 시험에는 기계의 첨단화로 잘 출제되지 않는 분야이다.
　① 트랜싯의 조정조건
　② 트랜싯의 조정 순서

(1) 트랜싯의 조정조건	① 트랜싯의 3축 : 연직축(V), 수평축(H), 시준축(C)
	② 조정조건 : L⊥V, C⊥H, H⊥V 　여기서, L : 기포관축
(2) 제1조정(평반기포관의 조정)	평반기포관축은 연직축에 직교해야 한다.
(3) 제2조정(십자종선의 조정)	십자종선은 수평축에 직교해야 한다.
(4) 제3조정(수평축의 조정)	수평축은 연직축에 직교해야 한다.
(5) 제4조정(십자횡선의 조정)	십자선의 교점은 정확하게 망원경의 중심(광축)과 일치하고 십자횡선은 수평축과 평행해야 한다
(6) 제5조정(망원경 기포관의 조정)	망원경에 장치된 기포관축과 시준선은 평행해야 한다.
(7) 제6조정 　(연직분도원 버니어 조정)	시준선이 수평(기포관의 기포가 중앙)일 때 연직분도원의 0°가 버니어의 0과 일치해야 한다.

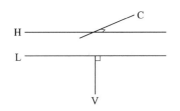

수평축, 기포관축 시준축, 연직축 관계

◉ **트랜싯의 조정에서 알아야 할 사항**

1. 조정순서 : 제1조정에서 제6조정까지 확실히 알아야 한다.
2. 조정조건

◉ **십자선의 용도**

1. 십자종선 : 수평각 측정
2. 십자횡선 : 연직각 측정, 레벨의 높이측정에 사용되므로 일반적으로 시준
   선이라 하면 그 용도에 따라 수준측량→십자횡선, 트랜싯 측량→십자종
   선을 가리킨다.

01 다음은 트랜싯의 조정법을 열거했다. 수평각 측정 시 필요하지 않은 것은?

① 평반 기포관의 조정   ② 십자종선의 조정

③ 수평축의 조정   ④ 십자횡선의 조정

해설

십자선 횡선은 연직각 측정 시 필요하다.

 02 다음 중 트랜싯을 조정해야 할 조건으로 틀린 것은?

① 평반상의 수준기축이 연직축에 수직일 것

② 시준선이 수평축의 중점에 있어서 이것에 직교 또는 시준선이 항상 광축과 일치할 것

③ 수평축과 연직축이 평행일 것

④ 시준선이 수평일 때 망원경 부속 수준기의 기포가 중앙에 있을 것

해설

수평축과 연직축은 반드시 직교되어야 한다.

L⊥V, C⊥H, H⊥V

 03 다음 중 트랜싯의 3축에 속하지 않는 것은?

① 연직축   ② 수평축

③ 기포관축   ④ 시준축

해설

트랜싯 조정 시 트랜싯의 3축

연직축(V), 수평축(H), 시준축(C)

핵심 04

트랜싯의 평반 기포관을 조정하기 위하여 기포관의 기포를 중앙에 오도록 한 다음 상반을 연직축 주위로 돌려 기포의 위치를 보았더니 기포가 2눈금 움직였다. 올바른 조정방법은?

① 기포관 조정나사로 1눈금, 정준나사로 1눈금을 조정한다.
② 기포관 조정나사로 2눈금 조정한다.
③ 기포관 조정나사로 1눈금 조정한다.
④ 정준나사로 2눈금 조정한다.

해설

$\frac{1}{2}$을 기포관 조정나사로, 나머지 $\frac{1}{2}$은 정준나사로 조정

(1) 기포를 중앙에 오도록 한다.
(2) 위와 같은 방법으로 계속 반복하여 조정한다.

핵심 05

어떤 토탈스테이션의 거리에 대한 정확도가 3mm+2ppm · L이라고 할 때, 2ppm · L에 해당하는 오차는? (단 L은 측정거리이다.)

① 토탈스테이션 상수오차
② 반사경 상수 오차
③ 토탈스테이션 구심오차
④ 대기 굴절오차

해설

토탈스테이션의 거리에 대한 정확도는 정오차±굴절오차로 표시한다.

③ 오차의 종류

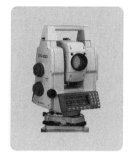

공무원 시험에 잘 출제되는 부분으로 이 단원은 확실히 정리를 해야 한다.
특히 배각법의 오차는 읽기오차가 1/n만큼 줄어든다는 내용과 기계오차의 원인과 처리방법은 확실히 공부해야 한다.
① 배각법의 오차
② 기계오차의 원인과 처리방법
③ 구심오차

1. 배각법(반복법)의 오차

(1) 시준 오차

$$n_1 = \pm \sqrt{\frac{2\alpha^2}{n}}$$

(2) 읽기 오차

$$n_2 = \pm \frac{\sqrt{2\beta^2}}{n}$$

(3) 배각법의 오차

$$M = \pm \sqrt{\frac{2}{n}\left(\alpha^2 + \frac{\beta^2}{n}\right)}$$

배각법의 오차

여기서, α : 1회 시준시의 오차

β : 1회 읽을 때의 오차

■ **배각법의 오차에서 가장 큰 특징**

읽기오차가 시준오차의 1/n만큼 줄어드는데 이것은 시준은 계속 반복하지만 버니어는 처음과 마지막 회만 읽기 때문이다.

2. 방향각법의 오차

(1) 1방향에 생기는 오차

$$m_1 = \pm \sqrt{\alpha^2 + \beta^2}$$

(2) 양방향에 생기는 오차

$$m_2 = \pm \sqrt{2(\alpha^2 + \beta^2)}$$

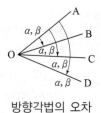

방향각법의 오차

(3) n회 관측한 평균값에 의한 오차

$$M = \pm \sqrt{\frac{2}{n}(\alpha^2 + \beta^2)}$$

3. 오차의 원인과 처리방법

오차의 종류	오차의 원인	처리 방법
연직축 오차	평반 기포관축이 연직축과 직교하지 않을 때 또는 연직축이 연직선과 일치하지 않을 경우	조정이 불가능
시준축 오차	시준축과 수평축이 직교하지 않을 때	망원경 정·반의 읽음값 평균
수평축 오차	수평축이 연직축과 직교하지 않을 때	망원경 정·반의 읽음값 평균
외심오차 (시준선의 편심오차)	망원경의 중심과 회전축이 일치하지 않을 때	망원경 정·반의 읽음값 평균
내심오차 (회전축의 편심오차)	수평회전축과 수평분도원의 중심이 일치하지 않을 때	A, B 버니어의 읽음값을 평균
분도원의 눈금오차	분도원 눈금의 부정확	분도원의 위치를 변화시켜가면서 대회관측

4. 부정오차

(1) 망원경의 시차에 의한 오차

① 원인 : 대물렌즈에 맺힌 상이 십자선 면의 상과 불일치

② 처리방법 : 대물경과 접안경을 정확히 조정

(2) 빛의 굴절에 의한 오차

① 원인 : 공기밀도의 불균일 또는 시준선이 지나치게 지형이나 지물에 접근하여 있는 경우

② 처리방법 : 수평각은 아침·저녁에, 수직각은 정오에 관측한다.

5. 구심오차(편심오차)

기계를 측점위에 정확히 세우지 않아서 생기는 오차로 시준거리가 짧을수록 커진다.

해심 KEY

◉ 조정의 불완전에 의한 오차

　　1. 시준축 오차
　　2. 수평축 오차
　　3. 연직축 오차

◉ 기계의 구조상 결점에 의한 오차

　　1. 내심 오차
　　2. 외심 오차
　　3. 분도원의 눈금오차

◉ 망원경 정·반의 읽음값을 평균하면 없어지는 오차

　　1. 시준축 오차
　　2. 수평축 오차
　　3. 외심오차(시준선의 편심오차)

핵심 01

다음 중 트랜싯에서 기계의 수평회전축과 수평분도원의 중심이 일치되지 않으므로 생기는 오차는?

① 연직축 오차
② 회전축의 편심오차
③ 시준축의 편심오차
④ 수평축 오차

해설

내심 오차(회전축의 편심오차)
(1) 기계의 수평회전축(연직축)과 수평분도원의 중심이 일치하지 않아 발생한다.
(2) A, B 버니어의 읽음값을 평균하여 소거한다.

핵심 02

거리 관측오차가 100m에 대하여 4mm인 경우 이것에 대응하는 각 관측오차는 얼마인가?

① 약 $10''$
② 약 $8''$
③ 약 $6''$
④ 약 $4''$

해설

$\dfrac{\Delta l}{l} = \dfrac{\theta}{\rho} = \dfrac{0.004}{100} = \dfrac{\theta}{206,265}$ 이므로 $\theta = 8.25''$

핵심 03

다음 중 세오돌라이트 측량에서 망원경 정위 및 반위로 수평각을 관측했을 때 그 산술평균값을 취함으로서 소거되는 오차로만 되어있는 것은?

① 시준축 오차, 수평축 오차, 연직축 오차
② 시준축 오차, 망원경 편심오차, 수평축 오차
③ 연직축 오차, 시준축 오차, 망원경 편심오차
④ 연직축 오차, 수평축 오차, 망원경 편심오차

해설

연직축 오차
소거 불능이므로 연직축이 휘지 않도록 조심한다.

핵심 04

측점 A에 토털 스테이션을 세우고 400 m 떨어진 지점에 있는 측점 B에 세운 프리즘을 시준하였다. 이때 프리즘이 측점 B에서 측선 AB에 대해 직각방향으로 2 cm가 기울어져 있었다면 이로 인한 각도의 오차는? (단, 1라디안 = 200,000 ")

① 4.0 "

② 6.0 "

③ 8.0 "

④ 10.0 "

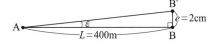

> **해설**
>
> $$\frac{\Delta l}{l} = \frac{\theta}{\rho''}$$
>
> $$\frac{2}{40,000} = \frac{\theta}{206,265''} \qquad \therefore \quad \theta = 10''$$

핵심 05

다음 중 버니어의 0의 위치를 180°/n씩 옮겨가면서 대회관측을 하여 소거되는 오차는?

① 회전축의 편심오차

② 분도원의 눈금오차

③ 시준선의 편심오차

④ 수평축의 오차

> **해설**
>
> 분도원의 눈금에 이상시
> 분도원 초독의 위치에 따라 측정값이 달라지므로 180°/n씩 옮겨가면서 대회관측을 하는 것이 분도원 전체를 사용할 수 있고 따라서 오차를 소거할 수 있다.

핵심 06

각 관측에서 시준오차가 $\pm 10''$이고 읽기오차가 $\pm 10''$인 경우 단각법에 의해 한각을 관측하는데 발생하는 각 관측오차는 얼마인가?

① $\pm 20''$

② $\pm 30''$

③ $\pm 40''$

④ $\pm 50''$

> **해설**
>
> $$m_x = \pm \sqrt{2(\alpha^2 + \beta^2)} = \pm \sqrt{2(10^2 + 10^2)} = \pm 20''$$

정답 01 ②   02 ②   03 ②   04 ④   05 ②   06 ①

07 다음 중 수평각을 관측하는 경우 분도원의 눈금 불완전으로 인한 오차를 최소로 하기 위한 방법으로 가장 좋은 것은?

① 관측방법을 바꾸어 가면서 관측한다.

② 여러 번 반복 관측하여 평균값을 구한다.

③ 초독의 위치를 $\dfrac{180°}{n}$ 씩 옮겨가면서 대회관측을 실시 평균한다.

④ 관측값은 수학적인 방법을 이용하여 정밀하게 조정한다.

[해설]

분도원의 눈금간격이 불균일한 경우
초독의 위치를 옮겨가면서 분도원 전체를 사용하여 대회 관측하여 평균한다.

08 다음 중 각 관측에서 망원경을 정, 반으로 관측, 평균하여도 없앨 수 없는 오차는?

① 시준축 오차   ② 수평축 오차

③ 외심 오차   ④ 연직축 오차

[해설]

망원경 정, 반으로 관측하여 평균하면 소거되는 오차
(1) 시준축 오차, (2) 수평축 오차, (3) 외심 오차
연직축의 오차는 소거할 수 없다.

09 다음 중 수평각 및 수직각 관측에 적당한 시간은?

① 수평각 : 아침, 저녁, 수직각 : 정오

② 수직각 : 아침, 저녁, 수평각 : 정오

③ 수직각 : 아침, 저녁, 수평각 : 아침, 저녁

④ 수직각 : 정오, 수평각 : 정오

[해설]

수평각은 아침과 저녁, 연직각은 빛의 굴절오차가 적은 정오에 관측한다.

④ 오차의 처리

각을 측정할 때는 반드시 오차가 발생한다. 발생되는 오차는 허용오차 범위 내에서 조정해 주어야 한다. 각 측정의 정도와 거리측정의 정도는 비슷해야 좋으며 측량에서 어느 단원이든 확률오차와 총합에 대한 허용오차를 이해해야 한다.

※ **특히 공무원 시험에는 거리측정의 정도와 경중률 허용오차 관계를 반드시 숙지해야 한다.**
① 거리측정의 정도와 각 측정의 정도
② 경중률과 허용오차

1. 측각오차와 측거오차의 관계

각과 거리의 관측 정도가 비슷하다면 $\dfrac{측각오차}{\rho''} = \dfrac{거리오차}{측선거리(l)}$

$$\frac{\epsilon''}{\rho''} = \frac{\Delta l}{l}$$

핵심 KEY

1. 구과량	$\dfrac{\epsilon''}{\rho''} = \dfrac{F}{R^2}$ (각도의 비＝면적의 비)
2. 각과 거리	$\dfrac{\epsilon''}{\rho''} = \dfrac{\Delta l}{l}$ (각도의 정도＝거리의 정도)
3. 기복변위	$\dfrac{\Delta r}{r} = \dfrac{h}{H}$ (사진거리의 비＝높이의 비)
4. 시차	$\dfrac{\Delta P}{b_o} = \dfrac{h}{H}$ (수평 거리의 비＝높이의 비)

2. 수평각의 측설

아래 그림에서

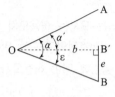

수평각측설

α : 측설하고자 하는 각

α' : 측설한 각

ϵ : 측설시의 오차($''$)

e : 측설시의 보정량(m)

이라 하고 각과 거리의 정도가 같다면 $b : e = \rho'' : \epsilon''$

$$\therefore e = b \times \frac{\epsilon''}{\rho''} = b \times \frac{\epsilon''}{206265''}$$

즉, 수평각 측설시 ϵ''의 각오차가 발생했다면 B'점에서 직각으로 e(m)만큼 지거법으로 보정하여 B점을 구한다.

3. 같은 각을 여러 번 측정했을 때의 확률 오차

(1) 측정값이 같은 조건에서 얻어졌을 때에는, 거리측량의 확률오차와 같은 방법으로 구하면 된다.

(2) 측정값이 서로 다른 조건하에서 얻어졌을 경우는 서로의 측정값이 가지는 경중률을 고려하여 최확값과 확률오차를 구한다.

핵심 KEY

예제 같은 각을 측정 횟수가 다르게 측정하여 다음의 값을 얻었다. 최확값과 확률 오차를 구하여라.

$47° 37' 38''$ (1회 측정값), $47° 37' 21''$ (4회 측정값), $47° 37' 30''$ (9회 측정값)

최확값은 경중률을 생각하여(측정 횟수에 비례하므로) 구한다.

$\dfrac{38'' \times 1 + 21'' \times 4 + 30'' \times 9}{1+4+9} = 28''$ 이므로 최확값은 $47° 37' 28''$ 이다.

확률오차는,

$$\pm 0.6745 \sqrt{\frac{P_1 V_1{}^2 + P_2 V_2{}^2 + P_3 V_3{}^3}{[P](n-1)}} = \pm 0.6745 \sqrt{\frac{1 \times 10^2 + 4 \times 7^2 + 9 \times 2^2}{14(3-1)}}$$

$$= \pm 18''$$

4. 총합에 대한 허용 오차

삼각형, 다각형 또는 수 개의 각이 있을 때, 각 오차의 총합은 다음과 같다.

$$E_S = \pm E_a \sqrt{n}$$

여기서, E_S : n개 각의 총합에 대한 각 오차

E_a : 한 각에 대한 오차

n : 각의 수

5. 야장기입시의 용어

(1) 배각 : 어떤 대회 관측에서 같은 방향에 대한 정위와 반위의 관측값의 합

(2) 교차 : 같은 각을 같은 정도로 2회 관측했을 때 관측값의 오차

(3) 배각차 : 각 대회에서 배각을 구했을 때 같은 방향에 대한 가장 큰 배각과 가장 작은 배각과의 차로서 관측의 정도를 판정하는 기준이 된다.

(4) 관측차 : 교차의 차로써 배각차와 같이 관측의 정도를 판정하는 기준이 된다.

핵심 KEY

1. **교차**= $R - L$

2. **배각**= $R + L$

3. **배각차**= $(R_1 + L_1) - (R_2 + L_2)$

4. **관측차**= $(R_1 - L_1) - (R_2 - L_2)$

여기서, R : 망원경을 정위에 놓고 측정한 값
   L : 망원경을 반위에 놓고 측정한 값

핵심 01

1각을 측정 횟수가 다르게 측정하여 다음 값을 얻었다. 최확값은?

> 1회 측정 49° 59′ 58″
>
> 2회 측정 50° 00′ 00″
>
> 5회 측정 50° 00′ 02″

① 49° 59′ 59″ ② 50° 00′ 00″

③ 50° 00′ 01″ ④ 50° 00′ 02″

해설

$$최확값 = \frac{49°59'58'' \times 1 + 50°00'00'' \times 2 + 50°00'02'' \times 5}{1+2+5} = 50°00'01''$$

핵심 02

거리 2km 떨어진 목표가 관측방향에 대하여 직각으로 5cm 이동되었다면 관측각은 몇 초 변화하는가?

① 5″ ② 7″

③ 9″ ④ 10″

해설

$$\frac{e}{l} = \frac{\epsilon''}{\rho''} \text{에서 } \epsilon'' = \rho'' \times \frac{e}{l} = 206265'' \times \frac{0.05}{2000} = 5''$$

핵심 03

다각측량에서 한각을 관측하는데 발생되는 오차가 ±5″라고 하면, 4개의 각이 있을 때 각 오차의 총합은 얼마인가?

① ±5″ ② ±10″

③ ±20″ ④ ±30

해설

오차 전파의 법칙에서 $E = \pm\sqrt{E_1^2 + E_2^2 + \cdots} = \pm\sqrt{4 \times (5'')^2} = \pm 10''$

핵심 04

거리와 각을 동일한 정밀도로 관측하여 다각측량하려고 한다. 이때, 각 측량기의 정밀도가 $10''$인 경우, 거리측량기의 정밀도로 옳은 것은?

① $\dfrac{1}{15,000}$　　　　　② $\dfrac{1}{18,000}$

③ $\dfrac{1}{21,000}$　　　　　④ $\dfrac{1}{25,000}$

해설

각측량기의 정도

거리측량기의 정도 $= \dfrac{\epsilon''}{\rho''} = \dfrac{10''}{206265''} ≒ \dfrac{1}{21,000}$

핵심 05

A, B, C 세 사람이 같은 트랜싯으로 하나의 각을 단측법으로 측각해서 다음표와 같은 결과를 얻었다. 이 각의 최확치는?

관측자	관측 횟수	관측 결과
A	4	$156°\,13'\,20''$
B	6	$156°\,13'\,30''$
C	2	$156°\,13'\,40''$

① $156°\,13'\,30''$　　　　　② $156°\,13'\,20''$

③ $156°\,13'\,28''$　　　　　④ $156°\,13'\,40''$

해설

경중률은 관측회수에 비례하며 2:3:1이므로

최확값 $= \dfrac{[P\theta]}{[P]} = 156°13' + \dfrac{2\times20'' + 3\times30'' + 1\times40''}{(2+3+1)} = 156°13'28.3''$

핵심 06

두 개의 각 ∠AOB=15°32′18.9″±5″, ∠BOC=67°17′45″±10″로 표시될 때 두 각의 합 ∠AOC는 다음 중 어느 것이 가장 적절한 표현인가?

① $82°50′3.9″ \pm \sqrt{25}$ ″

② $82°50′3.9″ \pm \sqrt{50}$ ″

③ $82°50′3.9″ \pm \sqrt{75}$ ″

④ $82°50′3.9″ \pm \sqrt{125}$ ″

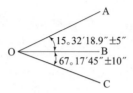

해설

우연오차는 오차 전파의 법칙에서

$$E = \pm \sqrt{E_1^2 + E_2^2} = \pm \sqrt{5^2 + 10^2} = \sqrt{125}\,''$$

핵심 07

트래버스 측량에 있어서 거리 측정의 오차가 100m에 대하여 ±1.0mm인 경우, 이것에 상응하는 측각 오차는?

① ±4.1초   ② ±3.1초

③ ±2.1초   ④ ±1.1초

해설

$\dfrac{e}{l} = \dfrac{\epsilon''}{\rho''}$ 이므로 $\epsilon'' = \rho'' \times \dfrac{e}{l} = 206265'' \times \dfrac{0.001}{100} = 2.1''$

핵심 08

점 A로부터 2km 떨어진 두 점 B, C 간의 거리가 200cm 일 때, ∠BAC는 얼마인가?

① 206″   ② 306″

③ 406″   ④ 306″

해설

$\dfrac{\Delta l}{l} = \dfrac{\Delta a}{\rho''}$ 이므로 $\Delta a = \rho'' \times \dfrac{\Delta l}{l} = 206265'' \times \dfrac{200}{200,000} = 206''$

핵심 09

그림에서 O에 기계를 세우고 α를 측정하여 B점을 설치하려 한다. OB의 길이는 100m이며, 20″의 각오차가 있을 때 B점의 편위로 가장 적절한 값은?

① 2.0mm

② 5.0mm

③ 10mm

④ 12mm

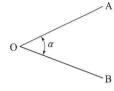

해설

$\dfrac{\triangle l}{l} = \dfrac{\epsilon''}{\rho''}$ 에서

$\triangle l = \dfrac{\epsilon''}{\rho''} \times l = \dfrac{20''}{206,265''} \times 100 ≒ 10\text{mm}$

핵심 10

다음 그림은 삼각측량에서 측정한 각의 일부이다. ∠AOB의 최확치는?
(단, ∠AOB=30°20′15″, ∠BOC=40°25′18″, ∠AOC=70°45′36″)

① 30° 20′ 16″

② 30° 20′ 15″

③ 30° 20′ 14″

④ 30° 20′ 17″

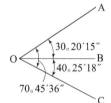

해설

측각오차(ϵ'')=∠AOC − (∠AOB+∠BOC)

$\therefore \epsilon'' = +3''$ 조정량=$\dfrac{3''}{3} = 1''$

큰 각(∠AOC)은 빼주고 작은 각(∠AOB, ∠BOC)은 더해준다.

$\therefore$ ∠AOB(최확값)=30° 20′ 15″ +1″ =30° 20′ 16″

11 다각측량에서 1각의 오차가 10″인 9개의 각이 있을 경우에는 그 각오차의 총합은?

① 10″

② 20″

③ 40″

④ 30″

1점 주위에 여러 개의 각이 있을 경우 그 각 오차의 총합은 각의 수(n)의 제곱근에 비례하므로

$$E_\alpha = \pm \epsilon_\alpha \sqrt{n} = 10'' \sqrt{9} = 30''$$

12 거리가 2.06km 떨어진 두 점의 각 관측에서 측각 오차가 1″ 틀릴 때 생기는 오차는?

① 2cm

② 1cm

③ 0.5cm

④ 0.05cm

편심 오차 $\triangle l = \dfrac{l \cdot \theta''}{\rho''} = \dfrac{206,000 \times 1''}{206265''} = 1\,\mathrm{cm}$

출제예상문제

★★☆

01 다음 중 데오돌라이트(theodolite)의 대물렌즈를 합성 렌즈로 사용하는 주된 이유는?

① 확대 　　　　　　　　② 구면 수차나 색 수차

③ 밝기 　　　　　　　　④ 정립 허상

해설

렌즈의 구면 수차나 색 수차를 없애기 위해 대물렌즈는 합성 렌즈를 사용한다.

★☆☆

02 다음 중 각 측정 시 측각법에 있어서 반복법의 특징 중 옳지 않은 것은?

① 눈금을 직접 측정할 수 없는 미량의 값을 누적하여 반복횟수로 나누면 세밀한 값을 읽을 수 있다.

② 어느 측점에서 측정하는 각이 많을 때 작업이 신속하고 편리하다.

③ 반복하여 360°에 가깝게 하면 눈금의 부정에 의한 오차가 제거된다.

④ 반복법은 방향각법과 비교하여 읽기 오차의 영향을 적게 받는다.

해설

반복법

측정하는 각이 많을수록 반복 측정하는 횟수가 증가하므로 작업시간이 길어진다.

★★★

03

대물렌즈의 초점거리 100mm, 접안렌즈의 초점거리 4mm의 트랜싯의 배율은?

① 20배 ② 25배

③ 30배 ④ 35배

배율= $\dfrac{\text{대물렌즈의 초점거리}}{\text{접안렌즈의 초점거리}} = \dfrac{100}{4} = 25$배

★★☆

04

다음 중 트랜싯에서 A 및 B 유표의 읽음의 평균을 취하는 주된 목적은?

① 연직축 오차 소거 ② 분도반 편심오차 소거

③ 수평축 오차의 소거 ④ 시준축 오차의 소거

분도원이 편심되면 A, B버니어의 읽음값이 한쪽은 실제보다 크게 되고 다른 한쪽은
작게 된다. 오차를 소거하기 우해서는 두 버니어의 읽음값을 평균한다.

★★★

05

트랜싯의 수직축(V), 수평축(H), 시준축(S), 수준기축(L)의 4축의 관계식 중 맞지
않는 것은 어느 것인가?

① L⊥V ② V⊥H

③ H⊥S ④ L⊥S

해설

트랜싯 조정조건
L⊥V, V⊥H, H⊥S 조건을 만족해야 한다.

★★★
06 다음 중 트랜싯 망원경의 시준선이란?

① 대물렌즈의 광심과 대안렌즈의 광심을 연결한 직선
② 대물렌즈의 광심과 십자선의 교점을 연결한 직선
③ 대물렌즈의 광심과 수평축과 연직축의 교점을 연결한 직선
④ 대안렌즈의 광심과 연직축의 교점을 연결한 직선

> [해설]
>
> 망원경의 시준선
> 대물렌즈의 광심과 십자선의 교점을 연결한 직선

★★☆
07 다음 중 각 측량에서 기포관의 감도에 대한 설명으로 옳은 것은?

① 트랜싯의 연직축에 직각으로 장치되어 있으면서 수평각을 측정할 때 사용된다.
② 시준선을 정하기 위하여 접안렌즈의 초점에 고정되어 있다.
③ 기포가 기포관의 1눈금만큼 이동하는 데 기울여야 하는 기포관의 각도를 표시한 값이다.
④ 대물렌즈에서 맺은 상을 확대하여 보는 값이다.

> [해설]
>
> 기포관의 감도
> 기포가 1눈금 움직일 때 기포관측이 기우는 각도, 또는 기포관 1눈금이 곡률 중심에 끼는 각

★★☆
08 다음 중 기포관의 감도에 대한 설명 중 옳은 것은?

① 감도는 기포관 1눈금의 크기로 나타낸다.
② 기포관의 곡률 반지름이 클수록 감도는 좋다.
③ 감도는 기포관 눈금에 대한 중심각이 클수록 좋다.
④ 기포관 액체의 표면 장력이 클수록 좋다.

> [해설]
>
> 감도는 곡률 반지름이 크고, 표면 장력이 작을수록 좋다.

★★☆

09 다음 중 트랜싯 연직축이 기울어진 트랜싯으로 수평각을 관측할 때, 오차의 소거법은?

① 반복 관측으로 제거한다.
② 망원경을 정·반으로 한 읽음값의 평균
③ 연직축과 연직선의 기울기를 측정하여 관측값에 가한다.
④ 어떤 관측법으로도 제거되지 않는다.

해설

트랜싯의 기계적 오차 중 연직축 오차는 소거되지 않는다.

★☆☆

10 다음 중 위쪽 방향을 기준으로 목표물에 대한 시준선과 이루는 각은?

① 방향각   ② 고저각
③ 천저각   ④ 천정각

해설

⑴ 천정각 : 연직선의 수직각으로서 위쪽을 기준선으로 목표물에 대한 시준선과 이루는 각
⑵ 천저각 : 연직선의 수직각으로서 아래쪽을 기준선으로 목표물에 대한 시준선과 이루는 각

★★☆

11 다음은 각의 종류에 대한 설명이다. 옳지 않은 것은?

① 천정각 : 연직선의 수직각으로서 위쪽을 기준선으로 목표물에 대한 시준선과 이루는 각
② 고저각 : 수평선을 기준으로 목표에 대한 시준선과 이루는 각
③ 방위각 : 자오선을 기준으로 하여 어느 측선까지 좌측방향으로 잰 수평각
④ 방향각 : 임의의 기준선으로부터 어느 측선까지 시계 방향으로 잰 수평각

해설

⑴ 천정각 : 연직선의 수직각으로서 위쪽을 기준선으로 목표물에 대한 시준선과 이루는 각
⑵ 방위각 : 자오선을 기준으로 하여 어느 측선까지 우측방향으로 잰 수평각

12
★★☆

다음 중 자오선 수차에 대한 설명으로 옳은 것은?

① 각 측선이 그 앞 측선의 연장선과 이루는 각
② 평면 직교 좌표를 기준으로 한 도북과 진북의 사이각
③ 도북 방향을 기준으로 어느 측선까지 시계 방향으로 잰 각
④ 자오선을 기준으로 어느 측선까지 시계 방향으로 잰 각

> **해설**
>
> (1) 자오선 수차 : 평면 직교 좌표를 기준으로 한 도북과 진북의 사이각
> (2) 방향각 : 도북 방향을 기준으로 어느 측선까지 시계 방향으로 잰 각
> (3) 방위각 : 자오선을 기준으로 어느 측선까지 시계 방향으로 잰 수평각

13
★★☆

다음 중 시통이 잘 되어 한 점 주위의 많은 각을 측정할 때 가장 편리한 수평각 관측방법은?

① 방향각법　　　　　② 단측법
③ 배각법　　　　　　④ 각관측법

> **해설**
>
> 방향각법
> 한 점 주위의 많은 각을 측정할 때, 시통이 잘 되는 곳에 사용

14
★★☆

P의 자북 방위각이 100° 09′ 22″, 자오선 수치가 01′ 40″ 자침 편차가 5° 일 때 P점의 도북방향각은?

① 85° 07′ 42″
② 85° 11′ 02″
③ 95° 07′ 42″
④ 102° 11′ 01″

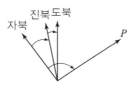

> **해설**
>
> P점의 방향각 = 자북방위각 - 자침편차 - 자오선 수차
> 　　　　 = 100° 09′ 22″ - 5° - 01′ 40″ = 95° 7′ 42″

★★★

15

다음 그림과 같이 각 관측을 하였다. 관측치의 오차 조정으로 옳은 것은?
(단, 동일 조건에서 ∠A, ∠B, ∠C와 전체 각을 측정하였다.)

	∠A	∠B	∠C
①	+2.5	+2.5	+2.5
②	+2.7	+2.6	+2.7
③	+2.7	+2.7	+2.6
④	+2.6	+2.7	+2.6

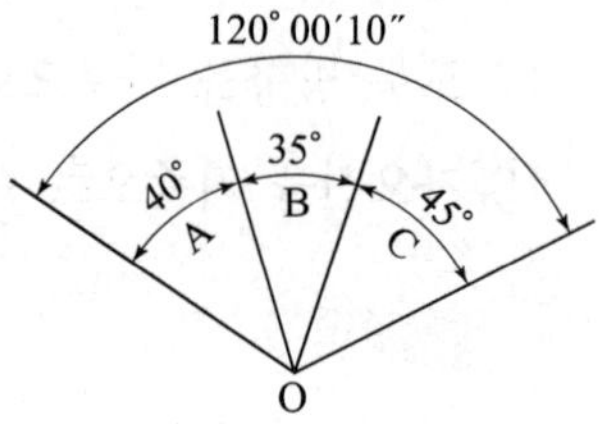

해설

$$\Delta e = 120° \, 00' \, 10'' - (40° + 35° + 45°) = 10''$$

$$보정량 = \frac{10''}{4} = 2.5''$$

∴ ∠A, ∠B, ∠C에 +2.5″씩, 전체 각에 −2.5″ 조정

★★☆

16

다음 트랜싯의 조정 중 수평각 측정에 필요한 것은?

① 연직 분도원의 조정
② 망원경에 달린 기포관의 조정
③ 평반 기포관의 조정
④ 십자횡선의 조정

해설

수평각 측정을 위해서는 평반기포관이 필요하다.

★★★
17 어느 측점에서 데오돌라이트를 설치하여 A, B 두 지점을 3배각으로 관측한 결과, 정위 120° 12′ 36″, 반위 120° 12′ 12″를 얻었다면 두 지점의 내각은 얼마인가?

① 120° 12′ 24″   ② 83° 06′ 12″

③ 40° 04′ 08″   ④ 31° 33′ 06″

(1) 정위각

$$\frac{120°12′36″}{3} = 40°04′12″$$

(2) 반위각

$$\frac{120°12′12″}{3} = 40°04′04″$$

(3) 관측각

$$\frac{40°04′12″ + 40°04′04″}{2} = 40°04′08″$$

★★☆
18 다음 중 트랜싯의 회전축의 편심에 의한 오차를 소거하는 방법 중 옳은 것은?

① 망원경 정·반 두 위치에서 측정한 각을 평균 소거

② 표고가 감은 점을 시준하면 수평각에 미치는 영향은 없다.

③ 180° 대각하고 있는 두 버니어를 읽어 평균하여 소거

④ 배각법이나 대회 관측법으로 측정한 값을 평균하여 소거

회전축의 편심오차(내심오차)

(1) 원인 : 연직축과 수평분도원의 중심이 일치하지 않아 발생한다.

(2) 처리 : A, B 버니어의 평균값을 읽는다.

★★☆

19

트랜싯의 수평축과 연직축이 직교되어 있지 않은 기계를 사용하여 수평각을 관측할 때 직교되어 있지 않아 생기는 오차를 소거하기 위한 관측방법은?

① 수평 분도원의 눈금을 바꾸어 측정한다.
② AB 두 유표(vernier)의 독정값을 평균한다.
③ 망원경을 정(正)·반(反)하여 측정하고, 그 평균값을 취한다.
④ 관측 방법으로는 소거되지 않는다.

해설

수평축의 오차는 망원경의 정·반위의 읽음값을 평균해서 소거한다.

★★☆

20

다음 중 트랜싯으로 수평각을 관측하는 경우 조정 불완전으로 인한 오차를 최소로 하기 위한 방법으로 가장 좋은 것은?

① 관측방법을 바꾸어 가면서 관측한다.
② 여러번 반복 관측하여 평균값을 구한다.
③ 대회관측을 실시 평균한다.
④ 관측값은 수학적인 방법을 이용하여 정밀하게 조정한다.

해설

트랜싯의 기계오차는 대부분 망원경을 정·반으로 대회관측하여 평균하면 없어진다.

★★☆

21

다음 중 수평각 관측에서 트랜싯의 조정 불안전에서 오는 오차를 작게 하는 방법은?

① 별다른 방법이 없다.
② 관측을 2회하여 그의 평균을 취한다.
③ 방향관측법으로 관측한다.
④ 망원경 정·반의 위치에서 관측하여 그 평균을 취한다.

해설

조정 불완전 오차처리
(1) 시준선의 오차, 수평축의 오차 : 망원경의 정·반위의 읽음값을 평균하면 소거됨
(2) 연직축 오차 : 제거할 수 없음

★★☆
22

트랜싯으로 수평각을 측정할 때 시준축의 오차를 없애려면 다음 어떤 방법이 좋은가?

① 망원경의 정, 반 양위치에서 측정하고, 그 평균을 취한다.
② 시계방향과 반시계방향으로 측정하고, 그 평균을 취한다.
③ 2배각법에 의해 측정한다.
④ 한쪽 버니어만 읽는다.

해설

망원경 정·반 읽음값을 평균해서 소거되는 오차는 시준축 오차, 수평축 오차, 외심 오차이다.

★★☆
23

트랜싯의 기계오차를 없애기 위한 방법을 설명한 것이다. 이 중 적당하지 않은 것은?

① 시준축의 오차는 망원경을 정위치와 반전위치에서의 두 관측값을 평균하면 된다.
② 수평분도원의 눈금오차는 버니어의 지표를 분도원의 0°에 맞추어서 관측하면 된다.
③ 수평분도원의 중심과 연직축의 편심오차는 180° 상대위치의 두 버니어의 값을 평균하면 된다.
④ 수평축 오차는 망원경을 정위치와 반전위치에서의 두 관측값을 평균하면 된다.

해설

분도원의 눈금오차 소거
읽은 분도원의 위치를 $\dfrac{180°}{n}$씩 옮겨가면서 대회관측을 하여 소거한다.

★★☆

24 트랜싯으로 각도를 관측할 때 2개의 버니어로 관측하는 가장 중요한 이유는?

① 분도원 눈금의 오독방지   ② 분도원 눈금오차를 방지

③ 분도원의 편심오차를 방지   ④ 최확값을 구하기 위해

 해설

회전축의 편심오차는 A, B버니어의 읽음값을 평균한다.

★★☆

25 트랜싯에서 기계의 수평회전축과 수평분도원의 중심이 일치되지 않음으로 생기는 오차는?

① 연직축 오차   ② 회전축의 편심오차

③ 시준축의 편심오차   ④ 수평축 오차

해설

(1) 연직축 오차 : 평반 기포관축과 연직축이 직교하지 않을 때
(2) 회전축의 편심오차 : 연직축과 수평분도원의 중심이 불일치
(3) 시준축의 오차 : 시준축과 수평축이 직교하지 않을 때
(4) 수평축 오차 : 연직축과 수평축이 직교하지 않을 때
(5) 외심 오차 : 망원경중심과 회전축의 불일치

★★☆

26 삼각측량에 사용하는 기계의 각 오차에 생기는 위치오차를 약 10cm로 하려면 각 오차는 대체로 어느 정도 허용되는가? (단, 평균 변의 길이는 10km이다.)

① 1″   ② 2″

③ 3″   ④ 4″

해설

$$\frac{e}{l} = \frac{\epsilon''}{\rho''}$$

$$\therefore \ \epsilon'' = \frac{e}{l}\rho'' = \frac{100}{10,000,000} \times 206,260'' = 2''$$

★★★
27

트랜싯으로 각을 측정할 때 기계의 중심은 측점과 일치하여야 한다. 이때 0.2mm의 오차를 면하기 어렵다고 한다면 각을 20″의 정도로 측정하기 위한 변의 길이는 얼마인가?

① 82.501m ② 51.566m

③ 2.062m   ④ 1.157m

해설

$$\frac{\Delta l}{l} = \frac{\epsilon''}{\rho''} \text{이므로 } l = \frac{\rho''}{\epsilon''} \times \Delta l = \frac{206265''}{20''} \times 0.0002 = 2.062\text{m}$$

★★★
28

OA선을 기준으로 0점에서 67° 15′ 각도로 100m 거리에 있는 B점을 측설하였다. 이것을 배각법으로 검사하니 67° 14′ 40″이였다면 B점에서의 위치 오차는?

① 9.7mm

② 14.7mm

③ 19.4mm

④ 21.8mm

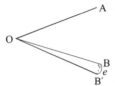

해설

$$\frac{e}{l} = \frac{\epsilon''}{\rho''} \text{이므로 } e = l \times \frac{\epsilon''}{\rho''} = 100 \times \frac{1 \times 20''}{206265''} ≒ 0.0097\text{m}$$

★★☆
29

트랜싯을 A점에 세워서 50m 전방의 B점을 시준할 때 A, B에 대하여 직각 방향에 5cm의 틀림이 있었는데 이것에 의해 생긴 방향의 오차는?
(단, $\rho'' = 206265''$이다.)

① 103″ ② 206″

③ 413″ ④ 826″

해설

$$\frac{e}{l} = \frac{\epsilon''}{\rho''} \text{이므로 } \epsilon'' = \rho'' \times \frac{e}{l} = 206265'' \times \frac{0.05}{50} = 206.3''$$

★★☆
30

다음에서 수평각 α, β 및 γ를 같은 조건으로 측정하였을 때 $\angle AOC$의 최확치는? (단, $\alpha = 30°21'20''$, $\beta = 35°15'28''$, $\gamma = 65°37'00''$)

① $65°36'56''$

② $65°37'04''$

③ $65°36'52''$

④ $65°37'08''$

[해설]

$\epsilon'' = \gamma - (\alpha + \beta) = 12''$

조정량 $= \dfrac{12''}{3} = 4''$ 큰 값에는 (−)를 해주고 작은 값에는 (+)를 해준다.

$\therefore \angle AOC = \gamma - 4'' = 65°36'56''$

★★★
31

측점 O에서 $X_1 = 30°$, $X_2 = 45°$, $X_3 = 76°$의 각 관측값을 얻었다. X_2의 최확값은? (단, 각각의 관측 조건은 동일하다.)

① $45°10'$

② $45°20'$

③ $45°30'$

④ $45°40'$

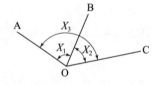

[해설]

각 오차 $= 76° - (30° + 45°) = 1°$

$\therefore$ 보정량 $= \dfrac{60'}{3} = 20'$

X_1과 X_2에 $(+20')$, X_3에 $(-20')$ 조정

$\therefore X_2 = 45°20'$

32 ★★☆

60° 경사된 사거리가 50m의 사갱에서 수평각을 측정한 경우 시준선에서 직각으로 5mm의 시준오차가 생겼다. 수평각에 미치는 오차는?

① 21″

② 30″

③ 35″

④ 41″

> **해설**
>
> $\dfrac{e}{l} = \dfrac{\epsilon''}{\rho''}$ 에서
>
> $\epsilon'' = \rho'' \times \dfrac{e}{l} = 206265'' \times \dfrac{0.005}{50} \fallingdotseq 21''$

33 ★★★

그림과 같이 각을 측정한 결과 ∠A=20°15′30″, ∠B=40°15′20″, ∠C=10°30′10″, ∠D=71°01′12″이었다면 ∠C와 ∠D의 보정값으로 옳은 것은?

① ∠C=10°30′10″, ∠D=71°01′06″

② ∠C=10°30′14″, ∠D=71°01′08″

③ ∠C=10°30′06″, ∠D=71°01′00″

④ ∠C=10°30′13″, ∠D=71°01′09″

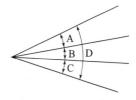

> **해설**
>
> 측정각 오차 $= 71°\,01'\,12'' - (20°\,15'\,30'' + 40°\,15'\,20'' + 10°\,30'\,10'') = 12''$
>
> $\therefore$ 보정량 $= \dfrac{12'}{4} = 3'$ 이므로
>
> ∠A, ∠B, ∠C에 $(+3'')$씩, 전체각 ∠D에 $(-3'')$ 조정
>
> ∠C $= 10°\,30'\,10'' + 3'' = 10°\,30'\,13''$
>
> ∠D $= 71°\,01'\,12'' - 3'' = 71°\,01'\,09''$

★★☆
34

그림에서 ∠A 관측값의 오차 조정량으로 옳은 것은?
(단, 동일 조건에서 ∠A, ∠B, ∠C와 전체 각을 측정하였다.)

① +5″

② +6″

③ +8″

④ +10″

> **해설**
>
> 측각 오차 $= 87° 00′ 20″ - (20° 35° + 32°) = 20″$ 에서 보정량 $= \dfrac{20″}{4} = 5″$
>
> ∴ ∠A, ∠B, ∠C에 $(+5″)$씩, 전체 각에 $(-5″)$ 조정

★★★
35

다음 중 거리가 2km로서 각 오차가 1′이라면 이때 생기는 위치오차는?

① 0.6m ② 1.6m

③ 2.6m ④ 3.6m

> **해설**
>
> $= \pm 10″ \sqrt{16} = \pm 40″$ 에서
>
> $e = l \times \dfrac{\epsilon″}{\rho″} = 2,000 \times \dfrac{1 \times 60″}{206,265″} = 0.6 \mathrm{m}$

★★★
36

OA를 기준으로 각도 45°를 설정하려고 한다. ∠AOB를 설정하여 배각법으로 측정하여 보니 45°0′20″였다. 측정의 정도는? (단, OB의 거리는 1,000m)

① $\dfrac{1}{20,000}$ ② $\dfrac{1}{10,000}$

③ $\dfrac{1}{5,000}$ ④ $\dfrac{1}{2,500}$

> **해설**
>
> 각측정의 정도 $= \dfrac{\epsilon″}{\rho″} = \dfrac{(45°00′20″ - 45°)}{206,265″} ≒ \dfrac{1}{10,000}$

★★☆

37

다각 측량에서 측선 AB의 거리가 2,068m이고 A점에서 20″의 각 관측오차가 생겼다고 할 때 B점에서의 거리오차는 얼마인가?

① 0.1m

② 0.2m

③ 0.3m

④ 0.4m

> **해설**
>
> $$\frac{e}{l} = \frac{\epsilon''}{\rho''}$$
>
> $$e = l \times \frac{\epsilon''}{\rho''} = 2,068 \times \frac{20''}{206,265''} = 0.2\text{m}$$

★★★

38

서로 다른 세 사람이 같은 조건 아래에서 한각을 한사람은 1회 측정에서 45°20′30″ 로, 다른 사람은 4회 측정하여 그 평균인 45°20′40″, 끝 사람은 8회 측정하여 평균으로 45°20′50″를 얻었을 때 이 각의 최확치는?

① 45°20′38″

② 45°20′37″

③ 45°20′45″

④ 45°20′32″

> **해설**
>
> $$\text{최확값} = \frac{[P\theta]}{[P]} = 45°20' + \frac{30'' + 4 \times 40'' + 8 \times 50''}{(1 + 4 + 8)} = 45°20'45''$$

★★★

39

다각측량에서 측선 길이가 500m일 때 트랜싯의 구심에 5mm의 편심을 허용한 다면 관측각에 생기는 오차는?

① 1.25″

② 2.06″

③ 7.02″

④ 9.06″

> **해설**
>
> $$\frac{e}{l} = \frac{\epsilon''}{\rho''} \text{에서} \quad \frac{0.005}{500} = \frac{\epsilon''}{206,265''}$$
>
> $$\therefore \ \epsilon = 206,265'' \frac{0.005}{500} = 2.06''$$

★★☆

40

거리가 100m이고, 각도를 20″까지 읽을 때 트랜싯의 구심오차의 한계는 얼마까지 허용되는가?

① 2.4mm

② 4.8mm

③ 7.2mm

④ 9.6mm

해설

$$\frac{e}{l} = \frac{\epsilon}{\rho}$$

$$\therefore\ e = l \times \frac{\epsilon}{\rho} = 100 \times \frac{20''}{206,265''} = 0.00969\text{m}$$

★★★

41

다음 중 1각의 오차가 10″인 16개의 각이 있을 때 그 각들의 오차의 총합은 어느 것인가

① 40″

② 30″

③ 20″

④ 10″

해설

$$E = \pm \epsilon \sqrt{n} = \pm 10'' \sqrt{16} = \pm 40''$$

★★★

42

동일인이 20″읽기(P_1)와 40″읽기(P_2) 트랜싯을 사용하여 측각하였다. 이 관측치에 대한 중량비는?

① $P_1 : P_2 = 2:1$

② $P_1 : P_2 = 4:1$

③ $P_1 : P_2 = 6:1$

④ $P_1 : P_2 = 9:1$

해설

관측치에 대한 중량비는 경중률의 자승에 반비례한다.

$$\frac{1}{20^2} : \frac{1}{40^2} = 4 : 1$$

정답 40 ④ 41 ① 42 ②

5 기준점측량

05 기준점측량

① 트래버스 측량의 개요

트래버스 측량이란 거리와 방향을 측정하여 점의 위치를 결정하는 방법으로 삼각측량 다음으로 정밀한 측량방법이다.

※ 공무원 시험에 중요한 단원이므로 잘 이해해야 한다.

   ① 트래버스의 종류

   ② 트래버스의 측량 순서

1. 정의

다각 측량은 대상 지역에 기준점을 배치하여 다각형을 구성하고 이 기준점들을 연결한 측선의 거리와 기준점 사이의 수평각을 측량한 다음, 여러 계산 과정에 의하여 각 기준점들의 수평 위치를 결정하는 측량 방법이다.

다각 측량은 트래버스(traverse) 측량이라고도 불리며, 다각 측량으로 결정한 기준점은 세부 측량의 기준이 된다.

■다각측량의 이용

  ① 삼각측량으로 결정된 삼각점을 기준으로 세부측량의 기준점을 연결

  ② 노선측량, 삼림지대, 시가지 등의 기준점 설치

2. 트래버스의 종류

개방 트래버스	정도가 낮아 노선측량의 답사 등에 이용하며 임의점에서 출발하여 임의점으로 연결된 트래버스이다.
폐합 트래버스	한 점에서 시작하여 측량한 후 다시 시작점에 폐합시킨 트래버스로 결합 트래버스보다 정도가 낮아 소규모지역에 이용된다.
결합 트래버스	기지점에서 출발하여 다른 기지점에 결합시킨 트래버스로 정도가 높아 넓은 지역의 측량에 적당하다.
트래버스 망	2개 이상의 트래버스를 필요에 따라 그물 모양으로 연결한 것이다.

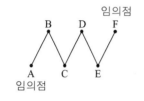

개방트래버스

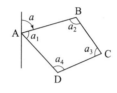

폐합트래버스

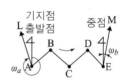

결합트래버스

핵심 **KEY**

● **기준점 측량의 정밀도**

트래버스 종류	정밀도
사변형 삼각망	정도가 가장 높다.
유심 삼각망	높다
단열 삼각망	낮다
결합 트래버스	정도가 가장 높다.
폐합 트래버스	정도가 낮다.
개방 트래버스	정도가 가장 낮다.

■선점 시 주의 사항

(1) 결합 트래버스의 출발점과 결합점간의 거리는 될 수 있는 한 단거리로 한다.

(2) 측점간의 거리는 가능한 한 등거리로 하고 현저히 짧은 노선은 피한다.

(3) 측점 수는 될 수 있는 한 적게 한다.

(4) 측점은 기계를 세우기가 편하고, 관측이 용이하며, 표지가 안전하게 보존되며, 침하가 없는 곳이 좋다.

(5) 노선은 가능한 폐합 또는 결합이 되게 한다.

(6) 거리측량과 각측량의 정확도가 균형을 이루게 한다.

(7) 선점할 때 측점간 거리는 삼각점보다 짧은 거리로 시준이 잘 되는 곳에 선점한다.

3. 트래버스 측량 순서

계획 → 답사 → 선점 → 조표 → 거리관측 → 계산 및 측점의 전개

핵심 01

노선 측량 답사 등에 이용되며 정밀도가 가장 낮은 트래버스는?

① 개방 트래버스
② 폐합 트래버스
③ 결합 트래버스
④ 트래버스망

> **해설**
>
> 개방 트래버스
> 오차를 확인할 수 없기 때문에 노선 측량의 답사 등에 이용된다.

핵심 02

다음 중 다각측량에 의하여 기준점의 위치를 결정하는데 가장 좋은 방법은 어느 것인가?

① 한 기지점에서 다른 기지점에 결합하는 트래버스
② 임의의 점에서 삼각점에 결합하는 트래버스
③ 정도가 높은 삼각점에서 출발하는 트래버스
④ 한 기지점에서 동일 삼각점에 결합하는 트래버스

> **해설**
>
> 결합 트래버스
> 다각측량 중 정도가 가장 높은 것은 한 기지점에서 다른 기지점에 결합시키는 트래버스이다.

핵심 03

다음 중 트래버스(Traverse)망을 선점할 때 고려할 사항을 기술한 것 중 옳지 않은 것은?

① 길이를 가능한 짧게 하여 선정한다.
② 견고하고 관측이 용이한 곳을 선정한다.
③ 세부측량 시 이용이 편리한 곳을 선정한다.
④ 교통으로 인한 측정 장해가 없도록 한다.

> **해설**
>
> 선점 시 측점간의 거리는 가능한 한 등 간격으로 하고 현저하게 짧은 측선은 피한다.

핵심 04

한 점의 좌표를 알고 있는 기지점으로부터 출발하여 다른 기지점에 연결하는 측량 방법으로 높은 정확도를 요구하는 대규모 지역의 측량에 이용되는 트래버스는?

① 폐합 트래버스   ② 결합 트래버스

③ 개방 트래버스   ④ 트래버스망

결합 트래버스

측량 결과 오차를 점검할 수 있고, 조정이 가능한 조건으로 높은 정확도를 요구하는 대규모 지역의 측량에 이용된다.

핵심 05

다음 중 트래버스 측량의 순서로 옳은 것은?

① 답사 – 선점 – 조표 – 계산 및 제도 – 거리 및 각의 측정

② 답사 – 거리 및 각의 측정 – 선점 – 조표 – 계산 및 제도

③ 답사 – 거리 및 각의 측정 – 계산 및 제도 – 선점 – 조표

④ 답사 – 선점 – 조표 – 거리 및 각의 측정 – 계산 및 제도

해설

트래버스의 측량 순서

답사 → 선점 → 조표 → 관측 → 방위각 측정 → 계산 및 제도 순으로 한다.

핵심 06

다음 중 다각측량의 장점에 대한 설명으로 틀린 것은?

① 양 방향 시준하므로 선점이 용이하고 후속작업이 편리하다.

② 오측하였을 때 재측하기 쉽다.

③ 세부측량의 기준점으로 적합하다.

④ 측점수가 많을 때 오차 누적이 심해진다.

해설

오차 누적이 많다는 것은 장점이 아니라 단점이다.

07 다음 중 다각측량에 관한 설명 중 옳지 않은 것은?

① 다각측량은 주로 각과 거리를 측정하여 점의 위치를 정한다.
② 다각측량으로 구한 위치는 근거리이므로 삼각측량에서 구한 위치보다 정밀도가 높다.
③ 선로와 같이 좁고 긴 곳의 측량에 편리하다.
④ 복잡한 시가지나 지형의 기복이 심하여 시준이 어려운 지역의 측량에 적합하다.

[해설]

정밀도의 비교
삼각측량 > 다각측량 > 세부측량의 순서이다.

08 다음 중 다각측량의 필요성에 대한 사항 중 적당하지 않은 것은?

① 면적을 정확히 파악하고자 할때 경계측량 등에 이용된다.
② 지형의 기복이 심해 시준이 어려운 지역의 측량에 적합하다.
③ 좁은 지역에 세부측량의 기준이 되는 점을 추가 설치할 경우에 편리하다.
④ 정확도가 우수하여 국가 기본삼각점 설치시에 널리 이용되고 있다.

[해설]

다각측량의 특성
(1) 복잡한 시가지나 지형의 기복이 심하여 시준이 어려운 지역의 측량에 적합하다.
(2) 도로, 수로, 철도와 같이 폭이 좁고 긴 지역의 측량에 편리하다.
(3) 거리와 각을 관측하여 도식해법에 의하여 모든 점의 위치결정에 편리하다.
(4) 좁은 지역의 세부측량의 기준이 되는 점을 추가 설치할 경우에 편리하다.
(5) 면적을 정확히 파악하기 위한 경계측량에 편리하다.

2 트래버스의 각 관측

트래버스의 각 관측이란 트래버스의 기준점 사이의 수평각을 관측하는 것으로 측각오차가 허용범위 이내에 있어야 된다.

※ 공무원 시험에 중요한 단원이므로 다음 항을 잘 이해해야 한다.
　① 폐합트래버스의 측각오차
　② 결합트래버스의 측각오차
　③ 측각오차의 허용범위

1. 각 관측값의 오차

(1) 폐합 트래버스

내각 측정시의 측각 오차 ($\Delta\alpha$)

n개의 측점을 가진 다각형은 $(n-2)$개의 삼각형이 생기므로
$$\Delta\alpha = 180°(n-2) - [\alpha]$$

외각 측정시의 측각 오차 ($\Delta\alpha$)

외각의 합은 측점수 $\times 360°$에서 내각을 뺀 값이므로
외각의 합은 $360° \times n - 180°(n-2) = 180°(n+2)$
$$\Delta\alpha = 180°(n+2) - [\alpha]$$

편각 측정시의 측각 오차 ($\Delta\alpha$)

편각은 외각에서 $180°$을 뺀 값이므로 편각의 합은 $180°(n+2) - 180° \times n = 360°$
$$\therefore \ \Delta\alpha = 360° - [\alpha]$$
　여기서, $[\alpha] = \alpha_1 + \alpha_2 + \alpha_3 + \cdots + \alpha_n$

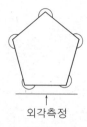

내각측정　　　　외각측정　　　　편각측정

폐합트래버스 측각방법

핵심 KEY

● **수평각의 관측방법**

① 단측법   ② 배각법(반복법)

③ 방향각법   ④ 각관측법

● **폐합 트래버스의 측각오차**

① 내각 측정시

$$\Delta\alpha = 180°(n-2) - [\alpha]$$

② 외각 측정시

$$\Delta\alpha = 180°(n+2) - [\alpha]$$

③ 편각 측정시

$$\Delta\alpha = 360° - [\alpha]$$

(2) 결합 트래버스

결합 트래버스의 형태는 북쪽(N)과 삼각점의 위치관계에 따라 다음 (a), (b), (c), (d)의 네 가지로 구분된다.

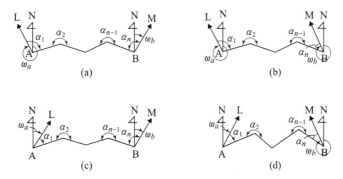

결합 트래버스의 형태

(a)의 경우	$\Delta\alpha = w_a + [\alpha] - 180(n+1) - w_b$
(b), (c)의 경우	$\Delta\alpha = w_a + [\alpha] - 180(n-1) - w_b$
(d)의 경우	$\Delta\alpha = w_a + [\alpha] - 180(n-3) - w_b$

여기서 L, M : 기지점(삼각점), w_a, w_b : A, B점의 방위각, N : 자북 또는 진북

> ◉ 이 공식은 양팔을 들어서 (북쪽 기준)
>
>   (a) 양팔을 벌린 경우 : 각이 크다. ⇒ $180° (n + 1)$
>   (b), (c) 한 팔은 밖으로, 다른 팔은 안으로 벌린 경우(자동차의 와이퍼 움직임과 동일) : 각의 크기는 중간 ⇒ $180° (n - 1)$
>   (d) 양팔을 오므린 경우 : 각이 가장 작다. ⇒ $180° (n - 3)$

2. 측각오차의 허용범위와 조정

(1) 측각오차의 허용범위

허용범위 이내면 등배분하고, 범위를 벗어나면 재측한다.

① 산림지 및 복잡한 경사지 : $1.5\sqrt{n}$ (분)

② 평지 : $0.5\sqrt{n} \sim 1.0\sqrt{n}$ (분) ($= 30''\sqrt{n} \sim 60''\sqrt{n}$)

③ 시가지 및 중요지 : $20\sqrt{n} \sim 30\sqrt{n}$ (초)

(2) 측각오차의 조정

트래버스 측량의 결과 발생한 측각오차의 조정은 다음과 같다.

① 각관측의 정도가 같은 경우는 동일하게 조정한다.

② 각관측의 경중률이 다를 경우는 그 오차를 경중률에 반비례하게 조정한다.

③ 변의 길이에 반비례하여 배분한다.

> ◉ 결합트래버스의 측각오차
>
> $\Delta \alpha = w_a + [\alpha] - 180°(n \pm x) - w_b$로 표시된다.
>   여기서, w_a : $\overline{AL}$의 방위각, w_b : $\overline{BM}$의 방위각
>
> ◉ 측각오차의 조정량
>
> $\Delta \alpha_i = -\dfrac{\Delta \alpha}{n}$

핵심 01

폐합 트래버스 측량에서 편각을 측정했을 때 측각오차의 식은? (단, n : 변수, α : 측정교각의 합)

① $180°(n+2)-\alpha$ ② $180°(n-2)-\alpha$

③ $90°(n+4)-\alpha$ ④ $360°-\alpha$

해설

폐합 트래버스의 편각의 합은 무조건 $360°$ 이다.

$\therefore \Delta\alpha = 360 - \alpha$

편각은 전 측선의 연장선과 다음 측선이 이루는 각을 말한다.

핵심 02

다음 중 관측점 8점인 폐합트래버스의 외각의 합은 몇 도인가?

① $1,620°$ ② $1,800°$

③ $3,600°$ ④ $3,780°$

해설

외각의 합 = 측점수 $\times 360°$ - 내각의 합 = $360° \times n - 180°(n-2) = 180°(n+2)$

$\therefore 180°(8+2) = 1,800°$

핵심 03

다음 트래버스 측량 결과 AB측선의 방위각이 $19°40'20''$, CD 측선의 방위각이 $310°30'00''$, 교각의 총합이 $650°50'00''$일 때 각 관측오차는?

① $+10''$

② $-12''$

③ $+18''$

④ $+20''$

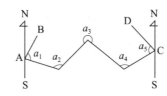

해설

$W = W_a + [\alpha] - 180(n-3) - W_b$

$\quad = 19°40'20'' + 650°50'00'' - 180°(5-3) - 310°30'00''$

$\quad = +20''$

핵심 04

시가지에서 25변형 트래버스 측량을 실시하여 측각오차가 $2'50''$ 발생하였다. 어떻게 처리해야 하는가?

① 각의 크기에 따라 배분한다.
② 오차가 허용오차 이상이므로 재측해야 한다.
③ 변의 길이에 비례하여 배분한다.
④ 변의 길이에 역비례하여 배분한다.

해설

시가지에서 허용오차는 $E_\epsilon = 20'' \sqrt{n} \sim 30'' \sqrt{n} = 100'' \sim 150'' = 1'40'' \sim 2'30''$

∴ 오차가 허용오차를 초과했으므로 재측해야 한다.

핵심 05

다음 중 폐합 트래버스에서 편각을 측정하였을 때의 측각 오차를 구하는 식은? (단, n은 변수이고 $[a]$는 편각의 합)

① $\Delta a = 180°(n-2) - [a]$
② $\Delta a = 180°(n+2) - [a]$
③ $\Delta a = 360° - [a]$
④ $\Delta a = 180°(n+2) + [a]$

해설

① 내각의 오차, ② 외각의 오차, ③ 편각의 오차

핵심 06

다음 중 트래버스 측량에서 측점 수가 9개인 임야지에서의 허용 오차가 30초일 때 측량의 전체 허용 오차는?

① ±30초   ② ±60초
③ ±90초   ④ ±120초

해설

$\pm 30 \sqrt{n} = \pm 30 \sqrt{9} = \pm 90$초

트래버스 측량 시 방위각은 무엇을 기준으로 하여 시계 방향으로 측정된 각인가?

① 도북선   ② 진북 자오선

③ 앞 측선   ④ 후 측선

해설

방위각

진북을 기준으로 어느 측선까지 오른쪽 방향으로 잰 각이다.

그림과 같은 결합 트래버스에서 측각의 합이 $846°20'55''$일 때 측점 2의 조정량은 얼마인가?

측점	측각	평균 방위각
A	68° 26′ 50″	$\alpha_A = 325°\ 10'\ 00''$
1	.	
2	.	
3	.	
B	118° 30′ 10″	$\alpha_B = 91°\ 30'\ 40''$
계	846° 20′ 55″	

① $-2''$

② $-3''$

③ $-5''$

④ $-15''$

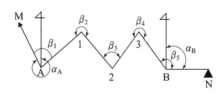

해설

양 팔을 벌린 트래버스의 가장 큰 각 $180(n+1)$

$\Delta\alpha = \alpha_A - \alpha_B + [\alpha] - 180°(n+1)$

$\quad = 325°10'00'' - 91°30'40'' + 846°20'55'' - 180°(5+1)$

$\quad = 15''$

$\therefore$ 조정량 $= \dfrac{-\Delta\alpha}{n} = \dfrac{-15''}{5} = -3''$

핵심 09

평탄한 지역에서 9개 측선으로 구성된 다각측량을 하여 2′의 측각오차가 발생되었다. 이 오차의 처리는 어떻게 하는 것이 좋은가?

① 허용오차 보다 크므로 재측량한다.

② 각 측선에 비례로 배분한다.

③ 각 측선에 역비례배분한다.

④ 각 각에 등분배한다.

[해설]

평탄지의 측각오차의 허용범위

$60'' \sqrt{n} = 60'' \sqrt{9} = 180'' = 3'$

∴ 측각오차가 허용범위 안에 있으므로 등분배한다.

핵심 10

그림과 같이 삼각점 A, B를 연결하는 결합트래버스 측량을 하여 다음 결과를 얻었다. 측각오차를 구하면?

(단, T_A=33°20′10″, T_B=33°30′10″, $[\beta]$=900°10′30″이다.)

① $-10''$

② $+10''$

③ $-30''$

④ $+30''$

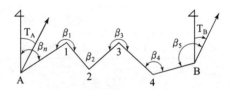

[해설]

한 팔은 오므리고 나머지 한 팔을 벌렸으므로 $(n-1)$를 적용하면 된다.

∴ $\triangle \alpha = T_A - T_B + [\beta] - 180(n-1)$

$= 33°20'10'' - 33°30'10'' + 900°10'30'' - 180(6-1)$

$= +30''$

③ 트래버스 계산

트래버스의 계산순서는 각관측 오차의 조정 → 방위각, 방위의 계산 → 경위거 계산 → 경·위거의 조정 → 합경위거 → 배횡거 → 배면적의 계산순으로 진행된다.

※ 공무원 시험에 중요한 단원이므로 다음 항을 잘 이해해야 한다.
① 방위각과 방위의 계산
② 경·위거의 계산
③ 좌표를 사용한 계산

1. 방위각 계산

(1) 방위각	자북 또는 진북(자오선)을 기준으로 시계방향으로 그 측선에 이르는 각을 말한다.
(2) 교각 측정시	시계방향(우측)으로 계산 : 전 측선의 방위각 +180° − 그 측점의 교각
	반시계방향(좌측)으로 계산 : 전 측선의 방위각 −180° + 그 측점의 교각
(3) 편각 측정시	① 시계방향 : 전 측선의 방위각 +편각
	② 반시계방향 : 전 측선의 방위각 −편각
(4) 계산한 방위각	(−) 값이면 (+) 360°, 360°가 넘으면 (−) 360°를 한다.
(5) 역 방위각	해당 측선의 방위각 +180°
	ex) $\overline{AB}$ 측선의 방위각 = $\overline{BA}$ 측선의 방위각 +180°

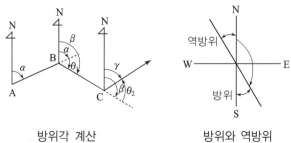

방위각 계산	방위와 역방위

핵심 KEY

◉ **방위각 계산**

다각형에서 북쪽을 기준으로 그 측선에 이르는 각을 계산하면 된다.
그 방법은 전측선의 방위각에서 180°를 더하거나 빼주고 그 측점의 교각
이나 편각을 더하거나 빼주어서 그 측선에 이르도록 하면 된다.

Tip 쉽게 외우는 방법 → 좌뿔우마 → 좌(+) 우(−)

◉ **방향각**

기준선(도북)을 기준으로 하는 그 측선에 이르는 우회각

◉ **편각과 방위각**

계산식이 생각이 나지 않으면 각을 편각으로 수정하여 계산하면 쉽다.
방위각 = 전측선의 방위각 ± 편각

2. 방위 계산

방위란 NS축을 중심으로 좌(W), 우(E)로 90°까지의 각을 말하며 경·위거의 계산 시
편리하게 사용된다.

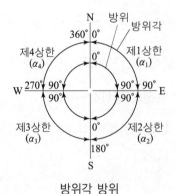

방위각 방위

방위각과 방위

상한	방위각(α)	방위
제1상한	$0° \sim 90°$	$N\alpha_1 E$
제2상한	$90° \sim 180°$	$S(180 - \alpha_2)E$
제3상한	$180° \sim 270°$	$S(\alpha_3 - 180°)W$
제4상한	$270° \sim 360°$	$N(360° - \alpha_4)W$

3. 위거 및 경거의 계산

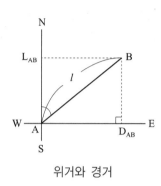

위거와 경거

(1) 위거(Latitude)

어떤 측선이 NS축에 투영된 길이를 말하는데 수평축(EW선)을 기준으로 위쪽(N)은 (+), 아래쪽 (S)은 (−) 값을 갖는다.

$$\text{위거}(L) = \text{측선의 길이}(l) \times \cos\alpha$$

여기서, α : 방위각

(2) 경거(Departure)

어떤 측선이 EW축에 투영된 길이를 말하며 진북(NS)를 기준으로 좌측(W)은 (−), 우측(E)은 (+) 값을 갖는다.

$$\text{경거}(D) = \text{측선의 길이}(l) \times \sin\alpha$$

(3) 좌표를 사용한 계산

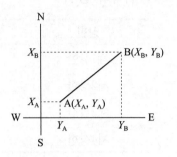

① $\overline{AB}$의 거리$= \sqrt{(X_B - X_A)^2 + (Y_B - Y_A)^2}$

② $\overline{AB}$의 방위 $\qquad \theta = \tan^{-1}\left(\dfrac{Y_B - Y_A}{X_B - X_A}\right)$

③ $\overline{BA}$의 방위각$= \overline{AB}$의 역 방위각 $= \theta + 180°$

4. 합위거와 합경거

① 합위거 : 원점에서 그 점까지 각 측선의 위거의 합
② 합경거 : 원점에서 그 점까지 각 측선의 경거의 합
③ 합위거와 합경거는 그 측점의 좌표가 되므로 도면을 그릴 때 사용된다.

KEY

◉ **트래버스의 계산 과정**

측각오차의 조정 → 방위각 계산 → 방위 계산 → 경·위거 계산 →
경·위거 조정 → 합위거와 합경거 → 배횡거 계산 → 배면적 →
면적 계산 → 폐합비 계산

핵심 01

다음 중 어떤 측선의 진행 방향 오른쪽 교각을 측정했을 때 방위각은?

① 전 측선의 방위각+180°−그 측점의 교각

② 전 측선의 방위각×180°+그 측점의 교각

③ 전 측선의 방위각×180°−그 측점의 교각

④ 전 측선의 방위각−180°+그 측점의 교각

[해설]

어떤 측선의 방위각 = 전 측선의 방위각 + 180° −교각

(진행 방향의 우측 교각 −, 좌측 교각 +)

쉽게 외우는 방법→좌뿔우마→ 좌(+) 우(−)

핵심 02

그림과 같은 폐합 트래버스에서 AB 측선의 방위각이 70° 일 때 DA 측선의 방위는?

① S 20°E

② S 30°E

③ N 20°W

④ N 30°W

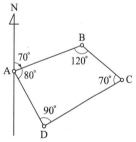

[해설]

AD측선의 방위각=70° +80° =150°

DA측선의 방위각=AD측선의 방위각+180°

　　　　　　　=150° +180° =330°

DA측선의 방위=360° −330° =30° =N 30 E

핵심 03

다음 중 방위각 275°에 대한 측선의 방위는?

① S 85° W ② E 85° W

③ N 85° W ④ E 85° N

해설

4상한이므로
$360° - 275° = $ N 85° W

핵심 04

그림과 같은 트래버스 측량 결과에서 측선 CD의 방위각은?

① 45°

② 65°

③ 85°

④ 95°

해설

AB 측선의 방위각 $= 45°$
BC 측선의 방위각 $= 45° + 180° - 80° = 145°$
CD 측선의 방위각 $= 145° - 180° + 100° = 65°$

핵심 05

트래버스 측선의 길이가 100m이고 경거의 부호가 (−), 위거의 값이 −50m일 때 이 측선의 방위각은?

① 185° ② 240°

③ 60° ④ 210°

해설

$50 = l \cdot \cos\theta$

$\theta = \cos^{-1}\dfrac{50}{l} = 60°$

∴ 위거와 경거가 (−)이므로 3상한이다. 방위각 $= 60 + 180 = 240°$

06

그림과 같은 트래버스 측량을 실시하였을 때, 각 오차는? (단, $a_1 \sim a_6$의 총합은 $980°00'30''$이다)

① $-10''$

② $+10''$

③ $-20''$

④ $+20''$

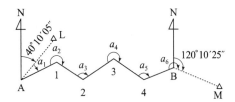

해설

$$\omega_A + \sum \alpha - \omega_B - 180(n-1) = 40°10'05'' + 980°00'30'' - 120°10'25'' - 180(6-1) = +10''$$

07

다음 그림과 같이 트래버스 측량을 하였다. 측선 BC의 방위각은?

① $60°10'$

② $70°20'$

③ $109°40'$

④ $180°50'$

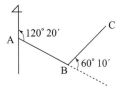

해설

AB 측선의 방위각 : $120°20'$

BC 측선의 방위각 : $120°20' - 60°10 = 60°10'$

08

P점의 좌표 $X_P = +100$m, $Y_P = -100$m이고, Q점의 좌표 $X_Q = +200$m, $Y_Q = +200$m일 때 PQ의 거리는?

① $50\sqrt{10}$ m

② $100\sqrt{10}$ m

③ $100\sqrt{5}$ m

④ $100\sqrt{5}$ m

해설

$$\overline{PQ} = \sqrt{(X_Q - X_P)^2 + (Y_Q - Y_P)^2} = \sqrt{(200-100)^2 + (200+100)^2} = 100\sqrt{10} \text{ m}$$

핵심 09

다음 그림에서 측선 BC의 방위는 얼마인가?

① S 60° E

② N 60° E

③ S 60° W

④ N 60° W

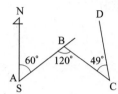

해설

(1) $\overline{BC}$의 방위각 $= 60° + 180° - 120° = 120°$

(2) $\overline{BC}$의 방위 : 2상한이므로 $S(180° - \alpha)E = S\ 60°\ E$

핵심 10

그림과 같은 트래버스에서 B점의 X좌표를 구하여 측선 BC의 거리를 계산한 값은? (단, 좌표의 단위는 m이고, $\sqrt{2}$ 는 1.4로 한다)

① 65m

② 70m

③ 75m

④ 80m

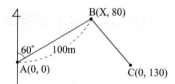

해설

B점의 합위거를 구하면

$X = 100 \times \cos 60° = 100 \times 0.5 = 50\text{m}$

$\therefore\ \overline{BC} = \sqrt{(0-50)^2 + (130-80)^2}$

$\qquad = \sqrt{50^2 + 50^2} = 50\sqrt{2} = 70\text{m}$

핵심 11

A, B 두 점의 좌표가 주어졌을 때 AB의 방위를 구하는 식은?

① $\theta = \tan^{-1} \dfrac{Y_B - Y_A}{X_B - X_A}$

② $\theta = \tan^{-1} \dfrac{Y_B + Y_A}{X_B + X_A}$

③ $\theta = \tan^{-1} \dfrac{Y_B - Y_A}{X_B + X_A}$

④ $\theta = \tan^{-1} \dfrac{Y_B + Y_A}{X_B - X_A}$

해설

$\theta = \tan^{-1} \dfrac{Y_B - Y_A}{X_B - X_A}$

핵심 12

그림과 같은 폐합 트래버스의 교각을 측량한 경우, 측선 DC의 방위는? (단, $\overline{AD}$ 측선의 방위각은 45°30'이다)

① N15° 20' E

② N44° 30' W

③ S45° 30' W

④ S74° 40' E

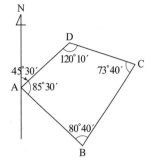

해설

AB측선의 방위각=45° 30′

DC측선의 방위각=45° 30′ +180−120° 10′ =105° 20′

방위각이 2상한에 있으므로

180° −105° 20′ = S74° 40′ E

핵심 13

다음 트래버어스 측량 결과 AM측선의 방위각이 289°40′20″, BN 측선의 방위각이 49°29′40″, 교각의 총합이 839°49′00″일 때 각 관측오차는?

① +10″

② −12″

③ +18″

④ −20″

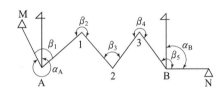

해설

$\left(W_a + \sum a - 180(n+1) - W_b\right)$

289° 40′20″ + 839° 49′00″ −(180×6) − 49° 29′40″ = −20″

핵심 14

다음 중 방위각과 측선 거리가 그림과 같을 때 측선 AB의 경거 값은?

① 5m

② 10m

③ 15m

④ 20m

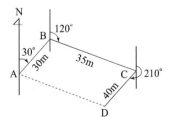

해설

경거 =거리× $\sin\theta = 30 \times \sin 30 = 15m$

핵심 15

다음 중 트래버스 측량시 방위각은 무엇을 기준으로 하여 시계 방향으로 측정된 각인가?

① 도북선   ② 진북 자오선

③ 앞 측선   ④ 후 측선

해설

방위각
진북을 자오선으로 하여 어느 측선까지 오른쪽 방향으로 잰 각이다.

핵심 16

그림과 같은 트래버스에서 측선 $\overline{BC}$의 위거[m]와 경거[m]는? (단, 측선 $\overline{BC}$의 거리는 10 m이며, $\sqrt{3}=1.7$로 한다)

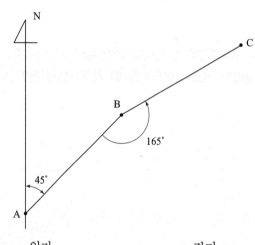

	위거	경거
①	5	8.5
②	5	-8.5
③	8.5	5
④	8.5	-5

해설

선분 BC 의 방위각 : $45\,^{\circ}+180\,^{\circ}-165\,^{\circ}=60\,^{\circ}$

선분 BC 의 위거 $=10\cos 60\,^{\circ}=10\times\dfrac{1}{2}=5$

선분 BC 의 경거 $=10\sin 60\,^{\circ}=10\times\dfrac{\sqrt{3}}{2}=8.5$

핵심 17

다음 중 평탄한 지역에서 9개 측선으로 구성된 다각측량을 하여 3′의 측각오차가 발생되었다. 이 오차의 처리는 어떻게 하는 것이 좋은가?

① 허용오차보다 크므로 재측량한다.

② 각 측선에 비례로 배분한다.

③ 각 측선에 역비례배분한다.

④ 각각에 등분배한다.

해설

평탄지의 측각오차의 허용범위

$60'' \sqrt{n} = 60'' \sqrt{9} = 180'' = 3'$

∴ 측각오차가 허용범위 안에 있으므로 등분배한다.

핵심 18

그림과 같은 결합 트래버스에서 측각의 합이 846°20′55″일 때 측점 2의 조정량은 얼마인가?

측점	측각	평균 방위각
A	68° 26′ 50″	$\alpha_A = 325° 10′ 00″$
1	·	
2	·	
3	·	
B	118° 30′ 10″	$\alpha_B = 91° 30′ 40″$
계	846° 20′ 55″	

① $-2''$

② $-3''$

③ $-5''$

④ $-15''$

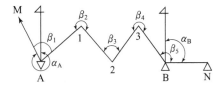

해설

두 팔을 벌렸으므로 가장 큰 각

$\triangle\alpha = \alpha_A - \alpha_B + [\alpha] - 180°(n+1)$

$= 325°10′00″ - 91°30′40″ + 846°20′55″ - 180°(5+1) = 15''$

∴ 조정량 $= \dfrac{-\triangle\alpha}{n} = \dfrac{-15''}{5} = -3''$

핵심 19

측점 A, B, C, D, E에서 각의 크기가 그림과 같을 때, 측선 DE의 방위각은?
(단, a = 131°, b = 54°, c = 65°, d = 97°이다)

① 167°

② 267°

③ 327°

④ 347°

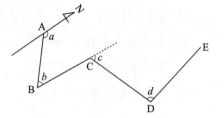

해설

$\overline{DE}$ 방위각 $= 131° + 180 + 51° + 65° + 180 + 97°$

$\qquad = 707° - 360° = 347°$

4 트래버스의 조정 및 면적계산

경·위거의 오차를 조정하는 방법에는 각과 거리측정의 정도에 따라 컴퍼스 법칙과 트랜싯 법칙이 있으며 면적계산은 배횡거를 사용한다. 트래버스 측량의 정밀도는 폐합비로 나타낸다.

※ 공무원 시험에 중요한 단원이므로 다음 항을 잘 이해해야 한다.
　① 폐합오차의 계산
　② 폐합오차의 조정법은 컴퍼스 법칙과 트랜싯 법칙이 있다.
　③ 배면적=배횡거×조정위거 이다.

1. 위거와 경거의 오차

(1) 폐합 트래버스

오차는 각 위거(경거)의 총합을 말한다.

$$E_L = \sum L\,i = [L]$$

$$E_D = \sum D\,i = [D]$$

$$E = \sqrt{(E_L)^2 + (E_D)^2}$$

(2) 결합 트래버스

오차는 기지점의 좌표값의 차이와 각 위거(경거)의 총합과의 차이를 말한다.

$$E_L = (X_B - X_A) - [L] \qquad\qquad E_D = (Y_B - Y_A) - [D]$$

　여기서, E_L : 위거의 오차　　　　E_D : 경거의 오차

　　　　　$[L]$: 위거의 총합　　　　$[D]$: 경거의 총합

　　　　　$A(X_A, Y_A)$, $B(X_B, Y_B)$: 기지점(삼각점)의 좌표값

2. 위거 및 경거의 조정

(1) 컴퍼스 법칙	측각의 정도와 측거의 정도가 비슷할 때 사용한다. $$e_L = \frac{E_L}{\sum l} l \qquad\qquad e_D = \frac{E_D}{\sum l} l$$ 여기서, e_L : 어느 측선의 위거 보정량 　　　　e_D : 어느 측선의 경거 보정량 　　　　l : 어느 측선의 길이
(2) 트랜싯 법칙	각 측정의 정도가 거리측정의 정도보다 높을 때 사용한다. $$e_L = \frac{E_L}{\sum \lvert L \rvert} \lvert L \rvert \qquad e_D = \frac{E_D}{\sum \lvert D \rvert} \lvert D \rvert$$

핵심 KEY

◉ **트랜싯 법칙**

각 측정의 정도 > 거리측정의 정도
일 때 사용하는 방법으로 정도가 낮은 거리를 기준으로 오차 조정을 실시
하면 전체적으로 정도가 낮아지므로 정도가 높은 각이 들어간 위, 경거를
기준으로 오차조정을 행하는 방법이다.

◉ **컴퍼스 법칙**

측각의 정도와 측거의 정도가 비슷할 때 사용한다. 거리기준으로 오차를
조정하는 방법이다.

3. 면적계산

횡거	어떤 측선의 중점으로부터 기준선(NS축)에 내린 수선의 길이
배횡거	횡거×2
배횡거 계산	① 조정경거를 사용할 때 　제 1측선의 배횡거 : 제1측선의 경거 　임의 측선의 배횡거 : 하나 앞측선의 배횡거+하나 앞측선의 경거+그 측선의 경거 ② 합경거를 사용할 때 　제1측선의 배횡거 : 제1측선의 합경거 　임의 측선의 배횡거 : 전 측선의 합경거+그 측선의 합경거

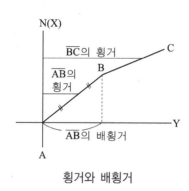

횡거와 배횡거

■ 면적의 계산

배면적(2A)	$\mid \sum (배횡거 \times 조정위거) \mid$
면적(A)	$\dfrac{\mid \sum (배횡거 \times 조정위거) \mid}{2}$

※ 계산된 배면적을 다 더한 후 절댓값을 취해 면적을 계산한다.

4. 트래버스의 제도

트래버스의 각 점은 합위거, 합경거를 좌표로 하여 도상에 전개하는데 이 방법의 장점은 다음과 같다.

① 1개점의 오차가 다른 점에 영향을 미치지 않고

② 도면배치가 쉽다. (도면의 크기를 미리 알 수 있으므로)

5. 폐합비와 폐합오차

(1) 폐합오차

$$(E) = \sqrt{(위거오차)^2 + (경거오차)^2} = \sqrt{(E_L)^2 + (E_D)^2}$$

(2) 폐합비(R)

① 트래버스 측량의 정밀도는 폐합비로 나타낸다.

② 폐합비는 폐합오차를 측선 길이의 합으로 나눈 것을 말하며 분자가 1인 분수의 형태로 나타낸다.

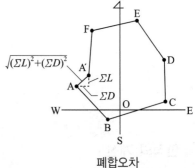

$$R = \frac{E}{\sum l} = \frac{\sqrt{E_L{}^2 + E_D{}^2}}{\sum l} = \frac{1}{m}$$

여기서, $\sum l$: 측선 길이의 합

폐합오차

(3) 폐합비의 허용범위

시가지	$\dfrac{1}{5,000} \sim \dfrac{1}{10,000}$
논, 밭, 대지 등의 평지	$\dfrac{1}{1,000} \sim \dfrac{1}{2,000}$
산림, 임야, 호소지	$\dfrac{1}{500} \sim \dfrac{1}{1,000}$
산악지	$\dfrac{1}{300} \sim \dfrac{1}{1,000}$

※ 폐합비나 정밀도, 오차 등의 허용 범위는 부동산의 가격과 관계가 깊다.

핵심 01

그림과 같은 트래버스에서 $\overline{AB}$의 직선거리는?
(단, X_A=3m, Y_A=6m, X_B=6m, Y_B=10m)

① 8.5m

② 7.5m

③ 6.0m

④ 5.0m

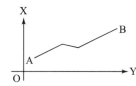

해설

$\overline{AB}$ 거리

$\sqrt{(위거의\ 총합)^2 + (경거의\ 총합)^2} = \sqrt{(6-3)^2 + (10-6)^2} = 5\text{m}$

핵심 02

트래버스 측량 결과 A점의 좌표가 X_A=50m, Y_A=100m이고, AB의 거리가 1,000m, AB의 방위각이 60°일 때 B점의 좌표는?

① $X_B = 550\,\text{m}$, $Y_B = 966\,\text{m}$

② $X_B = 966\,\text{m}$, $Y_B = 550\,\text{m}$

③ $X_B = 916\,\text{m}$, $Y_B = 600\,\text{m}$

④ $X_B = 600\,\text{m}$, $Y_B = 916\,\text{m}$

해설

$X_B = 50 + 1,000\cos 60° = 550\,\text{m}$

$Y_B = 100 + 1,000\sin 60° = 966\,\text{m}$

핵심 03

측점 A의 좌표가 (100, 50), 측선 AB의 길이가 20m, 측선 AB의 방위각이 30°일 때 측점 B의 좌표는? (단, 좌표 단위는 m이며, $\sqrt{3} = 1.7$로 한다)

① (60, 117)

② (67, 110)

③ (110, 67)

④ (117, 60)

해설

AB측선의 위거=COS30°×20=10

AB측선의 경거=SIN30°×20=17

측점 B의 좌표=(100+17,50+10)=(117,60)

핵심 04

다각측량을 하여 다음과 같은 성과표를 얻었을 때 다각형의 면적을 구한 값은? (단, 좌표 원점은 (0, 0)이다.)

측점	합위거	합경거
A	0	0
B	23.00	32.00
C	−30.00	10.00

(단위 : m)

① 465m^2

② 595m^2

③ 625m^2

④ 765m^2

해설

합위거와 합경거는 각 측점의 좌표이므로 좌표법으로 계산한다.

$$\begin{matrix} 0 & 23 & -30 & 0 \\ & \times & \times & \times \\ 0 & 32 & 10 & 0 \end{matrix}$$

$2A = 23(10) + (-30)(0-32) = 230 + 960 = 1,190 m^2$

$\therefore A = \dfrac{2A}{2} = 595 m^2$

핵심 05

트래버스 측량 결과가 다음과 같을 때 D점의 좌표로 맞는 것은?

측선	조정 위거	조정 경거	측점	합위거(X)	합경거(Y)
AB	+19.40	+30.50	A		
BC	−40.19	+12.58	B		
CD	−20.67	−40.76	C		
DA	+41.46	−20.46	D		

① X=−20.74, Y=+43.12

② X=−41.46, Y=+20.46

③ X=−19.45, Y=+30.54

④ X=−30.54, Y=+41.46

해설

X 좌표는 마지막 조정 위거의 반대 부호, Y 좌표는 마지막 조정 경거의 반대 부호

$\therefore$ D 좌표 : X=−41.46, Y=+20.46

핵심 06 다음 트래버스측량의 계산에서 AB측선에 대한 배횡거와 배면적은?

측선	위거(m)	경거(m)
AB	+110	+80
BC	−180	+100
CA	+70	−180

① 80m, 8,800m²

② 100m, 7,700m²

③ 180m, 7,700m²

④ −80m, 8,800m²

해설

먼저 각측점의 합위거, 합경거를 구한 후 배횡거를 구해서 배면적을 구하면

측선 AB의 배횡거 = +80m

배면적 = 배횡거×조정위거 = $80 \times 110 = 8,800$

핵심 07 측선의 전체 길이가 1,000 m인 폐합 트래버스 측량에서 위거 오차가 0.04 m이고, 경거 오차가 0.03 m일 때, 이 트래버스의 폐합비는?

① $\dfrac{1}{2,500}$

② $\dfrac{1}{5,000}$

③ $\dfrac{1}{10,000}$

④ $\dfrac{1}{20,000}$

해설

$$폐합비 = \frac{폐합오차}{전체길이}$$

$$폐합오차 = \sqrt{4^2 + 3^2} = \sqrt{25} = 5\,cm$$

$$\therefore 폐합오차 = \frac{0.05}{1,000} = \frac{1}{20,000}$$

핵심 08 다음은 트래버스측량에서 발생된 폐합오차를 조정하는 방법 중의 하나인 콤파스 법칙(Compass Rule)를 설명한 것이다. 옳은 것은?

① 트래버스 내각의 크기에 비례하여 배분한다.

② 트래버스 외각의 크기에 비례하여 배분한다.

③ 변장의 크기에 비례하여 배분한다.

④ 위거, 경거의 폐합오차를 각 변의 변장에 반비례하여 배분한다.

해설

폐합오차의 조정

(1) 콤파스 법칙 $\left(\dfrac{l_i}{\sum l} \times E \right)$

변의 길이(l_i)에 비례하여 배분

(2) 트랜싯 법칙

경·위거의 길이에 비례하여 배분

핵심 09 위거, 경거가 다음 표와 같을 때 CD측선에 대한 배횡거 값은?

측선	위거(m)		경거(m)	
	N(+)	S(−)	E(+)	W(−)
AB	59.0			52.0
BC		92.0		29.0
CD		54.0	101.0	
DA	87.0			20.0

① 61m

② −133m

③ +133m

④ −61m

해설

측선	배횡거	배면적
AB	−52.0	−3,068
BC	−133.0	12,236
CD	−61.0	3,294
DA	20.0	1,740
계		14,202

핵심 10

다음 중 다각 측량의 정밀도를 나타내는 방법을 가장 올바르게 적은 것은?
(단, E_L, E_D : 위, 경거의 폐합 오차, $\sum L$=측선 길이의 합)

① 정도$= \dfrac{(E_L)^2 + (E_D)^2}{\sum L}$

② 정도$= \dfrac{\sqrt{(E_L)^2 - (E_D)^2}}{\sum L}$

③ 정도$= \sqrt{\dfrac{(E_L)^2 + (E_D)^2}{\sum L}}$

④ 정도$= \dfrac{\sqrt{(E_L)^2 + (E_D)^2}}{\sum L}$

해설

$$\text{폐합비(정밀도)} = \frac{\sqrt{(\text{위거 오차의 총합})^2 + (\text{경거 오차의 총합})^2}}{\text{거리의 합}}$$

$$= \frac{\sqrt{(E_L)^2 + (E_D)^2}}{\sum L}$$

핵심 11

다각측량의 A점에서 출발하여 다시 A점으로 돌아왔을 때 위거차가 20cm, 경거차가 10cm이었다. 이때 다각측량의 전체길이가 1,000m이면 이 다각형의 정밀도는?

① $\dfrac{\sqrt{0.20^2 - 0.10^2}}{1,000}$

② $\dfrac{\sqrt{0.20^2 + 0.10^2}}{1,000}$

③ $\dfrac{\sqrt{0.20 + 0.10}}{1,000}$

④ $\dfrac{\sqrt{0.20 - 0.10}}{1,000}$

해설

다각측량의 정밀도는 폐합비(R)로 나타낸다.

$$\therefore R = \frac{E}{\sum l} = \frac{\sqrt{0.20^2 + 0.10^2}}{1,000}$$

핵심 12

트래버스 전체 길이 3,000m를 측량한 결과 그 정확도가 1/10,000이었을 때 이 트래버스 측량의 폐합 오차는 얼마인가?

① 0.3m ② 0.4m

③ 1.5m ④ 4.0m

해설

$$정도 = \frac{폐합\ 오차}{총\ 거리} 에서\ \frac{1}{10,000} = \frac{E}{3,000}$$

$$\therefore E = \frac{3,000}{10,000} = 0.3m$$

핵심 13

트래버스 측량에서 산림, 임야, 호소지에서 폐합비 허용범위는?

① $\frac{1}{500} \sim \frac{1}{1,000}$ ② $\frac{1}{300} \sim \frac{1}{1,000}$

③ $\frac{1}{1,000} \sim \frac{1}{2,000}$ ④ $\frac{1}{5,000} \sim \frac{1}{10,000}$

해설

② 산악지, ③ 논, 밭, 대지 등의 평지, ④ 시가지

정답 12 ① 13 ①

5 삼각측량의 개요

삼각측량은 기준점의 위치를 결정하는 가장 정밀한 측량방법의 하나로서 매우 중요하며 **공무원 준비를 위해서는** 삼각망의 종류, 기선 측정, 편심관측 등 삼각 측량의 전반적인 내용을 이해해야 한다.
① 삼각망의 종류와 특징
② 기선의 확대
③ 편심 관측

1. 삼각측량의 정의

각종 측량의 골격이 되는 기준점인 삼각점의 위치를 삼각법으로 결정하기 위한 측량을 말하며 높은 정밀도를 요한다.

2. 측량 순서

① 삼각측량 → 트래버스측량 → 세부측량
② 삼각측량의 순서
도상계획 → 답사 및 선점 → 조표 → 각관측 → 삼각점 전개 → 계산 및 성과표 작성

3. 삼각점 선점시 주의사항

① 삼각형은 정삼각형에 가까울수록 좋다.

② 가능한 측점수를 적게 하고 측점간 거리는 같을수록 좋다.

③ 미지점은 최소 3개, 최대 5개의 기지점에서 정, 반 양방향으로 시통이 되도록 한다.

④ 다른 삼각점과 시준이 잘되어야 한다.

4. 통합 기준점

최근 위성 측량 기술이 보편화됨에 따라 측점의 시통에 관계없이 정확하게 원하는 지점의 위치를 결정할 수 있어 기준점을 산 정상에 매설할 필요가 없게 되었다. 이런 기술의 변화로 인하여 수평 위치 성과와 높이 성과가 함께 있는 새로운 형태의 기준점을 필요로 하게 되었다.

통합 기준점(수원시청)

통합 기준점은 전국에 10km 간격으로 약 1,000여 점이 설치되어 있다.

5. 삼각측량의 원리

sine법칙에 의한다.

(1) sine법칙

① 삼각형에서 마주보는 변과 각의 비는 일정하다는 법칙

② 삼각형의 각과 변의 길이를 구하는데 편리하다.

$$\frac{a}{\sin A} = \frac{b}{\sin B} = \frac{c}{\sin C}$$

$$a = \frac{\sin A}{\sin B} \times b = \frac{\sin A}{\sin C} \times c$$

양변에 log를 취하면

$$\log a = \log \sin A + \log b - \log \sin B$$

삼각형에서 가장 큰 각인 ∠B와 마주보는 변 b의 길이가 가장 길다. 측각오차가 변장에 미치는 영향을 최소화하기 위해서는 내각이 $60°$가 되어야 이상적이다.

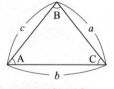

sin법칙 적용

(2) 삼각측량의 방법

⇒ 측량할 지역을 적당한 크기의 삼각망으로 설정

⇒ 각 삼각점으로부터 삼각형의 내각을 측정하고 기선을 측정

⇒ 삼각측량의 원리에 의해 각 삼각점의 변장을 계산

⇒ 그 점의 위치를 결정

6. 삼각망의 종류

삼각망 중에서 임의의 한 변의 길이는 계산의 순서에 관계없이 동일해야 한다.
각 삼각형 내각의 합은 $180°$가 되도록 한다.

① 단열 삼각망	하천, 도로, 터널측량 등 좁고 긴 지역에 적합하며 경제적이나 정도가 낮다.
② 사변형 삼각망	가장 정도가 높으나 피복면적이 작아 비경제적이므로 중요한 기선 삼각망에 사용한다.
③ 유심 삼각망	측점수에 비해 피복면적이 가장 넓고 정밀도도 좋다.

단열삼각망

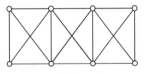

사변형삼각망

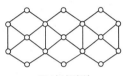

유심삼각망

핵심 KEY

◉ **삼각점 위치 결정 순서**

편심조정계산 → 삼각형계산(변, 방향각) → 좌표조정계산 → 표고계산 → 경위도
계산

◉ **삼각망의 비교**

	단 열	유 심	사변형
정도	낮다	중간	높다
피복면적	중간	넓다	좁다
사용	하천, 터널 등 좁고 긴 지역	공단, 택지조성	기선삼각망

◉ **삼각점의 평균 변 길이**

1. 1등 삼각점 : 30km
2. 2등 삼각점 : 10km
3. 3등 삼각점 : 5km
4. 4등 삼각점 : 2.5km

7. 기선측정

(1) 기선삼각망

기선 삼각망은 사변형 삼각망을 이용한다.

① 기선 설치위치는 평탄한 곳으로 경사는 1/25 이하일 것.

② 검기선은 기선 길이의 20배 정도의 간격으로 설치한다.

(2) 기선확대

기선 측정은 매우 힘들고 어려운 작업이므로 확대하여 사용하는데 너무 확대하면 정밀도에 영향을 미치므로 다음과 같이 제한한다.

① 1회에 3배 이내
② 2회에 8배 이내
③ 3회에 10배 이내

즉, 최대 3회, 10배 이내까지 확대하여 사용한다.

8. 수평각 관측

삼각측량의 수평각 관측은 주로 각 관측법을 사용하고 소규모 지역의 측량일 경우 배각법이나 방향각법도 가능하다.

9. 편심관측

삼각측량에서 수평각 관측은 삼각점에 기계를 세워 다른 삼각점을 시준해서 실시하나 부득이 하게 삼각점에 기계를 세우지 못하거나, 삼각점을 시준하지 못할 때 편심 시켜 관측해서 정확한 값을 계산해내는 방법으로 C점에 기계를 세우지 못하고 B점에 기계를 세운 경우 다음과 같이 측량한다.

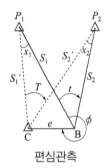

편심관측

$\triangle P_1 CB$에서 sin법칙

$$\frac{e}{\sin x_1} = \frac{S_1{}'}{\sin(360-\phi)}$$

$$\therefore x_1 = \frac{e}{S_1{}'}\sin(360-\phi)\rho''$$

$\triangle P_2 CB$에서 sin법칙

$$\frac{e}{\sin x_2} = \frac{S_2{}'}{\sin(360-\phi+t)}$$

$$\therefore x_2 = \frac{e}{S_2{}'}\sin(360-\phi+t)\rho''$$

$$\therefore T + x_1 = t + x_2$$

$$T = t + x_2 - x_1$$

핵심 01

삼각형의 각을 각각 A, B, C로 하고 그 대응변을 각각 a, b, c로 할 때 삼각측량 원리인 sin법칙으로 옳은 것은?

① $\dfrac{a}{\sin A} - \dfrac{b}{\sin B} - \dfrac{c}{\sin C} = 0$

② $\dfrac{a}{\sin A} \times \dfrac{b}{\sin B} \times \dfrac{c}{\sin C} = 1$

③ $\dfrac{a}{\sin A} = \dfrac{b}{\sin B} = \dfrac{c}{\sin C}$

④ $\dfrac{A}{\sin A} - \dfrac{B}{\sin b} - \dfrac{C}{\sin c}$

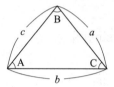

해설

삼각측량의 원리
삼각형에서 마주보는 각과 변의 길이의 비는 일정하다

핵심 02

우리나라 통합 기준점에 대한 설명으로 옳은 것은?

① 전국에 50km×50km 간격으로 약 100개 정도가 설치되어 있다.

② 수평 위치 성과만 존재한다.

③ 표고(수직 위치) 성과와 중력 성과만 존재한다.

④ 위성 측량 기술이 보편화됨에 따라 산 정상이 아닌 평지에 설치하였다.

해설

통합기준점의 최종적인 위치는 경위도 및 표고 등으로 표시하며(「통합기준점 측량 작업규정」 제3조), 통합기준점의 번호는 다섯 자리(알파벳과 아라비아숫자)로 구성되며 북 → 남, 서 → 동의 순서로 번호를 부여하며 맨 앞자리에 알파벳 U로 표기한다(「통합기준점 측량 작업규정」 제4조). 한편, 통합기준점은 기존의 획일화된 기준점 표석과는 달리 형상을 1.5m×1.5m 크기로 하여 위성영상과 항공사진 등에서 식별이 가능하도록 하였다(「공간정보구축 및 관리 등에 관한 법률 시행규칙」 제3조 제1항). 2008~2013년 현재, 전국에 5~10km 간격으로 3,650점을 설치하였다. 특히 위성기술의 발달로 산 정상이 아닌 평지에 설치하였다.

핵심 03

기선 b를 이용하여 다음과 같은 측정치를 가지고 변장 d를 구하는 공식으로 옳은 것은?

① $\dfrac{b \cdot \sin A \cdot \sin D}{\sin B \cdot \sin E}$

② $\dfrac{b \cdot \sin A \cdot \sin B}{\sin F \cdot \sin B}$

③ $\dfrac{b \cdot \sin A \cdot \sin B}{\sin A \cdot \sin B}$

④ $\dfrac{b \cdot \sin A \cdot \sin B}{\sin D \cdot \sin B}$

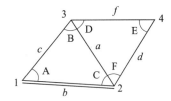

해설

sin법칙을 이용하면 $\dfrac{a}{\sin A} = \dfrac{b}{\sin B}$, $\dfrac{a}{\sin E} = \dfrac{d}{\sin D}$

$a = \dfrac{b \cdot \sin A}{\sin B}$에서

$\therefore d = \dfrac{\sin D \cdot a}{\sin E} = \dfrac{b \cdot \sin A \cdot \sin D}{\sin B \cdot \sin E}$

핵심 04

다음 중 기선 측량에서 표준 온도와 표준 장력이 바르게 표시된 것은?

① 10℃, 10kg ② 10℃, 15kg

③ 15℃, 10kg ④ 15℃, 15kg

해설

표준 온도 : 15℃
표준 장력 : 10kg

핵심 05

다음 삼각망에서 기선 AC=40m일 때 BC 측선의 변장은? (단, ∠A=30°, ∠B=90°, ∠C=60°)

① 19.30m

② 20.00m

③ 30.59m

④ 64.53m

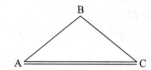

해설

$\dfrac{BC}{\sin \angle A} = \dfrac{AC}{\sin \angle B}$ 에서 $BC = \dfrac{\sin \angle A}{\sin \angle B} \times AC$

$\therefore BC = \dfrac{\sin 30°}{\sin 90°} \times 40 = 20\text{m}$

핵심 06

우리나라의 통합 기준점에 대한 설명으로 옳지 않은 것은?

① 각을 측량하기 위해 대부분 산 정상에 매설되어 있다.

② 우리나라 1번 통합 기준점은 경기도 수원에 위치해 있다.

③ 국토지리정보원 홈페이지에서 성과를 발급받을 수 있다.

④ 수평 위치 성과, 높이 성과 및 중력 성과가 하나의 기준점에 존재한다.

해설

GPS측량의 발달로 우리나라 기준점은 시야확보의 문제점에서 벗어나게 되었다. 그러므로 산 정상에 기준점을 매설할 필요 없이 평지에 통합기준점을 매설하여 활용하고 있다.

핵심 07

삼각측량에서 시간과 경비가 많이 소요되나 가장 정밀한 측량성과를 얻을 수 있는 삼각망은?

① 유심망

② 단삼각형

③ 단열삼각망

④ 사변형망

해설

삼각망의 정도

사변형망 > 유심 삼각망 > 단열 삼각망 > 단삼각망

핵심 08 다음 삼각망의 조정에 대한 설명으로 옳지 않은 것은?

① 한 측점에서 여러 방향의 협각을 관측했을 때 여러 각 사이의 관계를 표시하는 조건을 측점 조건이라 한다.

② 삼각형의 내각의 합은 180°라는 각 조건은 도형 조건이다.(각조건)

③ 삼각형 중의 한 변의 길이는 계산 순서에 따라 일정하지 않다.(변조건)

④ 한 측점의 둘레에 있는 모든 각의 합은 360°이다. (점조건)

[해설]

삼각망의 조건

(1) 한 측점에서 측정한 여러 각의 합은 그 전체를 한 각으로 관측한 각과 같다.

(2) 한 측점의 둘레에 있는 모든 각을 합한 것은 360°이다.

(3) 각 조건 : 삼각형 내각의 합은 180°이다.

(4) 변 조건 : 삼각망 중의 한 변의 길이는 계산 순서에 관계없이 일정하다.

핵심 09 삼각측량 성과표에 기록된 내용이 아닌 것은?

① 천문경위도　　　　② 삼각점의 등급 및 명칭

③ 평면직각좌표 및 표고　　④ 진북방향각

[해설]

삼각 및 수준측량의 성과표 내용

(1) 삼각점의 등급, 부호 및 명칭　　(2) 측점 및 시준점

(3) 방위각　　　　　　　　　　　(4) 진북방향각

(5) 평면직각좌표　　　　　　　　(6) 측지경도, 위도

(7) 삼각점의 표고

핵심 10 「공간정보의 구축 및 관리 등에 관한 법률 시행령」상의 측량기준점 중에서 국가기준점에 해당하는 것은?

① 통합기준점　　　　② 공공삼각점

③ 지적도근점　　　　④ 공공수준점

[해설]

최근 위성측량 기술이 보편화됨에 따라 측량 시통에 관계없이 정확하게 원하는 지점의 위치를 결정할 수 있어 산 정상에 매설 할 필요가 없이 어느 위치에도 설치 할 수 있다. 이러한 국가 기준점은 전국에 10km 간격으로 약 1,000여 점이 설치되어 있다.

핵심 11 다음 중 일등삼각측량에서 각관측에 대한 설명으로 옳은 것은?

① 수평각만 관측 ② 수평각과 연직각을 관측

③ 수평각과 고저를 관측 ④ 연직각만 관측

[해설]

삼각점은 X, Y, Z의 좌표가 기록되어 있으므로 수평각과 연직각이 필요하다.

핵심 12 다음 그림에 있어서 $\theta=30°00'00''$, S=1,000m(평면거리)일 때 C점의 X좌표는? (단, AB의 방위각은 $90°00'00''$, A점의 X좌표는 1,200m)

① 333.97m

② 500.00m

③ 700.00m

④ 866.03m

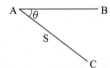

[해설]

$X_c = X_A + S \cdot \cos \alpha$

여기서, 방위각 $\alpha = 90°00'00'' + 30°00'00'' = 120°00'00''$

$\therefore X_c = 1,200 + 1,000 \times \cos 120° = 700\text{m}$

핵심 13 삼각측량에 대한 설명으로 옳지 않은 것은?

① 삼각측량은 '계획 및 준비 – 답사 및 선점 – 표지 설치 – 관측 – 계산 및 정리' 순으로 진행된다.

② 삼각형은 정삼각형에 가깝도록 하는 것이 이상적이다.

③ 삼각망의 조정 계산은 점 조건, 변 조건, 각 조건으로 구분된다.

④ 사변형 삼각망은 조건식의 수가 적어 정확도가 가장 낮다.

[해설]

사변형 삼각망의 조건식의 수가 가장 많아 정확도가 가장 좋고, 단열삼각망은 조건식의 수가 가장 적어 정확도가 가장 낮다.

핵심 14 **삼각 측량에서 두 점간의 길이에 관한 설명 중 가장 옳은 것은?**

① 두 점간의 실제적인 최단거리

② 두 점을 기준면상에 투영한 최단거리

③ 두 점간의 곡률을 고려한 최단거리

④ 두 점의 기차와 구차를 고려한 최단거리

[해설]

길이란 두 점을 기준면상에 투영한 최단거리를 말한다.

핵심 15 **기선 측정은 매우 힘들고 어려운 작업이므로 확대하여 사용하는데 최대 몇 회, 1회에 몇 배 이내 확대하는가?**

① 최대 3회, 1회 3배 이내

② 최대 5회, 1회에 8배 이내

③ 최대 7회, 1회에 10배 이내

④ 측량자의 임의 결정대로 하면 관계없다.

[해설]

1회에 3배 이내, 2회에 8배 이내, 3회에 10배 이내

6 삼각측량의 방법

이 단원은 공무원 시험에 조건식의 수가 비교적 자주 출제된다.
삼각망의 조정법은 세 가지 삼각망을 비교하면서 공부하면 이해가
빠르다.

※ 특히 이 단원에서는 다음 항을 잘 이해해야 한다.

　① 측점 조건식의 수

　② 각 조건식의 수

　③ 조건식의 총수

1. 조건식의 수

(1) 측점조건식의 수	측점조건식의 수 $= w - (l - 1)$ 　여기서, w : 한 측점에서 관측한 각의 총수
(2) 각 조건식의 수	각 조건식의 수$= L - (P - 1)$ 　여기서, L : 양 끝에서 각이 관측된 변의 수　P : 삼각점의 수
(3) 변 조건식의 수	변조건식의 수$= L - \{2(P-2)+1\} + B - 1 = B + L - 2P + 2$ 　여기서, B : 기선의 수 각 조건과 변조건을 도형조건이라 한다.
(4) 조건식의 총수	$B + A - 2P + 3$ 　여기서, A : 관측각의 총수

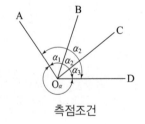

측점조건

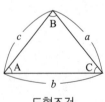

도형조건

2. 단열 삼각망의 조정

(1) 각조건의 조정

① 제1조정	삼각형의 내각의 합이 $180°$ 가 되도록 조정한다. 오차가 W_i 라면 각각에 $(-)\dfrac{W_i}{3}$ 씩 조정한다.
② 제2조정	방위각에 대한 조건을 만족하도록 조정한다. 오차가 W_o 라면 $$조정량 + C_i \ 각 \rightarrow (-)\frac{W_o}{n} \rightarrow A_i, \ B_i = (+)\frac{W_o}{2n}$$ $$- C_i \ 각 \rightarrow (+)\frac{W_o}{n} \rightarrow A_i, \ B_i = (-)\frac{W_o}{2n}$$ 여기서, n : 삼각형의 수

(2) 변 조건의 조정

변 조건의 조정은 S_o 부터 sine법칙에 따라 변장을 구할 때, 계산에 의한 S_1 과의 차이를 log로 나타낸 것이다.

$$\log S_o + \sum (\log\sin A_i) - \sum (\log\sin B_i) - \log S_1 = W_1$$

$$조정량 = \frac{W_1}{[a]+[b]} \quad A_i = (-), \ B_i = (+)$$

여기서, $[a]$: A_i 각의 표차의 합, $[b]$: B_i 각의 표차의 합

핵심 KEY

◉ **표차**

1. 삼각망의 계산에서 표차는 $90°$ 가 가장 작고 $0°$ 나 $180°$ 에 가까울수록 크다.
2. 표차란 그 각도에서 $1''$ 차이가 나는 logsin의 값이다.
3. 표차 $= 21.055 \div \tan(각도)$ 로 구한다.

◉ **측각오차의 보정**

$$x_3 = x_1 + x_2 + \alpha$$

$$조정량 \ x_3 = -\frac{\alpha}{3} \rightarrow x_1, \ x_2 = +\frac{\alpha}{3}$$

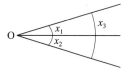

3. 유심 삼각망의 조정

(1) 각 조건의 조정	① 제1조정 : 단열삼각망과 동일
	② 제2조정 : 중심각 C_i 의 합은 $360°$ 조정량 $\quad C_i \rightarrow (-)\dfrac{W_o}{n}$ $\qquad\qquad A_i,\ B_i \rightarrow (+)\dfrac{W_o}{2n}$
(2) 변조건의 조정	$\sum(\log\sin A_i) - \sum(\log\sin B_i) = W_1$ 조정량 : 단열 삼각망과 동일

4. 사변형 삼각망의 조정

(1) 각 조건의 조정	① 제1조정 : 사변형 내각의 합이 $360°$ 가 되도록 조정 $\sum A_i + \sum B_i - 360 = W_i$ 조정량 $= (-)\dfrac{W_i}{8}$
	② 제2조정 : 맞꼭지각은 같도록 조정 $(A_1 + B_1) - (A_3 + B_3) = W_o$ 조정량 : $A_1,\ B_1 \rightarrow (-)\dfrac{W_o}{4},\ A_1,\ B_1 \rightarrow (-)\dfrac{W_o}{4}$ $\qquad\quad A_1,\ B_1 \rightarrow (-)\dfrac{W_o}{4},\ A_3,\ B_3 \rightarrow (+)\dfrac{W_o}{4}$ $\qquad (A_2 + B_2) - (A_4 + B_4) = W_o{}'$ 조정량 : $A_2,\ B_2 \rightarrow (-)\dfrac{W_o{}'}{4},\quad A_4,\ B_4 \rightarrow (+)\dfrac{W_o{}'}{4}$
(2) 변조건의 조정	$\sum(\log\sin A_i) - \sum(\log\sin B_i) = W_1$ 조정량 : 단열 삼각망과 동일

◉ 삼각망의 조정

종류	1조정	2조정
단열 삼각망	삼각형 내각의 합은 180°	결합트래버스의 방위각 조정
유심삼각망	삼각형 내각의 합은 180°	유심삼각망의 중심각은 360°
사변형삼각망	사변형의 8개 각의 합은 360°	맞꼭지각이 같도록 조정

◉ 삼각망의 조정

종류	변조정
단열 삼각망	$\log S_0 + \sum \log \sin A_i - \sum \log \sin B_i - \log S_1 = W_1$
유심삼각망	$\sum \log \sin A_i - \sum \log \sin B_i = W_1$
사변형삼각망	$\sum \log \sin A_i - \sum \log \sin B_i = W_1$

핵심 01

다음 그림과 같이 AB를 기선으로 삼각측량을 실시하였을 때 각 조건식의 수는?

① 1개

② 3개

③ 5개

④ 6개

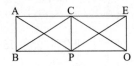

해설

각 조건식의 수=L−(P−1)=11−(6−1)=6

여기서, L : 변의 수, P : 삼각점의 수

핵심 02

삼각망의 조정에 대한 설명으로 옳지 않은 것은?

① 점 조건은 하나의 측점 주위에서 측량한 모든 각의 합이 360°가 되어야 하는 조건이다.

② 각 조건은 삼각망을 이루는 삼각형 내각의 합이 180°가 되어야 하는 조건이다.

③ 사변형 삼각망은 길고 좁은 지역의 측량에 이용되며 조정 조건식의 수가 적어 정밀도가 낮다.

④ 변 조건은 삼각망 중에서 임의의 한 변의 길이가 계산의 순서에 관계없이 동일해야 하는 것을 말한다.

해설

사변형 삼각망은 가장 정밀도가 높으나 피복면적이 작아 비경제적이므로 중요한 기선측량에 사용된다.

핵심 03 다음 삼각망 조건식의 총수를 구한 값은? (단, 그림의 2중선은 기선임)

① 3개

② 4개

③ 5개

④ 6개

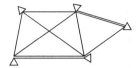

[해설]

조건 방정식 = B+A−2P+3 = 2+11−2×5+3 = 6

핵심 04 삼각측량의 각 삼각점에 있어 모든 각의 관측시 만족되어야 하는 조건식이 아닌 것은?

① 하나의 측점을 둘러싸고 있는 각의 합은 360°가 되도록 한다.

② 삼각망 중에서 임의의 한 변의 길이는 계산의 순서에 관계없이 동일하도록 한다.

③ 삼각망 중 각각 삼각형 내각의 합은 180°가 되도록 한다.

④ 모든 삼각점의 포함면적은 각각 일정해야 한다.

[해설]

삼각점은 기준점의 위치를 결정하기 위한 측량이다.

핵심 05 다음 그림과 같은 사변형에서 조건식의 수에 대한 기술 중 옳은 것은?

① 측점방정식의 수 : 0

② 다각방정식의 수 : 2

③ 변방정식의 수 : 3

④ 조건식의 총수 : 8

[해설]

(1) 측점조건식의 수 $= w-(l-1) = 2-(3-1) = 0$

(2) 각 조건식의 수 $= L-(P-1) = 6-(4-1) = 3$

(3) 변조건식의 수 $= B+L-2P+2 = 1+6-2×4+2 = 1$

(4) 조건식의 총수 $= 0+3+1 = 4$ 또는 $B+A-2P+3 = 1+8-2×4+3 = 4$

핵심 06 다음 그림과 같은 삼각망에서 조건식의 총수는?

① 5

② 6

③ 7

④ 8

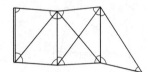

해설

조건식의 총 수 = B + A − 2P + 3 = 1 + 17 − 2 × 7 + 3 = 7

핵심 07 삼각측량에서 그림과 같은 삼각망일 경우 점조건, 각조건, 변조건의 합계는 몇 개인가? (단, ⫽표는 기선이다.)

① 17개

② 18개

③ 19개

④ 21개

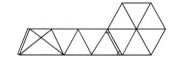

해설

조건식의 총 수 = 측점조건 + 도형조건 = B + A − 2P + 3 = 2 + 38 − 2 · 13 + 3 = 17개

핵심 08 단삼각형의 조정에서 각점의 내각이 같은 정밀도로 관측되었다고 한다면 폐합오차는?

① 각의 크기에 관계 없이 등배분한다.

② 각의 크기에 비례하여 배분한다.

③ 각의 크기에 반비례하여 배분한다.

④ 대변의 크기에 비례하여 배분한다.

해설

각조건식의 조정

측각 오차가 W 라면 조정량 $-\dfrac{W}{3}$ 씩 등배분한다.

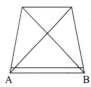

09 그림과 같이 $\overline{AB}$를 기선으로 하는 삼각망의 조건식이 맞는 것은?

① 각조건식=3, 변조건식=1

② 각조건식=4, 변조건식=1

③ 각조건식=3, 변조건식=0

④ 각조건식=3, 변조건식=2

A   B

해설

각조건식의 수 = L−(P−1) = 6−(4−1) = 3

변조건식의 수 = B+L−2P+2 = 1+6−2×4+2 = 1

10 삼각 측량에서 표차의 합이 130.0이고 $\sum \log \sin A - \sum \log \sin B = 500$일 때 보정량은 얼마인가?

① ±2.8″

② ±3.2″

③ ±3.8″

④ ±4.5″

해설

$$보정량 = \frac{\sum \log \sin A - \sum \log \sin B}{표\,차의\,합} = \frac{500}{130.0} = \pm 3.8''$$

11 삼각측량의 망계산에서 0.1″까지 계산할 때 측정각 1″의 표차를 구하는 약식으로 옳은 것은?

① $\dfrac{11.055}{\tan\theta}$

② $\dfrac{1}{\tan\theta} \times 21.055$

③ $\dfrac{0.1}{\tan\theta} \times 21.055$

④ $\dfrac{\tan\theta}{21.055}$

해설

$$표차계산식 = \frac{1}{\tan\theta} \times 21.055$$

12

8개각을 측정한 4변형 삼각망에서 각방정식에 의한 보정을 근사해법으로 한 짝수 보정각의 대수합($\sum$log sin)이 39.2826114, 홀수 보정각의 대수합이 39.2828311일 때 표차의 합[a]+[b]=219.7였다면 변방정식에 의한 각 보정치의 절댓값은?

① 10″

② 12″

③ 20″

④ 22″

해설

$$\frac{\sum(\log\sin A_i) - \sum(\log\sin B_i)}{[a]+[b]} = \frac{(39.2828311-39.2826114)\times 10^7}{219.7} = 10''$$

13

그림과 같은 유심다각망의 조정에 필요한 조건방정식의 총 수는?

① 5개

② 6개

③ 7개

④ 8개

해설

조건식의 총수 $= B + a - 2P + 3 = 1 + 15 - 2 \times 6 + 3 = 7$

삼각측량의 응용

삼각 수준측량은 대지에서 수준측량을 실시할 경우 일어나는 구차와 기차에 대한 내용을 다루며 삼변 측량은 삼각형의 각 대신 세 변을 측정하여 기준점을 결정하는 측량 요즘은 측량장비의 발달로 삼각측량보다 삼변측량이 추세이다.

※ 이 단원에서는 다음 항을 잘 이해해야 한다.

① 지구 곡률오차(구차)   ② 빛의 굴절오차(기차)

③ 양차=구차+기차   ④ 삼변측량의 정의 및 특징

⑤ 코사인 제 2법칙

1. 삼각 수준측량

(1) 곡률오차 (구차)	지표면이 곡면이어서 발생하며, 넓은 지역에서 수평선에 대한 높이와 지평면에 대한 높이는 차이가 나는데 이 차를 곡률오차(구차)라 한다. $$구차 = (+)\frac{D^2}{2R}$$ 구차는 실제 높이보다 측정높이가 적게 나타나므로 (+) 해준다.
(2) 기차 (굴절오차)	광선이 대기중을 통과할 때는 밀도가 다른 공기중을 통과하면서 곡선을 그린다. 그림에서 B'에서부터 점 A에 오는 광선은 점선처럼 휘어지므로 우리가 시준하는 점은 B″가 된다. 즉 기차는 실제 높이보다 더 크게 나타나므로 (−) 해준다. $$기차 = (-)\frac{KD^2}{2R}$$ 여기서, K : 굴절률

(3) 양차

양차란 기차와 구차를 합한 값으로 A, B 양 지점에서 측정을 해서 높이의 평균을 구하면 없어진다.

$$양차 = \frac{(1-K)}{2R} D^2$$

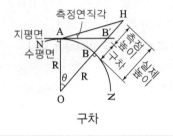
구차

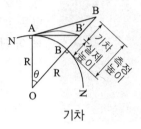
기차

(4) 삼각 수준측량

레벨을 사용하지 않고 트랜싯이나 데오돌라이트를 이용하여 2점간의 연직각과 거리를 관측하여 고저차를 구하는 측량으로 양차를 고려해 준다.

$$H_P = H_A + H + 양차 = H_A + I + D\tan\theta + 양차$$

$$= H_A + I + D\tan\theta + \frac{D^2}{2R}(1-K)$$

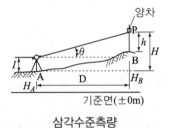
삼각수준측량

2. 삼변측량

(1) 정의

전자파거리 측정기를 이용한 정밀한 장거리 측정으로 변장을 측정해서 삼각점의 위치를 결정하는 측량방법

(2) 삼변측량의 원리

삼변측량은 코사인 제2법칙, 반각공식을 이용하여 변으로부터 각을 구하고 구한 각과 변에 의하여 수평위치가 결정되는데 관측값에 비하여 조건식이 적은 것이 단점이다.

(3) 삼변측량의 특징

① 삼변을 측정해서 삼각점의 위치를 결정한다.

② 기선장을 실측하므로 기선의 확대가 불필요하다.

③ 조건식의 수가 적은 것이 단점이다.

④ 좌표계산이 편리하다.

⑤ 조정방법에는 조건방정식에 의한 조정과 관측방정식에 의한 조정이 있다.

(4) 수평각의 계산

① 코사인 제2법칙

$$\cos A = \frac{b^2 + c^2 - a^2}{2bc}$$

$$\cos B = \frac{c^2 + a^2 - b^2}{2ca}$$

$$\cos C = \frac{a^2 + b^2 - c^2}{2ab}$$

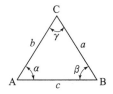

② 면적조건

$$\sin A = \frac{2}{bc} \sqrt{s(s-a)(s-b)(s-c)}$$

핵심 KEY

$$b\,c\,a \; : \; a\text{가 맨 뒤에 온다.}$$
$$\Uparrow$$
$$\cos A = \frac{b^2 + c^2 - a^2}{2bc}$$
$$\Downarrow$$
$$a\text{가 없다}$$

핵심 01

삼각수준측량을 할 때 구차와 기차로 인하여 생기는 높이에 대한 오차 보정량 계산식은? (단, R=지구의 반경, S=측점까지의 거리, K=굴절률 계수)

① $S\tan\alpha + \dfrac{1-K}{2R}S^2$

② $S + \tan\alpha + \dfrac{1-K}{2R}S^2$

③ $S\cot\alpha + \dfrac{1-K}{2R}S^2$

④ $S + \cot\alpha + \dfrac{1-K}{2R}S^2$

해설

높이에 대한 보정은 양차를 보정하여 높이 계산을 하면 된다.

핵심 02

다음 중 삼각 수준 측량 시 대기의 굴절 오차, 지구의 곡률 오차가 생길 때 이들 관측값은 어떻게 조정하는가?

① 기차 (+), 구차 (+)

② 기차 (−), 구차 (+)

③ 기차 (+), 구차 (−)

④ 기차 (−), 구차 (−)

해설

기차(굴절오차)는 낮게, 구차는 높게 조정한다.

핵심 03

삼각수준측량에서 연직각을 관측하고 고저차를 계산하려면 양차 조정을 해야 하는데 다음 중 양차의 설명으로 옳은 것은?

① 수평각과 수직각

② 두 지점의 고저차

③ 관측차

④ 기차와 구차

해설

삼각수준측량 시 양차 = 구차+기차

핵심 04

평탄한 지역에서 2km 떨어진 지점을 관측하려면 측표의 높이는 얼마로 하여야 하는가? (단, 지구의 곡률반경은 6,000km이다.)

① $\dfrac{1}{3}\,\text{m}$ ② $\dfrac{1}{4}\,\text{m}$

③ $\dfrac{1}{5}\,\text{m}$ ④ $2\,\text{m}$

해설

$$\text{구차} = \frac{D^2}{2R} = \frac{2^2}{2 \times 6,000} = \frac{1}{3}\,\text{m}$$

핵심 05

다음 중 삼각측량과 삼변측량에 관한 설명 중 잘못된 것은?

① 삼변측량은 변장을 관측하여 삼각점의 위치를 구하는 측량이다.
② 삼각측량의 삼각망 중 가장 정확도가 높은 망은 사변형 삼각망이다.
③ 삼각점의 선점에서 기계나 측표가 동요하는 습지나 하상은 피한다.
④ 삼각점의 등급을 정하는 주된 목적은 표석 설치를 편리하게 하기 위함이다.

해설

삼각측량의 정밀도를 결정하기 위해 등급을 정함

핵심 06

다음 삼변측량에서 $\cos\angle A$를 구하는 식으로 맞는 것은?

① $\dfrac{a^2 + c^2 - b^2}{2ac}$

② $\dfrac{b^2 + c^2 - a^2}{2bc}$

③ $\dfrac{a^2 + c^2 - c^2}{2bc}$

④ $\dfrac{a^2 - c^2 + b^2}{2ac}$

해설

코사인 제2법칙을 사용하면 $\cos A = \dfrac{b^2 + c^2 - a^2}{2bc}$

다음 삼변측량에 관한 설명 중 옳지 않은 것은 어느 것인가?

① 삼각점의 위치를 정할 때 변장측량법을 이용하여 기선삼각망을 확대할 필요가 있다.

② 변장만을 측정하여 삼각망(삼변측량)을 짤 수 있다.

③ 삼각망 조정법의 기본원리는 삼각망의 도형이 단 한 개로 확정될 수 있게 기하학적 조건을 만족시키는 데는 변함이 없다.

④ 수평각 대신에 변장을 관측하여 삼각점의 위치를 구하는 측량이다.

> 해설
>
> 삼변측량은 삼각점의 위치를 정할 때 변장측정법을 이용하여 대삼각망의 기선장을 직접 측정하기 때문에 기선삼각망을 확대할 필요가 없다.

다음 중 삼변 측량에 대한 설명으로 옳지 않은 것은?

① 기선 삼각망의 확대가 불필요하다.

② 삼변 측량의 관측 요소는 각과 변장이다.

③ 변으로부터 각을 구하여 수평 위치를 결정한다.

④ 삼각형 내각을 구하기 위하여 코사인 2법칙과 반각 공식을 이용한다.

> 해설
>
> 삼변 측량은 관측 요소가 변장뿐이고, 각을 구하기 위하여 코사인2법칙과 반각 공식을 이용하여 변으로부터 각을 구한다.

핵심 09 다음 중 삼변측량으로 삼각형의 내각을 구하는 방법이다. 식이 틀린 것은?

① $\cos A = \dfrac{b^2 + c^2 - a^2}{2bc}$

② $\cos C = \dfrac{a^2 + b^2 - c^2}{2ab}$

③ $\cos B = \dfrac{c^2 - a^2 - b^2}{2ba}$

④ $\sin \dfrac{A}{2} = \sqrt{\dfrac{(S-b)(S-c)}{bc}}$ (단, $S = \dfrac{a+b+c}{2}$)

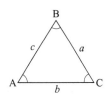

해설

(1) 코사인 제2법칙

$$\cos A = \frac{b^2 + c^2 - a^2}{2bc}$$

$$\cos B = \frac{a^2 + c^2 - b^2}{2ba}$$

$$\cos C = \frac{a^2 + b^2 - c^2}{2ab}$$

(2) 반각공식

$$\sin \frac{A}{2} = \sqrt{\frac{(S-b)(S-c)}{bc}}$$

$$\cos \frac{A}{2} = \sqrt{\frac{S(S-a)}{bc}}$$

$$\tan \frac{A}{2} = \sqrt{\frac{(S-b)(S-c)}{S(S-a)}}$$

단, $S = \dfrac{a+b+c}{2}$

출제예상문제

★☆☆
01

다음 중 트래버스 측량의 용도와 가장 거리가 먼 것은?

① 노선 측량
② 경계 측량
③ 횡단 측량
④ 지적 측량

해설

트래버스 측량
(1) 측량 지역 대상 지역이 선상으로 좁고 긴 경우 등 기준점 설치에 이용
(2) 경계 측량, 삼림 측량, 노선 측량, 지적 측량 등이 골조 측량에 널리 이용

★★★
02

다음 중 트래버스 측량에서 정도가 가장 좋은 방법은 어느 것인가?

① 결합 트래버스
② 폐합 트래버스
③ 정도가 같다
④ 개방 트래버스

해설

트래버스의 정밀도 : 결합 > 폐합 > 개방

★★★
03

폐합 트래버스측량에서 1개 측점의 각 관측 허용오차가 ±5″일 경우 측점이 16개일 때 이 폐합트래버스의 허용오차는?

① ±20″
② ±25″
③ ±30″
④ ±35″

해설

허용오차 $= \pm 5'' \sqrt{16} = \pm 20''$

★★☆
04

트래버스 종류 중 시작되는 측점과 끝나는 점간에 아무런 조건이 없으나 노선 측량이나 답사 등에 편리한 트래버스는?

① 폐합 트래버스　　　　② 결합 트래버스
③ 개방 트래버스　　　　④ 트래버스망

〔해설〕

개방 트래버스
오차가 명확하지 않아 정확한 위치를 결정하는 트래버스에는 부적당하다.

★★☆
05

다음 다각측량의 일반적인 사항을 설명한 것 중 옳지 않은 것은?

① 폐합오차 조정 시 일반적으로 각 관측의 정도가 거리관측의 정도보다 높으면 트랜싯법칙을 적용한다.
② 횡거란 어떤 측선의 중점으로부터 기준선(남북자오선)에 내린 수선의 길이다.
③ 트래버스 중 가장 정도가 높은 것은 폐합트래버스이며 오차점검이 가능하다.
④ 폐합비의 허용범위는 시가지에서 $1/5,000 \sim 1/10,000$ 정도이다.

〔해설〕

다각측량 중 가장 정도는 결합트래버스 > 폐합트래버스 > 개방트래버스 순이다.

★★★
06

A점의 좌표가 (10,000, 40,000) B점의 좌표가 (-110,000, -80,000)일 때, 측선AB의 방위각은?

① $45°$　　　　　　② $135°$
③ $225°$　　　　　　④ $315°$

〔해설〕

$$\tan\theta = \frac{경거차}{위거차} = \frac{(-80,000-40,000)}{(-110,000-10,000)} = 1$$

$$\therefore \theta = 45°$$

여기서 합위거(-), 합경거(-)이므로 3상한에 존재한다.

$$\therefore AB측선의\ 방위각 = 180° + 45° = 225°$$

★★☆

07 다음 설명 중 옳지 않은 것은?

① 진북은 자침이 나타내는 북방을 말한다.

② 진북 방향과 기준선이 이루는 각을 방위각이라 한다.

③ 제1측선의 배횡거는 그 측선의 경거와 같다.

④ 방위 S 57° 50′ 00″ W는 제3상한에 있다.

해설

(1) 진북 : 좌표로 정한 북쪽

(2) 자북 : 자침이 가리키는 북쪽

(3) 자침편차 : 진북과 자북의 사이각으로 우리나라는 서편 5~7° 정도

★★☆

08 다각측량에서 기준점의 위치를 높은 정도로 결정하는 방법 중 가장 이상적인 것은?

① 어떤 삼각점에서 다른 삼각점에 연결시킨다.

② 어떤 삼각점에서 같은 삼각점으로 되돌아온다.

③ 한 점에서 시작하여 같은 점으로 되돌아온다.

④ 정도가 매우 높은 삼각점에서 임의의 점으로 연결한다.

해설

가장 정도가 높은 트래버스는 결합트래버스(기지점에서 다른 기지점으로 결합)이다.

★★☆

09 다음 중 트래버스 측량의 순서 중 옳은 것은?

① 표지 설치 – 계획 및 답사 – 선점 – 관측 – 계산

② 계획 및 답사 – 선점 – 표지 설치 – 관측 – 계산

③ 선점 – 계획 및 답사 – 표지 설치 – 관측 – 계산

④ 계획 및 답사 – 표지 설치 – 관측 – 선점 – 계산

해설

답사 → 선점 → 조표 → 관측 → 방위각 측정 → 계산 및 제도

★★★
10

폐합 트래버스 측량의 오차에 대한 설명으로 옳지 않은 것은? (단, $\sum a$: 측정된 교각의 합, n: 트래버스 변의 수)

① 위거 오차와 경거 오차가 없다면 위거의 합과 경거의 합이 1이 되어야 한다.

② 폐합 오차를 구하는 식은 $\sqrt{(위거오차)^2 + (경거오차)^2}$ 이다.

③ 폐합 트래버스의 내각을 측량한 경우 각 오차를 구하는 식은
$\sum a - 180° \cdot (n-2)$ 이다.

④ 각 측량의 정밀도가 거리 측량의 정밀도보다 높을 때는 트랜싯 법칙으로 폐합 오차를 조정한다.

해설

폐합트래버스에서 위거경거 오차가 없다면 위거합과 경거합이 0이 되어야 한다.

★★☆
11

트래버스에 대한 다음 설명 중 옳지 않은 것은?

① 다각형 중 정도가 가장 높은 것은 폐합다각형으로 이것은 어느 기지점에서 출발하여 다른 기지점으로 끝나는 것이다.

② 개방트래버스는 오차점검이 불가능하며, 폐 다각형보다 정도가 낮다.

③ 폐다각형은 어떤 측점으로부터 시작하여 최후에 다시 그 측점으로 되돌아오는 것이다.

④ 길이와 방향이 정하여진 선분이 연속 이어놓은 것을 트래버스라 한다.

★★☆
12 다음 중 트래버스 내업의 순서로 가장 합리적인 것은?

> a. 방위각 및 방위의 계산   b. 위거 및 경거의 계산
> c. 관측 각의 점검 조정   d. 폐합 오차 및 폐합비의 계산
> e. 측점의 전개에 따른 제도

① a→b→c→d→e   ② c→a→b→d→e

③ b→a→c→d→e   ④ a→c→b→d→e

해설

트래버스 측량의 내업 순서

관측 각의 점검 조정(c) → 방위각 및 방위의 계산(a) → 위거 및 경거의 계산(b) →
폐합 오차 및 폐합비(d) → 측점의 전개에 따른 제도(e)

★★★
13 트래버스 측량에서 시가지일 경우에 각 관측 오차의 일반적인 허용 범위로 가장
적합한 것은?

① $5'' \sqrt{n} \sim 10'' \sqrt{n}$ ② $0.5' \sqrt{n} \sim 1' \sqrt{n}$

③ $20'' \sqrt{n} \sim 30'' \sqrt{n}$ ④ $0.5° \sqrt{n} \sim 1° \sqrt{n}$

해설

(1) 시가지 : $30\sqrt{n} \sim 20\sqrt{n}$ 초

(2) 평탄지 : $1.0\sqrt{n} \sim 0.5\sqrt{n}$ 분

(3) 산지 : $1.5\sqrt{n}$ 분

★★★
14 다각측량에서 평지에서 트래버스의 측각오차의 허용범위는 얼마인가?
(단, n은 변위수)

① $1.5\sqrt{n}$ 분   ② $1.0\sqrt{n} - 0.5\sqrt{n}$ 분

③ $3.0\sqrt{n} - 2.0\sqrt{n}$ 분   ④ $2.0\sqrt{n} - 1.0\sqrt{n}$ 초

해설

(1) 시가지 : $30\sqrt{n} \sim 20\sqrt{n}$ 초

(2) 평탄지 : $1.0\sqrt{n} \sim 0.5\sqrt{n}$ 분

(3) 산지 : $1.5\sqrt{n}$ 분

★★★
15

다음 트래버스 측량 방법 중 그림과 같이 진북을 기준으로 어느 측선까지의 각을 시계 방향으로 각 관측하는 방법은?

① 교각법

② 편각법

③ 방향각법

④ 방위각법

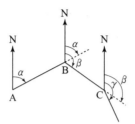

[해설]

방위각법
진북을 기준으로 어느 측선까지 시계 방향으로 측정하는 방법을 방위각법이라 한다.

★★☆
16

다음 중 트래버스 측량에서 서로 이웃하는 2개의 측선이 만드는 각을 측정해 나가는 방법은 무엇인가?

① 편각법　　　　　　② 방위각법

③ 교각법　　　　　　④ 전원법

[해설]

교각법
임의 측점을 기준으로 서로 이웃하는 2개의 측선이 이루는 각을 교각이라 하며, 이 교각을 관측해 나가는 방법

★★★
17

다음 중 트래버스 측량에서 철도나 도로의 중심선 측량 등에 유리한 방법은?

① 방위각법　　　　　② 편각법

③ 교각법　　　　　　④ 방위법

[해설]

트래버스 측량 중 편각법은 도로와 철도 등의 폐합하지 않는 측량에 많이 사용된다.

정답　12 ②　　13 ③　　14 ②　　15 ④　　16 ③　　17 ②

★★★
18

다음 그림과 같은 결합 트래버스의 A점 및 B점에서 각각 AL 및 BM의 방위각이 기지일 때 측각 오차를 표시하는 식은 어느 것인가?
(단, 교각의 총화=$[a]$, 측점수=n)

① $\Delta a = W_a + [a] - 180°(n-3) - W_b$

② $\Delta a = W_a + [a] - 180°(n+2) - W_b$

③ $\Delta a = W_a + [a] - 180°(n+1) - W_b$

④ $\Delta a = W_a + [a] - 180°(n-1) - W_b$

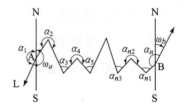

해설

결합트래버스에서 측각오차
그림은 양어깨(N)를 기준으로 모두 밖으로 나갔으므로 $180(n+1)$이 된다.
($\because$ 각이 가장 큰 경우)
따라서 측각오차($\Delta\alpha$)는 $\Delta a = W_a + [a] - 180°(n+1) - W_b$

★★★
19

그림과 같은 트래버스에서 AL의 방위각이 $20°40'00''$, BM의 방위각이 $320°50'12''$, 내각의 총화가 $1200°10'30''$일 때 측각오차는?

① $45''$

② $35''$

③ $25''$

④ $18''$

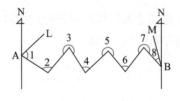

해설

안쪽으로 오므렸으므로 가장 작은 값 $180(n-3)$이 된다.
$\triangle\alpha = (W_a - W_b) + [\alpha] - 180(n-3) = 18''$

★★★
20

그림과 같은 결합 측량 결과에서 측각오차는? (단, $A_1 = 296° - 10' - 30''$, 교의 총합 $= 640°30'30''$, $A_n = 36° - 40' - 10''$)

① $10''$

② $20''$

③ $40''$

④ $50''$

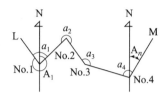

해설

$$\Delta a = (A_1 - A_n) + [a] - 180°(n+1)$$

여기서, $n = 4 = (296°10'30'' - 36°40'10'') + 640°30'30'' - 180°(4+1) = 50''$

양팔 벌림 → 큰값 $180(n+1)$이 된다.

★★★
21

그림과 같은 트래버스측량에서 측선 BA의 방위각은?

$\angle A = 60° 40'$	
$\angle B = 61° 20'$	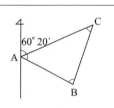
$\angle C = 58° 00'$	

① $297° 20'$　　　　　　② $298° 40'$

③ $301° 00'$　　　　　　④ $302° 20'$

해설

$\overline{BA}$ 방위각 $= 60°20' + 60°40' + 180° = 301°$

★★★
22

다음의 다각 측량에서 $\overline{BC}$ 측선의 방위각은?

① 161° 13′

② 181° 55′

③ 245° 19′

④ 261° 55′

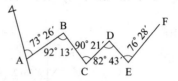

해설

$\overline{EF}$의 방위각 $= 73°26′ + 180° - 92°13′ = 161°13′$

★★★
23

그림과 같은 트래버스에서 AL의 방위각이 19°41′, BM의 방위각이 310°30′, 내각의 총합이 1,190°50′일 때 측각 오차는?

① 15″

② 25″

③ 47″

④ 60″

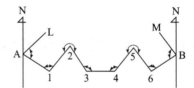

해설

$$\Delta a = w_a + [a] - (n-3)180° - w_b$$
$$= 19°41′ + 1,190°50′ - (8-3) \times 180° - 310°30′ = 60″$$

★☆☆
24

1각의 오차가 10″인 4개의 각이 있을 때 그 각의 오차 총합은 얼마인가?

① 20″

② 30″

③ 40″

④ 50″

해설

측각오차는 측각 수의 제곱근($\sqrt{\ }$)에 비례한다.

∴ 오차의 총 합 $= 10\sqrt{4} = 20″$

25 ★☆☆

다음 중 폐합 트래버스의 외각을 측정했을 때, 다음 중 각 오차(W)를 구하는 식으로 맞는것은? (단, n : 변의 수, $[a]$: 측정된 교각의 합)

① $W = [a] - 180(n-2)$ ② $W = [a] + 180(n-2)$

③ $W = [a] - 180(n+2)$ ④ $W = [a] + 180(n+2)$

26 ★★★

시가지에서 25변형 폐합 다각측량을 한 결과 측각오차가 $5'30''$이었을 때, 이 오차의 처리는?

① 이 오차를 내각의 크기에 비례하여 배분 조정한다.

② 이 오차를 변장의 크기에 비례하여 배분 조정한다.

③ 이 오차를 각 내각에 균등배분 조정한다.

④ 오차가 너무 크므로 재측을 하여야 한다.

> 해설
>
> 시가지의 허용측각오차(E)
> $E = 20\sqrt{n} \sim 30\sqrt{n}'' = 20\sqrt{25} \sim 30\sqrt{25}'' = 100 \sim 150'' = 1'40'' \sim 2'30''$
> ∴ 재측한다.

27 ★★★

그림과 같은 트래버스에서 측선 CD의 방위는?

① S83°30'E

② N72°30'E

③ S47°50'E

④ N43°10'E

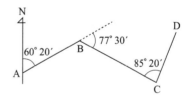

> 해설
>
> $\overline{AB}$ 방위각 $= 60°20'$
> $\overline{BC}$ 방위각 $= 60°20' + 77°30' = 137°50'$
> $\overline{CD}$ 방위각 $= 137°50' + 180° + 85°20' = 43°10'$
> $\overline{CD}$ 방위 $= N43°10'E$

★★☆
28

다음 중 방위각 계산방법에 대한 설명으로 옳지 않은 것은?

① 방위각이 360°를 넘으면 360°를 감한다.
② 방위각이 (−)각이 나오면 360°를 더한다.
③ 편각에서 임의 측선의 방위각을 구하는 식은 전 측선의 방위각 ±편각이다.
④ 방위각과 역방위각은 90° 차가 난다.

[해설]

역방위각 = 방위각 ± 180°

★★☆
29

다음 중 결합 트래버스 측량에서 1점의 측각오차를 ±20″로 하면 16측점이 있을 때의 폐합오차는 어느 것인가?

① ±1′01″　　　　　　② ±1′10″
③ ±1′20″　　　　　　④ ±1′30″

[해설]

폐합오차는 측점수의 제곱근에 비례한다.
∴ $E = \pm 20'' \sqrt{16} = \pm 80'' = \pm 1'20''$

★★☆
30

다음 그림과 같이 AB 측선의 방위각이 328°30′, BC측선의 방위각이 50°00′일 때 내각은?

① 87°30′
② 98°40′
③ 98°30′
④ 100°00′

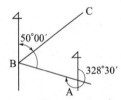

[해설]
∠B = 328°30′ − 180° − 50°00′ = 98°30′

★★★

31

다음 폐합 트래버스 측량 결과에서 결측된 BC의 위거를 구한 값은?
(단, 오차가 없는 것으로 한다.)

① 26.0m

② −35.0m

③ −48.0m

④ 52.0m

측선	위거(m) +	위거(m) −	경거(m) +	경거(m) −
AB	65.0		83.0	
BC				
CD		50.0		40.0
DA	33.0			62.0

해설

위거의 총합은 0이 되어야 한다.

$\overline{BC}$의 위거 $= 50.0 - (65.0 + 33.0) = -48.0$m

$\overline{BC}$의 경거 $= 83.0 - (40.0 + 62.0) = 19.0$m

★★☆

32

어떤 측선의 방위가 S 40° W일 때 이 측선의 방위각은?

① 60°

② 120°

③ 180°

④ 220°

해설

SW는 3상한이다.

∴ 180° + 40° = 220°

★★★

33

그림과 같이 트래버스를 교각법으로 측정한 결과와 CD 측선의 방위각을 구하면?

① 61° 26′ 30″

② 62° 27′ 20″

③ 62° 26′ 27″

④ 63° 27′ 27″

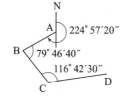

해설

AB 측선의 방위각 : 224° 57′ 20″

BC 측선의 방위각 : 224° 57′ 20″ − 180° + 79° 46′ 40″ = 124° 44′

CD 측선의 방위각 : 124° 44 − 180° + 116° 42′ 30″ = 61° 26′ 30″

★★★
34

어떤 다각형의 전 측선장이 300m일 때 폐합비를 1/3,000로 하기 위해서는 축척 1/500의 도면에서 폐합 오차는 어느 정도까지 허용할 수 있는가?

① 1mm
② 0.7mm
③ 0.5mm
④ 0.2mm

해설

폐합오차(E) $= \dfrac{1}{3,000} \times 300 = 0.1\,\mathrm{m}$

1/500 도면의 폐합오차 $= \dfrac{0.10}{500} = 0.0002\,\mathrm{m}$

★★★
35

다각측량을 실시하여 한 점 A점에서 A점에 돌아왔더니 위거의 오차 30cm 경거의 오차 40cm였다. 다각측량의 전길이가 500m일 때 이 다각형의 폐합오차 및 정밀도를 구하여라.

① 폐합오차 0.5m, 정도 1/1,000
② 폐합오차 0.5m, 정도 1/10,000
③ 폐합오차 0.05m, 정도 1/1,000
④ 폐합오차 0.005m, 정도 1/10,000

해설

(1) 폐합오차(E) $= \sqrt{E_L{}^2 + E_D{}^2} = \sqrt{0.3^2 + 0.4^2} = 0.5\,\mathrm{m}$

(2) 폐합비(R) : 정밀도

$R = \dfrac{E}{\sum l} = \dfrac{0.5}{500} = \dfrac{1}{1,000}$

★★☆ 36

다각 측량에 관한 설명 중에서 맞지 않는 것은?

① 트래버스 중 가장 정밀도가 높은 것은 결합 트래버스로서 오차 점검이 가능하다.

② 폐합오차 조정에서 각과 거리 측량의 정확도가 비슷한 경우 트랜싯 법칙으로 조정하는 것이 좋다.

③ 측점에 편심이 있는 경우 편심방향이 측선에 직각일 때 가장 큰 각 오차가 발생한다.

④ 폐합 다각 측량에서 편각을 관측하면 편각의 총합은 언제나 360°가 되어야 한다.

> **해설**
>
> (1) 트랜싯 법칙 : 각 측정의 정도가 거리 측량의 정도보다 클 때 사용
> (2) 컴퍼스 법칙 : 각과 거리측정의 정도가 비슷할 때 사용

★★☆ 37

한점 0(0, 0)에서 측선 OA의 방위각이 60°였다. 측선의 길이가 OA는 100m일 때 측선 A점의 좌표를 구하면? (단, sin60°=0.87)

① (100, 56)　　　　② (50, 87)

③ (50, 96)　　　　④ (100, 43)

> **해설**
>
> $X_A = 100 \times \cos 60° = 50.00$,　$Y_A = 100 \times \sin 60° = 87$

★★★ 38

A 및 B점의 좌표가 X_A=45.8m, Y_A=130.6m, X_B= 121.5m, Y_B=201.8m이다. 그런데 A에서 B까지 결합 다각측량을 하여 계산해 본 결과 합위거가 +76.0m, 합경거가 +70.9m이었다면 이 측량의 위거오차와 경거오차는?

① 0.40m, −0.40m　　　② 0.30m, −0.30m

③ 0.40m, −0.30m　　　④ 0.30m, −0.40m

> **해설**
>
> $E_L = 76.0 - (X_B - X_A) = 0.3\text{m}$
>
> $E_D = 70.9 - (Y_B - Y_A) = -0.3\text{m}$

★★★ 39

$\overline{AB}$ 측선의 방위각이 $59°30'$이고, 그림과 같이 편각관측 시 $\overline{CD}$ 측선의 방위각은?

① $125°00'$

② $131°00'$

③ $141°00'$

④ $150°00'$

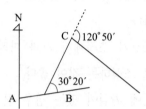

해설

$\overline{BC}$의 방위각 = $\overline{AB}$의 방위각 $- 30°20' = 29°10'$

$\overline{CD}$의 방위각 = $\overline{BC}$의 방위각 $+ 120°50' = 150°00'$

★★★ 40

그림과 같은 폐다각형에서 내각을 측정한 결과 다음과 같다. BC측선의 방위는?
(단, $\alpha_1 = 87°26'20''$, $\alpha_2 = 70°44'00''$, $\alpha_3 = 112°47'40''$. $\alpha_4 = 89°02'00''$,
AB측선의 방위각 $138°15'00''$이다.)

① NW $28°59'00''$

② NE $28°59'00''$

③ SE $28°59'00''$

④ SW $28°59'00''$

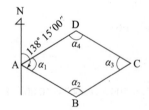

해설

BC 측선의 방위각 $= 138°15'00'' - 180° + \alpha_2 = 138°15'00'' - 180° + 70°44'00''$
$= 28°59'00''$

1상한이므로

∴ BC 측선의 방위 = NE $28°59'00''$

★★☆
41

다음 그림에서 A점의 좌표(X_A=213.38m, Y_A=133.33m), B점의 좌표 (X_B=313.38m, Y_B=33.33m)이고, AP의 방위각, NAP=80°이다.
이때 $\angle$PAB=θ는 어느 것인가?

① 125°

② 235°

③ 280°

④ 310°

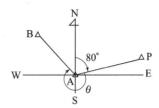

해설

$$\tan\alpha = \frac{(Y_B - Y_A)}{(X_B - X_A)} = \frac{(33.33 - 133.33)}{(313.38 - 213.38)} = -1.0$$

$$\therefore \ \alpha = \tan^{-1}(-1.0) = -45°00'$$

$$\theta = 360° - \alpha - 80° = 235°$$

★★★
42

다음 그림에서 CD의 방위를 구한 값 중 옳은 것은?

① S80° 16′ W

② N80° 16′ E

③ N9° 44′ W

④ S9° 44′ E

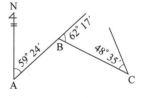

해설

BC의 방위각 : 59° 24′ + 62° 17′ = 121° 41′ 00″

CD의 방위각 : 121° 41′ + 180° + 48° 35′ = 350° 16′

∴ 방위 : 360° - 350° 16′ = N 9° 44′ W

★★★
43

A점과 P점의 합경거 차와 합위거 차가 각각 −3.19와 7.38일 때 방위를 구하니

$\theta = \tan^{-1}\dfrac{7.38}{-3.19} = 66°37'25''$이었다. AP의 방위각은?

① $23°\,22'\,35''$ ② $203°\,22'\,35''$

③ $156°\,22'\,25''$ ④ $336°\,37'\,25''$

 해설

경거가 (−) 위거가 (+)이므로 4상한에 있다.

∴ AP의 방위각 $= 270° + 66°\,37'\,25'' = 336°\,37'\,25''$

★★★
44

다음 다각측량 결과표에서 면적을 구한 값은 어느 것인가?

(단위 : m)

측점	위거		경거		배횡거	배면적
	N(+)	S(−)	E(+)	W(−)		
AB	20		40		40	
BC		50		20	60	
CA	30			20	20	

① 800m^2 ② $1,500\text{m}^2$

③ $3,000\text{m}^2$ ④ $6,000\text{m}^2$

 해설

측점	위거	배횡거	배면적
AB	20	40	800
BC	−50	60	−3,000
CA	30	20	600
계			−1,600

$2A = 1,600$

∴ $A = 800\text{m}^2$

★★★ 45

다음 폐합트래버스의 경, 위거 계산에서 CD측선의 배횡거를 구하면?

측선	위거	경거	배횡거
AB	+65.39	+83.57	+83.57
BC	−34.57	+18.68	+185.82
CD	−65.43	−40.60	
DA	+34.61	−62.65	

① 463.90m

② 363.90m

③ 263.90m

④ 163.90m

해설

임의 측선의 배횡거는 역 ㄷ자(↓↳)로 계산한다.

$\overline{CD}$ 측선의 배횡거 = $185.82 + 18.68 + (-40.60) = 163.90\text{m}$

★★★ 46

그림과 같이 4점을 측정한 결과 각 점의 좌표를 얻었다. 이때 배면적을 구한 값 중 옳은 것은 어느 것인가?

① 87m²

② 100m²

③ 174m²

④ 192m²

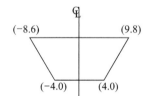

해설

$$\sum A = \sum (x_{i+1} - x_{i-1}) \cdot Y_i = 6\{9 - (-4)\} + 8\{4 - (-8)\} = 174\text{m}^2$$

★☆☆ 47

다음 중 삼각망 중에서 조건식이 가장 많이 생기는 망은?

① 단열삼각망

② 사변형망

③ 유심다각망

④ 폐합삼각망

해설

사변형 삼각망은 관측되는 각의 수가 많아 조건식이 많아지고 정밀한 조정이 된다.

48
★☆☆

다음 중 삼각 측량에 대한 설명으로 틀린 것은?

① 삼각법에 의해 삼각점의 높이를 결정한다.

② 각 측점을 연결하여 다수의 삼각형을 만든다.

③ 삼각망을 구성하는 삼각형의 내각을 관측한다.

④ 삼각망의 한 변의 길이를 정확하게 관측하여 기선을 정한다.

해설

삼각 측량의 정의

⑴ 각 측점을 연결하여 다수의 삼각형을 만들고, 삼각형 한 변을 정밀하게 측정해서 기선으로 한다.

⑵ 삼각형 각각의 내각을 측정하여 삼각법에 의해 각 변의 길이를 차례로 계산한 다음 조건식에 의해 조점 계산하여 수평 위치를 결정한다.

49
★★☆

다음 중 전파나 광파를 이용한 전자파 거리 측정기로 변 길이만을 측량하여 수평 위치를 결정하는 측량은?

① 수준 측량   ② 삼각 측량

③ 삼변 측량   ④ 삼각 수준 측량

해설

삼변 측량은 높은 정확도로 중·장거리를 정확히 관측하여 수평 위치를 관측할 수 있어 널리 이용되고 있다.

50
★★☆

하천 측량, 터널 측량과 같이 너비가 좁고 길이가 긴 지역의 측량에 적당한 것은?

① 유심 삼각망   ② 사변형 삼각망

③ 격자 삼각망   ④ 단열 삼각망

해설

단열 삼각망은 폭이 좁고 길이가 긴 지역에 적합하며 하천 측량, 노선 측량, 터널 측량에 이용된다.

51

다음 중 우리나라의 1등 삼각점 간의 평균 변 길이는 얼마인가?

① 20km   ② 30km

③ 40km   ④ 50km

해설

삼각망의 길이

삼각점 등급	1등 삼각점	2등 삼각점	3등 삼각점	4등 삼각점
변의 길이	30km	10km	5km	2.5km

★★★

52

다음 중 우리나라의 2등 삼각망의 평균 변장은 얼마인가?

① 30km   ② 20km

③ 10km   ④ 5km

해설

삼각망의 길이

삼각점 등급	1등 삼각점	2등 삼각점	3등 삼각점	4등 삼각점
변의 길이	30km	10km	5km	2.5km

★★☆

53

다음 중 삼각 측량에서 기선 확대를 할 때 1회의 기선 확대는 기선 길이의 몇 배 이내이어야 하는가?

① 2배   ② 3배

③ 5배   ④ 10배

해설

(1) 1회 확대는 기선 길이의 3배

(2) 2회 확대는 기선 길이의 8배

(3) 3회 확대는 기선 길이의 10배

★★★
54

다음 중 기선 삼각망을 설치할 때에 주의사항으로 틀린 것은?

① 1회의 기선 확대는 기선 길이의 3배 이내

② 평탄한 곳이 없을 때 기선의 설정 위치는 경사 1/10 이하의 지형에 설치

③ 큰 삼각망에서 기선을 여러 번 확대할 때는 기선 길이의 10배 이내

④ 삼각망이 길어질 때에는 기선 길이의 20배 정도의 간격으로 검기선 설치

[해설]

(1) 기선 삼각망의 선점

　·지면의 경사는 1/25 이하가 되는 지형에 설치한다.

　·최소의 내각이 20° 이상이 되도록 한다. (사변형 삼각망 설치시)

　·1회 확대는 기선 길이의 3배 이내로 한다.

　·2회 확대는 기선 길이의 8배 이내로 한다.

　·3회 확대는 기선 길이의 10배 이내로 한다.

　·확대 횟수는 3회 이내로 한다.

　·오차를 검사하기 위하여 삼각형의 수 15~20개마다 검기선을 설치한다.

　·1등 삼각망의 검기선은 200km마다 설치한다.

(2) 삼각점의 선점

　·삼각형은 정삼각형에 가깝고, 삼각형 내각은 30~120° 이내에 있도록 한다.

　·삼각점 상호간의 시준이 잘 되고 기상의 영향을 받지 않는 곳이라야 한다.

　·되도록 측점 수가 적고 계속되는 측량에 이용 가치가 큰 점이어야 한다.

★★☆
55

다음 중 기선 삼각망에서 삼각형 몇 개마다 검기선을 설치하는가?

① 10~15개　　　　　② 15~20개

③ 20~25개　　　　　④ 25~40개

[해설]

1등 삼각망

(1) 약 20km마다 한 개씩 검기선을 설치한다.

(2) 삼각형 15~20개씩 경과할 때마다 설치한다.

56 다음 중 삼각측량 성과표에 기록된 내용이 아닌 것은?

① 삼각점의 등급 및 명칭　　② 천문경위도

③ 평면직각좌표 및 표고　　④ 진북방향각

★★☆
57 우리나라 지도를 측정할 때 1등 삼각망의 검기선은 몇 km마다 설치하는가?

① 50km　　　　　　　② 100km

③ 150km　　　　　　④ 200km

보통 1등 삼각망의 검기선은 200~250km마다 설치한다.

★★☆
58 다음 중 삼각점의 선점 시 유의 사항 중 옳지 않은 것은?

① 삼각점은 되도록 측점 수가 많아야 한다.

② 삼각망은 정삼각형에 가깝게 한다.

③ 삼각점의 위치는 삼각형 상호간에 시준이 잘 되어야 한다.

④ 삼각점은 지반이 견고하여 이동이나 침하가 되지 않는 곳을 택하도록 한다.

삼각점의 선점

(1) 삼각형은 정삼각형에 가깝고, 삼각형의 내각은 30~120° 이내에 있도록 한다.

(2) 삼각점 상호간의 시준이 잘 되고 기상의 영향을 받지 않는 곳이라야 한다.

(3) 될 수 있으면 측점 수가 적고 계속되는 측량에 이용 가치가 큰 점이어야 한다.

★★☆

59

다음 중 삼각점의 선정시 주의해야 할 사항이 아닌 것은?

① 삼각형 내각의 크기는 30~120°의 범위가 되도록 한다.
② 삼각점 상호간에 시준이 잘 되고 기상의 영향을 받지 않는 곳이어야 한다.
③ 지반이 견고하고 이동 침하가 없는 곳이 좋다.
④ 거리에는 무관하나 되도록 측점 수가 많은 것이 좋다.

해설

삼각점은 가능한 한 측점 수가 적고 이용 가치가 큰 점이어야 한다.

★★☆

60

다음 중 기선 삼각망 선정 시 주의 사항으로 옳지 않은 것은?

① 삼각망이 길어질 때에는 기선 길이 50배 정도의 간격으로 기선을 설치한다.
② 기선의 설정 위치는 경사가 1:25 이하로 하는 것이 바람직하다.
③ 1회의 기선 확대는 기선 길이의 3배 이내로 하는 것이 적당하다.
④ 기선은 여러 번 확대하는 경우에도 기선 길이의 10배 이내가 되도록 한다.

해설

삼각망이 길어질 때에는 기선 길이 20배 정도의 간격으로 기선을 설치한다.

★★★

61

다음 중 삼각 측량에서 1개 삼각형의 각 점을 같은 정도로 관측하여 생긴 폐합 오차의 처리는?

① 각의 크기에 비례하여 배분한다.
② 각의 크기에 반비례하여 배분한다.
③ 대변의 크기에 비례하여 배분한다.
④ 3등분하여 똑같이 배분한다.

해설

삼각측량 시 경중률이 같으면 3등분하여 똑같이 배분한다.

★★☆
62

다음 중 삼각 측량의 기선 설치 시 평탄한 곳이 좋지만 경사가 있을 시에는 얼마 이하의 지형에 기선을 설치하여야 하는가?

① 1/10
② 1/25
③ 1/50
④ 1/70

해설

삼각측량 시 기선의 설치는 지면의 경사가 1/25 이하가 되는 지형에 설치한다.

★☆☆
63

다음 중 기선 측량에서 표준 온도와 표준 장력이 바르게 표시된 것은?

① 10℃, 10kg
② 10℃, 15kg
③ 15℃, 10kg
④ 15℃, 15kg

해설

표준 온도 : 15℃, 표준 장력 : 10kg

★★★
64

삼각 측량의 기선 측량 보정과 관계없는 것은?

① 온도 보정
② 장력 보정
③ 구배 보정
④ 기계 보정

해설

삼각측량 시 기선의 보정

(1) 표준차에 대한 보정 : $L = L_0\left(1 + \dfrac{\Delta l}{l}\right)$

(2) 온도의 보정 : $L = L + aL(t - t_0)$

(3) 경사의 보정 : $C_g = \dfrac{h^2}{2L}$

(4) 당기는 힘에 의한 보정 : $C_p = +(P - P_0)\dfrac{L}{AE}$

(5) 처짐에 대한 보정 : $C_s = \dfrac{L}{24}\left(\dfrac{Wl}{P}\right)^2$

★★★
65

다음 기선 양단의 고저차가 0.5m인 두 점을 강철 테이프로 측정하여 경사 거리 30m를 얻었다. 수평 거리로 보정 시 경사 보정량은?

① −2mm
② −4mm
③ −5mm
④ −8mm

$$C_g = -\frac{h^2}{2L} = -\frac{0.5^2}{2 \times 30} = -0.004\text{m} = -4\text{mm}$$

★★★
66

표고 h=642m인 지대에서 기선의 측정값이 l=1,000m일 때 평균 해수면에 대한 보정량은?

① −2cm
② −5cm
③ −10cm
④ −20cm

해설

$$C_h = \frac{L \cdot h}{R} = -\frac{1,000 \times 642}{6,370,000} = -0.1\text{m} = -10\text{cm}$$

★★☆
67

평면 삼각형 A, B, C에서 ∠B, ∠C 및 a를 알고 b를 구하는 식은 어느 것인가?

① $\log b = \log a + \log \sin \angle C - \log \sin \angle B$
② $\log b = \log a - \log \sin \angle C - \log \sin \angle B$
③ $\log b = \log a + \log \sin \angle B - \log \sin \angle A$
④ $\log b = \log a - \log \sin \angle B - \log \sin \angle A$

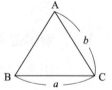

해설

$\sin$법칙 $\dfrac{a}{\sin A} = \dfrac{b}{\sin B}$ 이므로 $b = a\dfrac{\sin B}{\sin A}$

∴ 양변에 $\log$를 취하면 $\log b = \log a + \log \sin B - \log \sin A$

★★☆
68

다음 중 표차를 바르게 설명한 것은?

① $\log \sin 1''$ 차이를 말한다.

② $\log \tan 1''$ 차이를 말한다.

③ $\log \sin 10''$ 차이를 말한다.

④ $\log \tan 10''$ 차이를 말한다.

해설

$\log \sin \theta$에 대한 $1''$ 표차를 말한다.

★★☆
69

삼각망의 조정에서 어느 각이 $62°43'44''$일 때 이에 대한 표차는?

(단, $\log \sin 62°43'44''+10=9.948827682$, $\log \sin 62°43'43''+10=9.948826597$)

① 24.81   ② 22.86

③ 14.77   ④ 10.85

해설

표차는 $(1)-(2)=10.85 \times 10^{-7}$

표차$=\dfrac{21.055}{\tan \theta}=\dfrac{21.055}{\tan 62°43'44''}=10.85$

★★★
70

삼각수준측량의 관측값에서 대기의 굴절오차(기차)와 지구의 곡률오차(구차)의 조정방법 중 옳은 것은?

① 기차는 낮게, 구차는 높게 조정한다.

② 기차와 구차를 함께 낮게 조정한다.

③ 기차는 높게, 구차는 낮게 조정한다.

④ 기차와 구차를 함께 높게 조정한다.

해설

양차의 조정$=\dfrac{(1-K)l^2}{2R}$

여기서, 구차$=\dfrac{l^2}{2R}$, 기차$=-K\dfrac{l^2}{2R}$

71 삼각측량 선점 설명 중 비교적 중요하지 않은 것은?

① 기선상의 점들은 서로 잘 보여야 한다.
② 기선은 부근의 삼각점과 연결이 편리한 곳이어야 한다.
③ 삼각점들은 되도록 정삼각형이 되도록 한다.
④ 직접 수준측량이 용이한 점이어야 한다.

해설

삼각점의 높이 측정은 삼각수준측량에 의해 구한다.

72 다음 삼각망의 조정에 대한 설명으로 옳지 않은 것은?

① 한 측점에서 여러 방향의 협각을 관측했을 때 여러 각 사이의 관계를 표시하는 조건을 각 조건이라 한다.
② 삼각형의 내각의 합은 180°라는 각 조건은 도형 조건이다.
③ 삼각형 중의 한 변의 길이는 계산 순서에 따라 일정하다.
④ 한 측점의 둘레에 있는 모든 각의 합은 360°이다.

해설

삼각망의 조건
⑴ 한 측점에서 측정한 여러 각의 합은 그 전체를 한 각으로 관측한 각과 같다.
⑵ 한 측점의 둘레에 있는 모든 각을 합한 것은 360°이다.
⑶ 각 조건 : 삼각형 내각의 합은 180°이다.
⑷ 변 조건 : 삼각망 중의 한 변의 길이는 계산 순서에 관계없이 일정하다.

73 방대한 지역의 측량에 적합하며 동일 측점 수에 비하여 포함면적이 가장 넓은 삼각망은 어느 것인가?

① 유심삼각망   ② 사변형망
③ 단열삼각망   ④ 복합삼각망

74

다음 4변형에서 조건 방정식수(K_1), 각 방정식수(K_2), 변 방정식수(K_3)에 관한 사항 중 옳은 것은?

① $K_1 = 8$, $K_2 = 8$, $K_3 = 4$

② $K_1 = 8$, $K_2 = 8$, $K_3 = 6$

③ $K_1 = 4$, $K_2 = 3$, $K_3 = 1$

④ $K_1 = 4$, $K_2 = 3$, $K_3 = 6$

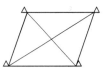

해설

$K_1 = B + A - 2P + 3 = 1 + 8 - 2 \times 4 + 3 = 4$

$K_2 = L - (P - 1) = 6 - (4 - 1) = 3$

$K_3 = B + L - 2P + 2 = 1 + 6 - 2 \cdot 4 + 2 = 1$

75

그림과 같이 CP를 기선으로 삼각측량을 실시하였을 때 조건식의 총 수는?

① 1개

② 3개

③ 5개

④ 8개

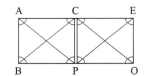

해설

조건식의 총 수 = B + a − 2P + 3 = 1 + 16 − 2 · 6 + 3 = 8

76

다음 중 가장 정밀한 삼각측량을 할 수 있는 형태는?

① 단삼각형 열   ② 단삼각형

③ 사변형 삼각망   ④ 유심삼각망

★★★
77

삼각점의 평균거리가 5km의 삼각측량을 하고자 한다. 관측한 수평각의 평균값을 41.2″까지 구할 때 관측점 및 시준점의 편심을 고려하지 않아도 좋은 한도는 얼마인가?

① 7cm

② 15cm

③ 70cm

④ 100cm

해설

$$\frac{e}{l} = \frac{\epsilon''}{\rho''} \ e = l \times \frac{\epsilon''}{\rho''} = 5,000 \times \frac{41.2''}{206,265''} = 1\,\mathrm{m}$$

★★★
78

다음 중 양차를 구하는 식으로 옳은 것은?
(K : 굴절계수, R : 지구곡률반경, D : 거리)

① $\dfrac{D^2}{2R}$

② $\dfrac{D^2(1-K)}{2R}$

③ $\dfrac{KD^2}{2R}$

④ $\dfrac{D^2(1+K)}{2R}$

해설

$$\text{양차} = \text{기차}+\text{양차} = \frac{D^2(1-K)}{2R}$$

★★★
79

평탄한 지역에서 6km 떨어진 지점을 관측하려면 측표의 높이는 얼마로 하여야 하는가? (단, 지구의 곡률 반경은 6,000km, K=0.14)

① 약 1.5m

② 약 2.6m

③ 약 3.5m

④ 약 4.6m

해설

$$\text{양차}(h) = \frac{(1-K)}{2R}D^2 = \frac{(1-0.14)\times 6,000^2}{2 \times 6,000 \times 1000} = 2.58\,\mathrm{m}$$

★★☆

80

삼각측량에서 두 점간의 길이에 관한 설명 중 가장 적당한 것은?

① 두 점간의 실제적인 최단거리
② 두 점을 기준면상에 투영한 최단거리
③ 두 점간의 곡률을 고려한 최단거리
④ 두 점의 기차와 구차를 고려한 최단거리

[해설]
수평거리
기준면상에 투영한 최단거리를 말한다.

★★★

81

단열삼각망의 조정에서 각점의 내각이 같은 정밀도로 관측되었다고 한다면 폐합 오차는?

① 변의 크기에 관계없이 등배분한다.
② 각의 크기에 비례하여 배분한다.
③ 각의 크기에 반비례하여 배분한다.
④ 변의 크기에 비례하여 배분한다.

[해설]
단열삼각망의 어느 삼각형 내각의 합이 $180°\,00'\,03''$였다면 그 조정량은 각각 $-\dfrac{3''}{3''}=-1''$씩이다.

★☆☆

82

다음 중 삼각측량에서 내각을 60°에 가깝도록 정하는 것을 원칙으로 하는 이유로 가장 타당한 것은?

① 좋은 배열을 통해 시통이 잘 되도록 하기 위하여
② 각 점이 잘 보이도록 하기 위하여
③ 정삼각형에 가까울수록 측각의 오차가 변장에 미치는 영향을 최소화하기 때문
④ 작업의 일관성을 위하여

★★☆
83

다음 중 삼각측량과 다각측량에 대한 설명 중 부적당한 것은?

① 삼각측량은 다각측량 방법보다 관측 작업량이 많으나 기하학적인 정확도는 우수하다.

② 다각측량은 각과 거리를 실측하여 점의 위치를 구한다.

③ 시준이 곤란하여 관측에 어려움이 있을 때에는 삼각측량을 주로 사용한다.

④ 삼각측량은 주로 각을 실측하고 측점간 거리는 계산에 의해 구한다.

삼각측량은 각을 측정해야 하므로 관측가능한 점이여야 한다.

★★★
84

다음 그림과 같은 편심 조정계산에서 T값은? (단, $x_1 = 0°0'30''$, $x_2 = 0°0'30''$, $t = 45°30'20''$, $S_1 \fallingdotseq S_1'$, $S_2 \fallingdotseq S_2'$로 간주)

① 45° 29′ 40″

② 45° 30′ 05″

③ 45° 30′ 20″

④ 45° 31′ 05″

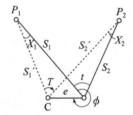

해설

$$\frac{e}{\sin x_1} = \frac{S_1'}{\sin(360-\phi)} \rightarrow x_1 = 0°0'30''$$

$$\frac{e}{\sin x_2} = \frac{S_2'}{\sin(360-\phi+t)} \rightarrow x_1 = 0°0'50''$$

$$x_1 + T = t + x_2$$

$$\therefore T = t + x_2 - x_1 = 45°30' + 50'' - 30'' = 45°30'20''$$

★★★
85

다음 삼각형 AB의 변장은 얼마인가? (단, AC=100m, ∠A=60°, ∠B=90°, ∠C=30°)

① 50.0m

② 68.2m

③ 94.2m

④ 78.6m

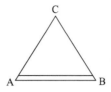

$$\sin\text{법칙에서} \quad \frac{\overline{AB}}{\sin\angle C}=\frac{\overline{AC}}{\sin\angle B}=\frac{\overline{BC}}{\sin\angle A}$$

$$\therefore \ \overline{AB}=\frac{\sin\angle C}{\sin\angle B}\overline{AC}=\frac{\sin 30°}{\sin 90°}\times 100=50.0\text{m}$$

★★★
86

그림은 3변 측량의 결과이다. 여기서 A점의 내각을 구하면 다음 중 어느 것인가?

① $\cos^{-1}\dfrac{-11}{24}$

② $\cos^{-1}\dfrac{11}{24}$

③ $\cos^{-1}\dfrac{-11}{12}$

④ $\cos^{-1}\dfrac{11}{12}$

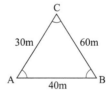

$$\cos A=\frac{b^2+c^2-a^2}{2bc}$$

$$\therefore \ \angle A=\cos^{-1}\left(\frac{30^2+40^2-60^2}{2\times 30\times 40}\right)=\cos^{-1}\frac{-1{,}100}{2{,}400}=\cos^{-1}\frac{-11}{24}$$

06 지형측량

① 지형측량의 개요

측량은 지형도를 만들기 위한 측량으로 측점을 결정하고 답사와 선점을 한 후 골조측량, 세부측량의 순으로 실시한다.

※ 공무원 시험에는 지형도의 성질에 대해 잘 알아 두어야 한다.
  ① 지형측량의 정의
  ② 지형의 표시법

1. 지형측량의 정의

지형은 지구 표면의 기복 상태를 말하며, 좁은 의미로는 지표상의 시설물인 지물과 지표의 모양인 지모(地貌)를 뜻한다. 지물(하천, 호수, 건축물 등)과 지모(산, 언덕, 평지 등)를 측정하여 지형도를 작성하는 작업을 지형측량이라고 한다.

2. 측량순서

측량계획	⇒	골조측량	⇒	세부측량	⇒	측량원도

(1) 축척결정

① 축척	지표상의 실거리가 지형도상에 나타나게 되는 축소비율
② 지형측량에 사용되는 축척	대축척 : 1/1,000 이상
	중축척 : 1/1,000~1/10,000
	소축척 : 1/10,000 이하
③ 토목공사용 지형도	대부분이 대축척 및 중축척도이다.
④ 실제의 지형과 지형도는 기하학적인 닮은꼴	

(2) 답사 및 선점

① 지형도나 항공사진을 참고로 도상계획을 작성

② 현지를 답사하여 측량방법, 기계·기구 등을 결정

③ 후속측량에 이용하기 편리하게 선점한다.

④ 선점이 끝난 후 선점도 작성

(3) 골조측량

① 수평 골조 측량 : 기준점 상호간의 수평위치를 결정하는 것.

② 고저 골조 측량 : 측량지역내의 고저를 측량하기 위하여 기준이 되는 점들의 높이를 결정하는 측량

(4) 세부측량

① 골조측량에서 구한 각 측점의 위치 및 높이를 기준으로 측량할 지역 내의 지형, 지물을 측정, 지형도 원도에 기입하는 것

② 지물측량 : 지물 중 중요한 선과 점을 먼저 정하고 그 부근의 다른 지물의 위치나 방향을 결정한다.

③ 지형의 측량 : 지표면의 기복상태를 일정한 도식에 따라 도상에 표현

KEY

◉ **지형측량**

1. 지물 : 지표상의 자연 및 인위적인 것으로 하천, 호수, 도로, 철도, 건축물 등
2. 지모 : 산정, 구릉, 계곡, 평야등
3. 지형측량이란 지물과 지모를 측정하여 일정한 축척과 도식으로 지형도를 작성하기 위한 측량을 말한다.
4. 지형도는 토목, 광산, 농림, 공사 등에 이용되는 기초자료이다.
5. 우리나라 지형도에서 해안선의 기준은 만조시의 해안으로 한다.
6. 지형측량에 필요한 측점은 도근점과 삼각점이 있다.

◉ **지형도를 작성하기 위한 방법**

1. 항공사진 측량에 의한 방법
2. 인공위성 영상을 이용한 방법
3. 평판측량에 의한 방법
4. 수치지형모델에 의한 방법

◉ **지형도의 이용**

1. 저수량 및 토공량 산정
2. 유역면적의 결정
3. 등경사선 관측
4. 도상계획의 작성

3. 지성선

지표의 불규칙한 곡면을 몇 개의 평면의 집합으로 생각할 때 이들 평면의 서로 만나는 선으로 지표면의 형상을 나타내는 골조가 된다.

■지성선의 종류

능선(凸선)	지표면의 높은 점들을 연결한 선으로 철선(분수선)이라고도 한다.
계곡선(凹선)	지표면의 낮은 점들을 연결한 선으로 요선(합수선)이라고도 한다.
경사변환선	동일 방향의 경사면에서 경사의 크기가 다른 두 면의 교선을 말한다.
최대경사선 (유하선)	지표의 임의의 한 점에서 그 경사가 최대로 되는 방향을 표시한 선으로 등고선에 직각으로 교차하며 물이 흐르는 선이란 의미에서 유하선이라고도 한다.

4. 지형의 표시법

(1) 자연적 도법

자연적 도법에는 음영법과 우모법이 있으며 입체감이 잘 나타나나 그리기 어렵다.

음영법 (shading)	· 어느 일정한 방향에서 평행한 광선이 비칠 때 생기는 그림자로 지표면의 높고 낮은 상태를 표시한다. · 태양광선이 서북쪽에서 45°로 비친다고 가정하고 지표의 기복을 도상에서 2~3색 이상으로 채색한다.
우모법 (hachuring)	소의 털처럼 가는 선(게바)으로 지형을 표시하는데 경사가 급하면 굵고 짧은 선으로, 경사가 완만하면 가늘고 긴 선으로 지형을 나타낸다.

(2) 부호적 도법

부호적 도법에는 점고법, 채색법, 등고선법 등이 있으며 상대적인 고저차는 알기 쉬우나 입체감은 떨어진다.

점고법	하천, 항만, 해양 등에서의 심천측량을 점에 숫자를 기입하여 높이를 표시하는 방법
채색법	채색의 농도를 변화시켜 지표면의 고저를 나타내는 방법
등고선법	등고선(일정한 간격의 수평면과 지표면이 교차하는 선을 기준면 위에 투영시켜 생긴 선)으로 지표면의 기복을 나타내는 방법으로 높이를 숫자로 알 수 있고 임의 방향의 경사도를 쉽게 산출할 수 있다.

■토목공사용으로 가장 널리 사용되는 지형의 표시법은 등고선법이며 채색법과 함께 사용하면 더욱 더 편리하다.

01 다음 지형측량 방법 중 골조측량에 해당되지 않은 것은?

① 삼변측량　　　　　　② 트래버스측량

③ 삼각측량　　　　　　④ 스타디아측량

해설

지형측량의 골조측량

삼각측량(삼변측량 포함), 트래버스 측량 등의 방법으로 실시하고 세부측량은 주로 스타디아 측량을 사용한다.

02 지형의 표현 방법 중 등고선법에 대한 설명으로 옳지 않은 것은?

① 등고선은 같은 높이(표고)의 지점을 연결한 선을 평면도 상에 투영한 것이다.

② 인접한 등고선과의 수평 거리에 의하여 지표면의 경사도를 알 수 있다.

③ 축척 1 : 50,000 지형도에서 주곡선의 간격은 20 m이다.

④ 지표면의 경사가 급한 곳에서는 각 등고선의 간격이 넓어지며 경사가 완만한 경우는 좁아진다.

해설

등고선의 경사가 급한 곳에서는 간격이 좁고, 완만한 경사에서는 넓어진다. (그림 b)

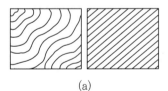

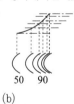

(a)　　　　　　　　　　　　　　(b)

03 게바라고 하는 짧은 선으로 지표의 기복을 나타내는 지형의 표시 방법은 어느 것인가?

① 음영법   ② 우모법

③ 채색법   ④ 점고법

해설

우모법
소의 털처럼 가는 선(게바)으로 지형을 표시하는데 경사가 급하면 굵고 짧은 선으로, 경사가 완만하면 가늘고 긴 선으로 지형을 나타낸다.

 04 다음 중 경사변환선에 대한 설명으로 옳은 것은?

① 지표면이 높은 곳의 꼭대기 점을 연결한 선

② 동일방향의 경사면에서 경사의 크기가 다른 두면의 접합선

③ 경사가 최대로 되는 방향을 표시한 선

④ 지표면의 낮거나 움푹 패인 점을 연결한 선

해설

경사변환선
동일 방향의 경사면에서 경사의 크기가 다른 두 면의 교선을 말한다.

 05 다음 중 지형도 작성을 위한 방법과 거리가 먼 것은?

① 탄성파 측량을 이용하는 방법

② 평판 측량을 이용하는 방법

③ 항공사진 측량을 이용하는 방법

④ 수치지형모델에 의한 방법

해설

탄성파 측정
지구 내부 특성을 알기 위한 물리학적 측지학에 속한다.

핵심 06

다음은 지형 측량을 위한 외업의 준비와 계획에 관한 설명이다. 틀린 것은?

① 항상 최고의 정확도를 유지할 수 있는 방법을 택한다.

② 날씨 등의 외적 조건의 변화를 고려하여 여유 있는 작업 일지를 취한다.

③ 가능한 한 조기에 오차를 발견할 수 있는 작업방법과 계산방법을 택한다.

④ 측량의 순서, 측량 지역의 배분 및 연결방법 등에 대해 작업원 상호의 사전 조정을 한다.

> **해설**
>
> ⑴ 지형측량은 세부측량이다.
> ⑵ 지형측량은 기준점측량처럼 그다지 높은 정밀도를 요하지 않는다.

핵심 07

다음 중 지형도의 등고선 간격은 일반적으로 다음 어느 것으로 하는가?

① 축척 분모수의 약 1/1,000

② 축척 분모수의 약 1/2,000

③ 축척 분모수의 약 1/5,000

④ 축척 분모수의 약 1/10,000

> **해설**
>
> 등고선 간격(주곡선의 간격)
>
> 축척분모를 M이라 할 때 보통 $\dfrac{M}{2,000}$ 으로 한다.

핵심 08

다음 중 지형측량에서 지성선(地性線)을 설명한 것 중 옳은 것은?

① 등고선이 수목에 가려져 불명확할 때 이어주는 선을 말한다.

② 여러 개의 평면이 만나는 선으로 지모의 골격이 되는 선을 말한다.

③ 등고선에 직각방향으로 내려 그은 선을 말한다.

④ 곡선(谷線)이 합류되는 점들을 서로 연결한 선을 말한다.

> **해설**
>
> 지성선
> 지표면을 여러 개의 평면이 이루어졌다고 가정하면 그 평면이 만나는 선을 말하며 지형을 표시하는 중요한 요소이다.

정답 03 ② 04 ② 05 ① 06 ① 07 ② 08 ②

핵심 09 다음 중 지형도의 이용방법으로 옳지 않은 것은?

① 신설 노선의 도상 선정　② 저수 용량의 산정
③ 유역 면적의 결정　④ 지적도 작성

[해설]

지형도의 이용
(1) 저수량 및 토공량 산정　(2) 유역 면적의 결정
(3) 등경사선 관측　(4) 도상계획의 작성

핵심 10 축척 1/100 지형도를 기초로 하여 축척 1/3,000의 지형도를 작성하고자 한다. 1/1,000도의 일도엽에는 1/100도가 얼마나 포함되는가?

① 10매　② 25매
③ 50매　④ 100매

[해설]

면적비 $= \left(\dfrac{1}{100}\right)^2 : \left(\dfrac{1}{1,000}\right)^2$ 에서 $\dfrac{100^2}{1,000^2} = \dfrac{1}{100}$

따라서 $\dfrac{1}{1,000}$ 도의 일도엽에는 $\dfrac{1}{100}$ 도가 100매 포함된다.

핵심 11 다음은 지형의 표시방법을 설명한 것이다. 틀린 것은?

① 자연적 도법과 부호적 도법으로 분류된다.
② 자연적 도법에는 영선법과 음영법이 있다.
③ 부호적 도법에는 점고법, 채색법 및 등고선법이 있다.
④ 입체감이 가장 좋은 지형의 표시법은 등고선법이다.

[해설]

음영법
지형의 표시법 중 입체감이 가장 좋은 방법이다.

12 다음 중 하천이나 항만 등에서 심천측량을 한 결과의 지형을 표시하는 방법으로 적당한 것은?

① 점고법　　　　　　② 지모법
③ 등고선법　　　　　④ 음영법

> **해설**
> 점고법
> 심천 측량을 하여 점의 깊이를 나타낼 때 사용한다.

13 다음 중 지형측량 순서로 맞는 것은?

① 측량계획작성 – 골조측량 – 측량원도작성 – 세부측량
② 측량계획작성 – 세부측량 – 측량원도작성 – 골조측량
③ 측량계획작성 – 측량원도작성 – 골조측량 – 세부측량
④ 측량계획작성 – 골조측량 – 세부측량 – 측량원도작성

> **해설**
> 지형측량의 순서
> 측량계획 – 기준점(골조) 측량 – 세부측량 – 측량원도 작성

14 등고선에서 최단거리의 방향은 지표의 무엇을 표시하는가?

① 하향경사를 표시한다.　　② 상향경사를 표시한다.
③ 최대경사방향을 표시한다.　④ 최소경사방향을 표시한다.

> **해설**
> 최대경사선
> 등고선의 간격(높이차)는 일정하다. 등고선 사이의 수평거리가 커지면 경사도가 작아져 완경사가 되고, 작아지면 경사도가 커져 급경사가 된다.

15 일정한 간격 높이의 수평면과 지표면이 교차하는 선을 기준면 위에 투영시켜 생긴 선을 무엇이라 하는가?

① 영선　　　　　　　　② 등고선

③ 음영선　　　　　　　④ 교차선

해설

등고선

(1) 높이가 같은 점을 이은 선을 말한다.

(2) 일정한 간격 높이의 수평면과 지표면이 교차하는 선을 기준면 위에 투영시켜 생긴 선을 말한다.

16 다음은 지성선에 관한 설명이다. 옳지 못한 것은?

① 지성선은 지표면이 다수의 평면으로 구성되었다고 할 때 평면간 접합부의 접선이다.

② 凸선을 능선 또는 분수선이라 한다.

③ 경사변환선이란 동일 방향의 경사면에서 경사의 크기가 다른 두면의 접합선이다.

④ 凹선은 지표의 경사가 최대로 되는 방향을 표시한 선으로 유하선이라고 한다.

해설

凹선

지표면의 낮은 점들을 연결한 선으로 합수선, 계곡선이라고 한다.

정답 15 ②　　16 ④

② 등고선의 종류와 성질

등고선의 종류와 성질은 공무원 시험에 자주 출제되는 중요한 단원이다. 등고선이란 높이가 같은 점들을 연결한 선으로 간격에 따라 계곡선, 주곡선, 간곡선, 조곡선 등으로 분류된다.

※ 공무원 시험에는 등고선의 종류와 성질은 출제빈도가 높으므로 반드시 알아 두어야 한다.
　① 등고선의 종류와 간격　　　② 등고선의 성질

1. 지도의 종류

일반도 (국가기본도)	자연, 인문, 사회 사항을 정확하고 상세하게 표현한 지도로 국토 이용도, 토지이용도, 지세도, 지방도, 대한민국 전도 등이 있다.
주제도	어느 특정한 주제를 강조하여 표현한 지도로 토지이용도, 지질도, 토양도, 산림도, 도시계획도 등이 있다.
특수도	특수한 목적으로 사용하기 위하여 제작된 지도로 지적도, 해도, 항공도, 사진지도 등이 있다.

2. 등고선의 종류

주곡선	지형을 표시하는 데 가장 기본이 되는 곡선으로, 가는 실선으로 표시
간곡선	주곡선 간격의 $\frac{1}{2}$ 간격으로 그리는 곡선으로 완경사지나 주곡선만으로 지모를 명시하기 곤란한 장소에 가는 파선으로 표시
조곡선	간곡선 간격의 $\frac{1}{2}$ 간격으로 그리는 곡선으로 불규칙한 지형을 표시 (주곡선 간격의 $\frac{1}{4}$ 간격으로 그리는 곡선)
계곡선	주곡선 5개마다 1개씩 그리는 곡선으로 표고의 읽음을 쉽게 하고 지모의 상태를 명시하기 위해 굵은 실선으로 표시

3. 등고선의 간격

등고선의 종류	기호	$\dfrac{1}{10,000}$	$\dfrac{1}{25,000}$	$\dfrac{1}{50,000}$
주곡선	가는실선	5	10	20
간곡선	가는긴파선	2.5	5	10
조곡선	가는파선	1.25	2.5	5
계곡선	굵은실선	25	50	100

(1) 등고선의 간격이란 등고선 사이의 연직거리. 즉, 높이차를 말한다.

(2) 등고선의 간격

① 측량의 목적, 지형, 축척에 맞게 결정한다.

② 대축척에서 등고선 간격은 대략 축척분모의 1/2,000 정도이다.

③ 급경사지나 지형의 변화가 심한 곳 : 간격을 좁게

  완경사지나 지형의 변화가 적은 곳 : 간격을 넓게 결정한다.

④ 구조물 설계, 토공량 산출 등을 할 때는 간격을 좁게 잡아야 정확한 값을 얻는다. 일반적으로 등고선의 간격이 좁으면 지형은 정밀하게 표시되나 지형이 복잡해진다.

KEY

◉ **등고선의 용도**

1. 계곡선 : 표고의 읽음을 쉽게 하기 위함
2. 주곡선 : 지형을 나타내는데 기본이 되는 선
3. 간곡선 : 완경사지 이외에 지모의 상태를 상세하게 설명하기 위함
4. 조곡선 : 간곡선만으로 지형의 상태를 상세하게 나타낼 수 없을 때 사용

4. 등고선의 성질

① 같은 등고선 위의 모든 점은 높이가 같다. (그림 a)

② 한 등고선은 반드시 도면 안이나 밖에서 폐합되며, 도중에서 없어지지 않는다. (그림 b)

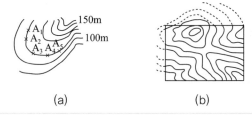

(a)   (b)

③ 등고선이 도면 안에서 폐합되면 산정이나 오목지가 된다. 오목지의 경우 대개는 물이 있으나, 없는 경우 낮은 방향으로 화살표시를 한다.(그림 c)

④ 높이가 다른 두 등고선은 동굴이나 절벽의 지형이 아닌 곳에서는 교차하지 않는다. 동굴이나 절벽에서는 2점에서 교차한다. (그림 d)

(c)   (d)

⑤ 경사가 일정한 곳에서는 평면상 등고선의 거리가 같고, 같은 경사의 평면일 때에는 평행한 선이 된다.(그림 e)

⑥ 등고선의 경사가 급한 곳에서는 간격이 좁고, 완만한 경사에서는 넓어진다. (그림 f)

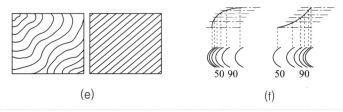

(e)   (f)

⑦ 최대 경사의 방향은 등고선과 직각으로 교차한다. (그림 g)

⑧ 등고선이 골짜기를 통과할 때에는 한쪽을 따라 거슬러 올라가서 곡선을 직각 방향으로 횡단한 다음 곡선 다른 쪽을 따라 내려간다. (그림 h)

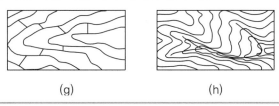

(g)   (h)

⑨ 등고선이 능선을 통과할 때에는 능선 한쪽을 따라 내려가서 능선을 직각 방향으로 횡단한 다음, 능선 다른 쪽을 따라 거슬러 올라간다. (그림 h)

⑩ 한 쌍의 등고선이 산정부가 서로 마주 서 있고, 다른 한 쌍의 등고선이 바깥쪽으로 바라보고 내려갈 때, 그곳은 고개를 나타낸다. (그림 I)

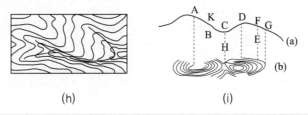

(h)　　　　　　　　　　(i)

5. 우리나라 지형도의 기준

① 축척	1/50,000 (위도, 경도차 각각 15′), 1/25,000, 1/10,000, 1/5,000 등
② 준거타원체	Bessel의 타원체
③ 수평기준	대한민국 경위도 원점
④ 수직기준	인천항의 평균해수면
⑤ 투영법	횡축 메르카토르 도법
⑥ 이용 좌표체계	평면직각좌표
⑦ 좌표체계의 기준점	서부원점 (위도 38°, 경도 125°) 중부원점 (위도 38°, 경도 127°) 동부원점 (위도 38°, 경도 129°) 동해원점 (위도 38°, 경도 131°)
⑧ 지형 표현	수평면 정사투영
⑨ 표고 표현	등고선법 이용

핵심 01

다음 중 지형을 지모와 지물로 구분할 때 지물로만 짝지어진 것은?

① 도로, 하천, 시가지 ② 산정, 구릉, 평야

③ 철도, 평야, 경지 ④ 촌락, 계곡, 경지

> 해설
>
> (1) 지물 : 지표상의 자연 및 인위적인 것으로 하천, 호수, 도로, 철도, 건축물 등
> (2) 지모 : 산정, 구릉, 계곡, 평야 등

핵심 02

1/50,000 국토기본도에서 500m의 산정과 300m의 산정 사이에는 주곡선이 몇 본 들어가는가?

① 8본 ② 9본

③ 10본 ④ 11본

> 해설
>
> 1/50,000 지도에서 주곡선 간격은 20m이다.
>
> 주곡선 개수 $= \dfrac{500-300}{20} - 1 = 9$

핵심 03

다음 중 등고선의 성질 중 옳은 것은?

① 등고선은 지표의 최대 경사선의 방향과 직교하지 않는다.

② 같은 등고선 위의 모든 점은 높이가 서로 다르다.

③ 지표의 경사가 급할수록 등고선 간격이 넓어진다.

④ 높이가 다른 두 등고선은 동굴이나 절벽의 지형이 아닌 곳에서는 교차하지 않는다.

> 해설
>
> 동굴이나 절벽은 등고선이 교차한다.

정답 01 ① 02 ② 03 ④

핵심 04

축척 1 : 25,000 지형도에서 A점의 표고가 876 m, B점의 표고가 553 m일 때, 두 점 사이에 들어가는 주곡선의 수는?

① 15

② 16

③ 32

④ 33

$\dfrac{1}{25,000}$ 지형도에서 주곡선 간격은 10m이므로

$\dfrac{876-553}{10}=32$개

핵심 05

다음 중 우리나라 지형도 1/50,000에 표시되어 있는 주곡선의 간격은?

① 10m

② 20m

③ 30m

④ 50m

등고선(주곡선)의 간격

(1) 소축척 지형도 : 축척분모의 $\dfrac{1}{2,500}$

(2) 중~대축척 지형도 : $\dfrac{1}{2,000}$

(3) $\dfrac{50,000}{2,500}=20$m

핵심 06

두 점 A, B의 수평거리가 100m이고, 표고가 각각 100.5m, 160.5m이다. A점에서 B방향으로 수평거리가 50m인 지점의 표고와 1/50,000 지형도 상에서 A, B 사이에 들어가는 주곡선의 개수는?

① 130.0m, 3개

② 130.5m, 3개

③ 150.0m, 6개

④ 150.5m, 6개

A, B지점의 표고차 = 160.5 − 100.5 = 60m

주곡선의 간격은 20m이므로 개수는 3개

50m지점의 표고 = 100.5 + $\dfrac{60}{30}$ = 130.5m

다음 중 등고선의 성질을 설명한 것으로 옳지 않은 것은?

① 등고선은 도면 내외에서 폐합하는 폐곡선이다.

② 동일한 경사면에서 등고선의 간격은 같다.

③ 등고선은 분수선과 직각으로 만난다.

④ 등고선의 수평거리는 보통 산중턱이 가장 크다.

해설

등고선의 수평거리
산꼭대기 및 산 밑에서는 크고 산 중턱에서는 작다.

등고선의 간격은 대체로 축척 분모수의 몇 분의 1이 적합한가?

① 1/1,000

② 1/2,000

③ 1/3,000

④ 1/5,000

해설

일반적으로 등고선의 간격은 대략 축척분모수의 1/2,000이다.

다음 지형측량 설명 중 옳지 않은 것은?

① "등고선 간격이 Lm이다"라는 말은 수직방향에서 Lm가 된다는 것이다.

② 등고선 간격은 일반적으로 축척분모수의 1/3000~1/5000이다.

③ 주곡선 간격은 1/50,000 지형도의 경우 20m이다.

④ 등고선은 분수선(능선)과 직각으로 만난다.

해설

일반적으로 등고선의 간격은 대략 축척분모수의 1/2,000이다.

등고선에 대한 설명으로 옳은 것은?

① 등고선은 능선 또는 계곡선과 직교하지 않으며 최대경사선과는 직각으로 만난다.

② 등고선이 도면 내에서 폐합하는 경우 등고선의 내부에는 산정(산꼭대기)이나 분지가 있다.

③ 높이가 다른 두 등고선은 절대로 교차하거나 만나지 않는다.

④ 지표면의 경사가 급한 곳에서는 등고선 간격이 넓어지며 완만한 곳에서는 좁아진다.

해설

등고선의 성질

(1) 등고선이 능선을 통과할 때에는 능선 한쪽을 따라 내려가서 능선을 직각 방향으로 횡단하고, 능선 다른 쪽을 따라 거슬러 올라간다.

(2) 최대경사선과는 직각으로 만난다.

(3) 등고선이 도면 내에서 폐합하는 경우 등고선의 내부에는 산정(산꼭대기)이나 분지가 있다.

(4) 높이가 다른 두 등고선은 절대로 교차하거나 만나지 않는다.(절벽이나 동굴 제외)

(5) 지표면의 경사가 급한 곳에서는 등고선 간격이 좁아지며 완만한 곳에서는 넓어진다.

 다음 중 등고선의 간격이 20m라고 하는 말을 바르게 나타낸 것은?

① 경사 거리 20m　　② 수평 거리 20m

③ 수직 거리 20m　　④ 곡선 거리 20m

해설

등고선의 간격
등고선 사이의 연직거리 또는 높이차를 말한다.

핵심 12

1:25,000 지도에서 등고선의 간격은?

① 주곡선 5m, 간곡선 2.5m, 조곡선 1.25m
② 주곡선 10m, 간곡선 5m, 조곡선 2.5m
③ 주곡선 20m, 간곡선 10m, 조곡선 5m
④ 주곡선 50m, 간곡선 25m, 조곡선 10m

해설

소축척에서 주곡선의 간격 $= \dfrac{M}{2,500} = \dfrac{25,000}{2,500} = 10\,\mathrm{m}$

핵심 13

다음 중 등고선의 성질에서 옳지 않은 것은?

① 등고선은 절벽이나 동굴 등 특수한 지형 외는 합치거나 교차하지 않는다.
② 凹선으로 표시한 곡선은 안부(鞍部) 가까이에서 곡률이 크고 계곡 밑으로 감에 따라 곡률이 작게 된다.
③ 등고선은 분수선과 반드시 직교하여야 한다.
④ 같은 경사면에는 같은 간격의 평면이 된다.

해설

등고선은 안부 가까이에서 곡률이 작고, 계곡 밑으로 감에 따라 곡률이 크게 된다.

핵심 14

축척에 따른 등고선의 간격으로 옳은 것은?

① 축척 1 : 5,000일 때 계곡선의 간격은 20 m이다.
② 축척 1 : 25,000일 때 주곡선의 간격은 15 m이다.
③ 축척 1 : 25,000일 때 간곡선의 간격과 축척 1 : 5,000일 때 주곡선의 간격은 같다.
④ 축척 1 : 50,000일 때 간곡선의 간격과 축척 1 : 25,000일 때 조곡선의 간격은 같다.

해설

1 : 25000 일 때 간곡선 = 5m
1 : 5000 일 때 주곡선 = 5m

정답 10 ② 11 ③ 12 ② 13 ② 14 ③

핵심 15 지형도에 표시되는 하안 및 해안 수위선은 어느 것을 평면위치의 기준으로 하는가?

① 최저수위선　　　　　　② 평균저수위선

③ 평수위선　　　　　　　④ 최대수위선

> **해설**
>
> (1) 지형도의 해안선 : 토지의 이용을 목적으로 하므로 최고 고조면을 기준
> (2) 하천이나 하구의 수심 : 이수를 목적으로 하므로 최저 저조면을 기준
> (3) 하안 및 해안 수위선 : 평수위선을 기준

핵심 16 다음 중 지표면이 높은 곳의 꼭대기 점을 연결한 선으로, 빗물이 이것을 경계로 좌우로 흐르게 되는 선을 무엇이라 하는가?

① 계곡선　　　　　　　　② 능선

③ 경사 변환점　　　　　　④ 방향 변환점

> **해설**
>
> 지표면의 높은 점들을 연결한 선으로 철선(분수선)이라고도 한다.

핵심 17 어느 지형도에서 주곡선의 간격이 5m마다 표시되어 있다면 계곡선의 간격은 얼마인가?

① 2.5m　　　　　　　　② 25m

③ 50m　　　　　　　　　④ 100m

> **해설**
>
> 계곡선은 주곡선 5개마다 표시해 준다.

18 축척이 1:5,000인 국가 기본도에서 주곡선의 간격[m]은?

① 1 ② 2
③ 5 ④ 10

등고선의 종류	기호	$\frac{1}{10,000}$	$\frac{1}{25,000}$	$\frac{1}{50,000}$
주곡선	가는실선	5	10	20
간곡선	가는긴파선	2.5	5	10
조곡선	가는파선	1.25	2.5	5
계곡선	굵은실선	25	50	100

$\frac{1}{10,000}$ 이하의 대축척은 주곡선 간격을 5m로 한다.

19 다음 중 등고선의 종류 중 간곡선의 간격은 어느 것으로 표시하는가?

① 굵은 실선 ② 가는 실선
③ 가는 점선 ④ 가는 긴 파선

주곡선	가는 실선
간곡선	가는 긴 파선
조곡선	가는 파선
계곡선	굵은 실선

20 다음의 지형측량에서 등고선의 성질을 설명한 것이다. 다음 중 틀린 것은?

① 등고선은 절대 교차하지 않는다.

② 등고선은 지표의 최대 경사선 방향과 직교한다.

③ 등고선간의 최단거리의 방향은 그 지표면의 최대경사의 방향을 가리킨다.

④ 동일 등고선 상에 있는 모든 점은 같은 높이이다.

등고선은 절벽이나 동굴을 제외하고는 절대 교차하지 않는다.

21 다음 설명 중 옳지 않은 것은 어느 것인가?

① 지성선 중 요(凹)선은 지표면의 높은 곳을 이은 선으로 분수선이라고도 한다.

② 최대 경사선은 경사가 지표의 임의의 1점에서 최대가 되는 방향을 나타내는 선으로 유하선이라고 한다.

③ 등경사지의 등고선의 수평거리는 서로 같다.

④ 조곡선의 간격은 주곡선 간격의 1/4이며, 가는 파선으로 표시한다.

凹선은 지표면의 낮은 곳을 이은 선으로 합수선이라고 한다.

22 다음 등고선의 성질 중 틀린 것은?

① 볼록한 등경사면의 등고선 간격은 산정으로 갈수록 좁아진다.

② 등고선은 도면 내·외에서 폐합하는 폐곡선이다.

③ 지도의 도면내에서 폐합하는 경우 등고선의 내부에는 산꼭대기 또는 분지가 있다.

④ 절벽은 등고선이 서로 만나는 곳에 존재한다.

볼록한 등경사면의 등고선 간격(여기서는 수평간격)은 산정으로 갈수록 넓어진다. 즉, 곡률반경이 커진다.

23 등고선의 일반적인 성질에 대한 설명으로 옳지 않은 것은?

① 동일 등고선 상에 있는 각 점의 높이는 같다.

② 등고선은 반드시 폐합한다.

③ 등고선은 능선 또는 계곡선과 평행하다.

④ 동일 경사 지면에서 서로 이웃한 등고선의 간격은 일정하다.

해설

① 같은 등고선 위의 모든 점은 높이가 같다.

② 한 등고선은 반드시 도면 안이나 밖에서 폐합되며, 도중에서 없어지지 않는다.

③ 등고선이 도면 안에서 폐합되면 산정이나 오목지가 된다.
오목지의 경우 대개는 물이 있으나, 없는 경우 낮은 방향으로 화살표시를 한다.

④ 높이가 다른 두 등고선은 동굴이나 절벽의 지형이 아닌 곳에서는 교차하지 않는다.
동굴이나 절벽에서는 2점에서 교차한다.

⑤ 경사가 일정한 곳에서는 평면상 등고선의 거리가 같고, 같은 경사의 평면일 때에는 평행한 선이 된다.

⑥ 등고선의 경사가 급한 곳에서는 간격이 좁고, 완만한 경사에서는 넓어진다.

⑦ 최대 경사의 방향은 등고선과 직각으로 교차한다.

⑧ 등고선이 골짜기를 통과할 때에는 한쪽을 따라 거슬러 올라가서 곡선을 직각 방향으로 횡단한 다음 곡선 다른 쪽을 따라 내려간다.

⑨ 등고선이 능선을 통과할 때에는 능선 한쪽을 따라 내려가서 능선을 직각 방향으로 횡단한 다음, 능선 다른 쪽을 따라 거슬러 올라간다.

⑩ 한 쌍의 등고선이 산정부가 서로 마주 서 있고, 다른 한 쌍의 등고선이 바깥쪽으로 바라보고 내려갈 때, 그곳은 고개를 나타낸다.

③ 등고선의 측정과 오차

등고선을 측정하는 방법에는 지형을 정밀하게 측정하기 위한 직접측정법과 신속하고 경제적으로 측정하기 위한 간접측정법이 있다. 등고선이 들어간 지형도는 토목설계의 기초자료가 된다.

※ **공무원 시험에는 등고선 그리기 문제가 자주 출제되므로 다음 항에 대해 잘 알아 두어야 한다.**
① 간접측정법의 종류 및 특징　　② 등고선을 그리는 방법
③ 등고선의 오차

1. 등고선의 측정

(1) 직접측정법

경사가 완만하고 기복이 복잡한 지형을 등고선 간격 0.5m 또는 1.0m 정도로 정밀하게 나타낼 때 적당한 방법이다.

(2) 간접측정법

지형위의 중요한 점이나 선들을 측정하고 이들을 기준으로 비례 계산으로 다른 여러 점들의 위치를 구하는 측량으로 경사가 급하고 기복이 고른 지형에 적당한 방법이다.

좌표 점고법	측량 지역을 종횡 직선으로 많은 사각형으로 나눈 다음, 각 꼭지점의 표고를 이용하여 그 사이에 등고선을 그리는 방법이다.
종단점법	지성선과 같이 중요한 선의 방향에 여러 개의 측선을 내고 그 방향을 측정한다. 다음에는 이에 따라 여러 점의 표고와 거리를 구하여 이것을 도면 위에 표시하고, 그 높이를 이용하여 등고선을 측정하는 방법이다.
횡단점법	1측선에 따라 종단 측량을 하고, 그 선위의 적당한 곳에서 이것과 직각의 방향선 위에 오른쪽과 왼쪽의 양쪽으로 여러 점을 잡고 그의 표고와 거리를 측정하여 이것을 도면 위에 표시하고, 그 높이를 이용하여 등고선을 넣는 방법이다.
기준점법	측량 지역 내의 기준이 될 점과 지성선 위의 중요점 위치와 표고를 측정하여 등고선을 넣는 방법이다.

◉ **등고선의 간접측정법의 이용**

1. 좌표 점고법 : 택지, 건물부지 등 평지의 정밀한 등고선 측정에 이용된다.
2. 종단점법 : 정밀을 요하지 않는 소축척의 산지 등의 등고선 측정에 이용된다.
3. 횡단점법 : 도로, 철도, 수로 등의 노선측량의 등고선 측정에 이용된다.
4. 기준점법 : 지역이 넓은 소축척 지형도의 등고선 측정에 이용된다.

2. 등고선을 그리는 방법

① 계산에 의한 방법 : 비례식을 이용한다.

$$D : H_B - H_A = d : H_C - H_A$$

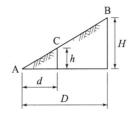

$$\therefore d = \frac{H_C - H_A}{H_B - H_A} D = \frac{h}{H} D$$

② 목측에 의한 방법
③ 투사척을 사용하는 방법

3. 지형도의 이용

(1) 종·횡단면도의 작성

(2) 노선의 도상선정

① 등물매선(등구배선) : 수평면에 대하여 일정한 기울기를 가지는 지표면의 선

② 철도나 도로 등의 노선선정 시 등물매선을 사용하면 성토나 절토량이 줄어들어 경제적이다.

③ 그림에서

$$\frac{H}{D} = \frac{i}{100}$$

$$\therefore D = \frac{100H}{i}$$

여기서, H : 등고선 간격, D : 수평거리,
   i : 필요한 등물매, S : 축척분모

기울기가 i이고 고저차가 H인 2점 사이의 도상거리(l)을 구하면

$$l = D\frac{1}{S} = \frac{100H}{iS}$$

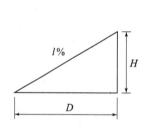

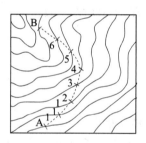

노선의 도상선정

(3) 저수량의 결정, 토공량 계산

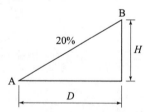

핵심 01

다음 중 등고선 간격이 5m이고 제한 경사 5%일 때 각 등고선의 수평 거리는?

① 100m

② 150m

③ 200m

④ 250m

[해설]

$$경사 = \frac{5}{100} = \frac{5}{D}$$

$$\therefore D = 100m$$

핵심 02

축척 1:25,000 지형도 상의 인접한 두 주곡선에서 각 주곡선 상의 임의 지점 사이의 수평 거리가 10 mm이었다면 그 두 지점 간의 경사(%)는?

① 3

② 4

③ 5

④ 6

[해설]

$\frac{1}{25,000}$ 지형도 상의 주곡선 간격은 10m

실제거리 = $25,000 \times 0.01 = 250m$

경사 = $\frac{10}{250} = 0.04$

$\therefore 4\%$

핵심 03

다음 중 등고선 측정방법 중 직접법에 해당하는 것은?

① 레벨에 의한 방법

② 횡단점법

③ 사각형 분할법(좌표점법)

④ 기준점법(종단점법)

[해설]

등고선의 간접측정법의 이용

(1) 좌표 점고법 : 택지, 건물부지 등 평지의 정밀한 등고선 측정에 이용된다.

(2) 종단점법 : 정밀을 요하지 않는 소축척의 산지 등의 등고선 측정에 이용된다.

(3) 횡단점법 : 도로, 철도, 수로 등의 노선측량의 등고선 측정에 이용된다.

(4) 기준점법 : 지역이 넓은 소축척 지형도의 등고선 측정에 이용된다.

04

1/5,000 지형도에서 AB간의 도상거리가 1.2cm일 때 AB 사이의 경사는?
(단, A점의 표고는 40m, B점의 표고는 10m이다.)

① 50% ② 30%

③ 20% ④ 10%

해설

(1) $\overline{AB}$의 실거리 $= 5,000 \times 0.012 = 60\,\mathrm{m}$

(2) $\overline{AB}$의 경사 $= \dfrac{H}{D} = \dfrac{40-10}{60} = 50\%$

05

다음 1/50,000 도면상에서 AB간의 도상수평거리 10cm일 때 AB간의 실수평거리와 AB선의 경사를 구한 값은?

	실수평 거리	경사
①	50m	1/3.3
②	500m	1/33.3
③	5,000m	1/333
④	50,000m	1/3,333

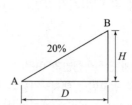

해설

(1) 실 수평거리

$0.1\,\mathrm{m} \times 50,000 = 5,000\,\mathrm{m}$

(2) AB선의 경사

$\dfrac{40-25}{5,000} = \dfrac{1}{333.3}$

06

A점은 20m의 등고선 상에 있고 B점은 30m의 등고선 상에 있다. 이때 AB의 경사가 20%이면 AB의 수평거리는?

① 25m

② 35m

③ 50m

④ 75m

해설

$\dfrac{H}{D} = \dfrac{20}{100}$ $\therefore D = \dfrac{H}{20} \times 100 = \dfrac{30-20}{20} \times 100 = 50\,\mathrm{m}$

07 그림과 같은 등고선에서 A, B 두 점 간의 도상 거리가 4cm이고 축척이 1:5,000일 때 AB의 경사도는?

① 2.5%

② 5.0%

③ 7.5%

④ 10.0%

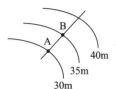

해설

실제상 A, B의 거리 $= 0.04 \times 5,000 = 200\text{m}$

경사도 $= \dfrac{H}{D} \times 100 = \dfrac{5}{200} \times 100 = 2.5\%$

---

08 두 점 A,B의 표고가 각각 250m, 150m이고 수평거리가 300m인 등경사 지형에서 표고가 200m인 측점을 C라 할 때 A점으로부터 C점까지의 수평 거리는?

① 80m ② 100m

③ 120m ④ 150m

해설

$D : H_B - H_A = d : H_C - H_A$

$d = \dfrac{H_C - H_A}{H_B - H_A} \cdot D = \dfrac{200 - 250}{150 - 250} \times 300 = \dfrac{-50}{-100} \times 300 = 150\text{m}$

---

09 1/50,000 지형도에서 5% 구배의 노선을 선정하려면 각 주곡선 간의 도상 수평거리는?

① 2mm ② 4mm

③ 6mm ④ 8mm

해설

(1) 1/50,000에서 주곡선의 간격은 20m

$\dfrac{5}{100} = \dfrac{C}{L}$ $\therefore L = \dfrac{100}{5} \times 20 = 400\text{m}$

(2) 도상거리

$l = L \times \dfrac{1}{S} = 400 \times \dfrac{1}{50,000} = \dfrac{1}{125} = 0.008\text{m}$

핵심 10

그림과 같이 축척 1 : 5,000 지형도상에 주곡선으로 등고선이 그려져 있다. 도면 상에서 두 점 A, B의 직선 거리가 30 mm일 때, A와 B 간의 경사는?

① $\dfrac{1}{10}$

② $\dfrac{1}{20}$

③ $\dfrac{1}{30}$

④ $\dfrac{1}{40}$

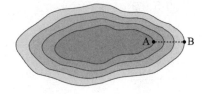

해설

$\dfrac{1}{5,000}$일 때 등고선 간격은 5m이므로

A, B점의 고저차 = $5 \times 3 = 15\,\mathrm{m}$

수평거리 = $5,000 \times 0.03 = 150\,\mathrm{m}$

경사 = $\dfrac{\text{고저차}}{\text{수평거리}} = \dfrac{15}{150} = \dfrac{1}{10}$

핵심 11

다음 등고선 측정방법 중 소축척으로 산지 등의 측량에 이용되는 방법은?

① 종단점법　　　　　② 횡단점법

③ 방안법　　　　　　④ 기준점법

해설

(1) 종단점법

　　정밀을 요하지 않는 소축척의 산지 등의 등고선 측정에 이용된다.

(2) 기준점법

　　지역이 넓고 소축척의 등고선 측정에 이용된다.

핵심 12

그림과 같은 종단면과 등고선에 대한 설명으로 옳지 않은 것은? (단, AB, BC, CD, DE, EF 구간의 각각의 경사는 등경사이다)

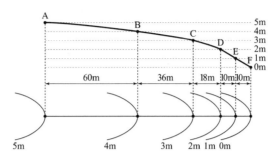

① AB 구간의 경사는 BC 구간의 경사보다 완만하다.

② DE 구간의 경사는 EF 구간과 같다.

③ 3.5 m 등고선을 BC 구간 사이에 삽입하면 3.5 m 등고선의 위치는 B점으로부터 우측으로 18 m 떨어진 지점이 된다.

④ DE 구간의 경사는 좌측에서 우측으로 하향 1 %이다.

해설

DE 구간의 경사는 $\dfrac{1}{10}$ 이므로 하향 10%이다.

핵심 13

다음 중 지형도의 이용법에서 틀린 것은?

① 저수량 및 토공량 산정   ② 면적의 도상 측정

③ 간접적으로 지적도의 작성   ④ 등경사선을 구한다.

해설

지적도
재산의 문제를 다루므로 특히 정확하게 작성되어야 되는데 지형도 자체가 정밀도가 낮으므로 사용이 무의미하다.

핵심 14

1/5,000 지형도상에서 20m와 60m 등고선 사이에 위치한 점 P의 높이는?
(단, 20m 등고선에서 점 P까지의 도상거리는 15mm이고 60m 등고선에서는 5mm임)

① 46m

② 50m

③ 52m

④ 54m

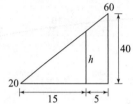

해설

$20 : 40 = 15 : h$에서 $h = 30$

$\therefore \ H = 20 + h = 50 \text{m}$

핵심 15

1/50000 지형도의 주곡선 간격은 20m이다. 이 지형도에서 4% 구배의 노선을 선정하고자 할 때 등고선 사이의 도상 수평거리는 얼마인가?

① 5mm

② 10mm

③ 15mm

④ 20mm

$\dfrac{4}{100} = \dfrac{20}{D}$

$\therefore \ D = \dfrac{20}{4} \times 100 = 500 \text{m}$

$\therefore \ l = \dfrac{500}{50,000} = \dfrac{1}{100} \text{m} = 10 \text{mm}$

핵심 16

지형에 대한 높낮이를 일정한 격자 간격으로 배열하여 나타난 수치 모형은?

① MC(Model Coordinate)

② DEM(Digital Elevation Model)

③ IMM(Independent Model Method)

④ DBMS(Data Base Management System)

DEM이란?

① Digital Elevation Model(수치표고모델)의 약어이다.

② 균일한 간격의 격자점(X, Y)에 대해 높이값 Z를 가지고 있는 데이터이다.

③ DEM을 이용하여 등고선을 제작하기도 한다.

* DTM은 표고정보 및 지형특성정보를 포함하고 DEM은 높이의 정보만을 가지며 표고를 (x, y, z)에 의해 표시한다.

④ 지형공간정보체계(G.S.I.S)의 개요

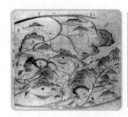

이 단원은 신설된 단원으로 아직까지 **깊이 있는 문제는 출제되지 않고** 있다. 따라서 개념 정도를 알고 가자.
① GSIS의 개요
② GIS, UIS, LIS의 개요

1. 지형공간 정보체계(GSIS – Geospatial Information System)

국토계획, 지역계획, 자원개발계획, 공사계획 등의 각종 계획을 성공적으로 수행하기 위해서는 토지, 자원, 환경 또는 이와 관련된 각종 정보 등을 컴퓨터에 의해 종합적, 연계적으로 처리하는 방식이 GSIS이다.

지형정보와 공간정보를 시, 공간적으로 분석하여 신속, 정확하고 융통성, 완결성 있게 처리하여 모든 사항의 의사결정, 편의 제공 등을 극대화시켜준다.

2. GSIS의 정보

1. 위치정보		점, 선, 면적 또는 공간적 양(크기)들의 개개의 위치를 판별하는 것
2. 특성 정보	① 도형정보	지도형상의 수치적 설명으로 점, 선, 면적, 영상소, 격자셀, 기호의 6가지 도형요소를 사용
	② 영상정보	인공위성의 수치영상이나 항공사진의 수치화된 정보
	③ 속성정보	지도상의 특성이나 질, 지형, 지물 등의 관계를 나타낸다.

> **KEY**
>
> ◎ 지형공간정보체계(地形空間情報體系)
>
> GSIS 또는 GIS로 약기, 지리정보체계(GIS), 도시정보체계(UIS), 토지정보체계(LIS), 교통정보체계(TIS), 환경정보체계(EIS) 등의 지형정보와 공간정보를 시, 공간적으로 분석하여 신속 정확하고 융통성, 완결성 있게 처리함으로써 모든 사항에 관한 의사 결정, 편의 제공 등을 극대화 시키는 종합 정보체계를 말함

3. GSIS의 특징

① 지도의 축소·확대가 자유롭고 계측이 용이하다.

② 복잡한 정보의 분류나 분석에 유용하다.

③ 대량의 정보를 저장하고 관리할 수 있다.

④ 원하는 정보 쉽게 찾을 수 있다.

⑤ 새로운 정보의 추가와 수정이 용이하다.

⑥ 자료의 중첩을 통하여 종합적 정보의 획득이 용이하다.

⑦ 표현방식이 다른 여러 가지 지도나 도형으로 표현이 가능하다.

4. GSIS의 활용 및 응용분야

토지 관련분야	공공기관의 토지관련 정책 수립에 정보를 제공하며 민원인에게 토지정보 제공
시설물 관리분야	시설물 관리에 소요되는 비용과 인력을 절감하고 재난을 사전에 방지하는 것이 목적
교통분야	교통정보 제공(교통개선, 도로 유지보수 등)
도시계획 및 관리분야	도시 현황 및 도시계획 수립, 도시정비, 도시기반 시설물 관리
환경분야	각종 환경 영향평가와 환경변화 예측 등에 활용
농업분야	토양 특성에 적합한 작목추천, 수확량 예측 등 과학적 영농지원
재해 재난분야	지진예측, 재난 발생시 긴급 출동 및 피해 최소화 방안 수립에 활용
기타분야	건설, 금융, 보험, 부동산 등 많은 민간산업에 활용

5. GSIS의 분류

지리정보시스템 : GIS	지리정보를 효율적으로 활용하기 위한 시스템, 다양한 지리 정보를 수집, 저장, 처리, 분석, 출력하는 정보 체계
도시정보시스템 : UIS	도시현황파악, 도시계획, 도시정비, 도시기반시설관리, 도시행정, 도시방재 등의 분야에 활용
토지정보시스템 : LIS	다목적 국토정보, 토지이용계획수립, 지형분석 및 경관정보 추출, 토지부동산관리, 지적정보 구축에 활용
교통정보시스템 : TIS	육상, 해상, 항공교통관리, 교통계획 및 교통영향평가에 활용
수치지도 제작 및 지도정보 시스템 : DM/MIS	중소축척 지도제작, 각종 주제도 제작 활용
도면자동화 및 시설물 관리시스템 : AM/FM	도면작성 자동화, 상하수도 시설관리, 통신 시설관리 등에 활용
측량정보시스템 : SIS	측지정보, 사진측량정보, 원격탐사정보를 체계화하는데 활용
도형 및 영상정보시스템 : GIIS	수치영상처리/전산도형해석, 전산지원설계, 모의관측 분야에 활용
환경정보시스템 : EIS	대기, 수질, 폐기물 관련정보 관리에 활용
자원정보시스템 : RIS	농수산 자원, 산림자원, 수자원, 에너지자원을 관리하는 데 활용
조경/경관 정보시스템 : LIS/VIS	조경설계, 경관분석, 경관계획에 활용
재해정보시스템 : DIS	각종 자연재해 방지, 대기오염경보, 민방공 등의 분야에 활용
해양정보시스템 : MIS	해저영상수집, 해저지형정보, 해저지질정보, 해양 에너지조사에 활용
기상정보시스템 : MIS	기상변동추적 및 일기예보, 기상정보의 실시간 처리, 태풍경로추적 및 피해예측 등에 활용
국방정보시스템 : NDIS	가시도 분석, 국방정보자료기반, 작전정보구축에 활용
국가지리정보시스템 : NGIS	국가 공간정보기반을 확충하여 디지털 국토를 실현

KEY

● **주로 사용되는 GSIS**

GIS : 지리정보체계
UIS : 도시정보체계
LIS : 토지정보체계

이 세 가지가 주로 출제되며 다른 정보체계는 그냥 한번 읽고 이해하는 정도로 충분하다.

01 국토계획, 지역계획, 자원개발계획, 공사계획 등의 계획을 성공적으로 수행하기 위해 그에 필요한 각종 정보를 컴퓨터에 의해 종합적, 연계적으로 처리하는 방법은?

① 원격탐측(R.S)
② 지형공간 정보체계(G.S.I.S)
③ 수치 지형 모델(D.T.M)
④ 행정 정보망

> 해설
>
> G.S.I.S의 분류
> (1) 도시정보체계(U.I.S)
> (2) 지리정보체계(G.I.S)
> (3) 토지정보체계(L.I.S)

02 지리 및 도시정보체계(GIS, UIS)에 대한 설명 중 잘못된 것은?

① 도면의 자동화 및 중첩분석이 가능
② 지도정보의 관측 및 검색기능
③ 통계자료와 면적자료 연관분석 및 시각적 표현 가능
④ 공선 조건에 의한 3차원 위치 결정 가능

> 해설
>
> 공선조건
> 사진측량에서 공간상의 임의의 점과 그에 대응하는 사진상의 점 및 사진기의 촬영중심이 동일직선에 있어야 하는 조건

핵심 03

점, 선, 면 또는 입체적 특성을 갖는 자료를 공간적 위치 기준에 맞추어 다양한 목적과 형태로서 분석, 처리할 수 있는 최신 정보체제는?

① DTM(Digital Terrain Model)

② GIS(Geographic Information System)

③ GPS(Global Positioning System)

④ WGS(World Geodetic System)

핵심 04

지형공간정보체계(GIS)의 유형 중 하나로 토지에 대한 정보를 디지털화하고 효율적으로 관리하기 위해 구축하는 시스템을 무엇이라 하는가?

① AMS(Automated Mapping System)

② LIS(Land Information System)

③ UIS(Urban Information System)

④ FMS(Facility Management System)

토지에 대한 정보를 디지털화하고 효율적으로 관리하기 위해 구축하는 시스템을 LIS 라 한다.

핵심 05

다음 중 그 의미가 다른 것은?

① GIS ② GSIS

③ GPS ④ 지리정보체계

지형공간정보체계(GSIS)
GIS라고도 불리우며, 지리정보체계(GIS)는 GSIS에 속한다고 본다.

핵심 06

GSIS의 특징과 가장 거리가 먼 것은?

① 복잡한 정보의 분류나 분석에 유용하다.
② 대량의 정보를 저장하고 관리할 수 있다.
③ 원하는 정보를 쉽게 찾을 수 있다.
④ 높은 정밀도를 얻기 쉽다.

GSIS는 각종 정보(위치정보, 특성정보 등)를 컴퓨터에 의해 종합적, 연계적으로 처리하는 방식으로 높은 정밀도로 처리하기 위해서는 데이터의 양이 크게 증가하는 단점이 있다.

핵심 07

국가지리정보체계(NGIS)에서 구축한 수치지도 중 전국을 포괄하는 기본적인 수치지도의 축척은?

① 1/1,000　　　　　　② 1/5,000
③ 1/25,000　　　　　④ 1/50,000

NGIS에서 구축한 전국을 포괄하는 기본적인 수치지도는 1/5,000 수치지도이다.

핵심 08

다음 설명 중 옳지 않은 것은?

① 위치정보는 공간적 해석이 가능하도록 대상물에 절대적 또는 상대적 위치를 부여하는 것이다.
② 도형정보는 도면 또는 지도에 의한 정보이다.
③ 영상정보는 일반사진, 항공사진, 인공위성영상 등을 수치화한 정보이다.
④ 속성정보는 대상물의 자연, 인문, 행정 등의 특성을 나타내는 것으로 지형공간적 분석은 불가능하다.

속성정보
지도상의 특성이나 질, 지형, 지물 등의 관계를 나타내며 지형공간적 분석이 가능하다.

핵심 09

복잡해지는 도시의 다양한 정보를 수집, 처리, 분석하여 도시계획, 도시 방재 등에 요긴하게 사용되는 정보체계는?

① UIS

② TIS

③ DM/MIS

④ SIS

해설

도시정보체계

도시에 대한 모든 정보를 수집, 처리, 분석하여 도시현황파악, 도시계획, 도시정비, 시설관리, 방재 등에 활용된다.

핵심 10

다목적 국토정보, 토지부동산관리, 지적정보 등의 구축에 활용되는 정보체계는?

① GIS

② UIS

③ AM/FM

④ LIS

해설

토지정보체계

토지에 대한 모든 정보를 수집, 처리, 분석하여 다목적 국토정보, 토지이용계획 수립, 지적정보 등에 활용된다.

⑤ G.S.I.S의 자료 해석

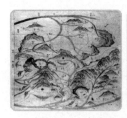

지금까지 GSIS의 자료해석은 거의 출제되지 않았지만 그 중요성이 커지므로 많이 출제될 수 있는 단원이다.
① 데이터 베이스의 내용
② GSIS의 자료처리

1. GSIS의 구성요소

GSIS는 자료의 입력과 저장에 필요한 하드웨어, 소프트웨어, 데이터베이스, 인적자원으로 구성된다.

(1) 하드웨어(Hardware)

GSIS를 운용하는데 필요한 컴퓨터와 각종 입, 출력장치 및 자료 관리장치를 말하며 데스크 탑 PC, 워크스테이션, 스캐너, 프린터, 디지타이저, 플로터 등 각종 주변 장치를 말한다.

① 입력장치 : 디지타이저, 스캐너, 키보드 등

② 저장장치 : 워크스테이션, 자기디스크, 자기테이프, 개인용 컴퓨터 등

③ 출력장치 : 프린터, 모니터, 플로터 등

■ 디지타이저와 스캐너

스캐너	디지타이저
자동방식	수동방식
래스터자료	백터자료
고가	저렴
신속	시간 오래 걸림

(2) 소프트웨어(software)

자료를 입력, 출력, 관리하기 위해서 반드시 필요하며, 자료입력을 위한 입력소프트웨어, 저장 및 관리하는 관리소프트웨어 그리고 분석결과를 출력할 수 있는 출력소프트웨어로 구성

① 입력 소프트 웨어 : 디지타이저, 스캐너, 단말기, 마그네틱 테이프 등

② 출력 소프트 웨어 : 프린터, 플로터, 자기테이프 등

(3) 데이터 베이스(Database)

GSIS의 주된 작업은 자료의 입력에 관련된 일이다. 보다 정확하고 핵심적인 요소의 자료가 다양하게 입력되어야 더욱 효율성 있는 운용체계를 구축 할 수 있다.

(4) 인적자원(Man Power)

GSIS의 모든 요소들을 운영하는 것으로서 데이터를 구축하고 관리하는 전문가뿐만 아니라 일상, 실제 업무에 GSIS를 활용하는 사용자들 모두를 포함한다.

2. 수치지형모델(Digital Terrian Model)

(1) 지표면상에서 규칙 및 불규칙적으로 관측된 3차원 좌표값을 보간법 등의 자료처리과정을 통하여 불규칙한 지형을 기하학적으로 재현하고 수치적으로 해석하는 기법

(2) 수치지형 모델의 이용

① 수치 지형도 제작

② 경관분석 및 예측

③ 최적노선 선정

④ 절, 성토량의 추정

⑤ 쓰레기량의 예측

■ GSIS의 주요 구성요소

1. 3요소 : Hardware, Software, Database

2. 5요소 : 3요소 + 조직, 인력

3. GSIS의 자료처리

GSIS의 자료처리는 크게 자료입력, 자료처리, 자료출력으로 나눌 수 있다.

(1) 자료의 입력

① 자료 입력

· 자료 입력 방식은 수동방식과 자동방식이 있다.

· 기본의 투영법 및 축척 등에 맞도록 재편집

② 부호화

　　·점, 선, 면, 다각형 등에 포함되어 있는 변량을 부호화

　　·부호화는 선추적 방식(벡터), 격자방식(래스터)이 있다.

(2) 자료 처리

① 자료정비 (DBMS 데이터베이스)

　　·GSIS의 효율적 작업의 성공여부에 매우 중요하다.

　　·모든 자료의 등록, 저장, 재생, 유지 등 관련의 프로그램 구성

② 조작처리

　　·표면분석 : 하나의 자료층상 변량들 간 관계분석

　　·중첩분석 : 2개 이상의 자료층상 변량들 간 관계분석

(3) 자료출력

① 도면 또는 도표로 검색 및 출력

② 사진 또는 필름기록으로 출력

4. GSIS의 자료처리체계

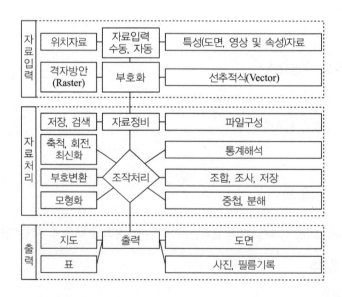

■ 중첩

1. 2개의 지도를 겹쳐서 통합적인 정보를 갖는 지도를 생성

2. 2개 이상의 GIS 커버리지를 결합, 중첩하여 새로운 자료생성

5. GSIS의 자료구성

(1) 위치자료
- 절대위치 : 경도, 위도, 좌표, 표고 등 실제공간의 위치 자료
- 상대위치 : 설계도같이 임의의 기준으로부터 결정되는 model 공간의 위치

(2) 특성자료

① 도형자료 : 위치자료를 이용하여 대상을 가시화한 것으로 지형지물의 위치와 모양을 나타냄

② 영상자료 : 센서(스캐너, 레이저, 항공사진기 등)에 의해 얻은 정보

③ 속성자료 : 도형이나 영상 속의 내용

핵심 KEY

> ● **데이터 베이스의 장·단점**
>
> 1. 장점
> ① 중앙제어가능
> ② 효율적인 자료호환
> ③ 데이터의 독립성
> ④ 반복성의 제거
> ⑤ 자료공유
> ⑥ 새로운 프로그램 개발이 용이
> 2. 단점
> ① 초기 구축비용, 유지비용이 고가
> ② 초기 구축시 전문가 필요
> ③ 시스템의 복잡성
> ④ 자료의 공유로 인해 분실이나 잘못된 자료의 사용성의 보완 조치 필요
> ⑤ 통제의 집중화에 따른 위험 존재

핵심 01

D.T.M(수치 지형 모델)의 설명 중 맞지 않은 것은 어느 것인가?

① 사진에 의해 만들어진 입체 모델을 프로필로스코프가 부착된 사진 측정 도화기를 이용하는 방법과 지형도가 이미 있는 경우 지형도상에서 필요한 임의의 점의 좌표를 재는 방법이 있다.

② 지형자료를 능률적인 방법으로 얻은 것이며, 가능한 한 적은 수의 점에서 소요의 정도로 지형을 근사화시킬 것

③ 계산기 내에서 모델의 조립 및 구하려는 점의 삽입에 요하는 시간이 적을 것

④ 수치 지형 모델에서는 단면의 집합에 의한 표현법, 곡면에 의한 표현법 및 등고선에서 점을 뽑는 방법은 그다지 중요한 것이 아니다.

해설

(1) 수치지형모델의 자료취득방법
  ① 단면의 집합에 의한 표현법
  ② 곡면에 의한 표현법
  ③ 등고선에서 점을 뽑는 방법
(2) 수치지형모델의 자료취득 방법은 정확도, 시간, 비용에 많은 영향을 미친다.

핵심 02

DEM에 대한 설명으로 옳지 않은 것은?

① Digital Elevation Model(수치표고모델)의 약어이다.

② 균일한 간격의 격자점(X, Y)에 대해 높이값 Z를 가지고 있는 데이터이다.

③ DEM을 이용하여 등고선을 제작하기도 한다.

④ DEM에는 건물의 3차원 모델이 포함된다.

해설

DTM은 표고정보 및 지형특성정보를 포함하고 DEM은 높이의 정보만을 가지며 표고를 (x, y, z)에 의해 표시한다.

핵심 03

다음 중 지형 공간 정보 체계의 자료 처리 체계로 가장 옳게 배열된 것은?

① 부호화 – 자료입력 – 자료정비 – 조작처리 – 출력

② 자료입력 – 부호화 – 자료정비 – 조작처리 – 출력

③ 자료입력 – 자료정비 – 부호화 – 조작처리 – 출력

④ 자료입력 – 조작처리 – 자료정비 – 부호화 – 출력

핵심 04

지표면상에서 규칙 및 불규칙적으로 관측된 3차원 좌표값을 보간법 등의 자료 처리과정을 통하여 불규칙한 지형을 수치적으로 해석하는 기법은?

① DTM   ② EDM

③ VIS   ④ MIS

DTM(Digital Terrian Model)
지표면 상에서 관측된 3차원 좌표값을 자료처리과정을 통해서 수치적으로 해석하는 기법

핵심 05

GSIS의 주요 구성요소와 가장 관계가 먼 것은?

① H/W   ② S/W

③ D/B   ④ AS

해설

AS(Anti Spooting)
군사목적의 P코드를 적의 교란으로부터 방지하기 위한 암호화 기법

핵심 06 지형공간정보체계의 자료처리 흐름에서 자료처리과정에 속한 것은?

① 부호화　　　　　　② 모형화

③ 중첩, 분해　　　　④ 통계해석

> **해설**
>
> (1) 자료 처리 흐름
>
> 　　자료입력 – 부호화 – 자료정비 – 조작처리 – 출력
>
> (2) 부호화는 자료처리 흐름의 중요 과정이고 나머지는 조작처리 과정이다.

핵심 07 지도를 디지타이저로 수치화할 때의 특성으로 잘못된 것은?

① 수동방식으로 입력한다.

② 도형을 래스터 자료구조로 표현한다.

③ 가격이 저렴하다.

④ 스캐너에 비해 시간이 오래 걸린다.

> **해설**
>
> 디지타이저
>
> 벡터자료구조로 도형을 표현한다.

핵심 08 지리정보시스템(GIS)에 대한 설명 중 맞지 않는 것은?

① 지리정보의 전산화 도구

② 고품질의 공간정보 획득 도구

③ 합리적인 의사결정을 위한 도구

④ CAD 및 그래픽 전용도구

> **해설**
>
> 지리정보시스템(GIS)
>
> 토지, 자원, 환경 등의 각종 정보를 컴퓨터에 의해 종합적, 연계적으로 처리하는 방식이다.

09 지형공간정보체계(GSIS)의 자료기반구축에 대한 설명 중 틀린 것은?

① GPS에 의해 측량된 지형정보자료를 이용하여 구축할 수 있다.

② SPOT 위성영상에 의해 얻어진 지형정보자료를 이용하여 구축할 수 있다.

③ 자료기반 구축을 위해 래스터 방식과 벡터 방식을 이용할 수 있으며 수치지도는 래스터 방식에 적합하다.

④ 자료기반 구축을 위해 각종 도면이나 대장, 보고서 등이 이용된다.

해설

(1) 수치 지도 : 벡터 방식에 적합하다.

(2) 래스터(격자)방식 : 자료구조가 단순해 정확한 위치를 표시하는데 많은 어려움이 있다.

10 벡터구조에 비해 격자구조(Grid 또는 Raster)가 갖는 장점이 아닌 것은?

① 중첩에 대한 조작이 용이하다.

② 자료구조가 간단하다.

③ 자료조작과정이 용이하며, 영상의 질을 향상시킬 수 있다.

④ 지형의 세세한 표현에 효과적이다.

해설

raster 구조

지형관계를 나타내기 어려우며 미관상 선이 매끄럽지 못하다.

★★☆
01

다음 중 지형 측량의 순서에서 세부 측량에 해당되는 것은?

① 자료 수집
② 등고선 작도
③ 트래버스 측량
④ 스타디아 측량

세부측량
⑴ 골조측량에서 구한 각 측점의 위치 및 높이를 기준으로 측량할 지역 내의 지형, 지물을 측정 : 지형도 원도에 기입하는 것
⑵ 지물측량 : 지물 중 중요한 선과 점을 먼저 정하고 그 부근의 다른 지물의 위치 나 방향을 결정한다.
⑶ 지형의 측량 : 지표면의 기복상태를 일정한 도식에 따라 도상에 표현
⑷ 스타디아 측량을 통해 세부측량을 한다.

★★☆
02

지형도의 표시 방법에서 명암을 2~3색 이상으로 도면에 채색하여 기복의 모양 을 표시하는 방법은?

① 우모법
② 음영법
③ 등고선법
④ 점고법

음영법
⑴ 어느 일정한 방향에서 평행한 광선이 비칠 때 생기는 그림자로 지표면의 높고 낮 은 상태를 표시.
⑵ 태양광선이 서북쪽에서 45로 비친다 가정하고 지표의 기복을 도상에서 2~3색 이 상으로 채색

03

동일한 축척의 지형도에서 등고선 간격이 가장 넓은 것은?

① 간곡선   ② 계곡선

③ 조곡선   ④ 주곡선

등고선의 간격은
계곡선 → 주곡선 → 간곡선 → 조곡선 순으로 간격이 좁아진다.

★★☆
04

지표면이 높은 곳의 꼭대기 점을 연결한 선으로, 빗물이 이것을 경계로 좌우로 흐르게 되는 선을 무엇이라 하는가?

① 계곡선   ② 능선

③ 경사 변환점   ④ 방향 변환점

능선
지표면의 높은 점들을 연결한 선으로 철선(분수선)이라고도 한다.

★★☆
05

다음 중 일정한 중심선이나 지성선 방향으로 여러 개의 측선을 따라 기준점으로부터 필요한 점까지의 거리와 높이를 관측하여 등고선을 그려 가는 방법은?

① 망원경 엘리데이드에 의한 방법   ② 사각형 분할법

③ 종단점법   ④ 횡단점법

종단점법
여러 개의 측선을 따라 기준점으로부터 필요한 점까지의 거리와 높이를 관측하여 등고선을 그려 가는 방법

06

다음 중 표고의 읽음을 쉽게 하고, 지모의 상태를 명시하기 위해서 주곡선 5개마다 1개씩의 굵은 실선을 넣어서 표시하는 곡선을 무엇이라 하는가?

① 주곡선 ② 계곡선
③ 간곡선 ④ 조곡선

해설

계곡선

지모의 상태를 명시하기 위해서 주곡선 5개마다 1개씩의 굵은 실선을 넣어서 표시하는 곡선

07

지표면상의 지형 간 상호위치관계를 관측하여 얻은 결과를 일정한 축척과 도식으로 도시 위에 나타낸 것을 무엇이라 하는가?

① 단면도 ② 상세도
③ 지형도 ④ 모형도

해설

지형도

물(하천, 호수, 건축물 등)과 지모(산, 언덕, 평지등)를 측정하여 얻은 결과를 일정한 축척과 도식으로 도시 위에 나타낸 것이다.

08

지형도의 활용 분야로 적절하지 않은 것은?

① 저수 용량의 결정
② 유역 면적의 결정
③ 신설 노선의 도상 선정
④ 등고선에 의한 평균 유속 결정

해설

지형도의 이용 방법
 1. 저수량 및 토공량 산정
 2. 유역면적의 결정
 3. 등경사선 관측
 4. 도상계획의 작성

★★★
09

다음 중 지형 측량의 작업 순서로 옳은 것은?

① 골조측량 → 세부측량 → 측량계획작성 → 측량원도작성

② 측량계획작성 → 골조측량 → 세부측량 → 측량원도작성

③ 세부측량 → 골조측량 → 측량계획작성 → 측량원도작성

④ 측량계획작성 → 세부측량 → 측량원도작성 → 골조측량

해설

지형측량의 순서
측량계획 → 골조측량 → 세부측량 → 측량원도

★★★
10

다음 중 지형의 표시 방법에서 건설 공사 시 저수량, 토공량 계산에 가장 널리 사용되는 것은?

① 채색법   ② 등고선법

③ 점고법   ④ 우모법

해설

등고선 (일정한 간격의 수평면과 지표면이 교차하는 선을 기준면 위에 투영시켜 생긴 선)으로 지표면의 기복을 나타내는 방법으로 높이를 숫자로 알 수 있고 임의 방향의 경사도를 쉽게 산출할 수 있다. 저수량, 토공량 계산에 많이 사용된다.

★★★
11

등고선 간격이 5m이고 제한 경사 4%일 때 각 등고선의 수평 거리는?

① 100m   ② 125m

③ 200m   ④ 250m

해설

$$\frac{4}{100} = \frac{5}{D}$$
$$\therefore \; D = 125$$

★★★

12 다음 중 등고선의 종류 중 조곡선을 표시하는 선의 종류로 옳은 곳은?

① 가는 실선　　　　　② 가는 짧은 파선

③ 굵은 파선　　　　　④ 굵은 실선

해설

주곡선	가는실선
간곡선	가는긴파선
조곡선	가는파선
계곡선	굵은실선

★★☆

13 다음 중 스타디아 측량의 장점을 설명한 것이다. 적당하지 않은 것은?

① 거리와 고저차를 동시에 측정이 가능하다.

② 다른 측량에 비해 높은 정확도를 얻을 수 있다.

③ 지형을 신속히 측량할 수 있다.

④ 거리 측량의 검사에 편리하다.

해설

스타디아 측량

간접측량으로 연직각과 협장을 측정해서 높이와 수평거리를 구하며 정도는 낮으나 측량속도도 빠르고 지형의 기복에 관계없이 사용한다.

★★☆

14 시거측량을 한 결과 시준고를 기계고와 가급적 같게 하는 이유 중 가장 적당한 것은 어느 것인가?

① 외업이 용이하다.　　　② 오차가 적어진다.

③ 계산이 용이하다.　　　④ 시준이 편리하다.

해설

$H' = H \pm (I - h)$ 에서

I(기계고)와 h(시준고)가 같으면 $H' = H$로 계산이 간단해진다.

15 ★★☆

시거 측량의 작업 요령 중 옳은 것은?

① 중시거선은 표척의 끝수가 없는 곳에 맞추는 것이 좋다.

② 시준고를 기계고와 같게 맞추면 계산이 간단해진다.

③ 연직각은 처음에 읽는 것이 보통이다.

④ 거리가 멀 때에는 협장을 중선과 시거상선이 끼는 협장을 2배 한다.

> **해설**
>
> $H' = H \pm (I - h)$ 에서
>
> I(기계고)와 h(시준고)가 같으면 $H' = H$로 계산이 간단해진다.

16 ★★★

축척 1/500 지형도를 기초로 하여 축척 1/2,500의 지형도를 편찬하려 한다. 1/2,500 지형도의 1도면에 1/500 지형도가 몇 매 필요한가?

① 5매   ② 10매

③ 15매   ④ 25매

> **해설**
>
> $$면적비 = \left(\frac{1}{500}\right)^2 : \left(\frac{1}{2,500}\right)^2 = 25 : 1$$

17 ★★☆

다음의 사항은 시거측량에 대한 것이다. 부적당한 사항은 어느 것인가?

① 트랜싯으로 수평각, 수직각, 협장으로 수평거리 고저차를 알 수 있다.

② 오차계산에 가장 큰 영향을 주는 것은 협장 오차이다.

③ 이용되는 분야는 트래버스 측량에서 경사가 심한 곳의 거리 측정이다.

④ 하루 중 빛의 굴절의 영향을 가장 많이 받을 때는 하루 중 10~15시 사이이다.

> **해설**
>
> 시거측량
> 정도가 낮아 지형측량 등의 세부측량에 주로 이용된다.

18 다음 스타디아 측량에서 발생한 오차들 중 높이의 계산에 가장 크게 영향을 끼치는 것은?

① 연직각측정에서 1′의 오차
② 협거를 읽을 때 0.1m의 오차
③ C값에 0.1m의 오차
④ 기계고를 잴 때 0.1m의 오차

스타디아 측량에서 연직각은 1′ 단위로 읽는다. 협거는 K배하기 때문에 중요하므로 1cm 단위로 읽는다.

19 하천이나 항만 등에서 심천측량을 한 결과의 지형을 표시하는 방법 중 옳은 것은?

① 점고법
② 지모법
③ 등고선법
④ 음영법

점고법
그 점의 깊이를 숫자로 나타내는 지형의 표시법이다.

20 지형도의 해안선은 무엇으로 나타내는가?

① 최고 고조면
② 평균해면
③ 최저 저조면
④ 평균 고조면

21 지형측량에서 지성선에 대하여 설명한 것 중 옳은 것은?

① 등고선이 수목에 가려져 불명확할 때 이어주는 선을 말한다.
② 지표면의 높은 점들을 연결한 선을 능선이라 한다.
③ 등고선에 직각방향으로 내린 선을 말한다.
④ 지표면의 낮은 점들을 연결한 선을 분수선이라 한다.

지성선
지표가 여러 평면으로 이루어졌다고 가정할 때 이들 평면이 서로 만나는 선으로 지모의 골격이 된다.

22
★★★

1/50,000 지형도에서 등경사 2%인 노선을 선정하려면 도상에서 주곡선 사이의 수평거리[mm]는?

① 10

② 15

③ 20

④ 30

> **[해설]**
>
> 1/50,000 지형도에서 주곡선의 간격이 20m이므로
>
> $$\frac{2}{100} = \frac{x}{20} \quad \therefore \quad x = \frac{2}{100} \times 20 = 20\text{mm} \text{이다.}$$

23
★★☆

다음 중 용적측량에서 등고선법은 어떻게 된 경우에 적합한가?

① 도로 및 철도공사에서 토공량을 산정할 때

② 저수지의 용량을 추정할 때

③ 부지의 조성과 같이 넓은 면적의 토공량을 산정할 때

④ 수로공사 및 저수지공사의 토공량을 산정할 때

> **[해설]**
>
> 도로, 철도공사 : 단면법이 사용된다.
> 부지조성 토공량 : 점고법이 사용된다.
> 수로공사 저수지 토공량 : 단면의 모양에 따라 달라지나 주로 단면법이 사용된다.
> ∴ 등고선법은 저수지 용량 추정 시 적합하다.

24
★★★

다음 중 열거한 등고선의 성질 중 틀린 것은?

① 등고선은 도면 내, 외에서 반드시 폐합한다.

② 최대 경사방향은 등고선과 직각방향으로 교차한다.

③ 등고선은 급경사지에서는 간격이 넓어지며, 완경사지에서는 간격이 좁아진다.

④ 등고선이 도면 내에서 폐합하는 경우 산정이나 분지를 나타낸다.

> **[해설]**
>
> 등고선은 급경사지에서는 간격이 좁아지며, 완경사지에서는 넓어진다.

★★☆
25

등고선의 간격은 일반적으로 축척의 분모수에 얼마를 곱한 것을 표준으로 하는가?

① 1/1,000

② 1/2,000

③ 1/3,000

④ 1/5,000

등고선의 간격은 일반적으로 축척의 분모수에 1/2,000를 곱한다.

소축척일 때는 $\dfrac{1}{2,500}$ 를 곱한다.

★★☆
26

시거측량에 관한 설명 중 옳지 않은 것은?

① 주로 지형측량에 많이 사용된다.

② 수평거리는 $D = Kl + C$ 로 구할 수 있다.

③ 고저차는 $H = \dfrac{1}{2} Kl \sin 2\alpha + C \sin \alpha$ 로 구할 수 있다.

④ 상위의 시거선은 거리, 하위의 시거선은 고저차를 측정한다.

상·하 시거선 사이에 끼인 표척의 읽음 값을 협장(l)이라 하며 협장과 연직각에 의해 수평거리가 고저차를 구한다.

★★★
27

A점의 표고가 123m, B점의 표고가 35m일 때 10m 간격의 등고선은 몇 개가 들어가는가?

① 7개

② 8개

③ 9개

④ 10개

등고선 간격은 10m이므로

등고선의 수 $= \dfrac{123 - 35}{10} = 9$

28 ★★☆

다음 중 등고선간격을 결정하는데 고려 할 사항으로 가장 관계없는 것은?

① 측량의 목적과 지역의 넓이
② 도면의 축척
③ 외업, 내업에 걸리는 시간, 비용
④ 측량장비의 종류

29 ★★★

다음 중 지형도 1/50,000 지도에서 주곡선의 간격과 계곡선의 간격은?

① 5m, 20m
② 25m, 100m
③ 20m, 100m
④ 20m, 150m

해설

(1) 주곡선의 간격 $= \dfrac{50,000}{2,500} = 20\text{m}$

(2) 계곡선의 간격 = 주곡선의 간격 × 5 = 20 × 5 = 100m

30 ★★★

지형도에서 30m와 40m의 등고선 사이에 P점을 통과하는 직선을 긋고자 하여 A에서 P점까지의 수평거리를 재니 10m이었다면 P점의 표고는 얼마인가? (단, AB 등고선간의 거리는 20m이다.)

① 32.5m
② 35.0m
③ 37.5m
④ 48.5m

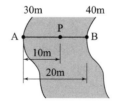

해설

$20 : 10 = 10 : h$

$\therefore h = \dfrac{10}{20} \times 10 = 5.0\text{m}$

$\therefore$ P점의 표고 $= 30 + h = 30 + 5 = 35\text{m}$

31 ★★★

다음 중 지형도상에 있어서의 등고선에 대한 다음 설명 중 틀린 것은?

① 등고선은 지물(건물, 도로 등)과 만나는 경우 끊겼다 이어진다.

② 경계선이나 지하도와 같은 부호 때문에도 끊어지는 경우가 있다.

③ 등고선은 동굴이나 절벽을 제외하고 어느 경우라도 항상 폐합된다.

④ 지표면의 최대 경사의 방향은 등고선에 수직한 방향이다.

지형도상의 등고선은 도면 안이나 밖에서 항상 폐합된다.
(단, 동굴이나 절벽은 제외)

32 ★★☆

다음 중 등고선에 대한 설명 중 옳지 않은 것은?

① 등경사면에서는 등간격의 평면이 된다.

② 등고선은 최대경사선과 직교 한다.

③ 등고선이 계곡을 지날 때에는 능선을 지날 때보다 그 곡률반경은 반드시 크다.

④ 등고선은 절벽이나 동굴 등 특수한 지형 외에는 합치거나 또는 교차하지 않는다.

해설

등고선이 계곡을 지날 때는 계곡을 거슬러 올라가서 직각으로 횡단한 후 거슬러 내려온다. 일반적으로 계곡이란 산에서 가장 경사가 심한 곳이므로 곡률반경은 능선을 지날 때보다 작은 것이 보통이다.

★★☆
33

다음 중 등고선에 관한 사항 중 옳지 않은 것은?

① 등고선은 동굴이나 절벽 이외에는 서로 겹치지 않는다.

② 등고선의 간격은 같은 사면에서는 등거리이고 평탄한 지표에서는 등거리의 평행선이 된다.

③ 등고선이 도면 내에서 폐합되는 부분은 동굴 또는 계곡이다. 양자의 구별이 분명치 않을 때에는 화살표나 이외의 기호로 표시한다.

④ 등고선이 지성선을 통과할 때 분수선의 경우가 계곡선의 경우보다 일반적으로 곡률반경이 크다.

해설

등고선이 도면 내에서 폐합되는 곳은 산정이나 오목지가 된다. 오목지(천지, 백록담 등)의 경우 대개는 물이 있으나, 없는 경우에는 낮은 방향으로 화살표시를 한다.

★★★
34

1 : 50000 지형도에서 산 정상과 산 밑의 도상거리가 40mm이고 산 정상의 표고가 442m, 산 밑의 표고가 42m일 때 이 비탈면의 경사는?

① $\dfrac{1}{2}$　　　　　② $\dfrac{1}{3}$

③ $\dfrac{1}{4}$　　　　　④ $\dfrac{1}{5}$

해설

경사

$i = \dfrac{\text{연직거리}(h)}{\text{수평거리}(D)}$

- $h = 442 - 42 = 400\text{m}$
- $D = 40 \times 50000 = 2000000\text{mm}$

　　$= 2000\text{m}$

∴ $i = \dfrac{400}{2000} = \dfrac{1}{5}$

지표의 한 점에 있어서 그 경사가 최대로 되는 방향을 표시하는 선을 말하며 등고선에 직각으로 교차하는 것을 무엇이라 하는가?

① 경사 변환선   ② 유하선
③ 합수선   ④ 분수선

유하선(최대경사선)
지표의 한 점에 있어서 그 경사가 최대로 되는 방향을 표시하는 선을 말하며 등고선에 직각으로 교차하는 것을

등고선을 측정하기 위해 어느 한 곳에 레벨을 세우고 표고 20m 지점의 표척 읽음값이 1.8m이었다. 21m 등고선을 구하려면 시준선의 표척 읽음값을 얼마로 하여야 하는가?

① 0.2m
② 0.8m
③ 1.8m
④ 2.9m

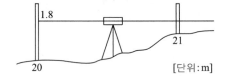

해설

기계고＝그점의 지반고＋후시
• 20m지점의 기계고 : $20+1.8=21.8m$
• 21m지점의 지반고 : $21.8-i_B=21m$
$\therefore i_B = 21.8 - 21 = 0.8$

1/50,000 지형도에서 500m 산정과 200m 산정 간에 주곡선의 수는 몇 선인가?

① 15개   ② 14개
③ 11개   ④ 9개

해설

주곡선 간격은 20m 이므로
주곡선의 수 $= \dfrac{500-200}{20} - 1 = 14$

★☆☆
38

다음 중 등고선의 측정방법에서 1/10,000 이하의 소축척의 지형측량에 많이 사용하는 법은?

① 목측에 의한 방법
② 방안법
③ 종단점법
④ 횡단점법

> **해설**
>
> 목측에 의한 등고선 측정
> 소축척 $\left(\dfrac{1}{10,000}\right)$의 지형측량에 사용되며 정밀도는 낮다.

★☆☆
39

1/1,000 축척의 지형도를 작성하기 위한 지형측량에서 도면상의 선의 굵기를 0.2mm 이상으로 할 때 거리 측정의 최소단위는?

① 1cm
② 5cm
③ 10cm
④ 20cm

> **해설**
>
> 축척이 1/1,000 도면이므로 선의 굵기 0.2mm는 $0.2 \times 1,000 = 200$mm로 나타난다.
> 따라서 거리 측정은 20cm 단위로 읽어주면 된다.

★★☆
40

1/25,000 지형도의 도면상에서 두 점간의 거리가 6.00cm인 두 점 사이의 거리를 다른 축척의 지형도에서 측정한 결과 10.00cm이었다. 이 지형도의 축척은?

① 1/20,000
② 1/18,000
③ 1/15,000
④ 1/13,000

> **해설**
>
> 두 점의 실거리 $= 25,000 \times 0.06 = 1,500$m
> $S = \dfrac{0.10}{1,500} ≒ \dfrac{1}{15,000}$

★★★
41

1/50,000 지형도에서 8% 구배의 노선을 선정하고자 할 때 등고선 사이의 도상 거리는 얼마인가? (단, 등고선 간격은 20m이다.)

① 3mm

② 5mm

③ 8mm

④ 10mm

> [해설]
>
> (1) 1/50,000의 등고선 간격 = 20m
>
> (2) $\dfrac{8}{100} = \dfrac{20}{D}$ ∴ $D = \dfrac{20}{8} \times 100 = 250\,\text{m}$
>
> (3) 도상거리(l) $l = \dfrac{250}{50,000} = 0.005\,\text{m}$

★★★
42

AB점의 표고를 각각 114m, 136m로 하여 AB 간을 등경사로 보고 5m마다 등고선을 넣는다고 할 때 120m의 등고선은 B점에서 몇 m인 곳을 지나는가? (단, AB간의 수평거리는 110m이다.)

① 64.39m

② 80.00m

③ 90.94m

④ 100.06m

> [해설]
>
> $110 : H_B - H_A = (110 - x) : H_C - H_A$
>
> $110 - x = \dfrac{H_C - H_A}{H_B - H_A} \times 110 = \dfrac{120.0 - 114}{136 - 114} \times 110 = 30.0\,\text{m}$
>
> ∴ $x = 110 - 30 = 80\,\text{m}$

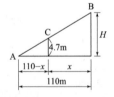

★★★
43

지형의 표시방법에서 하천, 호수 및 항만 등의 수심을 측정하여 표고를 도상에 숫자로 나타내는 방법은?

① 채색법

② 점고법

③ 우모법

④ 등고선법

> [해설]
>
> • 채색법 : 채색의 농도를 변화시켜 채색의 농도로 지표면의 고저를 나타내는 방법
>
> • 점고법 : 지상에 있는 임의 점의 표고를 숫자로 도상에 나타내는 방법
>
> • 우모법 : 짧은 선으로 지표의 기복을 나타내는 것
>
> • 등고선법 : 지표의 같은 높이의 점을 연결한 곡선으로 나타내는 방법

★★★
44

비교적 경사가 일정한 두 점 AB 사이에 표고 130m의 등고선이 지나는 위치는 수평거리가 점 B에서 얼마만큼 떨어진 곳인가? (단, AB간의 수평거리는 200m, A점의 표고 : 140m, B점의 표고 : 120m)

① 80.0m

② 100.0m

③ 76.4m

④ 123.6m

해설

그림에서

$200:(140-120)=x:(130-120)$

$\therefore\ x=\dfrac{10}{20}\times 200=100.0\text{m}$

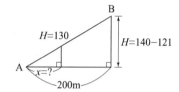

★★☆
45

그림에서 표고가 605m, 625m이고 AB간의 거리가 50m일 때 620m 등고선의 수평거리는?

① 27.5m

② 37.5m

③ 47.5m

④ 57.5m

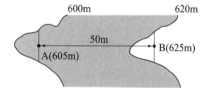

해설

$50:(625-605)=x:(620-605)$

$\therefore\ x=\dfrac{620-605}{625-605}\times 50=37.5\text{m}$

★★☆
46

다음 그림과 같이 표고가 각각 112m, 142m인 A, B 두 점이 있다. 두 점 사이에 130m의 등고선을 삽입코자 한다. 이 등고선의 위치는 A점으로부터 $\overline{AB}$ 선 상 몇 m에 위치하는가? (단, $\overline{AB}$＝200m이다.)

① 135m

② 125m

③ 130m

④ 120m

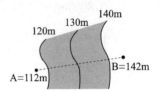

$$200 : (142-112) = x : (130-112)$$

$$\therefore x = \frac{130-112}{142-112} \times 200 = 120\,\mathrm{m}$$

★★☆
47

다음 지형도의 등고선 상에 AB간 수평거리가 75m일 때 AB선의 구배로 옳은 것은?

① 10%

② 15%

③ 20%

④ 25%

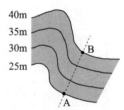

$$경사(i) = \frac{h}{D} \times 100(\%) = \frac{40-25}{75} \times 100 = 20\%$$

★★★
48

등경사 AB에서 B점의 표고가 225m, A점의 표고가 125m, AB의 수평거리가 260m이다. 10m마다 등고선을 기입하려할 때 200m의 등고선이 AB직선 위에서 A점으로부터 길이는?

① 100m

② 195m

③ 205m

④ 245m

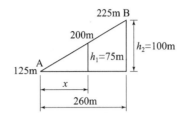

실거리를 x라 하면

$$260 : (225 - 125) = x : (200 - 125)$$

$$\therefore \ x = \frac{75}{100} \times 260 = 195\,\mathrm{m}$$

7 면적 및 체적 계산

면적 및 체적 계산

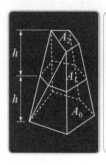

직선으로 둘러싸인 면적계산은 가장 간단한 면적 계산법이다. 이 방법은 직선으로 둘러싸인 도형을 삼각형과 사각형으로 나누어 각 도형의 면적을 구해 합하는 방법으로 면적측정의 기초가 된다.

※ 공무원 시험에는 다음 관계를 반드시 숙지해야 한다.
　① 이변법과 삼변법　　　　　　② 좌표법
　③ 축척과 면적의 관계

① 직선으로 둘러싸인 면적 계산

1. 삼사법

다각형을 여러 개의 삼각형으로 나눈 후 각 삼각형의 밑변(b)과 높이(h)를 측정하여 면적을 구하는 방법

$$A = \frac{1}{2}bh$$

삼사법 면적계산

2. 삼변법(헤론의 공식)

다각형을 여러 개의 삼각형으로 나눈 후 각 삼각형의 세 변을 측정하여 면적을 계산하는 방법이다.

$$A = \sqrt{S(S-a)(S-b)(S-c)}$$

　여기서, $S = \frac{1}{2}(a+b+c)$

삼변법은 세 변의 길이가 비슷할수록 정확도가 높아지며 제일 긴 변과 짧은 변의 길이의 비가 2:1 이내가 되어야 한다.

3. 두 변과 그 사이에 낀 각을 측정했을 때(협각법)

$$A = \frac{1}{2}ab\sin\alpha$$

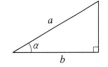

4. 사다리꼴

$a \,/\!/\, b$인 사각형을 사다리꼴이라 하며 면적(A)은

$$A = \frac{1}{2}(a+b)h$$

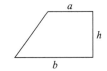

핵심 KEY

◉ **삼각형의 면적**

1. 삼사법 $\quad A = \frac{1}{2}b \cdot h$

2. 이변법 $\quad A = \frac{1}{2}b \cdot a \cdot \sin\alpha = \frac{1}{2}b \cdot h$

3. 삼변법 $A = \sqrt{S(S-a)(S-b)(S-c)}$

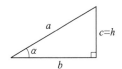

◉ **좌표에 의한 면적계산**

1. 합위거, 합경거법 이라고도 한다.
2. 간이 계산법이 편리하다. 이때 그림에서 '0' 이 많이 있는 좌표를 위에 놓으면 O×(A−B)=0이 되어 계산이 간단해진다.

예제 A(3, 4), B(5, 0), C(7, 0)의 세 점으로 이루어진 도형의 면적은?

$$\begin{matrix} 4 & 0 & 0 & 4 \\ & & & \\ 3 & 5 & 7 & 3 \end{matrix}$$

① $A = \dfrac{1}{2}\sum y_i (x_{i+1} - x_{i-1}) = \dfrac{1}{2}\{4(5-7) + 0(7-3) + 0(3-5)\}$

    $= -4\text{m}^2 = 4\text{m}^2$

② $A = \dfrac{1}{2}\sum x_i (y_{i+1} - y_{i-1}) = \dfrac{1}{2}\{3(0-0) + 5(0-4) + 7(4-0)\}$

    $= 4\text{m}^2$

③ ①과 ②모두 같은 값이나 ①번이 더 간단하다.

5. 좌표에 의한 방법

각 측점의 직각좌표 값(x, y)을 알 때 사용하는 방법으로 정확한 면적계산이 가능하다.

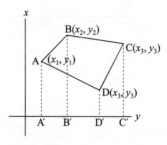

그림에서 각 점의 좌표를 x_i, y_i라 하면

$$A = \dfrac{1}{2}\{(x_1 + x_2)(y_2 - y_1) + (x_2 + x_3)(y_3 - y_2) - (x_1 + x_4)(y_4 - y_1) - (x_4 + x_3)(y_3 - y_4)\}$$

6. 간편법

각점의 좌표를 알고 있을 때 면적을 구하기 위해 간편법을 사용하면 간단하다.

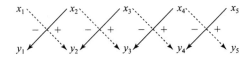

즉, 각 측점의 $X(Y)$ 좌표를 윗줄에, $Y(X)$ 좌표를 아랫줄에 순서대로 쓰고 각 측점의 x와 그 전후의 y값을 곱하여 합계를 구하면 배면적이 구해진다.

$$A = \frac{1}{2}\sum x_i(y_{i+1} - y_{i-1}) = \frac{1}{2}\sum y_i(x_{i+1} - x_{i-1})$$

즉,

$$\sum\swarrow - \sum\searrow = 2A$$

$$A = \frac{2A}{2}$$

7. 횡거법

면적을 계산할 때 횡거를 그대로 사용하면 분수가 생겨서 불편하므로 계산의 편리상 횡거를 2배 하는데 이를 배횡거라 한다.

(1) 횡거

① 각 측선의 중점으로부터 자오선에 내린 수선의 길이

$$\overline{NN'} = \overline{N'P} + \overline{PQ} + \overline{QN}$$

$$\overline{MM'} + \frac{1}{2}\overline{BB'} + \frac{1}{2}\overline{CC''}$$

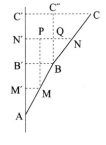

여기서, NN′ : 측선 BC의 횡거

MM′ : 측선 AB의 횡거

BB′ : 측선 AB의 경거

CC″ : 측선 BC의 경거

② 임의 측선의 횡거 = 하나 앞 측선의 횡거 + $\dfrac{\text{하나 앞 측선의 경거}}{2}$ + $\dfrac{\text{그 측선의 경거}}{2}$

(2) 임의 측선의 배횡거

하나 앞 측선의 배횡거+하나 앞 측선의 경거+그 측선의 경거

(3) 첫 측선의 배횡거

첫 측선의 경거와 같다.

(4) 마지막 측선의 배횡거

마지막 측선의 경거와 같다. (부호만 반대)

배면적=배횡거×위거

$$면적 = \frac{배면적}{2}$$

8. 축척과 면적의 관계

$$m_1{}^2 : A_1 = m_2{}^2 : A_2$$

$$\therefore \ A_2 = \left(\frac{m_2}{m_1}\right)^2 A_1$$

여기서, A_1 : 축척 $\dfrac{1}{m_1}$ 인 도면의 면적

A_2 : 축척 $\dfrac{1}{m_2}$ 인 도면의 면적

9. 면적의 단위

핵심 KEY

$$1평 = 6자 \times 6자 \fallingdotseq 3.3058m^2$$

$$1m^2 = \frac{1}{3.3058} 평 = 0.3025평$$

$$1are = 10m \times 10m = 100m^2 = 30.25평$$

$$1ha = 100are = 10,000m^2$$

01 두변의 길이가 각각 40m, 30m이고, 그 사이 각이 30°인 삼각형의 면적은?

① 500m² ② 400m²

③ 300m² ④ 200m²

해설

$$A = \frac{1}{2}ab \times \sin\alpha = \frac{1}{2}40 \times 30 \times \sin30° = 300m²$$

02 A(4, 1), B(6, 7), C(5, 10)의 세 점으로 이루어진 삼각형의 면적[m²]을 좌표법으로 구하면? (단, 좌표의 단위는 m이다)

① 6 ② 8

③ 10 ④ 12

해설

좌표법을 이용하면

$$2A = |(4 \times 7) + (6 \times 10) + (5 \times 1) - (6 \times 1) - (5 \times 7) - (4 \times 10)|$$
$$= |93 - 81| = |12| = 6$$

03 그림과 같이 네 점의 위치를 알고 있다. 이때 단면적을 구한 값은?

① 120m²

② 93m²

③ 87m²

④ 56m²

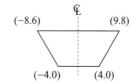

해설

측점	X	Y	$(X_{i-1} - X_{i+1})$
A	−4	0	(4−(−8))0=0
B	−8	6	(−4−9)6=−78
C	9	8	(−8−4)8=−96
D	4	0	(9−(−4))0=0

2A=174

∴ A=87m²

핵심 04

다음 중 그림과 같은 삼각형의 면적은?

① $300\sqrt{3}\,\text{m}^2$

② $150\sqrt{3}\,\text{m}^2$

③ $150\,\text{m}^2$

④ $300\,\text{m}^2$

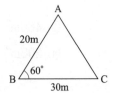

해설

$$A = \frac{1}{2}ab \times \sin\alpha = \frac{1}{2}20 \times 30 \times \sin 60° = 300 \times \frac{\sqrt{3}}{2} = 150\sqrt{3}\,\text{m}^2$$

핵심 05

그림과 같은 도로의 횡단면도에서 토공량을 구하기 위한 단면적[m²]은?
(단, 괄호 안의 숫자는 좌표를 m단위로 나타낸 것이다)

① 102

② 135

③ 204

④ 270

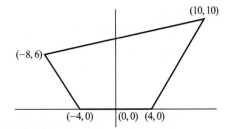

해설

$$S = (0 \times 0) + (-4 \times 6) + (-8 \times 10)$$
$$\qquad - (-4 \times 0) - (-8 \times 0) - (-6 \times 10) - (-4 \times 10)$$
$$s = \frac{S}{2} = \frac{204}{2} = 102$$

핵심 06

축척 1/1,500 도면상의 면적을 축척 1/1,000으로 잘못 측정하여 2,400m²를 얻었을 때 실제 면적은?

① $3,600\text{m}^2$ ② $4,000\text{m}^2$

③ $5,400\text{m}^2$ ④ $6,400\text{m}^2$

해설

$$A_o = \left(\frac{S}{L}\right)^2 \times A = \left(\frac{1,500}{1,000}\right)^2 \times 2,400 = \frac{9}{4} \times 2,400 = 5,400\,\text{m}^2$$

핵심 07 다음 그림과 같은 사각형 ABCD의 면적은 얼마인가?

① $3,950\text{m}^2$

② $4,050\text{m}^2$

③ $5,150\text{m}^2$

④ $6,250\text{m}^2$

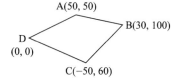

A(50, 50)
B(30, 100)
D (0, 0)
C(−50, 60)

[해설]

$$A = \frac{1}{2}\begin{vmatrix} 50 & 30 & -50 & 0 & 50 \\ 50 & 100 & 60 & 0 & 50 \end{vmatrix} = \frac{1}{2}|(5,000 + 1800 + 5,000) - (1,500)| = 5,150\text{m}^2$$

핵심 08 다음 그림과 같은 횡단면도의 단면적은?

① 80m^2

② 93m^2

③ 100m^2

④ 103m^2

(2, 8)
(−9, 5)
(8, 3)
(−5, 0) (0, 0) (7, 0)

[해설]

$$A = \frac{1}{2}\begin{vmatrix} 0 & 7 & 8 & 2 & -9 & -5 & 0 \\ 0 & 0 & 3 & 8 & 5 & 0 & 0 \end{vmatrix} = \frac{1}{2}|(21 + 64 + 10) - (6 - 72 - 25)| = 93\text{m}^2$$

핵심 09 다음 중 직선으로 둘러싸인 면적의 계산에 적합하지 않은 방법은?

① 삼사법   ② 삼변법

③ 좌표에 의한 방법   ④ 구적기 방법

[해설]

구적기 방법
면적을 구하기 위한 방법 중 곡선으로 둘러싸인 면적의 측정에 쓰인다.

---

10 그림과 같이 측점 A, B, C, D의 좌표가 주어졌을 때, 폐합 다각형의 면적[m^2]은? (단, 좌표 단위는 m이다)

① 300

② 400

③ 500

④ 600

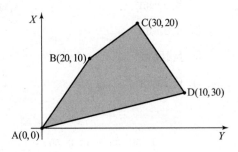

해설

좌표법을 이용하여 풀면 쉽다.

$$A = \frac{1}{2}\begin{vmatrix} 0 & 10 & 30 & 20 & 0 \\ 0 & 30 & 20 & 10 & 0 \end{vmatrix} = \frac{1}{2}|(200+300)-(900+400)| = -400 \text{m}^2$$

면적은 (−)가 없으므로 정답은 400m^2

11 축척 1/300 도면의 면적을 축척 1/100로 측정했을 때 300m^2가 나왔다면 실제면적은?

① $2,400\text{m}^2$ ② $2,500\text{m}^2$

③ $2,700\text{m}^2$ ④ $2,800\text{m}^2$

해설

$$\left(\frac{m_2}{m_1}\right)^2 = \frac{A_2}{A_1}$$

$$\therefore A_2 = \left(\frac{300}{100}\right)^2 \times 300 = 2,700\text{m}^2$$

12 다음 중 세 변의 길이가 각각 3cm, 3cm, 4cm일 때 실제면적은?

① $2\sqrt{5}\ \text{cm}^2$

② $\sqrt{30}\ \text{cm}^2$

③ $3\sqrt{5}\ \text{cm}^2$

④ $\sqrt{40}\ \text{cm}^2$

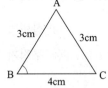

해설

$$S = \frac{1}{2}(a+b+c) = \frac{1}{2}(3+3+4) = 5\text{cm}$$

$$A = \sqrt{S(S-a)(S-b)(S-c)} = \sqrt{5(5-3)(5-3)(5-4)} = \sqrt{20}\ \text{cm}^2 = 2\sqrt{5}\ \text{cm}^2$$

13 그림과 같은 삼각형 ABC에서 삼변법(헤론의 공식)을 이용하여 구한 면적[m²]은?

① $4\sqrt{5}$

② $4\sqrt{6}$

③ $5\sqrt{5}$

④ $5\sqrt{6}$

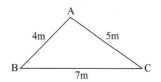

해설

$$s = \frac{1}{2}(a+b+c)$$

$$s = \frac{1}{2}(4+5+7) = 8$$

$$S = \sqrt{s(s-a)(s-b)(s-c)}$$

$$S = \sqrt{8(8-4)(8-5)(8-7)} = 4\sqrt{6}$$

14 좌표 A(12, 20), B(14, 26), C(10, 30), D(80, 40)로 폐합되는 지형의 면적은 얼마인가? (단, 단위는 m임)

① 344m^2

② 444m^2

③ 544m^2

④ 644m^2

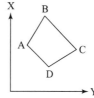

해설

좌표법

$$A = \frac{1}{2}\sum x_i(y_{i+1}-y_{i-1})$$

$$= \frac{1}{2}\Big\{12(26-40)+14(30-20)+10(40-26)+80(20-30)\Big\} = 344\text{m}^2$$

핵심 15

어떤 횡단면적의 도상면적이 40cm²였다. 가로 축척이 1/20, 세로 축척이 1/60 이었다면 실제면적은 얼마인가?

① 50.60m²   ② 33.70m²

③ 4.80m²   ④ 3.30m²

해설

$$A_0 = (m_1 \times m_2) \cdot A = (20 \times 60) \times 40 = 48,000 \text{cm}^2$$

핵심 16

축척 1:50,000 지도를 축척 1:5,000으로 알고 면적을 측정하였더니 100m² 이었다. 실제 면적[m²]은?

① 1,000   ② 2,500

③ 10,000   ④ 25,000

해설

$$\left(\frac{50,000}{5,000}\right)^2 = \frac{A}{100}$$

$$\therefore A = 10,000 \text{m}^2$$

❷ 곡선으로 둘러싸인 면적 계산

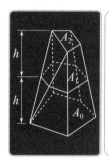

곡선으로 둘러싸인 면적은 방안법, 지거법, 플라니미터를 사용한 면적계산 등으로 구할 수 있다. 지거법은 평균높이×밑변으로 면적을 구하는데 평균높이를 구하는 방법에 따라 사다리꼴 공식, 심프슨의 1, 2법칙으로 구분된다.

※ 공무원 시험에는 다음 관계를 반드시 숙지해야 한다.
　① 지거법은 평균높이(지거)를 구하는 방법이 중요하다.
　② 구적기법에서 n_o는 극침을 도형 안에 놓았을 때 (큰 면적) 사용한다.

1. 지거법

(1) 사다리꼴 공식

$$A = d \left(\frac{y_1 + y_n}{2} + y_2 + y_3 + \cdots + y_{n-1} \right)$$

　여기서, d: 지거의 간격
　　　　　$y_1, \ y_2, \ \cdots, \ y_n$: 지거의 높이

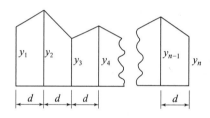

곡선으로 둘러싸인 면적 계산

(2) 심프슨(Simpson)의 제1법칙 (1/3법칙)

그림에서 사다리꼴 2개씩을 한 조로 하고 이 부분의 경계선을 2차 포물선으로 가정하고 면적을 계산한다.

$$A = \frac{d}{3}(y_1 + 4y_2 + y_3) + \frac{d}{3}(y_3 + 4y_4 + y_5) + \cdots$$

$$\qquad + \frac{d}{3}(y_{n-2} + 4y_{n-1} + y_n)$$

$$= \frac{d}{3}\{y_1 + y_n + 4(y_2 + y_4 + y_6 + \cdots + y_{n-1})$$

$$\qquad + 2(y_3 + y_5 + \cdots + y_{n-2})\}$$

　여기서, n : 지거의 수

$$A = \frac{d}{3}(y_1 + y_n + 4\sum y_{짝수} + 2\sum y_{홀수})$$

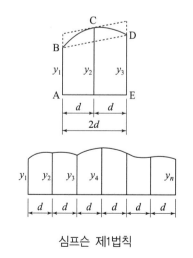

심프슨 제1법칙

(3) 심프슨의 제2법칙 (3/8법칙)

사다리꼴 3개씩을 한조로 하고 이 부분의 경계선을 3차 포물선으로 가정하고 면적을 계산한다.

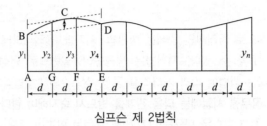

심프슨 제 2법칙

$$A = \frac{3}{8}d(y_1 + 3y_2 + 3y_3 + y_4) + \frac{3}{8}d(y_4 + 3y_5 + 3y_6 + y_7)$$

$$+ \frac{3}{8}d(y_7 + 3y_8 + 3y_9 + y_{10}) + \cdots$$

따라서,

$$A = \frac{3}{8}d\{y_1 + y_n + 3(y_2 + y_3 + y_5 + y_6 + y_8 + y_9 + \cdots) + 2(y_4 + y_7 + y_{10} + y_{13} + \cdots)\}$$

n은 지거의 수이며 $n-1$이 3배수이어야 한다. 남은 면적은 사다리꼴공식으로 계산하여 합산한다.

핵심 KEY

◉ **지거법의 평균높이와 면적**

1. 사다리꼴 공식

$$A = \frac{(y_1 + y_2)}{2} \times d$$

2. 심프슨의 제 1법칙

$$\bar{y} = \frac{(y_1 + 4y_2 + y_3)}{6}, \quad A = \frac{(y_1 + 4y_2 + y_3)}{6} \times 2d = \frac{d}{3}(y_1 + 4y_2 + y_3)$$

3. 심프슨의 제 2법칙

$$\bar{y} = \frac{(y_1 + 3y_2 + 3y_3 + y_4)}{8}$$

$$A = \frac{(y_1 + 3y_2 + 3y_3 + y_4)}{8} \times 3d = \frac{3d}{8}(y_1 + 3y_2 + 3y_3 + y_4)$$

2. 플라니미터(Planimeter)(구적기)를 사용한 면적 계산

(1) 극침을 도형밖에 놓았을 때 (작은 면적)

$$A = a \cdot n$$

여기서, a : 단위면적(m^2), n : $(n_2 - n_1)$으로 측륜의 회전 눈금 수

활주간의 위치를 축척 $\frac{1}{L}$의 표시선에 맞추고, 축척 $\frac{1}{S}$의 도형의 면적을 측정할 때

$$A = \left(\frac{S}{L}\right)^2 a\,n$$

(2) 극침을 도형 안에 놓았을 때 (큰 면적)

$$A = a(n + n_o)$$

여기서, n_o : 영원(zero circle)의 가수

(3) 축척과 단위면적과의 관계

$$a = \frac{m^2}{1,000} d\pi l$$

여기서, a : 축척 $\frac{1}{m}$인 경우의 단위면적, d : 측륜의 직경, l : 측간(활주간)의 길이

(4) 측정 정밀도

① 작은면적은 1% 이내, 큰 면적은 0.1~0.2% 정도
② 최소 눈금 읽기는 그 도형위에서 $1mm^2$ 이내일 것.

단, 도형 면적 $F\,mm^2$ 측정시 목표정밀도가 $\frac{1}{n}$이면 최소눈금 읽기는 $\frac{F}{n}$ 이내일 것.

단위면적(a)은 단위면적, a, m^2 등으로 다양하게 표시되므로 혼동하지 말 것

3. 디지털 플라니미터에 의한 면적측정

디지털 플라니미터는 면적, 좌표, 선길이, 호의 길이, 반지름 등을 측정할 수 있으며 정밀도는 0.1% 정도이다.

핵심 01

다음 중 면적계산에 있어서 도면이 곡선에 둘러싸여 있는 부분의 면적은 어느 방법으로 구하는 것이 가장 적당한가?

① 배횡거법
② 좌표법
③ 삼사법
④ 구적기에 의한 방법

해설

(1) 직선으로 둘러싸인 면적 계산 : 좌표법, 배횡거법, 삼사법 등

(2) 곡선으로 둘러싸인 면적 계산 : 사다리꼴 공식, 심프슨의 법칙, 구적기에 의한 방법

핵심 02

도형의 면적을 구한 경우 그림에서 곡선 AB를 2차 곡선으로 가정할 때 그 면적 ABEF를 구하는 공식은?

① $A = d/2(y_o + 2y_1 + y_2)$

② $A = d/2(y_o + 4y_1 + y_2)$

③ $A = d/3(y_o + 2y_1 + y_2)$

④ $A = d/3(y_o + 4y_1 + y_2)$

해설

심프슨의 제1법칙은 곡선을 2차포물선으로 가정한다.

$$A = \frac{2d}{6}(y_o + 4y_1 + y_2) = \frac{d}{3}(y_o + 4y_1 + y_2)$$

핵심 03

다음 그림의 면적을 심프슨(Simpson) 제1법칙을 이용하여 구하면 얼마인가? (단위 : m)

① 11.6m²

② 13.6m²

③ 14.6m²

④ 15.6m²

해설

$$A = \frac{d}{3}\{h_1 + h_n + 4(h_2)\} = \frac{2}{3}\{2.6 + 2.8 + 4(3.0)\} = 11.6\text{m}^2$$

핵심 04

축척 1/1,000일 때 단위면적이 10m²인 측간의 위치에서 1/100의 면적을 측정하고자 한다. 단위면적은 얼마인가?

① 0.4m²

② 0.3m²

③ 0.2m²

④ 0.1m²

해설

$$A = a\left(\frac{S}{L}\right)^2 = 10\left(\frac{100}{1,000}\right)^2 = 0.1\text{m}^2$$

핵심 05

다음 중 플라니미터로 면적을 측정할 경우 측륜의 회전속도는 어떻게 하는 것이 적절한가?

① 빠르게 한다.

② 균일한 속도로 측정한다.

③ 직선은 느리게, 곡선은 빠르게 한다.

④ 직선은 빠르게, 곡선은 느리게 한다.

핵심 06 다음 중 구적기(플라니미터)의 정밀도에서 큰 면적의 정밀도는?

① 0.1~0.5%   ② 0.1~0.2%

③ 1~5%   ④ 1~2%

> **해설**
>
> 구적기의 측정정도
> (1) 작은 면적 1% 이내
> (2) 큰 면적 0.1~0.2% 정도
> (3) 최소눈금 읽기는 도형에서 1mm² 이내일 것

핵심 07 축척 1/1,000의 단위면적이 10m²일 때 이것을 이용하여 1/3,000의 축척에 의한 면적을 구할 경우의 단위면적은?

① 90m²   ② 45m²

③ 35m²   ④ 0.6m²

> **해설**
>
> $$A = \left(\frac{S}{L}\right)^2 \cdot A_o = \left(\frac{3,000}{1,000}\right)^2 \cdot 10 = 90\text{m}^2$$

핵심 08 다음은 플라니미터의 주의 사항이다. 옳지 않은 것은?

① 측정하는 도형이 너무 큰 경우는 여러 개로 나누어 측정한다.
② 측도침을 도면의 경계선 위로 이동시킬 때에는 등속도를 유지시킨다.
③ 측정을 여러 번 하면 많은 시간이 소요되므로 한 번에 끝내는 것이 바람직하다.
④ 면적을 측정하는 도면은 측도침이 등속도로 쉽게 이동할 수 있도록 구부러지거나 주름이 없도록 한다.

> **해설**
>
> 플라니미터의 오차는 2~3% 정도이다. 따라서 오차를 줄이려면 여러 번 반복 측정하여 최확값을 구해야 한다.

3 체적 계산

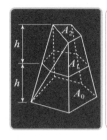

체적은 단면적에 높이나 길이를 곱하여 계산할 수 있으며 체적계산의 결과 토공량, 저수량 등을 구할 수 있다.

※ 공무원 시험은 결론적으로 면적과 체적을 구하는 작업이며 매우 중요한 작업이므로 다음 관계를 반드시 숙지해야 한다.

① 단면적　　　② 점고법　　　③ 등고선법

1. 단면법

도로, 철도, 수로 등 건설 구조물을 건설하기 위한 토공량, 저수지나 댐의 저수 용량 및 콘크리트 양 등 체적을 산정할 경우가 있다. 체적의 산정 방법에는 단면법, 점고법, 등고선법 등이 있다. 특히 철도, 수로, 도로 등 선상의 물체를 축조하고자 할 경우 중심 말뚝과 중심 말뚝 사이의 횡단면사이의 절토량 또는 성토량을 계산할 경우에 이용되는 방법이다.

(1) 양단면 평균법

$$V = \left(\frac{A_1 + A_2}{2} \right) l$$

여기서, V : 체적

A_1, A_2 : 양단면적

l : 양단면 사이의 거리

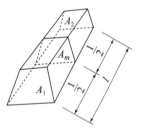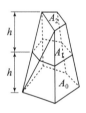

 KEY

⦿ **단면법에 의한 체적 계산**

1. 단면법은 보통 노선 측량에 많이 쓰이는 체적계산법이다.
2. 측량구역에 종단측량과 횡단측량을 실시하여 종단면도와 횡단면도를 그린다.
3. 횡단면도에 그려진 성토와 절토의 면적을 플래니미터(planimeter)로 구한다.
4. 양단면평균법으로 체적을 구하여 전 구간을 합하여 전체 체적을 구한다.

(2) 중앙 단면법

$$V = A_m \, l$$

여기서, A_m : 중앙 단면적

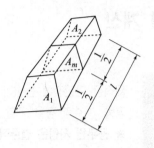

(3) 각주공식(prismoidal formula)

심프슨의 제1법칙을 적용한 공식

$$V = \frac{l}{6}(A_1 + 4A_m + A_2)$$

(4) 단면법의 체적산정 결과는 (1) ⟩ (3) ⟩ (2)의 크기를 나타낸다.

즉, 각주공식이 가장 정확하다.

핵심 KEY

◉ **평균 단면적의 계산**

1. 양단면 평균법 $\overline{A} = \frac{1}{2}(A_1 + A_2)$

2. 중앙 단면법 $\overline{A} = A_m$

3. 각주공식 $\overline{A} = \frac{1}{6}(A_1 + 4A_m + A_2)$

4. 위와 같이 평균단면적을 구한 후 거리 l 을 곱해 체적을 계산한다.

◉ **평균 단면적의 대소 관계**

1. 양단면 평균법이 가장 크게 나타난다.

  ① 각뿔의 체적 $= \frac{1}{3}A\,h$

  ② 양단면 평균법 $= \frac{(A+0)}{2}\,h = \frac{1}{2}A\,h$

2. 중앙 단면법이 가장 작게 나타난다.

3. 각주 공식이 가장 정확하다.

2. 점고법

이 방법은 건물부지의 정지, 택지조성공사, 토취장 및 토사장의 용량관측과 같이 넓은 면적의 토공용적을 산정하기에 적합한 방법이다. 점고법은 비교적 넓은 지역인 택지, 비행장, 운동장 등의 정지 작업을 위하여 토공량을 계산하는 데 사용하는 방법으로, 전 구역을 사각형이나 삼각형으로 나누어서 토량을 계산한다.

(1) 사각형 분할 방법

$$V = \frac{a}{4}\left(\sum h_1 + 2\sum h_2 + 3\sum h_3 + 4\sum h_4\right)$$

여기서,　a : 1개의 직사각형 면적

$\sum h_1$: 1개의 직사각형에만 관계되는 점의 지반고의 합

$\sum h_2$: 2개의 직사각형에만 관계되는 점의 지반고의 합

$\sum h_3$: 3개의 직사각형에만 관계되는 점의 지반고의 합

$\sum h_4$: 4개의 직사각형에만 관계되는 점의 지반고의 합

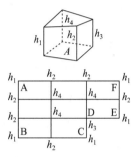

사각형 분할 방식

(2) 삼각형 공식

$$V = \frac{a}{3}\left\{\sum h_1 + 2\sum h_2 + 3\sum h_3 + \cdots + 6\sum h_6\right\}$$

여기서,　a : 1개의 삼각형 면적

$\sum h_1$: 1개의 삼각형에만 관계되는 점의 지반고의 합

$\sum h_2$: 2개의 삼각형에만 관계되는 점의 지반고의 합

$\sum h_3$: 3개의 삼각형에만 관계되는 점의 지반고의 합

$\sum h_4$: 4개의 삼각형에만 관계되는 점의 지반고의 합

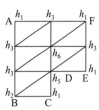

삼각형분할 방식

◉ **점고법에 의한 체적 계산**

1. 점고법에은 토지정리나 구획정리에 많이 쓰이는 체적계산법이다.
2. 측량구역을 일정한 크기의 사각형이나 삼각형으로 나눈다.
3. 각 교점의 지반고를 측정한다.
4. 기준면을 정하고 사각형이나 삼각형 공식으로 체적을 구한다.

3. 등고선법

등고선법은 체적을 근사적으로 구하는 경우에 편리하며, 대지의 땅고르기 작업에서 토량 산정 또는 저수지의 용량을 측정하는 데 이용된다.

그림에서 A_1, A_2, $\cdots$, A_n의 면적은 구적기로 구하고 평균단면적을 구해 등고선의 높이(h)를 거리(l)로 하는 각주공식으로 구하고 남는 부분은 원뿔공식, 양단면 평균법으로 구한다. 이 방법은 토공량, 저수량 산정 등에 사용된다.

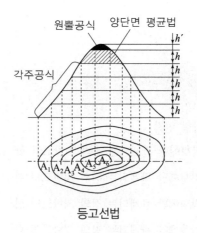

등고선법

01

고속도로 공사에서 다음과 같은 결과를 얻었다. 측점 9에서 11까지의 토량을 양단면평균법으로 구하면 다음 중 어느 것인가? (단, 측점간의 거리는 20m)

측 점	단면적
9	300
10	500
11	600

① 15,000m³

② 19,000m³

③ 22,000m³

④ 32,000m³

해설

양단면 평균법

$$V = \frac{A_1 + A_2}{2} L = \left\{ \frac{(300 + 500)}{2} \times 20 \right\} + \left\{ \frac{(500 + 600)}{2} \times 20 \right\}$$
$$= 8,000 + 11,000 = 19,000\,\text{m}^2$$

02

다음 중 운동장이나 비행장과 같은 시설을 건설하기 위한 넓은 지형의 정지공사에서 토량을 계산하자면 다음 방법 중 어느 것이 적당한가?

① 점고계산법

② 양단면평균법

③ 비메중앙법

④ 의오공식에 의한 법

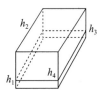

해설

좌표점고법은 비교적 넓은 택지, 비행장, 운동장에 사용하는 방법이다.

핵심 03 그림과 같은 지역의 토량을 점고법(삼각형 분할법)으로 구한 값은?

① 102m³

② 90m³

③ 88m³

④ 51m³

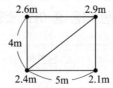

[해설]

$$V = \frac{A}{3}\left\{\sum h_1 + 2\sum h_2 + 3\sum h_3 + \cdots + 6\sum h_6\right\}$$

$$(\sum h_1 = 2.6 + 2.1 = 4.7, \ \sum h_2 = 2.4 + 2.9 = 5.3, \ \sum h_3 = 0, \ \sum h_4 = 0)$$

$$\therefore \ V = \frac{10}{3}(4.7 + 2 \times 5.3) = 51\,\text{m}^3$$

핵심 04 그림과 같은 지역을 땅고르기하기 위하여 수준측량을 실시하였다. 절토량과 성토량이 균형을 이루기 위한 지반고[m]는?

① 2.0

② 2.1

③ 2.2

④ 2.3

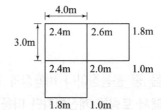

[해설]

$$V = \frac{A}{4}\left(\sum h_1 + 2\sum h_2 + 3\sum h_3 + 4\sum h_4\right)$$

$$\sum h_1 = 2.4 + 1.8 + 1.0 + 1.0 + 1.8 = 8.0$$

$$\sum h_2 = 2.6 + 2.4 = 5.0$$

$$\sum h_3 = 2.0$$

$$\sum h_4 = 0$$

$$V = \frac{12}{4}(8.0 + 2 \times 5.0 + 3 \times 2.0) = 3.0 \times 24 = 72\,\text{m}^3$$

$$계획고 = \frac{V}{A} = \frac{72}{12 \times 3} = 2\,\text{m}$$

핵심 05

다음 중 토량계산 공식중 양단면의 면적차가 심할 때 산출된 토량의 대소 관계가 옳은 것은? (단, 중앙단면법 : A, 양단면평균법 : B, 각주공식 : C로 한다.)

① A = C < B
② A < C = B
③ A < C < B
④ A > B > C

해설

체적의 크기 비교

(1) 양단면 평균법이 가장 크게 나타난다.

$$각뿔의 \ 체적 = \frac{1}{3}Ah$$

$$양단면 \ 평균법 = \frac{(A+0)}{2}h = \frac{1}{2}Ah$$

(2) 중앙 단면법이 가장 작게 나타난다.

(3) 각주 공식이 가장 정확하다.

핵심 06

다음 중 그림과 같은 지역의 토공량은?

① 600m³

② 1,200m³

③ 1,300m³

④ 2,600m³

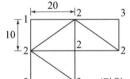

(단위 : m)

해설

$$V = \frac{A}{3}\left\{ \sum h_1 + 2\sum h_2 + 3\sum h_3 + \cdots + 6\sum h_6 \right\}$$

$$\sum h_1 = 1+3+3 = 7, \ \sum h_2 = 2+3 = 5, \ \sum h_3 = 2, \ \sum h_4 = 2+2 = 4$$

$$\therefore V = \frac{100}{3}(7 + 2\times 5 + 3\times 2 + 4\times 4) = 1,300\text{m}^3$$

핵심 07 다음 그림과 같은 지형의 절토량을 구하시오. (단, 구형단면식에 의함)

① $1,235m^3$

② $1,240m^3$

③ $1,250m^3$

④ $1,260m^3$

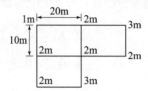

해설

$$V = \frac{a}{4}\left\{\sum h_1 + 2\sum h_2 + 3\sum h_3 + 4\sum h_4\right\}$$

$$= \frac{10 \times 20}{4}\left\{(1+3+2+3+2) + 2(2+2) + 3(2) + 4(0)\right\} = 1,250m^3$$

핵심 08 그림과 같은 구릉이 있다. 표고 3m의 등고선에 둘러싸인 부분의 단면적이 다음 표와 같을 때 이 구릉의 토량은?

측 점	단면적
A_1	$30m^2$
A_2	$50m^2$
A_3	$60m^2$
A_4	$20m^2$
A_5	$10m^2$

① $440m^3$　　② $450m^3$

③ $640m^3$　　④ $660m^3$

해설

$$V = \frac{h}{3}\left\{A_1 + A_n + 4(A_2 + A_4) + 2(A_3)\right\}$$

$$= \frac{3}{3}\left\{30 + 10 + 4(50+20) + (2 \times 60)\right\} = 440m^3$$

핵심 09

수평 정지 작업을 위하여 토지를 직사각형(5 m × 4 m) 모양으로 분할하고 각 교점의 지반고를 관측하여 그림과 같은 결과를 얻었다. 이 작업에서 절토와 성토가 균형을 이루는 표고는? (단, 지반고의 단위는 m로 한다)

① 1.50m

② 1.55m

③ 1.60m

④ 1.65m

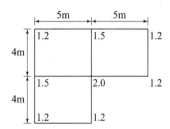

해설

$$V = \frac{a}{4}(\sum h_1 + 2\sum h_2 + 3\sum h_3 + 4\sum h_4)$$

$$= \frac{20}{4}(1.2 \times 5) + 2(1.5 \times 2) + 3(2.0) = 90\text{m}^3$$

$$\therefore \ h = \frac{V}{A} = \frac{90}{60} = 1.5\text{m}$$

핵심 10

다음 그림과 같은 지형의 체적을 구하는 공식은?

① $V = \dfrac{l}{3}(A_1 + \sqrt{A_1 A_2} + A_2)$

② $V = \dfrac{l}{8}(A_1 + 3A_2 + 3A_m + A_2)$

③ $V = \dfrac{A_m}{3}(A_1 + A_m + A_2)$

④ $V = \dfrac{l}{6}(A_1 + 4A_m + A_2)$

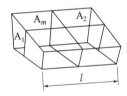

해설

문제 그림은 각주공식을 이용하면 된다.
각주공식은 심프슨의 제1법칙을 적용한 체적 산출공식으로 중앙단면의 면적에 4배의 가중치를 두어 계산한다.

핵심 11

다음 중 용적측량에서 등고선법은 어떻게 된 경우에 적합한가?

① 도로 및 철도공사의 토공량을 산정할 때

② 저수지의 용량을 추정할 때

③ 부지의 지근과 같이 넓은 면적의 토공량을 산정할 때

④ 수로공사 및 저수지공사의 토공량을 산정할 때

해설

등고선법

산의 토공량이나 저수량 등 원뿔 모양의 체적계산에 사용한다.

핵심 12

도로공사에서 거리 20m인 성토구간의 시작단면 A_1=70m², 끝 단면 A_2= 80m², 중앙단면 A_m=60m²라고 할 때에 각주 공식에 의한 성토량을 구하면?

① 2,300m³

② 1,500m³

③ 1,400m³

④ 1,300m³

해설

$$V = \frac{l}{6}(A_1 + 4A_m + A_2) = \frac{20}{6}(70 + 4 \times 60 + 80) = 1,300\text{m}^3$$

핵심 13

그림과 같은 지형에서 절토량과 성토량이 균형을 이루게 하려면 얼마의 높이로 정지 작업을 하여야 하는가? (단, 괄호 안의 값은 교점의 높이이며, 계산은 삼각형 분할법으로 한다)

① 1.7m

② 2.0m

③ 2.2m

④ 2.5m

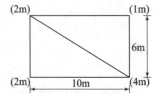

해설

삼각형 분할법

$$V = \frac{A}{3}\{\sum h_1 + 2\sum h_2 + 3\sum h_3 + \cdots + 6\sum h_6\} = \frac{30}{3}(3 + 12) = 150\text{m}^3$$

$$\therefore H = \frac{V}{A} = \frac{150}{60} = 2.5\text{m}$$

면적 분할

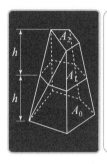 면적의 분할은 삼각형의 면적비를 이용하여 해결한다. 면적이나 체적측정의 정도에 따라 거리관측의 정도가 결정된다. 이 단원은 간단하면서도 내용을 모르면 문제를 해결하기 어려우므로 자주 출제되고 있다.

※ 공무원 시험에는 다음 관계를 반드시 숙지해야 한다.
　① 면적과 체적측정의 정확도와 거리측정의 정도와의 관계
　② 토지의 분할법

1. 면적 측정의 정확도

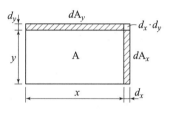

면적측정시의 오차

① 면적$(A) = xy$　양변을 미분하면

② dA(면적의 오차)$= y\,d_x + x\,d_y$

③ 양변을 A로 나누면

$$\frac{dA}{A}\,(\text{면적의 정도}) = \frac{y\,d_x}{x\,y} + \frac{x\,d_y}{x\,y} = \frac{d_x}{x} + \frac{d_y}{y}$$

$$\therefore \text{면적의 정도} = \text{거리 정도의 합}$$

거리관측이 동일정도로 관측되었으므로

$$\frac{d_x}{x} = \frac{d_y}{y} = K\,(\text{거리측정의 정밀도})$$

$$\therefore \ \frac{dA}{A} = 2K$$

$$\therefore \ dA(\text{면적의 오차}) = 2KA$$

2. 체적측정의 정확도

$$\frac{dV}{V} = 3\frac{dl}{l}$$

$$\therefore \ \frac{dl}{l} = \frac{1}{3}\frac{dV}{V}$$

핵심 KEY

◉ **면적과 거리의 정도**

$$A = x \cdot y$$

$$dA = y\,dx + x\,dy$$

$$\frac{dA}{A} = \frac{y\,dx}{x\,y} + \frac{x\,dy}{x\,y} = \frac{dx}{x} + \frac{dy}{y}$$

◉ **면적의 표준편차(평균제곱오차)**

$$\Delta A = \pm\ \sqrt{(x \cdot m_y)^2 + (y \cdot m_x)^2}$$

　여기서, m_x : x의 평균제곱오차, m_y : y의 평균제곱오차

◉ $\dfrac{A_o}{A} = \dfrac{1}{m} \times \dfrac{1}{n}$ (세로축척×가로축척)

◉ $\dfrac{\Delta l}{l} \times 2 = \dfrac{\Delta A}{A}$

◉ $\dfrac{\Delta l}{l} \times 3 = \dfrac{\Delta V}{V}$

3. 면적의 분할

(1) 삼각형의 분할

한 변에 평행한 직선에 의한 분할 : $\triangle ABC$를 $m:n$으로 BC//DE로 분할할 때

$$\frac{\triangle ADE}{\triangle ABC} = \frac{m}{m+n} = \left(\frac{DE}{BC}\right)^2 = \left(\frac{AD}{AB}\right)^2 = \left(\frac{AE}{AC}\right)^2$$

$$\therefore \ AD = AB\sqrt{\frac{m}{m+n}}$$

$$\therefore \ AE = AC\sqrt{\frac{m}{m+n}}$$

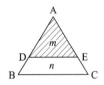

한 꼭지점을 지나는 직선에 의한 분할

$$\frac{\triangle ABD}{\triangle ABC} = \frac{m}{m+n} = \left(\frac{BD}{BC}\right)$$

$$\therefore \ BD = \frac{m}{m+n}BC$$

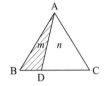

한 변상 고정점을 지나는 직선에 의한 분할

$m < \triangle BDE$의 면적일 때

$$\frac{\triangle BDE}{\triangle ABC} = \frac{m}{m+n} = \left(\frac{BD \cdot BE}{AB \cdot BC}\right)$$

$$\therefore \ BE = \frac{m}{m+n}\frac{AB}{BD}BC$$

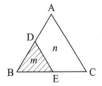

$m > \triangle ADE$ 의 경우

$$\frac{\triangle ADE}{\triangle ABC} = \frac{n}{m+n} = \left(\frac{AD \cdot AE}{AB \cdot AC}\right)$$

$$\therefore \ AE = \frac{n}{m+n}\frac{AB}{AD}AC$$

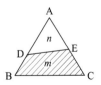

(2) 사다리꼴의 분할

사다리꼴의 분할

밑변에 평행한 직선으로 분할할 때

$$EF = \sqrt{\frac{m\,AD^2 + n\,BC^2}{m + n}}$$

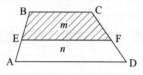

사다리꼴 면적분할

학심 KEY

◉ **삼각형의 분할**

1. 삼각형의 분할은 면적비에 따라 분할한다.

2. 면적을 구할 때는 면적비에 따르므로 $\frac{1}{2}$ 이나 $\sin\theta$ 등 공통으로 들어가는 항목은 삭제한다.

3. 면적비를 구할 때

   ① 면적=거리의 제곱(평행선의 분할)

   ② 면적=밑변(꼭지점으로 분할)

   ③ 면적=두 변의 곱(한 변상의 고정점을 지나는 직선으로 분할)으로 구한다.

4. 횡단면적 구하는 방법

수평단면인 경우	$d_1 = d_2 = \dfrac{w}{2} + sh$ $A = c(w + sh)$ 여기서, s : 경사	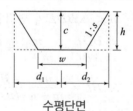 수평단면

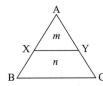

핵심 01

그림과 같은 토지를 한 변 BC에 평행한 XY로 분할하여 $m:n=1:3$의 면적비가 되었다. AB=50m라면 AX는 얼마인가?

① 10m

② 15m

③ 20m

④ 25m

해설

$$\overline{AX}^2 : \overline{AB}^2 = m : (m+n)$$

$$\therefore \overline{AX} = \overline{AB}\sqrt{\frac{m}{m+n}}$$

$$= 50\sqrt{\frac{1}{1+3}} = 25\,\text{m}$$

핵심 02

양단면의 면적이 $A_1 = 65\text{m}^2$, $A_2 = 27\text{m}^2$, 정중앙의 단면적이 $A_m = 45\text{m}^2$이고 길이 $L = 30\text{m}$일 때, 각주 공식에 의한 체적은?

① 1060m³

② 1260m³

③ 1360m³

④ 2040m³

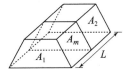

해설

$$V = \frac{L}{6}(A_1 + 4A_m + A_2)$$

$$= \frac{30}{6}(65 + 4 \times 45 + 27)$$

$$= 1360\text{m}^3$$

핵심 03

4변형 ABCD의 C를 통하여 면적을 2등분할 때 PD 길이는?
(단, ABCD의 면적은 1,800m², CE의 길이는 60m)

① 24m

② 26m

③ 28m

④ 30m

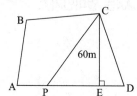

해설

$$\triangle CDP의\ 면적 = \frac{1,800}{2} = 900m^2 = \frac{1}{2}\ PD \cdot CE$$

$$\therefore\ PD = \frac{2 \times 900}{CE} = \frac{2 \times 900}{60} = 30m$$

핵심 04

그림과 같은 삼각형 ABC의 토지를 BC에 평행한 직선 DE로,
△ADE:□BCED=2:3의 비율로 면적을 분할하려면 AD의 길이는?

① $30\sqrt{\dfrac{2}{5}}$ m

② $30\sqrt{\dfrac{5}{2}}$ m

③ $20\sqrt{\dfrac{2}{5}}$ m

④ $20\sqrt{\dfrac{5}{2}}$ m

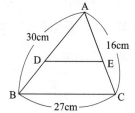

해설

$$AD = AB \times \sqrt{\frac{m}{m+n}} = 30 \times \sqrt{\frac{2}{2+3}} = 18.97m$$

핵심 05

다음 그림과 같은 각주의 양 단면적 A_1=2.4m², A_2=2.0m², 중앙 단면적 A_m =2.2m²이고 길이 L=12m일 때 각주 공식에 의한 체적(V)은?

① 21.6m³

② 26.4m³

③ 28.4m³

④ 30.6m³

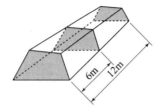

해설

$$V = \frac{L}{6}(A_1 + 4A_m + A_2) = \frac{12}{6}(2.4 + 4 \times 2.2 + 2.0) = 26.4\text{m}^3$$

핵심 06

그림과 같은 토지의 밑변 BC에 평행하게 면적을 $m : n$=1:3의 비율로 분할하고자 할 경우 AY는? (단, AC의 거리는 100m임)

① 15m

② 25m

③ 40m

④ 50m

해설

$$\overline{AY}^2 : \overline{AC}^2 = m : (m+n)$$

$$\therefore \overline{AY} = \overline{AC}\sqrt{\frac{m}{m+n}} = 100\sqrt{\frac{1}{1+3}} = 50\text{m}$$

출제예상문제

★★☆

01

다음 중 축척이 1/100인 상에서 그림과 같은 값을 얻었을 때, 삼각형의 면적은?

① 4m²

② 6m²

③ 8m²

④ 10m²

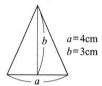

a=4cm
b=3cm

해설

$$A = \frac{1}{2}ab(M)^2 = \frac{1}{2} \times 0.04 \times 0.03 \times (100)^2 = 6\text{m}^2$$

★★★

02

삼변을 측정하여 값 a, b, c를 구했다. a변의 대응각 A를 반각공식으로 구하여 할 때 $\sin\frac{A}{2}$의 값은? (단, $S = \frac{a+b+c}{2}$)

① $\sqrt{\dfrac{(S-b)(S-c)}{bc}}$

② $\sqrt{\dfrac{(S-b)(S-c)}{S(S-a)}}$

③ $\sqrt{\dfrac{S(S-A)}{bc}}$

④ $\sqrt{S(S-a)(S-b)(S-c)}$

해설

반각의 공식을 이용

- $\sin\dfrac{A}{2} = \sqrt{\dfrac{(S-b)(S-c)}{bc}}$

- $\cos\dfrac{A}{2} = \sqrt{\dfrac{S(S-a)}{bc}}$

- $\tan\dfrac{A}{2} = \sqrt{\dfrac{(S-b)(S-c)}{S(S-a)}}$

03 ★★☆

축적 1/50,000의 도면상에서 저수지의 면적을 구하였더니 10cm²이었다. 이 저수지의 실제 면적은 얼마인가?

① 2.50km²

② 8.75km²

③ 24.25km²

④ 30.25km²

$A_0 = A \cdot m^2 = 10 \times 50,000^2 = 2.50 \times 10^{10}\text{cm} = 2.50\text{km}^2$

$(\because 10^{11}\text{cm}^2 = 10^7\text{m}^2 = 10\text{km}^2)$

04 ★★★

그림과 같은 측량의 결과가 얻어졌다. 절토량과 성토량이 같은 기준면상의 높이는 얼마인가?

① 1.55m

② 1.65m

③ 1.75m

④ 1.85m

■ $V = \dfrac{a \cdot b}{4}\left(\sum h_1 + 2\sum h_2 + 3\sum h_3 + 4\sum h_4\right)$

• $\sum h_1 = 1.0 + 2.0 + 2.5 + 2.5 + 1.0 = 9.0\text{m}$

• $\sum h_2 = 1.5 + 1.5 = 3\text{m}$

• $\sum h_3 = 2.0\text{m}$

$\therefore V = \dfrac{30 \times 10}{4}(9 + 2 \times 3 + 3 \times 2) = 1575\text{m}^3$

$\therefore h = \dfrac{V}{nA} = \dfrac{1575}{3 \times (30 \times 10)} = 1.75\text{m}$

05 ★★★

축적 1/1,200의 도면을 1/600로 변경하고자 할 때 도면의 증가 면적은?

① 2배

② 4배

③ 8배

④ 16배

$\left(\dfrac{m_2}{m_1}\right)^2 = \left(\dfrac{1,200}{600}\right)^2 = 4$

∴ 가로와 세로가 2배씩이므로 총 4배가 증가한다.

정답 01 ② 02 ① 03 ① 04 ③ 05 ②

06 ★★☆

면적이 4,000,000m²인 정사각형의 토지를 1/1,000 축적으로 축소시켰을 경우 한 변의 길이는?

① 40cm

② 80cm

③ 120cm

④ 200cm

[해설]

$A = a^2$에서 $a = \sqrt{A} = \sqrt{4,000,000} = 2,000\text{m}$

실제 한 변의 길이 $= \dfrac{\text{실제 길이}}{\text{도면상의 길이}} = \dfrac{2,000}{1,000} = 2\text{m}$

$\therefore$ 200cm

07 ★★☆

축척 1/1000 도면상에서 어떤 토지 개량 지구의 면적을 구하였더니 20cm²였다. 이때 실면적으로 환산하면 몇 ha인가?

① 0.2ha

② 0.4ha

③ 2ha

④ 6ha

[해설]

$A = 20 \times 10^{-4} \times (1,000)^2 = 2,000\text{m}^2$

$1a = 100\text{m}^2$, $1\text{ha} = 100a = 10,000\text{m}^2$이므로 $A = 0.2\text{ha}$

08 ★★☆

다음 삼각형의 면적을 삼사법으로 구한 값은? (단, 밑변의 길이는 20m, 높이의 길이는 30m)

① 300m²

② 350m²

③ 400m²

④ 150m²

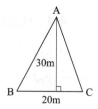

[해설]

$A = \dfrac{1}{2} \times a \times h = \dfrac{1}{2} \times 20 \times 30 = 300\text{m}^2$

★★☆

09 그림의 면적을 심프슨(Simpson) 제 1법칙으로 구한 값은?

① 12m^2 ② 24m^2

③ 36m^2 ④ 48m^2

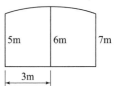

해설

$$A = \frac{d}{3}(h_0 + 4h_1 + h_2) = \frac{3}{3}(5 + 4 \times 6 + 7) = 36\text{m}^2$$

10 다음 △ABC의 넓이는?

① 10m^2

② 20m^2

③ 30m^2

④ 40m^2

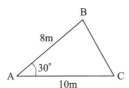

해설

$$A = \frac{1}{2}ab\sin\alpha = \frac{1}{2} \times 8 \times 10\sin 30° = 20\text{m}^2$$

★★☆

11 다음 그림과 같이 도로의 횡단면도에서 토공량을 구하기 위한 절토단면적은?
(단, 그림의 숫자는 0을 원점으로 하는 좌표치(x, y)를 m단위로 나타낸 것이다.)

① 94.99m^2

② 98.00m^2

③ 102.00m^2

④ 106.09m^2

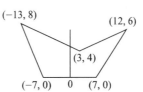

해설

$$x : \quad -7 \quad -13 \quad 3 \quad 12 \quad 7 \quad -7$$

$$y : \quad 0 \quad 8 \quad 4 \quad 6 \quad 0 \quad 0$$

$$A = \frac{1}{2}\sum x_i(y_{i+1} - y_{i-1})$$

$$= \frac{1}{2}\{-7(8-0) - 13(4-0) + 3(6-8) + 12(0-4) + 7(0-6)\}$$

$$= \frac{1}{2}|-204| = 102\text{m}^2$$

★★★
12

다음 도로노선의 종단면에서 측점 2의 절토단면적을 구한 값은? (단, 도로폭은 10m, 절토구배는 1 : 1이고, 성토구배는 1 : 1.5이다.)

측점	1	2	3	4	5
거리	0	20	10	9	20
지반고	18	20	16	14	12
계획고	18	17	16	15	13

① 32.5m^2

② 34.0m^2

③ 36.5m^2

④ 39.0m^2

해설

(1) No 2의 절토고 $= 20 - 17 = 3\text{m}$

(2) 절토구배는 1:1이므로 $b = (10 + 3 + 3) = 16\text{mm}$

(3) 절토면적 $(A) = \dfrac{1}{2}(a + b) \cdot h = \dfrac{1}{2}(10 + 16) \cdot 3 = 39\text{m}^2$

★★★
13

다음 중 삼각형 3변의 길이가 a, b, c이고, $s = \dfrac{a + b + c}{2}$ 일 때 삼각형의 면적을 구하는 식은 무엇인가?

① $A = \sqrt{s(s - a)(s - b)(s - c)}$

② $A = \sqrt{\dfrac{s}{2}(s - a)(s - b)(s - c)}$

③ $A = \sqrt{s(s + a)(s + b)(s + c)}$

④ $A = \sqrt{\dfrac{s}{2}(s + a)(s + b)(s + c)}$

해설

헤론공식 $A = \sqrt{s(s - a)(s - b)(s - c)}$

14 ★★☆

다음 중 토지의 형상을 삼각형으로 구분하여 면적을 측정하는 방법이 아닌 것은?

① 삼사법   ② 배횡거법
③ 협각법   ④ 삼변법

[해설]

(1) 삼각형법 : 삼사법, 협각법, 삼변법
(2) 수치 계산법 : 삼각형법, 좌표법, 배횡거법

15 ★★☆

경계선을 3차 포물선으로 보고, 지거의 세 구간을 한 조로 하여 면적을 구하는 방법은?

① 심프슨 제1법칙   ② 심프슨 제2법칙
③ 심프슨 제3법칙   ④ 심프슨 제4법칙

[해설]

(1) 심프슨의 제1법칙 : 경계선을 2차 포물선으로 보고 지거의 두 구간을 한조로 하여 면적을 구하는 방법
(2) 심프슨의 제2법칙 : 경계선을 3차 포물선으로 보고 지거의 세 구간을 한조로 하여 면적을 구하는 방법

16 ★★☆

사각형 ABCD의 면적은 얼마인가? (단, 좌표의 단위는 m이다.)

① $4,950\text{m}^2$
② $5,050\text{m}^2$
③ $5,150\text{m}^2$
④ $5,250\text{m}^2$

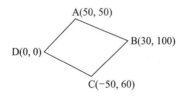

[해설]

$$\frac{50}{\oplus 50\ominus} \bowtie \frac{100}{\oplus 30\ominus} \bowtie \frac{60}{\ominus 50\ominus} \bowtie \frac{0}{\oplus 0\ominus} \bowtie \frac{50}{\oplus 50\ominus}$$

$$2A = |50 \times 30 + 100 \times (-50-50) + 60 \times (-30+0)$$

$$= |1,500 - 10,000 - 1,800|$$

$$= 10,300\text{m}^2$$

$$\therefore A = \frac{10,300}{2} = 5,150\text{m}^2$$

★★☆

17

면적계산에서 경계선을 2차 포물선으로 보고 지거의 두 구간을 한 조로 하여 면적을 구하는 방법은?

① 심프슨 제1법칙　　　　　　② 심프슨 제 2법칙
③ 모눈송이법　　　　　　　　④ 횡선법

[해설]

- 심프슨 제1법칙 : 경계선을 3차 포물선으로 보고, 지거의 2구간을 한조로 하여 면적을 구하는 방법
- 심프슨 제2법칙 : 경계선을 3차 포물선으로 보고, 지거의 3구간을 한조로 하여 면적을 구하는 방법

★★★

18

다음 그림의 면적을 심프슨 공식으로 구하면? (단, 심프슨 제1법칙을 이용할 것)

① 70m²
② 75m²
③ 80m²
④ 85m²

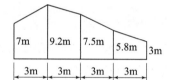

[해설]

$$V = \frac{d}{3}\{y_1 + y_n + 4(y_2 + y_4 + \cdots + y_{n-2}) + 2(y_1 + y_3 + \cdots + y_{n-1})\}$$
$$= \frac{3}{3} \times \{7 + 3 + 4 \times (9.2 + 5.8) + 2 \times 7.5\} = 85\text{m}^2$$

★★★

19

그림과 같은 △ABC의 넓이는? (단, AB=4m AC=5m)

① 5m²
② 10m²
③ 15m²
④ 20m²

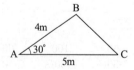

[해설]

협각법(이변법)

$$A = \frac{1}{2}ab\sin\alpha = \frac{1}{2} \times 4 \times 5\sin 30° = 5\text{m}^2$$

★★☆
20

다음 중 주로 곡선으로 둘러싸인 면적을 구하려고 할 때 사용하는 면적 계산법과 거리가 먼 것은 무엇인가?

① 좌표에 의한 방법　　　　② 모눈종이법
③ 횡선(strip)법　　　　　　④ 지거법

[해설]

면적계산 방법

직선으로 이루어진 도형의 면적	곡선으로 둘러싸인 면적
① 삼각형법 (삼사법, 협각법, 삼변법)	① 모눈종이법
② 좌표에 의한 방법	② 횡선(strip)법
③ 배횡거법	③ 지거법

★★☆
21

다음과 같은 삼각형 ABC의 넓이는 얼마인가?

① $8\sqrt{6}\,\mathrm{m}^2$

② $6\sqrt{3}\,\mathrm{m}^2$

③ $6\sqrt{6}\,\mathrm{m}^2$

④ $8\sqrt{3}\,\mathrm{m}^2$

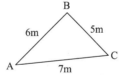

[해설]

$A = \sqrt{S(S-a)(S-b)(S-c)}$ 에서

$S = \dfrac{a+b+c}{2} = \dfrac{6+5+7}{2} = 9\mathrm{m}$

$A = \sqrt{9(9-6)(9-5)(9-7)} = 6\sqrt{6}\,\mathrm{m}^2$

★★☆

22

지거를 6m 등간격으로 하고 각 지거가 $y_1=3$m, $y_2=9$m, $y_3=10$m, $y_4=12$m, $y_5=8$m이었다. 심프슨 제1법칙의 공식으로 면적을 구한 값은?

① 163.00m^2

② 256.00m^2

③ 156.00m^2

④ 230.00m^2

해설

$$A=\frac{d}{3}\{y_1+y_5+4(y_2+y_4)+2y_3\}=\frac{6}{3}\{3+8+4(9+12)+2\times10\}=230\,\text{m}^2$$

★★★

23

가로 10m, 세로 10m의 정사각형 토지에 기준면으로부터 각 꼭지점의 높이의 측정결과가 그림과 같을 때 전토량은?

① 225m^3

② 450m^3

③ 900m^3

④ 1250m^3

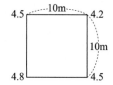

해설

사각형 분할법

$$V=\frac{a\cdot b}{4}\left(\Sigma h_1\right)$$

• $\Sigma h_1=4.5+4.2+4.5+4.8=18\,\text{m}$

$$\therefore\ V=\frac{10\times10}{4}\times18=450\,\text{m}3$$

★★☆

24

축척 1/1,000의 단위면적이 5m^{2}일 때 이것을 이용하여 1/2,000의 축척에 의한 면적을 구할 경우의 단위 면적을 구한 값은?

① 60m^2

② 40m^2

③ 20m^2

④ 5m^2

해설

$A=an$에서 축척이 다를 경우

$$a'=\left(\frac{S}{L}\right)^2a=\left(\frac{2,000}{1,000}\right)^2\times5=20\,\text{m}^2$$

25 ★☆☆

다음 중 플라니미터로 면적을 측정할 경우 측륜의 회전속도는 어떻게 하는 것이 좋은가?

① 빠르게
② 직선은 느리게, 곡선은 빠르게
③ 균일하게
④ 직선은 빠르게, 곡선은 느리게

26 ★★☆

구적기로 면적을 측정 시 주의할 사항 중 옳지 않은 것은?

① 구적기의 오차는 2~3% 감안하여야 한다.
② 눈금을 읽을 때 숫자판의 눈금이 0을 통과하는 경우에는 읽음값에 1,000을 더한다.
③ 측기의 정확도를 점검한 후 측도침의 시점을 정하고 도면의 경계선상에 표시한다.
④ 측기의 길이는 구적기의 격납 상자에 붙어 있거나 측기에 붙어 있는 값에 의한다.

> **해설**
>
> 숫자판의 눈금이 1바퀴 이상 회전한 경우(눈금이 0을 통과하는 경우)에는 읽음값에 10,000을 더한다.

27 ★★☆

다음 중 축척 1/1,200의 도면에서 구적기로 면적을 측정한 결과 18,000m²의 면적을 얻었다. 이때 제1독치는 8,000를 얻었다면 단위면적은 얼마인가?
(단, 제2독치는 한 바퀴를 더 돌아온 4,000이다.)

① 3.00m²
② 4.00m²
③ 3.86m²
④ 5.06m²

> **해설**
>
> $A = an$에서
>
> $$a = \frac{A}{n} = \frac{18,000}{(14,000 - 8,000)} = 3.00 \text{m}^2$$
>
> (∵ 여기서 $n_2 = 14,000$로 10,000을 더해준 것은 한 바퀴를 더 돌았기 때문이다.)

★★☆
28

구적기의 정밀도에서 작은 면적의 정밀도는?

① 0.1~0.5%

② 0.1~0.2%

③ 1~5%

④ 1% 이내

큰면적 0.1~0.2%, 작은 면적 1% 이내

★★★
29

길이가 10m인 각주의 양단면적이 4.2m², 5.6m²이고 중앙단면적이 4.9m²일 때 이 각주의 체적은?

① 47m³

② 48m³

③ 49m³

④ 50m³

해설

체적

$$V = \frac{L}{6}(A_1 + 4A_m + A_2)$$

$$= \frac{10}{6}(4.2 + 4 \times 4.9 + 5.6)$$

$$= 49\text{m}^3$$

★★★
30

축척 1/2,000의 도면상에서 어느 구역의 면적이 100.0cm²일 때, 실제 면적은 몇 ha인가?

① 4ha

② 10ha

③ 20ha

④ 40ha

해설

(1) 실면적 $A = m^2 A_o = (2,000)^2 \times 100 \times \left(\frac{1}{100}\right)^2 = 40,000\text{m}^2$

(2) 1ha는 10,000m²이므로 $A = 4$ha

★★★

31

그림에서 댐(Dam) 저수면의 높이를 110m로 할 경우 그 저수량은 얼마인가?
(단, 80m 등고선내의 면적 300m², 90m 등고선내의 면적 1,000m², 100m 등
고선내의 면적 1,700m², 110m 등고선 내의 면적 2,300m²)

① 30,000m³

② 40,000m³

③ 50,000m³

④ 60,000m³

80 90 100 110 120

해설

$$Q = \frac{h}{3}(A_o + 4A_1 + A_2) + \frac{h}{2}(A_2 + A_3)$$

$$= \frac{10}{3}(300 + 4 \times 1,000 + 1,700) + \frac{10}{2}(1,700 + 2,300) = 40,000\text{m}^3$$

★★★

32

그림과 같이 측정된 성토고를 이용하여 전토량을 구하는데 적합한 공식은?

① $\frac{ab}{4}(\sum h_1 + 2\sum h_2 + 3\sum h_3 + 4\sum h_4)$

② $\frac{ab}{3}(\sum h_1 + 2\sum h_2 + 3\sum h_3 + 4\sum h_4)$

③ $\frac{l}{6}(A_1 + 4A_2 + A_3 + A_4)$

④ $\frac{l}{2}(A_1 + 6A_2 + A_3 + A_4)$

해설

점고법의 직사각형 공식

$$V = \frac{A}{4}(\sum h_1 + 2\sum h_2 + 3\sum h_3 + 4\sum h_4)$$

$$= \frac{ab}{4}(\sum h_1 + 2\sum h_2 + 3\sum h_3 + 4\sum h_4)$$

33

다음 중 체적 계산의 단면법에 해당되지 않는 것은?

① 양단면 평균법　　　　　② 중앙 단면법

③ 점고법　　　　　　　　④ 각주 공식에 의한 방법

단면법
양단면 평균법, 중앙 단면법, 각주의 공식 등이 있다.

34

양단면 면적이 $A_1 = 80\text{m}^2$, $A_2 = 40\text{m}^2$, 그리고 중간 단면적 $A_m = 30\text{m}^2$일 때 체적은? (단, 각주공식에 의하는 것으로 한다.)

① 830m^3

② 800m^3

③ 790m^3

④ 780m^3

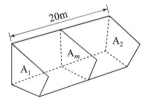

$$V = \frac{l}{6}(A_1 + 4A_m + A_2) = \frac{20}{6}(80 + 4 \times 30 + 40) = 800\text{m}^3$$

35

다음 길이가 10m인 각주의 양 단면적이 4m², 5m²이고 중앙 단면적이 4m²일 때 이 각주의 체적은?

① 47m^3　　　　　　　　② 45m^3

③ 42m^3　　　　　　　　④ 40m^3

$$V = \frac{1}{6}(A_1 + 4A_m + A_2) = \frac{10}{6}(4 + 4 \times 4 + 5) = 41.7 \fallingdotseq 42\text{m}^3$$

36 ★★★

도로공사의 시공에서 A점의 성토면적이 20m², B점의 성토면적이 10m²이고, 그 A, B간의 거리는 20m일 때 성토해야 할 토량은?

① 5000m³   ② 400m³

③ 300m³   ④ 200m³

해설

$$V = \frac{l}{2}(A_1 + A_2)\,(\text{양단면 평균법}) = \frac{20}{2}(20 + 10) = 300\,\text{m}^3$$

37 ★★☆

각 꼭지점의 표고가 그림과 같을 때 부피를 구하면 다음 중 어느 것인가?

① 1,500m³

② 1,600m³

③ 1,700m³

④ 1,800m³

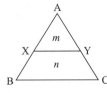

해설

$$V = \frac{10^2}{4}(15 + 10 + 5 + 10) + \frac{5 \times 10}{3}\{10 + 10 + 2(9 + 5) = 1,800\,\text{m}^3$$

38 ★★☆

그림과 같은 토지의 밑면 BC에 평행하게 면적을 $m : n = 1:3$의 비율로 분할하고자 할 경우, AX의 길이는? (단, AB = 60m임)

① 15m

② 20m

③ 25m

④ 30m

해설

$$\overline{AX} = \overline{AB}\sqrt{\frac{m}{m+n}} = 60 \times \sqrt{\frac{1}{1+3}} = 30\,\text{m}$$

39 ★★☆

25m에 대해 5mm가 늘어난 테이프로 정방향 토지를 측량하여 면적을 계산한 결과 10,000m²를 얻었다. 실제 면적은?

① 10,004m²

② 20,000m²

③ 30,004m²

④ 40,000m²

해설

$$A_0 = A\left(1 + \frac{e}{s}\right)^2 = 10,000\left(1 + \frac{0.005}{25}\right)^2 ≒ 10,004\text{m}^2$$

40 ★★☆

직사각형의 두 변의 길이를 1/1,000 정확도로 관측하여 면적을 산출할 경우 산출된 면적의 정확도는?

① $\dfrac{1}{500}$

② $\dfrac{1}{1,000}$

③ $\dfrac{1}{2,000}$

④ $\dfrac{1}{3,000}$

해설

$$\frac{dA}{A} = 2K = 2\frac{1}{1,000} = \frac{1}{500}$$

41 ★★★

그림과 같은 삼각형의 꼭지점 A로부터 밑변을 향해 직선으로 $m:n$=2:3의 비율로 면적을 분할한다. BP의 거리는? (단, BC=100m)

① 20m

② 35m

③ 40m

④ 45m

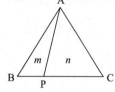

해설

삼각형의 꼭지점(A)을 통한 분할

$$\text{BP} = \text{BC} \times \frac{m}{m+n} = 100 \times \frac{2}{2+3} = 40\text{m}$$

★★★
42

그림과 같은 △ABC의 토지를 BC에 평행인 DE로서 ADE : BCED＝2 : 3의 비로
분할코자할 때 AD는 몇 m로 하면 좋은가? (단, AB＝50m이다.)

① $\sqrt{500}$ m

② $2\sqrt{1,000}$ m

③ $\sqrt{1,000}$ m

④ $2\sqrt{500}$ m

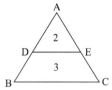

해설

면적은 거리의 제곱에 비례하므로

$\triangle ADE : \triangle ABC = AD^2 : AB^2 = 2 : (2+3)$

$\therefore AD = \sqrt{\dfrac{2}{5} \times 50^2} = \sqrt{1,000}$ m

★★★
43

그림과 같은 삼각형의 꼭지점 A로부터 밑변을 향해서 직선으로 $m : n$＝2 : 8의
비율로 면적을 분할하려면 BP의 거리는 얼마인가? (단, BC＝200m로 한다.)

① 40m

② 50m

③ 100m

④ 75m

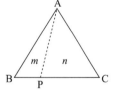

해설

높이가 같으므로 면적비 ＝ 거리비이다.

$BP : BC = m : m+n$

$\therefore BP = \dfrac{m}{m+n} BC = \dfrac{2}{2+8} \times 200 = 40$m

★★☆
44

다음 그림의 횡단면적을 구한 값은?

① 11m²

② 22m²

③ 33m²

④ 66m²

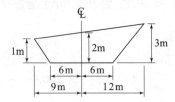

해설

$$A_1 = \frac{1+2}{2} \times 9 - \frac{1}{2}(3 \times 1) = 12.0 \text{m}^2$$

$$A_2 = \frac{2+3}{2} \times 12 - \frac{1}{2}(6 \times 3) = 21 \text{m}^2$$

∴ 횡단면적 = 12.0 + 21 = 33m²

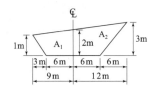

★★★
45

그림과 같은 토지의 한 변 BC에 나란히 $m:n=1:3$의 비율로 분할할 때 AB=40m이면 AX는 얼마인가?

① 20.0m

② 21.0m

③ 22.0m

④ 23.0m

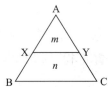

해설

$$AX = AB\sqrt{\frac{m}{m+n}} = 40\sqrt{\frac{1}{1+3}} = 20\text{m}$$

★★☆
46

직사각형의 토지를 재어서 60m와 40m을 얻었다. 이 길이의 측정값에 ±1cm의 오차가 있었다면 면적의 오차는?

① $\pm\sqrt{0.6^2 + 0.4^2}\,\text{m}^2$ ② $\pm\sqrt{0.6^2 - 0.4^2}\,\text{m}^2$

③ $\pm 2\sqrt{0.6^2 + 0.4^2}\,\text{m}^2$ ④ $\pm 2\sqrt{0.6^2 - 0.4^2}\,\text{m}^2$

해설

면적오차

$$\Delta A = \sqrt{(x \cdot m_y)^2 + (y \cdot m_x)^2} = \sqrt{(60 \times 0.01)^2 + (40 \times 0.01)^2} = \sqrt{0.6^2 + 0.4^2}\,\text{m}^2$$

★★☆

47

다음 축척 $\dfrac{1}{500}$ 도면에서 도상 면적이 30cm²일 때 실제 면적은?

① 450m^2 ② 750m^2

③ 45m^2 ④ 75m^2

> [해설]
>
> 실제면적$= A \cdot m^2 = 30 \times 500^2 = 750 \times 10^4 \text{cm}^2 = 750\,\text{m}^2$

★★☆

48

다음 중 축척 1:3,000인 도면의 면적을 측정하였더니 3cm²이었다. 이때 도면은 종횡으로 1%씩 수축되어 있다면 이 토지의 실제 면적은 얼마인가?

① 2,700m^2 ② 2,727m^2

③ 2,754m^2 ④ 2,785m^2

> [해설]
>
> 실면적$=$도상면적$\times$(축척의 분모)$^2 = 3 \times 3{,}000^2 = 27{,}000{,}000\,\text{cm}^2 = 2{,}700\,\text{m}^2$
>
> $\therefore$ 실제면적$= 2{,}700 \times \left(1 + \dfrac{1}{100}\right)^2 \fallingdotseq 2{,}754\,\text{m}^2$

★★★

49

측점 A에서의 횡단면적이 32m², 측점 B에서의 횡단면적이 48m²이고, 측점 AB 간 거리가 10m일 때의 토공량은?

① 400m^3 ② 500m^3

③ 600m^3 ④ 700m^3

> [해설]
>
> 토공량
>
> $V = \dfrac{(A_1 + A_2)}{2} \times L$
>
> $= \dfrac{(32 + 48)}{2} \times 10 = 400\,\text{m}^3$

8 노선측량

- ❶ 노선측량의 개요 및 단곡선 공식
- ❷ 곡선설치 방법
- ❸ 완화 곡선
- ❹ 클로소이드와 종단곡선

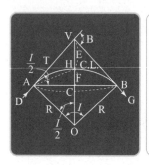

Chapter 08 노선측량

1 노선측량의 개요 및 단곡선 공식

> 노선측량은 도로, 철도, 수로 등 비교적 폭이 좁고 긴 지역의 측량을 말하며 출제는 주로 단곡선 설치 시 여러 요소들에 대해서 이루어지는데 출제빈도도 매우 높은 편이다.
>
> ※ **공무원 시험에는 다음 관계를 반드시 숙지해야 한다.**
>   ① 곡선의 종류
>   ② 단곡선의 기본공식

1. 노선측량의 정의

노선측량이란 도로, 철도, 운하 등의 교통로의 측량, 수력 발전의 도수로의 측량, 상하수도의 도수관의 부설에 따른 측량, 하수도, 송전선로, 삭도 등의 건설을 위한 측량 등 폭이 좁고 길이가 긴 구조물을 건설하기 위한 측량이다.

2. 노선 선정

(1) 예비설계 단계

1/25,000~1/50,000의 지형도에 노선선정

(2) 세부설계 단계

1/1,000의 지형도에 노선선정

(3) 노선측량순서

① 도상에서 노선선정 및 설계를 위한 지형측량

② 종·횡단 측량 : 토공량 산출

③ 공사 측량

④ 준공 측량

핵심 KEY

> ◉ **노선측량의 순서**
>
> 노선선정 – 계획조사 – 실시설계 – 세부측량 – 용지측량 – 공사측량
> (실시설계측량 : 중심선 설치, 지형도 작성, 다각측량)

3. 곡선 설치

(1) 중심말뚝의 간격 20m
(2) 곡선의 종류

4. 곡선의 종류

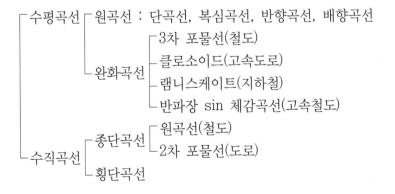

■ **완화곡선**

직선체감을 전제로 한 곡률반경 곡선

■ **종단곡선**

종단구배가 변하는 곳에 충격을 완화시키고 시거를 확보해
주는 곡선

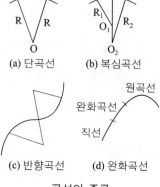

(a) 단곡선　　(b) 복심곡선

(c) 반향곡선　　(d) 완화곡선

곡선의 종류

(1) 단곡선의 명칭

① A=곡선 시점=B.C.(beginning of curve)

② B=곡선 종점=E.C.(end of curve)

③ V=교점=I.P.(intersection point)

④ ∠BVD=교각=I.A. 또는 I.(angle of intersection)

⑤ ∠AOB=중심각=I(central angle

⑥ $\overline{OA}=\overline{OB}$ =곡률 반지름 =R(cruvature radius)

⑦ 이 그림에서 $\angle AOV = \angle BOV = \dfrac{I°}{2}$

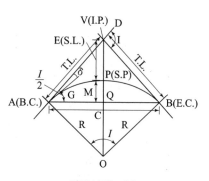

단곡선의 기호

$\angle VAQ = \angle VBQ = \dfrac{I°}{2}$ 가 되므로 다음 공식들이 유도된다.

(2) 단곡선의 기본공식

접선 길이($\overline{VA}=\overline{VB}$) T.L.(tangent length)$=R\tan\dfrac{I}{2}$	$\tan\dfrac{I}{2}=\dfrac{T.L}{R}$ $\therefore\ T.L=R\cdot\tan\dfrac{I}{2}$	

곡선 길이(APB)

C.L.(curve length)

$= RI\,\text{rad} = \dfrac{\pi RI°}{180} = 0.0174533\,RI°$

(다만, I는 radian, $I°$는 도 단위)

$2\pi R : C.L = 360° : I°$

$\therefore\ C.L = R\cdot I° \dfrac{\pi}{180°}$

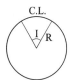

외할(E)

$= S.L.(\text{external secant}) = R\left(\sec\dfrac{I}{2} - 1\right)$

중앙 종거($\overline{PQ}$)

$= M(\text{middle ordinate}) = R\left(1 - \cos\dfrac{I}{2}\right)$

여기서 $\sec\dfrac{I}{2} = \dfrac{1}{\cos\dfrac{I}{2}}$

$\cos\dfrac{I}{2} = \dfrac{R}{R+E}$

$\therefore\ E = R\left(\sec\dfrac{I}{2} - 1\right)$

$\cos\dfrac{I}{2} = \dfrac{R-M}{R}$

$\therefore\ M = R\left(1 - \cos\dfrac{I}{2}\right)$

현 길이($\overline{AB}$)

$= C(\text{chord length}) = 2R\sin\dfrac{I}{2}$

$\sin\dfrac{I}{2} = \dfrac{\dfrac{C}{2}}{R}$

$C = 2R\cdot\sin\dfrac{I}{2}$

편각($\angle$VAG)

δ(deflection angle)

$= \dfrac{l}{2R}(\text{radian}) = 1,718.87 \times \dfrac{l}{R}\ \text{분}$

곡선 중점(P)

S.P.(point of secant)

$\angle$VAB $= \angle$VBA $=$ 총 편각 $= \dfrac{I}{2}$

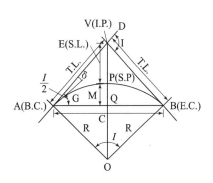

핵심KEY

예제1 기점으로부터 교점까지 추가 거리가 432.84m이고, 교각 I＝54° 2'일 때 단곡선을 중앙종거에 의하여 설치하기 위한 곡선 요소를 계산하여라. (단, 곡선 반지름 R ＝300m이다.)

$$T.L = R\tan\frac{I°}{2} = 300 \times \tan\frac{54°12'}{2} = 153.52\,\mathrm{m}$$

$$C.L = 0.0174533RI° = 0.0174533 \times 300 \times 54°12' = 283.79\,\mathrm{m}$$

$$E = R\left(\sec\frac{I°}{2} - 1\right) = 300 \times \left(\sec\frac{54°12'}{2} - 1\right) = 37.00\,\mathrm{m}$$

$B.C$의 추가 거리＝(교점 $I.P$의 추가 거리)－$(T.L.)$
$$= 432.84 - 153.52 = 279.32\,\mathrm{m}$$

→ No. 13 + 19.32 m

$E.C$의 추가 거리＝$(B.C$의 추가 거리)＋$(C.L.)$
$$= 279.32 + 283.79 = 563.11\,\mathrm{m}$$

→ No. 28 + 3.11 m

현의 길이 $\dfrac{L_1}{2} = R\sin\dfrac{I°}{2} = 300 \times \sin\dfrac{54°12}{2} = 136.66\,\mathrm{m}$

$$\frac{L_2}{2} = R\sin\frac{I°}{2} = 300 \times \sin\frac{54°12}{4} = 70.29\,\mathrm{m}$$

$$\frac{L_3}{2} = R\sin\frac{I°}{2} = 300 \times \sin\frac{54°12}{8} = 35.39\,\mathrm{m}$$

$$\frac{L_4}{2} = R\sin\frac{I°}{2} = 300 \times \sin\frac{54°12}{16} = 17.73\,\mathrm{m}$$

중앙 종거 $M_1 = R\left(1 - \cos\dfrac{I°}{2}\right) = 300 \times \left(1 - \cos\dfrac{54°12'}{2}\right) = 32.94\,\mathrm{m}$

$$M_2 = R\left(1 - \cos\frac{I°}{2}\right) = 300 \times \left(1 - \cos\frac{54°12'}{4}\right) = 8.35\,\mathrm{m}$$

$$M_3 = R\left(1 - \cos\frac{I°}{2}\right) = 300 \times \left(1 - \cos\frac{54°12'}{8}\right) = 2.09\,\mathrm{m}$$

$$M_3 = R\left(1 - \cos\frac{I°}{2}\right) = 300 \times \left(1 - \cos\frac{54°12'}{16}\right) = 0.52\,\mathrm{m}$$

실전핵심예제 01 노선측량의 개요 및 단곡선 공식

01 다음 중 고속차량이 직선부에서 곡선부로 주행할 경우, 안전하고 원활히 통과할 수 있게 설치하는 것은?

① 단곡선   ② 접선

③ 절선   ④ 완화곡선

해설

완화곡선

곡률이 무한대인 직선과 곡률이 작은 곡선 사이에 완충작용을 하도록 삽입하는 곡선으로 3차포물선, 렘니스케이트, 클로소이드 등이 사용된다.

02 단곡선 설치 시 노선의 기점으로부터 교점(I.P.)까지의 거리가 520.68m일 때 종단현의 길이는? (단, 접선 길이(T.L.)＝288.60m, 곡선 길이(C.L.)＝523.60m, 중심 말뚝 간격은 20m이다.)

① 4.32m   ② 7.92m

③ 12.08m   ④ 15.68m

해설

(1) $\sim E.C = \sim B.C + C.L = I.P - T.L + C.L$

$\qquad = 520.68 - 288.60 + 523.60 = 755.68\,\mathrm{m}$

(2) $l_2 = 755.68 - 740 = 15.68\,\mathrm{m}$

03 다음 중 원곡선의 종류가 아닌 것은?

① 반향곡선   ② 단곡선

③ 렘니스케이트 곡선   ④ 복심곡선

해설

(1) 복심곡선
   반경(R)이 다른 2개의 단곡선이 그 접속점에서 공통 접선을 갖고 곡선의 중심이
   공통접선과 같은 방향에 있는 곡선

(2) 반향곡선
   반경이 같지 않은 2개의 단곡선이 공통 접선을 갖고 곡선의 중심이 공통 곡선의
   반대쪽에 있는 곡선

(3) 곡선의 종류
   ① 원곡선 : 단곡선, 복심곡선, 반향곡선, 배향곡선
   ② 완화곡선 : 클로소이드, 3차 포물선. 렘니스케이트, sine체감곡선
   ③ 수직곡선 : 종곡선(원곡선, 2차 포물선). 횡단곡선

04 노선 측량에서 노선을 선정할 때 고려해야 할 사항으로 옳지 않은 것은?

① 토공량이 많으며 절토와 성토가 균형을 이루게 한다.

② 절토 및 성토의 운반 거리를 가급적 짧게 한다.

③ 노선은 가능한 직선으로 하고 경사가 완만해야 한다.

④ 배수가 잘되는 곳이어야 하며 가능한 소음이 적어야 한다.

해설

노선은 토공량이 많으면 공사비가 많이 소요되므로 토공량이 최소화 되도록 노선을
선정해야 한다.

05 다음 중 도로에 사용되는 곡선 중 수평곡선에 사용되지 않는 것은?

① 단곡선
② 복심곡선
③ 2차 포물선
④ 반향곡선

해설

곡선

(1) 수평곡선

원곡선(단곡선, 복심곡선, 반향곡선, 배향곡선), 완화곡선(클로소이드, 렘니스케이트, 3차 포물선, 사인체감곡선)

(2) 종곡선(원곡선, 2차 포물선)

06 도로의 중심선을 따라 중심말뚝 20m 간격의 종단측량을 실시하여 표와 같은 결과를 얻었다. No.1으로부터 No.4의 지반고를 연결하여 이를 도로 계획선으로 설정할 경우, 이 계획선의 경사도[%]는?

측 점	지반고(m)
No.1	27.35
No.2	26.24
No.3	25.67
No.4	24.89

① −2.46
② +2.46
③ −4.10
④ +4.10

해설

$$경사도 = \frac{h}{L} = \frac{24.89 - 27.35}{60} = -4.10\%$$

핵심 07

다음 중 경제·기술적인 면에서 노선의 선정조건이 아닌 것은?

① 용지비 및 기존시설 이전비가 적게 들도록 설계해야 함
② 가능한 수송량(물동량)이 적도록 설계해야 함
③ 가급적 직선이어야 함
④ 배수가 원활하여야 함

해설

노선의 효율성 면에서 수송량은 많아야 한다.

핵심 08

다음 중 노선측량의 순서 중 맞는 것은 어느 것인가?

① 답사 → 예측 → 공사측량 → 도상계획
② 예측 → 답사 → 공사측량 → 도상계획
③ 도상계획 → 답사 → 예측 → 공사측량
④ 답사 → 도상계획 → 예측 → 공사측량

해설

노선측량의 순서
도상계획 → 답사 → 예측 → 공사측량 → 준공측량

핵심 09

편각법으로 노선의 단곡선 설치를 위한 계산을 할 때 필요로 하지 않는 것은?

① 시단현 길이　　　　② 시단현에 대한 편각
③ 곡선 반지름　　　　④ 중앙 종거

해설

중앙종거는 중앙 종거법으로 단곡선을 설치할 때 필요하다.

핵심 10

다음 중 단곡선에서 교각 $I=60°$, 곡선반지름 $R=200$m, 곡선시점 B.C= No.8+15m 일 때 노선기점에서부터 곡선종점 E.C까지의 거리는? (단, 중심말뚝 간격은 20m 이고 곡선길이는 209.4m이다.)

① 204.3m

② 276.4m

③ 308.4m

④ 384.4m

해설

곡선종점 E.C까지의 거리=곡선종점의 위치(B.C의 추가거리)+(C.L)

중심말뚝 간격이 20m이므로

B.C=175m+C.L=175+(0.01745×200×60°)=384.4m

핵심 11

다음 중 곡선반지름 R, 교각 I일 때 다음 공식 중 틀린 것은?

(단, 접선 길이 : T.L, 외선길이 : S.L, 중앙종거 : M, 곡선길이 : C.L)

① $T.L = R\tan\dfrac{I}{2}$

② $C.L = 0.0174533RI$

③ $S.L = R\left(\sec\dfrac{I}{2} - 1\right)$

④ $M = R\left(1 - \sin\dfrac{I}{2}\right)$

해설

$$M = R - R \cdot \cos\dfrac{I}{2} = R\left(1 - \cos\dfrac{I}{2}\right))$$

핵심 12

다음 중 반경이 150m, 교각이 90°일 때 접선장(T.L)과 곡선장(C.L)은 얼마인가?

① C.L=55πm, T.L=100m

② C.L=65πm, T.L=95m

③ C.L=75πm, T.L=150m

④ C.L=85πm, T.L=65m

해설

$$T.L = R\tan\dfrac{I}{2} = 150 \times \tan\dfrac{90°}{2} = 150\text{m}$$

$$C.L = RI°\text{rad} = 150 \times 90° \times \dfrac{\pi}{180°} = 75\pi\text{m}$$

13 다음 중 원곡선에서 적당한 현장 C와 그 중앙종거 M을 측정하여 반지름 R을 구하고자 한다. 적당한 식은 무엇인가?

① $\dfrac{C^2}{12M}$　　　　　　② $\dfrac{C^2}{4M}$

③ $\dfrac{C^2}{24M}$　　　　　　④ $\dfrac{C^2}{8M}$

 해설

$$M = R\left(1 - \cos\frac{I}{2}\right) \fallingdotseq \frac{C^2}{8R}$$

$$\therefore \ R = \frac{C^2}{8M}$$

14 다음 중 단곡선에서 교각 I=60°, 곡선반지름 R=200m, 곡선시점 B.C= No.8+15m 일 때 노선기점에서부터 곡선종점 E.C까지의 거리는?
(단, 중심말뚝 간격은 20m이고 곡선길이는 209.4m이다.)

① 309.4m　　　　　　② 375.4m

③ 319.4m　　　　　　④ 384.4m

 해설

곡선종점 E.C까지의 거리=곡선종점의 위치(B.C의 추가거리)+(C.L)
중심말뚝 간격이 20m이므로 B.C=175m+C.L=175+209.4=384.4m

15 다음 중 곡선설치에서 교각 I=60°, 반지름 R=150m일 때 접선장(T.L)은?

① 100.0m　　　　　　② 86.6m

③ 76.8m　　　　　　④ 38.6m

해설

$$T.L = R\tan\frac{I}{2} = 150 \times \tan\frac{60°}{2} = 86.6\text{m}$$

핵심 16

도로의 단곡선 설치에서 교각 I=60°, 곡선반경 R=150m이며, 곡선시점 B, C는 No.8+17m(20m×8+17m)일 때 종단현의 길이는? (단, 곡선길이는 157.08m임)

① 10.08m

② 14.08m

③ 34.08m

④ 20m

해설

E.C의 추가거리=$B.C$+$C.L$=(20×8+17)+157.08=334.08m=No.16+14.08m

∴ 종단현의 길이(l_n)=14.08m

핵심 17

노선측량의 원곡선에서 교각 I=60°, 반경 R=210m일 때 곡선길이는 얼마인가?

① 50πm

② 70πm

③ 90πm

④ 120πm

해설

$$C.L = R \cdot I \text{rad} = 210 \times 60° \times \frac{\pi}{180°} = 70\pi \text{m}$$

핵심 18

다음 표는 직선 도로의 계획 중심선을 따라 20m 간격으로 종단측량을 행한 결과이다. No.1의 계획고를 10.00m로 하고 오르막경사 2%의 도로를 설치하려고 할 때 No.4의 절토고는?

측점	후시	전시	지반고	비고
No.1	2.50		10.00	
No.2	2.30	1.60		단위 : m
No.3	3.60	1.80		
No.4		3.10		

① 0.25m

② 0.50m

③ 0.70m

④ 0.95m

해설

NO4의 지반고=10+2.50-1.60+2.30-1.80+3.60-3.10=11.9m

NO4의 계획고=10+60×0.02=11.2m

절토고=11.9-11.2=0.7m

2 곡선설치 방법

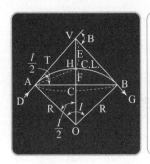

곡선설치는 지형과 정밀도, 공사비등을 고려하여 타당성 있는 방법으로 설치하는데 편각설치법이 비교적 정밀도가 높아 가장 많이 쓰인다.

※ 공무원 시험에는 다음 관계를 반드시 숙지해야 한다.

① 편각설치법은 정밀한 측정법

② 중앙종거법은 노선 확장 시에 주로 사용

③ 지거법은 벌채량을 줄일 수 있다.

1. 편각 설치법

(1) 편각

단곡선에서 접선과 현이 이루는 각

(2) 편각법은 정밀도가 가장 높아 많이 이용된다.

(3) 계산순서

① T.L. 및 C.L.을 구한다.
② B.C=I.P.−T.L.
③ E.C=B.C+C.L
④ 시단현의 길이 　=B.C. 다음 측점까지의 거리−B.C.의 거리
⑤ 종단현의 길이=E.C의 거리−E.C. 전 측점의 거리
⑥ 편각$(\delta)=\dfrac{l}{2R}\times\dfrac{180°}{\pi}$ 　　여기서, l : 현의 길이로 시단현(l_1), 종단현(l_2), 　　　　　그 사이 20m 간격
⑦ 총편각$(\sum\delta)=\dfrac{I°}{2}$

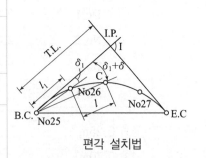

편각 설치법

◉ **편각법의 곡선설치**

1. l_1, l_2, δ_1, δ_2, δ를 구한다.

2. 총 편각$(\sum \delta) = \delta_1 + n\delta + \delta_2 = \dfrac{I}{2}$

2. 중앙 종거법

곡선길이가 작고 편각법 등으로 이미 설치된 중심
말뚝 사이에 다시 세밀하게 설치하는 방법

$$M_1 = R\left(1 - \cos \frac{I}{2}\right) = \frac{C_1{}^2}{8R}$$

$$M_2 = R\left(1 - \cos \frac{I}{2^2}\right) = \frac{C_2{}^2}{8R} = \frac{M_1}{4}$$

이와 같이 M_1 과 M_2 값은 대략 1/4씩 줄어들어
1/4법이라고도 한다.

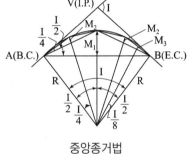

중앙종거법

3. 지거법

편각법으로 설치하기 곤란한 곳에 사용하며 삼림
등에서 벌채량을 줄일 수 있다.

$$\delta = 1,718.87 \frac{l}{R} \text{분}$$

$$l = 2R \sin \delta$$

$$x = l \sin \delta = 2R \sin^2 \delta = R(1 - \cos 2\delta)$$

$$y = l \cos \delta = 2R \sin \delta \cos \delta = R \sin 2\delta$$

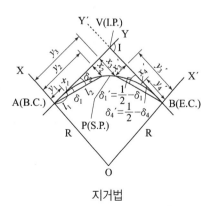

지거법

4. 종횡거법

트랜싯 없이도 줄자를 사용하여 간단하게 설치할 수
있는 방법

현장 : $c = 2R\sin\delta$

횡거 : $x = c\cos\left(\dfrac{I}{2} - \delta\right)$

종거 : $y = c\sin\left(\dfrac{I}{2} - \delta\right)$

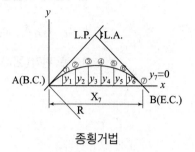

종횡거법

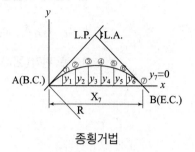

핵심 KEY

◉ **접선편거(t)와 현편거(d)**

1. 접선편거(t)$= \dfrac{l^2}{2R}$

2. 현편거(d)$= \dfrac{l^2}{R}$

3. 현편거(d)는 접선편거(t)의 2배이다.

4. 이 방법은 tape와 pole만으로 설치하며 정도가 낮다.

01 다음 중 단곡선을 설치하는 방법 중에서 테이프로 곡선을 설치할 수 있는 가장 좋은 방법은?

① 중앙 종거법

② 접선편거와 현 편거에 의한 방법

③ 접선에 대한 지거에 의한 방법

④ 편각 설치법

(1) 중앙종거법 : 기설곡선의 검사나 조정
(2) 접선편거와 현편거법 : 폴과 테이프만으로 곡선 설치
(3) 편각법 : 편각과 현의 길이를 곡선 설치
(4) 지거법 : 벌채량을 줄일 수 있다.

02 편각법에 의한 단곡선 설치에서 노선 기점으로부터 교점까지의 거리가 274.50m이고, 접선 길이가 49.71m, 중앙 종거가 9.13m, 곡선 길이가 94.23m일 때, 노선 기점으로부터 곡선 종점까지의 거리[m]는?

① 309.89   ② 319.02

③ 328.15   ④ 427.57

B.C = I.P − T.L   274.50−49.71=224.79m
C.E = B.C + C.L   224.79+94.23=319.02m

핵심 03

다음 중 노선측량에서 단곡선을 설치할 때 정확도는 좋지 않으나 간단하고 신속하게 설치할 수 있는 1/4 법은 다음 중 어느 방법을 이용한 것인가?

① 편각설치법
② 절선편거와 현편거에 의한 방법
③ 중앙종거법
④ 절선에 대한 지거에 의한 방법

해설

중앙종거법

$$M_2 = \frac{1}{4}M_1, \ M_3 = \frac{1}{4}M_2$$

이와 같이 $\frac{1}{4}$씩 줄어들어 $\frac{1}{4}$법이라고도 한다.

핵심 04

도로기점(No. 0)으로부터 단곡선 종점(E.C.)까지의 거리가 1,000m이고, 교각 I= 90°, 곡선의 반지름 R=360m, 중심말뚝 간격이 20m일 때, 단곡선 시점(B.C.) 의 위치는? (단, π=3으로 계산한다)

① No. 18
② No. 21
③ No. 23
④ No. 27

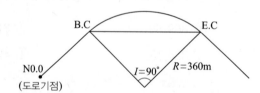

해설

$$C.L = 0.0174533RI° = R.I° \frac{\pi}{180} = 540\text{m}$$

(이때 $\pi = 3$)

시점$(B.C) = 1000 - 540 = 460\text{m}$

즉 중심말뚝이 20m이므로

시점의 위치 $= \frac{460}{20} = NO 23$

핵심 05

다음 중 원곡선에서 현을 C, 중앙 종거를 M이라 할 때 반경 R을 구하는 식은? (단, M의 값이 C에 비해 작을 때)

① $\dfrac{C^2}{2M}$ ② $\dfrac{C^2}{4M}$

③ $\dfrac{C^2}{8M}$ ④ $\dfrac{C^2}{16M}$

해설

$$M = R\left(1 - \cos\frac{I}{2}\right) \fallingdotseq \frac{C^2}{8R} \qquad \therefore R = \frac{C^2}{8M}$$

핵심 06

다음 중 접선편거와 현편거를 이용하여 도로 곡선을 설치하고자 할 때 현편거가 26cm이었다면 접선편거는 얼마인가?

① 10cm ② 13cm

③ 18cm ④ 26cm

해설

접선편거 : 현편거의 1/2

핵심 07

도로기점(No.0)으로부터 교점 I.P까지의 추가거리가 1,150m이고, 교각 I=90°, 곡선반지름 R=500m, 중심말뚝 간격이 20m일 때, 곡선종점 E.C의 위치는? (단, π=3으로 계산한다.)

① No.64 ② No.66

③ No.68 ④ No.70

해설

(1) $T.L = R\tan\dfrac{I}{2} = 500 \times \tan\dfrac{90°}{2} = 500\text{m}$

(2) $C.L = RI° \dfrac{\pi}{180°} = 500 \times 90 \times \dfrac{\pi}{180} = 750\text{m}$

(3) $E.C$까지의 거리
   = $I.P$까지의 추가거리 $- T.L + C.L$
   = $1,150 - 500 + 750 = 1,400\text{m}$

(4) 20m 중심말뚝이므로 곡선종점 E.C의 위치는 $\dfrac{1,400}{20} = 70$번 말뚝

정답 03 ③ 04 ③ 05 ③ 06 ② 07 ④

핵심 08

다음 중 $I=80°$, $R=200$m일 때 중앙종거법에 의해 원곡선을 측설할 때 8등분 점을 구하는 식으로 옳은 것은?

① $200(1-\cos40°)$m

② $200(1-\cos20°)$m

③ $200(1-\cos10°)$m

④ $200(1-\cos80°)$m

[해설]

$$M_3(8등분점) = R\left(1-\cos\frac{I}{2^3}\right)$$

$$\therefore M_3 = 200\left(1-\cos\frac{80°}{8}\right) = 200(1-\cos10°)$$

핵심 09

다음 중 교점(I.P)은 기점에서 500m의 위치에 있고 접선길이(T.L)는 468.43m 이고, 현장 $l=20$m일 때 시단현의 길이는 얼마인가?

① 8.43m

② 11.43m

③ 12.43m

④ 13.25m

[해설]

(1) $\sim B.C = \sim I.P - T.L = 500 - 468.43 = 31.57$mm

(2) 시단현의 길이 $= 40 - 31.57 = 8.43$m

핵심 10

노선의 기점(No.0)으로부터 단곡선 시점까지의 거리가 450m, 교각(I)은 90°, 곡선반지름(R)은 200m일 때, 곡선 종점에 중심 말뚝을 설치한다면 말뚝의 측 점번호는? (단, 중심 말뚝의 간격은 20m, 원주율(π)은 3으로 한다)

① No.10+15m

② No.22+10m

③ No.32+15m

④ No.37+10m

[해설]

곡선길이(C.L) $= \dfrac{\pi}{180}RI° = \dfrac{3}{180}\times200\times90° = 300$m

곡선 종점까지 거리 $= 450 + 300 = 750$m

말뚝간격이 20m이므로 $\dfrac{740}{20}+10$m

즉 No.37+10m

핵심 11

다음 중 $I=80°$, $R=200m$일 때 중앙종거법에 의해 원곡선을 측설할 때 중앙종거 M_1이 8.84m 였다면 4등분점의 중앙종거 M_2 값으로 옳은 것은?

① 8.84m
② 4.42m
③ 2.21m
④ 1.10m

해설

$$M_2 (4등분점) = R\left(1 - \cos\frac{I}{2^2}\right) ≒ \frac{1}{4}M_1$$

$$\therefore \ M_2 = \frac{8.84}{4} ≒ 2.21m$$

핵심 12

단곡선 설치에 있어서 교각 $I=60°$, 반경 R=200m, B.C=No.8+15m(20m×8+15m)일 때 종단현에 대한 편각은 얼마인가? (단, 여기서 곡선길이는 209m이다.)

① $\dfrac{1.8°}{\pi}$
② $\dfrac{18°}{\pi}$
③ $\dfrac{180°}{\pi}$
④ $\dfrac{180'}{\pi}$

해설

(1) $\sim E.C = \sim B.C + C.L = (20 \times 8 + 15) + 209 = 384m$

(2) $l_2 = 384 - 380 = 4m$

(3) $\delta_2 = \dfrac{l_2}{2R}\mathrm{rad} = \dfrac{4}{2 \times 200} \times \dfrac{180°}{\pi} = \dfrac{1.8°}{\pi} = 0°34'24''$

핵심 13

다음 중 현의 길이 20m, 곡선 반지름 500m일 때 현편거는 얼마인가?

① 0.2m
② 0.3m
③ 0.4m
④ 0.8m

해설

$$현편거 = \frac{l^2}{R} = \frac{20^2}{500} = 0.8m$$

핵심 14 단곡선 설치에 있어서 접선과 현이 이루는 각을 이용하여 곡선을 설치하는 방법으로 가장 널리 사용되는 방법은?

① 편각설치법   ② 지거설치법

③ 현편거법   ④ 중앙종거법

편각설치법

(1) 노선측량의 단곡선 설치 방법 중 가장 일반적으로 사용되고 있는 방법

(2) 장애물로 인하여 접선과 현이 만드는 각을 이용하여 곡선을 설치하는 방법

③ 완화 곡선

고속주행 시대에 안전한 도로 주행을 위해 현대의 도로들은 완화곡선을 사용한다. 완화곡선은 차량의 바퀴가 그리는 궤적에 맞도록 설계된 곡선으로 고속도로, 철도, 입체교차로 등에 적용된다.
※ 공무원 시험에는 다음 관계를 반드시 숙지해야 한다.
　① 완화곡선의 성질　　② 캔트와 확폭　　③ 완화곡선의 길이

1. 완화곡선

완화곡선은 직선과 원곡선 사이에 반지름이 무한대로부터 점점 작아져서 원곡선에 일치하도록 설치하는 특수곡선으로 차량의 급격한 회전 시 원심력에 의한 횡방향 힘의 작용으로 발생되는 불안정을 줄이는 목적으로 곡률을 조금씩 증가시켜 직선부와 곡선부를 매끄럽게 연결시켜 주는 곡선을 말한다.

2. 완화곡선의 성질

(1) 곡선반경은 완화곡선의 시점에서 무한대, 종점에서 원곡선 R로 된다.

(2) 완화곡선의 접선은 시점에서 직선에, 종점에서 원호에 접한다.

(3) 완화곡선에 연한 곡률반경의 감소율은 캔트의 증가율과 동률(부호는 반대)로 된다.

(4) 완화곡선의 종점에서의 캔트는 원곡선의 캔트와 같다.

(5) 완화곡선의 곡률$\left(\dfrac{1}{R}\right)$은 곡선 길이에 비례한다.

3. 완화곡선의 종류

(1) 클로소이드 : 고속도로에 많이 사용됨

(2) 레미니 스케이트 : 시가지 철도에 많이 사용됨

(3) 3차 포물선 : 철도에 많이 사용됨

(4) 반파장 sine 체감곡선 : 고속도로 철도에 많이 사용됨

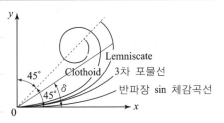

완화곡선의 종류

4. 캔트와 편구배

(1) 철도에서는 캔트(cant), 도로에서는 편구배(물매)라 한다.

(2) 캔트(cant) : 곡선부를 통과하는 차량이 원심력을 줄이기 위해 곡선의 바깥쪽을 높여 차량의 주행을 안전하도록 하는 것.

$$C = \frac{SV^2}{gR} = S\frac{\left(\frac{V}{3.6}\right)^2}{gR} = \frac{SV^2}{127R}$$

여기서, S : 레일간 거리, V : 차량속도(km/hr),

R : 곡선 반경(m), g : 중력가속도(9.8m/sec^2)

(3) 캔트 C의 최댓값은 150mm이다.

5. 확폭(slack widening)과 슬랙(slack)

(1) 철도에서는 슬랙, 도로에서는 확폭이라 한다.

(2) 곡선부의 안쪽부분을 넓게 하여 차량의 뒷바퀴가 노면 밖으로 탈선되지 않게 하는 것

(3) 슬랙$(l) = \frac{3,600}{R} - 15 \leq 30R\text{mm}$

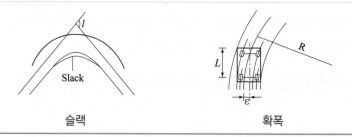

| 슬랙 | 확폭 |

6. 완화곡선의 길이

(1) 곡선길이 L(m)이 캔트 C(mm)의 N배에 비례인 경우

$$L = \frac{N}{1,000}C = \frac{N}{1,000}\frac{SV^2}{gR}$$

여기서, L : 완화곡선 길이, N : 차량 속도에 따라 300~800을 택함

KEY

- **곡선부의 확폭량**

  R : 차선 중심선의 반지름

  ϵ : 확폭량

  L : 차량의 앞면에서 뒤차축까지 거리

- **꼭 알아야 할 공식**

  1. $C(캔트) = \dfrac{SV^2}{gR}$

  2. $\epsilon(확폭량) = \dfrac{L^2}{2R}$

  3. $(완화곡선의 길이) = \dfrac{N}{1,000}C$

  4. $f(이정량) = \dfrac{1}{4}d = \dfrac{L^2}{24R}$ (3차포물선–철도에사용)

  5. $R = \dfrac{V^2}{127(i+f)}$

     여기서, i : 편경사, f : 노면마찰계수

핵심 01

다음 중 완화곡선의 종류가 아닌 것은?

① 렘니스케이트 곡선　　　② 배향 곡선

③ 클로소이드 곡선　　　　④ 반파장 체감곡선

해설

배향곡선

반향곡선 2개를 대칭으로 붙여 놓은 원곡선의 일종이다. 머리핀 곡선이라고도 한다.

핵심 02

완화 곡선에 대한 설명으로 옳지 않은 것은?

① 완화 곡선의 반지름은 시점에서는 원곡선의 반지름이다.

② 우리나라 도로의 완화 곡선으로는 클로소이드가 주로 사용된다.

③ 완화 곡선의 접선은 종점에서 원호에 접한다.

④ 완화 곡선에 연한 곡선 반지름의 감소율은 캔트의 증가율과 같다.

해설

완화곡선의 곡선 반지름은 시점에는 무한대이다.

핵심 03

다음 중 곡률반경이 현의 길이에 반비례하는 곡선으로 시가지철도 및 지하철 등에 주로 사용되는 완화곡선은?

① 렘니스케이트 곡선　　　② 3차 포물선

③ 클로소이드 곡선　　　　④ 반파장 체감곡선

해설

(1) 3차 포물선 : 일반적으로 철도 및 도로에 널리 이용

(2) 클로소이드 : 주로 고속도로에 이용

(3) 렘니스케이트 : 시가지 도로 및 시가지 철도에 많이 이용

핵심 04 다음 중 완화곡선에 대한 설명 중 옳지 않은 것은?

① 곡선반경은 완화곡선의 시점에서 무한대 종점에서 원곡선 R로 된다.

② 완화곡선의 접선은 시점에서 직선에, 종점에서 원호에 접한다.

③ 완화곡선에 연한 곡선반경의 감소율은 캔트의 증가율과 같은 부호로 된다.

④ 종점에 있는 캔트는 원곡선의 캔트와 같다.

> **해설**
>
> (1) 완화곡선에 연한 곡률반경의 감소율은 캔트의 증가율과 동률(부호는 반대)로 된다.
> (2) $C = \dfrac{SV^2}{gR}$ 에서 캔트가 커지면 곡률반경은 감소한다.

핵심 05 다음 중 곡선설치시의 B. T. C 및 E. T. C란 무엇인가?

① 완화곡선의 종점위치   ② 완화곡선의 시점위치

③ 단곡선의 시점 및 종점의 위치   ④ 완화곡선의 시점 및 종점의 위치

> **해설**
>
> (1) B.T.C : 완화곡선의 시점
> (2) E.T.C : 완화곡선의 종점

핵심 06 차량의 직선부에서 곡선부로 진입할 때 직선과 원곡선 사이에 삽입하는 완화곡선에 대한 설명으로 옳은 것은?

① 완화곡선에 연한 곡선 반지름의 감소율은 캔트의 증가율과 같다.

② 완화곡선의 종류에는 클로소이드곡선, 렘니스케이트곡선, 3차포물선 등이 있다.

③ 완화곡선의 접선은 시점에서 직선에 접하고, 종점에서 원호에 접한다.

④ 완화곡선의 반지름은 시점에서 반지름이 되고 종점에서 무한대가 된다.

> **해설**
>
> 완화곡선 성질
> (1) 곡선반경은 완화곡선의 시점에서 무한대, 종점에서 원곡선 R로 된다.
> (2) 완화곡선의 접선은 시점에서 직선에, 종점에서 원호에 접한다.
> (3) 완화곡선에 연한 곡률반경의 감소율은 캔트의 증가율과 동률(부호는 반대)로 된다.
> (4) 완화곡선의 종점에서의 캔트는 원곡선의 캔트와 같다.
> (5) 완화곡선의 곡률 $\left(\dfrac{1}{R} \right)$ 은 곡선길이에 비례한다.

07 다음 중 곡률이 급변하는 곡선부에서의 탈선 및 심한 흔들림 등의 불안정한 주행을 막기 위해 고려하여야 하는 사항과 가장 거리가 먼 것은?

① 완화곡선   ② 편경사

③ 확폭   ④ 종단곡선

> 해설
>
> 종단곡선
>
> 노선의 종단구배가 변하는 곳에 충격을 완화하고 시거를 확보해줄 목적으로 설치하는 곡선

08 다음 중 일반적으로 고속도로에 사용되는 완화곡선은?

① 3차 포물선   ② 렘니스케이드

③ 나선 곡선   ④ 클로소이드 곡선

> 해설
>
> 완화곡선의 사용
>
> (1) 3차 포물선 : 철도
>
> (2) 클로소이드곡선 : 고속도로
>
> (3) 레미니스케이트 : 도로의 인터체인지

09 다음 중 철도에서 주로 사용하는 완화곡선의 길이를 구하는 식 중 맞는 것은? (단, V : 속도, R : 곡률반경, S : 레일간 거리, g : 중력가속도, N : 완화곡선 길이와 캔트와의 비)

① $\dfrac{N}{1,000}\dfrac{V^2 S}{gR}$ ② $\dfrac{V^2 S}{gR}$

③ $\dfrac{N}{1,000}\dfrac{V^2 S}{gR^2}$ ④ $\dfrac{N}{1,000}\dfrac{VS^2}{gR}$

> 해설
>
> 완화곡선의 길이(L)
>
> $$L = \frac{N}{1,000}C = \frac{N}{1,000}\frac{SV^2}{gR}$$

10 차량 주행 시 충격을 완화하고 충분한 시거를 확보할 목적으로 경사가 변화하는 곳에 설치하는 곡선은?

① 평면곡선
② 완화곡선
③ 횡단곡선
④ 종단곡선

종단곡선
노선의 종단구배가 변하는 곳에 충격을 완화하고 충분한 시거를 확보해 줄 목적으로 적당한 곡선을 설치하여 차량이 원활하게 주행할 수 있도록 한 것

11 다음 중 노선에 있어서 곡선의 반경만이 2배로 증가하면 캔트의 크기는?

① $\dfrac{1}{\sqrt{2}}$로 줄어든다.
② $\dfrac{1}{2}$로 줄어든다.

③ $\dfrac{1}{2^2}$로 줄어든다.
④ 같다.

$C = \dfrac{SV^2}{gR}$에서 곡선반경(R)을 2배로 하면 캔트(C)는 $\dfrac{1}{2}$배로 된다.

12 다음 중 곡선부를 통과하는 차량에 원심력이 발생하여 접선방향으로 탈선하는 것을 방지하기 위해 바깥쪽의 노면을 안쪽보다 높이는 정도를 무엇이라 하는가?

① 클로소이드
② 슬랙
③ 캔트
④ 편각

캔트(C)
(1) 철도에서는 캔트, 도로에서는 편물매라 하며 곡선부의 바깥쪽을 높이는 것을 말한다.
(2) $C = \dfrac{SV^2}{gR}$에서 캔트는 속도의 제곱에 비례하고 곡률반경에 반비례한다.

핵심 13

곡선반경 R=500m, 차량의 앞면에서 뒤 차축까지의 거리가 10m일 때 확폭량은?

① 5cm ② 10cm

③ 50cm ④ 60cm

[해설]

$$\epsilon = \frac{L^2}{2R} = \frac{10^2}{2 \times 500} = 0.10\text{m}$$

핵심 14

다음 중 확폭량 계산에 있어서 차선중심선의 반경(R)을 2배로 할 경우 확폭량은 몇 배가 되겠는가?

① 1/2배 ② 2배

③ 4배 ④ 8배

[해설]

$$확폭(\epsilon) = \frac{L^2}{2R}$$

핵심 15

곡선 설치에서 교점(I.P)까지의 추가 거리가 150.80m이고, 곡선 반지름(R)이 200m, 교각(I)가 56°32′ 이었을 때, 곡선 종점(E.C.)까지의 추가거리는?

① 107.54m ② 197.34m

③ 240.60m ④ 275.36m

[해설]

- T.L$= R \cdot \tan\dfrac{I}{2} = 200 \times \tan\dfrac{56°32'}{2} = 107.54\text{m}$

- C.L$= \dfrac{\pi \cdot R \cdot I}{180°} = \dfrac{\pi \times 200 \times 56°32'}{180°} = 197.34\text{m}$

- 곡선의 시점 B.C
  =교점(I.P)−접선길이(T.L)
  =150.80−107.54=43.26m

- 곡선종점 E.C
  =곡선시점 B.C+곡선장 C.L
  =43.26+197.34=240.60m

정답 13 ② 14 ① 15 ③

④ 클로소이드와 종단곡선

클로소이드 곡선은 고속도로에 주로 사용되는 완화곡선으로서 달팽이 곡선이라고도 하며, 종단곡선은 충격을 완화하고 충분한 시야를 확보하여 안전운행을 할 수 있도록 설치하는 곡선을 말한다.

※ 공무원 시험에는 다음 관계를 반드시 숙지해야 한다.
① 클로소이드 곡선의 기본식 ② 단위 클로소이드의 기본식과 성질
③ 클로소이드의 성질　　　　 ④ 종단곡선의 길이
⑤ 종거 계산　　　　　　　　 ⑥ 계획고 계산

1. 클로소이드 곡선(clothoid curve)

곡률이 곡선길이에 비례하여 증가하는 일종의 나선형 곡선으로 달팽이 곡선이라고도 하며 고속도로에 주로 사용된다.

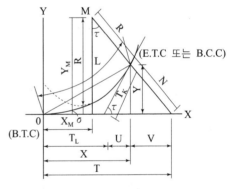

클로소이드 곡선의 명칭과 기호

2. 단위 클로소이드

(1) 클로소이드 곡선의 기본식

$$RL = A^2$$

여기서, A : 매개변수(클로소이드의 파라미터),
　　　　L : 완화곡선의 길이

3. 클로소이드 형식

기본형	직선, 클로소이드, 원곡선 순으로 나란히 설치되어 있다.	
난형	복심곡선의 사이에 클로소이드를 삽입한 것	
S형	반향곡선의 사이에 클로소이드를 삽입한 것	
凸형	같은 방향으로 구부러진 2개 이상의 클로소이드를 직선적으로 삽입한 것	
복합형	같은 방향으로 구부러진 2개 이상의 클로소이드를 이은 것으로 모든 접합부에서 곡률은 같다.	

4. 클로소이드의 성질

① 클로소이드는 나선의 일종이다.

② 모든 클로소이드는 닮음꼴이다. 따라서 매개변수 A를 바꾸면 크기가 다른 클로소이드를 무수히 만들 수 있다.

③ 클로소이드의 요소는 길이의 단위를 가진 것과 단위가 없는 것이 있다.

④ 어떤 점에 관한 2가지의 클로소이드 요소가 정해지면 클로소이드를 해석할 수 있고, 단위의 요소가 하나 주어지면 단위 클로소이드 표를 유도할 수 있다.

⑤ 접선각 τ는 $45°$ 이하가 좋으며 작을수록 정확하다.

⑥ 곡선길이가 일정할 때 곡률 반경이 크면 접선각은 작아진다.

핵심 01

다음 노선측량에 관한 사항 중 잘못된 것은?

① 노선측량의 작업을 크게 나누면 지형측량, 중심선측량, 종단측량, 횡단측량, 공사측량으로 분류한다.
② 곡률이 곡선길이에 비례하는 곡선을 clothoid 곡선이라 한다.
③ 클로소이드의 기본형은 원직선, 클로소이드, 직선의 순이다.
④ 완화곡선의 반경은 시점에서 무한대 종점에서 원곡선 곡선반경이 된다.

해설

⑴ 클로소이드는 직선, 클로소이드, 원곡선 순으로 나란히 설치되어 있다.
⑵ 클로소이드는 곡률이 곡선길이에 비례하는 곡선이라 한다.

핵심 02

다음 중 완화 곡선의 종류에 해당되지 않는 것은?

① 3차 포물선　　　　　② 클로소이드 곡선
③ 2차 포물선　　　　　④ 렘니스케이트 곡선

해설

완화 곡선의 종류
3차 포물선, 클로소이드 곡선, 렘니스케이트 곡선

핵심 03

다음은 클로소이드 곡선에 대한 설명이다. 틀린 것은?

① 곡률이 곡선의 길이에 비례하는 곡선이다.
② 단위 클로소이드란 매개변수 A가 1인 클로소이드이다.
③ 클로소이드는 닮음 꼴인 것과 닮음 꼴이 아닌 것 두 가지가 있다.
④ 클로소이드에서 매개변수 A가 정해지면 클로소이드의 크기가 정해진다.

해설

⑴ 모든 클로소이드는 닮은꼴이다.
⑵ 클로소이드는 매개변수 A를 바꾸면 크기가 다른 클로소이드를 무수히 만들 수 있다.

정답 **01** ③　　**02** ③　　**03** ③

핵심 04

다음 중 클로소이드곡선 설치의 표시방법이 아닌 것은?

① 주접선에서 직각좌표에 의한 방법

② 구각 현장법에 의한 방법

③ 현에서 직각좌표에 의한 방법

④ 현다각으로부터 하는 방법

클로소이드의 극좌표에 의한 중간점 설치

(1) 극각 동경법

(2) 극각 현장법

(3) 현각 현장법

핵심 05

고속도로에서 기본형의 클로소이드 완화곡선 종점의 반경 R＝360m, 완화곡선 길이 L＝40m인 경우 클로소이드 매개 변수 A는?

① 100m
② 120m

③ 140m
④ 150m

해설

$A^2 = R \cdot L$(클로소이드의 기본식)에서

$A = \sqrt{R \cdot L} = \sqrt{360 \times 40} = 120\text{m}$

핵심 06

다음 중 매개변수 A＝60의 클로소이드 곡선상의 시점 BC에서 곡선 길이 30m 의 반지름은?

① 60m
② 120m

③ 90m
④ 150m

$A^2 = RL$에서

$R = \dfrac{A^2}{L} = \dfrac{60^2}{30} = 120\text{m}$

핵심 07

노선의 곡률 반지름=100m, 곡선장=16m일 때 클로소이드의 매개변수(parameter) A의 값은?

① 160m   ② 80m

③ 40m   ④ 20m

해설

$$A = \sqrt{R \cdot L} = \sqrt{100 \times 16} = 40m$$

핵심 08

클로소이드 곡선의 직각좌표에 의한 설치법이 아닌 것은?

① 주접선에 의한 방법   ② 현에 의한 방법

③ 접선에 의한 방법   ④ 현다각에 의한 방법

해설

클로소이드 곡선의 중간점 설치법

(1) 직각 좌표에 의한 방법

(2) 극 좌표에 의한 방법

(3) 기타의 방법

　ㄱ $\frac{2}{8}$ 법에 의한 설치법

　ㄴ 현다각으로부터의 설치법

핵심 09

다음 중 클로소이드곡선(Clothoid curve)에 대한 설명 중 옳지 않은 것은?

① 클로소이드 곡률이 곡선의 길이에 비례한다.

② 클로소이드 곡선은 고속도로에 널리 이용된다.

③ 일종의 완화곡선(緩和曲線)이다.

④ 클로소이드 요소는 모두 단위를 가지지 않는다.

해설

클로소이드의 요소는 단위를 가진 것과 단위가 없는 것이 있다.

핵심 10

다음의 사항은 클로소이드 곡선의 설명이다. 적당하지 않은 것은 다음 중 어느 것인가?

① 클로소이드 곡선은 주로 도로에서 많이 사용된다.

② 클로소이드 곡선 일종의 수평곡선이다.

③ 원점부터 곡선 상 임의의 점에 이르는 현장이 그 점에서의 곡률반경에 반비례하는 곡선이다.

④ 때로는 철도, 수로 등에도 사용한다.

해설

클로소이드 곡선

(1) 곡률이 곡선길이에 비례하여 증가하는 일종의 나선형 곡선이다.

(2) 수평곡선에 속하며 고속도로에서 주로 사용하고 철로에는 3차 포물선이 사용된다.

핵심 11

다음 중 클로소이드 곡선에 대한 설명으로 옳은 것은?

① 곡선의 반지름 R, 곡선길이 L, 매개변수 A의 사이에는 $RL = A^2$의 관계가 성립한다.

② 곡선의 반지름에 비례하여 곡선길이가 증가하는 곡선이다.

③ 곡선길이가 일정할 때 곡선의 반지름이 크면 접선각도 커진다.

④ 곡선 반지름과 곡선길이가 같은 점을 동경이라 한다.

해설

클로소이드의 성질

(1) 곡률$\left(\dfrac{1}{R}\right)$이 곡선길이에 비례하여 증가한다.

(2) 곡선길이가 일정할 때 곡선반지름이 크면 접선각은 작아진다.

12 다음 중 토공작업을 수반하는 종단면도에 계획선을 넣을 때 주의사항 중 옳지 않은 것은?

① 계획경사는 될 수 있는 대로 요구에 맞게 한다.

② 절토는 성토로 이용할 수 있도록 운반거리를 고려해야 한다.

③ 철도의 종단구배는 백분율로 나타내며 상향구배를(+), 하향구배를 (−)로 한다.

④ 절토량과 성토량은 거의 같게 한다.

> 해설
>
> 종단단곡선 설치
> (1) 철도의 종단구배는 천분율로 나타낸다.
> (2) 상향구배를(+), 하향구배를 (−)로 한다.

13 다음 중 우리나라 도로에서 1/20의 구배에 대한 표시 방법으로 옳은 것은?

① 2%   ② 5%

③ 0.4%   ④ 0.5%

> 해설
>
> 구배표시
> (1) 도로는 백분율(%)   ∴ $\dfrac{1}{20} = \dfrac{x}{100}(\%)$ $x = 5\%$
> (2) 철도는 천분율(‰)

14 다음 중 노선측량에서 종단도 계획선을 넣을 때 고려치 않아도 되는 것은?

① 성토 절토량의 운반거리를 생각한다.

② 가능한 성토, 절토가 균형이 되도록 한다.

③ 가능하면 계획 구배는 가급적 제한 구배 이내로 한다.

④ 계획선을 가급적 직선으로 한다.

> 해설
>
> 종단도 작성
> (1) 계획을 직선으로 하면 토공의 불균형이 발생
> (2) 계획선이 직선이면 토공량이 크게 되므로 공사비가 증가하여 비경제적이다.

★★☆

01 다음 중 도로에 사용되는 곡선 중 수평곡선에 사용되지 않는 것은?

① 단곡선   ② 복심곡선

③ 반향곡선   ④ 2차 포물선

 해설

수평곡선

(1) 원곡선 : 단곡선, 복심곡선, 반향곡선, 배향곡선

(2) 완화곡선 : 클로소이드, 렘니스케이트, 3차 포물선, 사인체감곡선, 종곡선

(3) 원곡선 : 철도

(4) 2차 포물선 : 고속도로

★☆☆

02 다음 중 노선 선정 조건 중 맞지 않는 것은?

① 건설비 유지비가 적게 드는 노선이어야 한다.

② 토공량이 적도록 하고 절토와 성토가 균형을 이루도록 한다.

③ 어떠한 기준 시설물이 있을 경우는 우회해서 곡선으로 한다.

④ 토공의 균형을 위해서는 급경사의 노선이 될 수 있다.

해설

노선 선정시 토공의 균형

(1) 가급적 완경사 노선으로 한다.

(2) 안전성과 편리성에 문제가 없도록 한다.

★☆☆
03

다음 중 2개의 원곡선이 1개의 공통 접선의 양쪽에 서로 곡선 중심을 가지는
연속된 곡선은?

① 반향곡선   ② 복심곡선
③ 완화곡선   ④ 원곡선

> **해설**
>
> 반향곡선
> 2개의 원곡선이 1개의 공통 접선의 양쪽에 서로 곡선 중심을 가지는 연속된 곡선

★★☆
04

노선측량의 일반적 작업 순서로서 맞는 것은? (단, A : 지형측량, B : 중심측량,
C : 공사측량, D : 답사)

① D→B→A→C   ② B→A→D→C
③ C→B→D→A   ④ A→C→D→B

> **해설**
>
> 노선 측량 작업순서
> 노선선정 – 계획조사 – 실시설계 – 세부측량 – 용지측량 – 공사측량
> (실시설계측량 : 중심선 설치, 지형도 작성, 다각측량)

★★☆
05

다음 중 그림과 같이 반지름에 다른 2개의 단곡선이 그 접속점에서 공통 접선
을 갖고 곡선의 중심이 공통 접선과 같은 방향에 있는 곡선은?

① 반향곡선
② 쌍곡선
③ 머리핀 곡선
④ 복심곡선

> **해설**
>
> 복심곡선
> 수평곡선의 종류중 반지름이 서로 다른 2개의 원곡선이 그 접속점에서 공통 접선을
> 이룬 곡선

★★☆
06

다음 중 수평곡선의 원곡선 종류가 아닌 것은?

① 반향곡선　　　　　② 단곡선
③ 렘니스케이트 곡선　　④ 복심곡선

해설

(1) 복심곡선 : 반경이 다른 2개의 단곡선이 그 접속점에서 공통 접선을 갖고 곡선의 중심이 공통접선과 같은 방향에 있을 때
(2) 반향곡선 : 반경이 같지 않은 2개의 단곡선이 공통 접선을 갖고 곡선의 중심이 공통 곡선의 반대쪽에 있는 곡선
(3) 곡선의 종류
　① 원곡선 : 단곡선, 복심곡선, 반향곡선, 배향곡선
　② 완화곡선 : 클로소이드, 3차 포물선. 렘니스케이트, sine체감곡선
　③ 수직곡선 : 종곡선(원곡선, 2차 포물선). 횡단곡선

★★★
07

$\dfrac{1}{4}$ **법이라고도 하며, 시가지의 곡선설치, 보도설치 및 도로, 철도 등의 기설 곡선의 검사 또는 수정에 주로 사용되는 단곡선 설치법은?**

① 편각법에 의한 설치법
② 중앙 종거에 의한 설치법
③ 접선 편거에 의한 설치법
④ 지거에 의한 설치법

해설

중앙종거법에 의한 단곡선 설치법
• 중앙종거법은 1/4법이라고도 한다.
• 중앙 종거를 계산하여 현 길이의 중점에서 수선을 올려 곡선을 설치하는 방법
• 시가지에서의 곡선설치, 소규모 보도 설치 및 도로, 철도 등의 기설치된 곡선의 검사 또는 수정에 주로 사용된다.

★★☆

08

다음 중 노선측량의 공사시공 측량에 포함되지 않는 것은?

① 중요점의 검측   ② 인조점 설치

③ 용지 경계측량   ④ 종단측량

> **해설**
>
> 공사측량
> 중요점의 검측, 인조점의 설치, 토공 규준틀 설치, 종, 횡단측량

★★★

09

다음의 노선측량 작업에서 중심선 설치는 어느 경우인가?

① 계획조사측량   ② 공사측량

③ 용지측량   ④ 실시설계측량

> **해설**
>
> 실시설계측량
> 지형도 작성, 중심선 선정, 다각측량, 중심선 설치, 고저측량, 종, 횡단측량

★★★

10

다음 중 원곡선에서 교각＝60°, 곡선반경＝100m일 때 곡선장은 얼마인가?

① $\dfrac{100}{3}\pi\mathrm{m}$ ② $\dfrac{600}{3}\pi\mathrm{m}$

③ $\dfrac{1}{180}\pi\mathrm{m}$ ④ $\dfrac{3}{180}\pi\mathrm{m}$

> **해설**
>
> $$C.L = R\,I°\mathrm{rad} = 100 \times 60° \times \frac{\pi}{180°} = \frac{100}{3}\pi\mathrm{m}$$

★★★
11
중앙종거법에 의해 곡선을 설치하고자 한다. 장현(L)에 대한 중앙종거를 M_1이라 할 때, M_4의 값은? (단, 교각은 64°, 곡선반지름은 400m, cos4°=0.998)

① 0.70m   ② 0.80m

③ 0.97m   ④ 1.94m

> **해설**
>
> 중앙종거법(1/4법)
>
> $$M_1 = R\left(1 - \cos\frac{1}{2}\right), \quad M_2 = R\left(1 - \cos\frac{1}{4}\right)$$
>
> $$M_3 = R\left(1 - \cos\frac{1}{8}\right), \quad M_4 = R\left(1 - \cos\frac{1}{16}\right)$$
>
> 따라서, $M_4 = 400\left(1 - \cos\dfrac{64°}{16}\right) = 0.8\text{m}$

★★★
12
다음 중 곡률반경 R=600m, 교각 I=60°00′일 때 노선측량에서 단곡선 설치하고자 한다. 필요한 현의 길이 C는?

① 682.56m   ② 600.00m

③ 346.41m   ④ 80.385m

> **해설**
>
> $$C = 2R\sin\frac{I}{2} = 2 \times 600 \times \sin\frac{60°}{2} = 600.00\text{m}$$

★★★
13
다음 중 교각 I=90°, 곡선반경 R=100m인 단곡선의 교점 IP의 추가거리가 1,139.25m일 때 곡선의 시점 BC의 추가거리는?

① 1,039.25m   ② 1,023.18m

③ 1,245.32m   ④ 989.25m

> **해설**
>
> (1) $T.L. = R\tan\dfrac{I}{2} = 100 \times \tan\dfrac{90°}{2} = 100\text{m}$
>
> (2) B.C의 추가거리＝I.P의 추가거리－T.L＝1,139.25－100＝1,039.25m

★★★
14

완화곡선에서 원심력에 의한 낙차를 고려하여 바깥레일을 안쪽보다 높게 만드는 것으로 도로에서는 편경사라 하는 것은?

① 확폭(slack) ② 캔트(cant)

③ 경사(slope) ④ 길어깨(shoulder)

캔트(cant)

• 곡선부 철도의 내외측 레일 사이의 높이차를 캔트라 한다.
• 열차나 자동차의 탈선을 방지하기 위해서 내외측 레일 사이에 높이차인 캔트를 설치한다.

★★☆
15

다음 중 철도, 도로 등의 단곡선 설치에서 접선과 현이 이루는 각을 이용하여 곡선을 설치하는 방법은?

① 편각법 ② 중앙종거법

③ 접선편거법 ④ 접선지거법

단곡선 설치방법

(1) 편각법 : 가장 널리 사용되며 다른 방법에 비해 정밀하므로 도로 및 철도에 사용

(2) 지거법 : 터널 내의 곡선설치 및 산림지역의 채벌량을 줄일 경우 적당

(3) 중앙종거법 : 반경이 작은 도심지곡선 설치 및 기설 곡선 검정에 이용, 1/4법이라고도 함

(4) 접선편거 및 현편거 : 폴과 줄자만으로 곡선 설치하며, 신속간편하나 정도가 낮다.

★★☆
16

다음 중 두 직선의 교각이 60°이다. $E=20\text{m}$ 이상인 두 직선 사이에 곡선을 설치할 경우, R을 얼마 이상으로 하여야 하는가? (단, sec30=1.15)

① $\dfrac{500}{15}\,\text{m}$

② $\dfrac{1,000}{15}\,\text{m}$

③ $\dfrac{2,000}{15}\,\text{m}$

④ $\dfrac{3,000}{15}\,\text{m}$

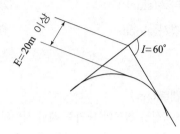

해설

$E=R\left(\sec\dfrac{I}{2}-1\right)$ 에서

$R=\dfrac{E}{\sec\dfrac{I}{2}-1}=\dfrac{20}{\sec\dfrac{60°}{2}-1}=\dfrac{20}{1.15-1}=\dfrac{20}{0.15}\,\text{m}$

$\therefore$ R은 $\dfrac{2,000}{15}\,\text{m}$ 이상이어야 E값이 20m 이상이 된다.

★★☆
17

다음 곡선의 길이를 계산하는 식으로 옳지 않은 것은?

① $RI(\text{rad})$

② $0.01745RI°$

③ $RI°\dfrac{\pi}{180}$

④ $0.000291RI°$

해설

$C.L=RI°(\text{rad})=RI°\dfrac{\pi}{180°}$

$\qquad =0.01745RI°=0.000291RI'$

★★☆

18 단곡선 설치에서 편각 계산을 할 때 사용하는 1,718.87(분)이란?

① $\dfrac{360°}{\pi}$　　　　　　② $\dfrac{180°}{\pi}$

③ $\dfrac{90°}{\pi}$　　　　　　④ $\dfrac{45°}{\pi}$

[해설]

$$\left(\dfrac{90°}{\pi}\right) \times 60' = 1,718.87'$$

★★☆

19 단곡선 설치에서 I.P까지의 추가 거리가 200.38m, C.L = 150.14m, T.L = 100.38m 일 때, E.C까지의 거리는?

① 100.00m　　　　　　② 150.62m

③ 250.14m　　　　　　④ 350.28m

[해설]

곡선의 종점(E.C) = 곡선의 시점(B.C) + 곡선장(C.L)
- B.C = 교점(I.P) − 접선길이(T.L)
  = 200.38m − 100.38m
  = 100m
  ∴ E.C = 100 + 150.14 = 250.14m

20 교점 IP는 기점에서 187.94m의 위치에 있고, 곡선반경 $R = 250$m, 교각 $I = 43°57'20''$, 현의 길이 20m의 단곡선에서 접선장은 얼마인가?

(단, $\tan\dfrac{43°57'20''}{2} = 0.4$)

① 103m　　　　　　② 100m

③ 99m　　　　　　④ 98m

[해설]

$$TL = R\tan\dfrac{I°}{2} = 250 \times \tan\dfrac{43°57'20''}{2} = 250 \times 0.4 = 100\text{m}$$

★★☆
21

다음 중 도로의 단곡선을 설치할 때 곡선의 시점(B.C) 위치를 구하기 위해서 필요한 요소가 아닌 것은?

① 반경(R)

② 교점(I.P)까지의 추가거리

③ 접선장(T.L)

④ 곡선장(C.L)

해설

⑴ B.C의 추가거리＝I.P의 추가거리－접선길이(T.L)

⑵ 곡선장은 E.C의 위치를 구할 때 사용

★★★
22

다음 중 교각이 60°이고 교점 I.P까지의 추가거리가 356.21m일 때 곡선시점 B.C의 추가거리가 183m이면 이 단곡선의 곡선반경은 얼마인가? (단, cot30°=1.73)

① 500m

② 300m

③ 200m

④ 100m

해설

⑴ $T.L = 356.21 - 183.0 = 173.21\,\mathrm{m}$

⑵ $T.L = R\tan\dfrac{I}{2}$ 에서

$$\therefore \; R = T.L\cot\dfrac{I}{2} = 173.21 \times \cot\dfrac{60°}{2} = 300\,\mathrm{m}$$

★★★
23

다음 중앙 종거법에 의한 곡선 설치 방법에서 M_3의 값은?

(단, 곡선 반지름 R=300m, I=80°, cos10°=0.98)

① 2.00m

② 3.49m

③ 5.02m

④ 6.00m

해설

$$M_3 = R\left(1 - \cos\dfrac{I}{8}\right) = 300\left(1 - \cos\dfrac{80°}{8}\right) = 6\,\mathrm{m}$$

★★☆
24

다음 중 노선측량에서 단곡선을 설치할 때 교각 $I=60°$, 반경 $R=120$m인 경우 현의 길이는?

① 90m
② 100m
③ 110m
④ 120m

현의 길이 $C = 2R \sin \dfrac{I°}{2} = 2 \times 120 \times 0.5 = 120$m

★★☆
25

다음 중 교각 $I=90°$, 곡선반경 $R=150$m인 단곡선의 교점 I.P의 추가거리는 1,139.250m, 곡선길이는 235.620m일 때 곡선의 종점(E.C)까지의 추가거리는?

① 875.375m
② 989.250m
③ 1,224.870m
④ 1,374.825m

해설

(1) $T.L = R \tan \dfrac{I}{2} = 150$m

(2) $C.L = 235.620$m

(3) E.C 의 추가거리 $= 1,139.250 - 150 + 235.620 = 1,224.870$m

★★☆
26

다음 노선측량 결과 교점의 추가거리가 546.42m이고 접선길이가 104.112m, 교각이 $38°16'40''$인 절점에 곡선반경 300m의 단곡선에서 시단현(l_1)값은? (단, 중심말뚝 간격은 20m이다.)

① 20.69m
② 19.69m
③ 18.69m
④ 17.69m

해설

(1) $B.C. = 546.42 - T.L = 442.31$m이므로

(2) l_1(시단현의 길이) $= 460 - 442.31 = 17.69$m

27
★★☆

노선측량 결과 곡선의 반경 R=300m, 곡선의 길이 L=20m였다. 이 경우 교각은 얼마인가?

① $I° = \left(\dfrac{12}{\pi}\right)°$　　　　　② $I° = \left(\dfrac{1.2}{\pi}\right)°$

③ $I° = \left(\dfrac{24}{\pi}\right)°$　　　　　④ $I° = \left(\dfrac{2.4}{\pi}\right)°$

곡선길이 $C.L = RI°\dfrac{\pi}{180°}$

$\therefore\ I° = \dfrac{C.L}{R} \times \dfrac{180°}{\pi} = \dfrac{20}{300} \times \dfrac{180°}{\pi} = \left(\dfrac{12}{\pi}\right)° = 3°49'11''$

28
★★★

다음 중 원곡선에서 곡선장이 150.36m, 곡선반경이 200m일 때 교각은 얼마인가?

① 68°　　　　　② 43°

③ 30°　　　　　④ 52°

해설

$C.L = RI°\dfrac{\pi}{180°}$ 에서

$I° = \dfrac{C.L}{\pi R} \times 180° = \dfrac{150}{\pi \times 200} \times 180° ≒ 43°$

29
★★☆

곡선 시점까지의 추가거리가 550m이고 중심말뚝 간격 l=20m, 교각 I=60°, 곡선반경 R=200m, 곡선길이는 209.40m일 때 종단현의 길이는?

① 19.40m　　　　　② 20.40m

③ 21.40m　　　　　④ 22.40m

해설

(1) C.L=0.01745×200×60° =209.40m

(2) 노선시점~E.C의 추가거리＝550+C.L=759.40m

(3) 종단현의 길이(l_2)=759.40-740=19.40m

★★☆

30

단곡선의 접선편거법에 의한 설치를 하고자 한다. 현의 길이 20m, 곡선 반지름 500m일 때 접선편거는 얼마인가?

① 0.6m

② 0.5m

③ 0.4m

④ 0.3m

해설

$$접선편거 = \frac{l^2}{2R} = \frac{20^2}{2 \times 500} = 0.4m$$

★★☆

31

다음 중 tape와 폴을 이용하여 곡선을 설치하는 방법은?

① 좌표 설치법

② 중앙 종거법

③ 편거 설치법

④ 현 편거와 접선 편거에 의한 방법

해설

접선 편거와 현 편거에 의한 단곡선 설치법
tape와 폴만을 사용하여 곡선을 설치하는 방법으로 장애물이 많은 경우에 적합하다

★★★

32

단곡선에서 곡선의 반지름 $R = 120m$, 현 길이 $l = 12m$일 때 접선편거 t는?

① 0.42m

② 0.48m

③ 0.6m

④ 1.2m

해설

접선편거

$$t = \frac{l^2}{2R} = \frac{12^2}{2 \times 120} = 0.6m$$

33 ★★☆

교각 I는 60°, 곡선반경 R은 200m, 노선의 시작점에서 IP점까지의 추가거리가 210.60m일 때, 시단현은 4.87m였다. 다음 중 시단현의 편각 구하는 식으로 옳은 것은? (단, 중심말뚝 간격은 20m)

① $\dfrac{4.87}{2 \times 200} \times \dfrac{180°}{\pi}$

② $\dfrac{4.87}{200} \times \dfrac{180°}{\pi}$

③ $\dfrac{4.87}{2 \times 200} \times 180°$

④ $\dfrac{4.87}{2 \times 210.60} \times \dfrac{180°}{\pi}$

해설

(1) $T.L = R \tan \dfrac{I}{2} = 200 \times \tan \dfrac{60°}{2} = 115.47\text{m}$

(2) $B.C$의 추가거리 $= I.P$의 거리 $- T.L = 210.60 - 115.47 = 95.13\text{m}$

(3) 시단현의 길이$(l_1) = 100 - 95.13 = 4.87\text{m}$

(4) 시단현의 편각$(\delta_1) = \dfrac{l_1}{2R}\text{rad} = \dfrac{4.87}{2 \times 200} \times \dfrac{180°}{\pi} = 0°41'51''$

34 ★☆☆

다음 중 단곡선 설치에서 가장 널리 사용되며 편리한 방법은 어느 것인가?

① 접선에 대한 지거법

② 지거설치법

③ 장현에서의 종거에 의한 설치법

④ 편각설치법

해설

단곡선 설치에서 편각 설치법은 정밀도가 높으므로 철도나 도로 등 중요한 곡선설치에 많이 사용된다.

35 ★★☆

도로의 단곡선을 설치할 때 곡선 시점(B.C)의 위치를 구하기 위하여 필요한 요소가 아닌 것은 어느 것인가?

① 곡률 반경

② 교점까지의 추가 거리

③ 접선 길이

④ 곡선 길이

해설

곡선 시점(B.C)를 구하기 위해서는 접선길이와 교점까지 거리가 필요하다.
곡선 길이는 곡선 종단(E.C)의 위치를 구하기 위한 요소이다.

36

★★☆

곡선설치 방법 중 접선에 대한 지거법은 특히 삼림 지대의 벌채량을 줄이기 위한 방법인데, 지금 곡선 반경이 100m일 때 접선을 따라 20m 되는 지점의 곡선까지의 지거(支距)는 약 얼마인가?

① 1m
② 2m
③ 4m
④ 6m

해설

$$y = \frac{x^2}{2R} = \frac{20^2}{2 \times 100} = 2\text{m}$$

37

★★★

다음과 같은 측량 결과에서 곡선종점(E.C)까지의 거리 계산이 옳은 것은?
(단, 노선 시작점에서 I.P까지의 거리는 1,923.74m, R=200m, 접선 길이=134.07m, 곡선길이=236.22m)

① 2,025.89m
② 2,034.45m
③ 2,036.26m
④ 2,038.7m

해설

(1) $T.L = 134.07\text{m}$
(2) $C.L = 236.22\text{m}$
(3) $E.C$까지의 거리 $= I.P$까지의 추가거리 $- T.L + C.L$

$\qquad = 1,923.74 - 134.07 + 236.22 = 2,025.89\text{m}$

38

★★☆

다음 중 편위각법(偏位角法) 설치법의 특징은 어느 것인가?

① 수표가 필요 없다.
② 인원, 기계 및 시간이 적게 든다.
③ 곡선의 일부를 조정하기 쉽다.
④ 다른 설치법에 비하여 정밀하다.

해설

편각법
정밀도가 다른 곡선 설치법보다 높아 도로, 철도 등의 중요한 측량에 많이 이용된다.

39 ★★☆

다음 중 곡선반경을 설치할 때 캔트와 슬랙을 취함에 있어서 캔트와 관계가 없는 것은?

① 속도
② 반경
③ 도로폭
④ 교각

$$캔트(C) = \frac{SV^2}{gR}$$

여기서, g : 중력가속도, R : 곡선반경, V : 차량의 속도
S : 레일 중심간의 거리로 도로폭과 비슷함

40 ★★★

교점의 추가거리가 546.42m이고, 시단현(l_1)이 17.69m, 곡선반경 300m의 단곡선에서 접선길이=104.112m일 때 시단현의 편각 δ_1값을 구하는 식은?
(단, 중심말뚝 간격은 20m이다.)

① $\dfrac{17.69}{300} \times \dfrac{180°}{\pi}$

② $\dfrac{17.69}{2 \times 300} \times \pi$

③ $\dfrac{17.69}{2 \times 300} \times \dfrac{180°}{\pi}$

④ $\dfrac{17.69}{2} \times \dfrac{180°}{\pi}$

해설

(1) $T.L = R\tan\dfrac{I}{2} = 300 \times \tan\dfrac{38°16'40''}{2} = 104.112\text{m}$

(2) $\sim B.C$의 추가거리 $= 546.42 - T.L = 442.31\text{m}$

(3) 시단현의 길이(l_1) $= 460 - 442.31 = 17.69\text{m}$

(4) 시단현의 편각(δ_1) $= \dfrac{l_1}{2R}\text{rad} = \dfrac{17.69}{2 \times 300} \times \dfrac{180°}{\pi} = 1°41'21.4''$

★★★

41

그림에서 AD, BD간에 단곡선을 설치할 때 ∠ADB의 2등분선상의 C점을 곡선의 중점으로 선택하였을 때 이 곡선의 반경 R을 구한 값은? (단, DC=10.0m, x =120°이다.)

① 20.0m

② 15.4m

③ 10.0m

④ 15.3m

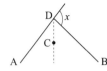

해설

$\overline{CD}$의 길이 : 외할(E)

$E = R\left(\sec\dfrac{I}{2} - 1\right)$에서 $R = \dfrac{E}{\sec\dfrac{I}{2} - 1} = \dfrac{10.0}{\sec\dfrac{120°}{2} - 1} = 10\text{m}$

★★☆

42

다음 중 캔트를 계산하며 C를 얻었다. 같은 조건에서 곡선반지름을 4배로 증가하면 변화된 캔트(C')는?

① 1/4배   ② 1/2배

③ 2배   ④ 4배

해설

(1) 완화곡선 : 곡선반경의 증가율은 캔트의 감소율과 동률이다.

(2) 반지름 : 4배가 되면 캔트는 1/4배가 된다.

$C = \dfrac{SV^2}{gR}$, $E = \dfrac{L^2}{2R}$

43

단곡선 설치를 위하여 거리 400m를 측정하였다. C점부터 A(B.C)까지 거리는?
(단, 곡률반경은 500m, tan60°=1.7, sin60°=0.8로 한다.)

① 270m

② 300m

③ 330m

④ 350m

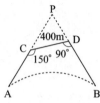

해설

(1) 교각 I를 구한다.

　　$\angle I = 30° + 90° = 120°$

(2) T.L을 구한다.

　　$T.L = R \tan \dfrac{I}{2} = 500 \times \tan \dfrac{120°}{2} = 850\,\text{m}$

(3) △CDP에서 $\overline{CP}$의 거리를 구한다.

　　$\dfrac{\overline{CP}}{\sin 90} = \dfrac{400}{\sin 60°}$ 에서 　$\overline{CP} = \dfrac{\sin 90}{\sin 60} \times 400 = 500\,\text{m}$

(4) $\overline{CA} = T.L - \overline{CP} = 850 - 500 = 350\,\text{m}$

44

캔트(cant)의 계산에 있어서 속도 및 반경을 2배로 하면 캔트(cant)는 몇 배로
하여야 하는가?

① 1/2배

② 2배

③ 4배

④ 6배

해설

$C = \dfrac{SV^2}{gR}$ 에서 V와 R을 2배로 하면 $C = \dfrac{2^2}{2} = 2$배가 된다.

★★★
45

다음 완화곡선에 관련된 설명 중 옳지 않은 것은?

① 단위 클로소이드란 매개 변수 A가 1인, 즉, RL=1의 관계에 있는 클로소이드이다.

② 완화곡선의 접선은 시점에서 직선에, 종점에서 원호에 접한다.

③ 클로소이드의 형식 중 S형은 복심곡선 사이에 클로소이드를 삽입한 것이다.

④ 캔트(Cant)는 원심력 때문에 발생하는 불리한 점을 제거하기 위해 두는 편경사이다.

해설

클로소이드의 조합형식

(1) 기본형 : 직선, 클로소이드, 원곡선의 순으로 나란히 하는 기본적인 형

(2) S형 : 반향곡선 사이에 2개의 클로소이드를 삽입

(3) 계란형 : 복심곡선 사이에 클로소이드를 삽입

(4) 凸형 : 같은 방향으로 구부러진 2개의 클로소이드를 직선으로 삽입한 것

(5) 복합형 : 같은 방향으로 구부러진 2개이상의 클로소이드를 이은 것

★★★
46

다음 중 완화곡선에 대한 설명으로 틀린 것은?

① 반지름은 그 시작점에서 무한대이고, 종점에서는 원곡선의 반지름과 같다.

② 접선은 시점에서는 직선에, 종점에서는 원호에 접한다.

③ 완화곡선 중 클로소이드 곡선은 철도에 주로 이용된다.

④ 완화곡선에 연한 곡선반지름의 감소율은 캔트의 증가율과 같다.

해설

완화곡선의 특징

(1) 곡선반경은 완화곡선의 시점에서 무한대, 종점에서 원곡선의 반지름과 같다.

(2) 완화곡선의 접선은 시점에서 직선에, 종점에서 원호에 접한다.

(3) 완화곡선에 연한 곡선반경의 감소율은 캔트의 증가율과 같다.

(4) 완화곡선의 종점의 캔트와 원곡선 시점의 캔트는 같다.

47
★★★

다음 중 우리나라의 노선측량에서 철도에 주로 이용되는 완화곡선은?

① 1차 포물선

② 레미니스케이트

③ 3차 포물선

④ 클로소이드

완화곡선 설치

(1) 우리나라 철도 : 3차 포물선을 사용

(2) 도로 : 클로소이드 곡선을 사용

(3) 레미니스케이트 곡선 : 인터체인지나 입체교차로 등에 사용

48
★★☆

다음 중 slack(확폭)에 관한 확폭량을 구하는 식 중 맞는 것은?
(여기서, R=곡선반경, L=완화곡선길이)

① $\dfrac{L}{2R^2}$

② $\dfrac{L}{2R}$

③ $\dfrac{L^3}{2R^2}$

④ $\dfrac{L^2}{2R}$

slack(확폭)량은 $\dfrac{L^2}{2R}$ 이다.

49
★★☆

다음 중 곡선반경 500m 되는 원곡선상을 9.8m/s로 주행하려면 캔트는?
(단, 궤간(b)=1.00m임)

① $\dfrac{9.8^2}{500}$ m

② $\dfrac{1}{40}$ m

③ $\dfrac{9.8}{500}$ m

④ $\dfrac{1}{500}$ m

$$C = \frac{SV^2}{gR} = \frac{1.00 \times (9.8)^2}{9.8 \times 500} = \frac{9.8}{500}\,\text{m}$$

★★☆
50

다음 곡선부 철도의 내측과 외측 레일 사이의 높이차를 무엇이라고 하는가?

① 확폭(slack) ② 완화 곡선

③ 캔트(cant) ④ 레일 간격

캔트(cant)
열차나 자동차의 탈선을 방지하기 위해서 내외측 레일 사이의 높이차

★★★
51

다음 중 고속도로의 완화 곡선으로 주로 사용되는 것은?

① 원곡선 ② 3차 포물선

③ 클로소이드 곡선 ④ 렘니스케이트 곡선

(1) 원곡선 : 단곡선, 복심곡선, 반향곡선, 배향곡선(머리핀 곡선)

(2) 클로소이드 곡선 : 주로 고속도로에 사용된다.

(3) 3차 포물선 : 철도의 경우에 사용된다.

★★☆
52

다음 중 완화곡선 정수(N)가 500이고 칸트(C)가 80mm일 때 완화곡선길이는?
(단, 완화곡선길이는 칸트의 정수배에 비례한다.)

① 20m ② 30m

③ 40m ④ 50m

$$L = \frac{NC}{1,000} = \frac{500 \times 80}{1,000} = 40\text{m}$$

★★☆

53 완화곡선 중 극각(σ)이 45°일 때 클로소이드 곡선, 렘니스케이트 곡선, 3차포물선 중 어느 것이 가장 짧은 곡선이 되는가?

① 클로소이드 곡선　　　　　② 렘니스케이트 곡선

③ 3차 포물선　　　　　　　④ 모두 같다.

해설

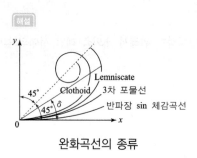

완화곡선의 종류

★★★

54 다음 설명 중 옳지 않은 것은?

① 모든 클로소이드(clothoid)는 닮음꼴이며 클로소이드 요소는 길이의 단위를 가진 것과 단위가 없는 것이 있다.

② 완화곡선의 접선은 시점에서 원호에, 종점에서 직선에 접한다.

③ 완화곡선의 반경은 그 시점에서 무한대, 종점에서는 원곡선의 반경과 같다.

④ 완화곡선에 연한 곡선반경의 감소율은 캔트(cant)의 증가율과 같다.

해설

완화곡선의 접선 : 시점에서 직선에, 종점에서 원호에 접한다.

55

★★★

다음 중 클로소이드 곡선(Clothoid curve) 설명 중 옳지 않은 것은?

① 곡률이 곡선길이가 길어질수록 곡률반경은 작아진다.

② 클로소이드곡선은 고속도로에 가장 적합하다.

③ 일종의 완화곡선이다.

④ 철도의 종단곡선 설치에 가장 효과적이다.

> 해설
>
> 클로소이드 곡선
> (1) 곡선길이가 길어질수록 곡률반경은 작아진다.
> (2) 곡률 $\dfrac{1}{R}$ 이 곡선길이에 비례한다.
> (3) 철도의 종단곡선은 원곡선을 사용
> (4) 도로의 종단곡선은 2차포물선을 사용

56

★★☆

다음은 클로소이드 곡선에 관한 설명이다. 옳은 것은?

① 곡률 반경 R, 곡선길이 L, 매개변수 A 의 사이에는 $RL = A^2$의 관계가 성립한다.

② 곡률반경에 비례하여 곡선 길이가 증가하는 곡선이다.

③ 곡선 길이가 일정할 때 곡률 반경이 크면 접선각도 커진다.

④ 곡률반경과 곡선 길이가 같은 점을 동경이라 한다.

> 해설
>
> (1) 곡률반경의 역수인 곡률 $\dfrac{1}{R}$ 이 곡선장에 비례하여 증가하는 곡선이다.
> (2) $\tau = \dfrac{L}{2R}$ 에서 L이 일정할 때 곡률반경이 커지면 접선각은 작아진다.

★★☆

57

다음 중 클로소이드(Clothoid) 곡선 설치에서 극좌표에 의한 중간점 설치 방법 중 옳은 것은?

① 주접선에 의한 설치　　　② 현각 현장법에 의한 설치

③ 현으로부터의 설치　　　④ 임의의 접선으로부터의 설치

클로소이드곡선 설치법

(1) 직각좌표에 의한 중간점 설치

　① 주접선으로부터 직각좌표에 의한 방법

　② 현에서 직각 좌표에 의한 방법

　③ 접선으로부터 직각좌표에 의한 방법

(2) 극좌표에 의한 중간점 설치

　① 극각 동경법

　② 극각 현장법

　③ 현각 현장법

(3) 기타방법에 의한 중간점 설치

　① 2/8법에 의한 설치법

　② 현다각으로 부터의 설치법

58

다음 중 우리나라 철도에 있어서 구배 표시 방법은?

① $\dfrac{n}{100}$　　　　　　　② $\dfrac{n}{1,000}$

③ $\dfrac{1}{n}$　　　　　　　④ $n\%$

해설

(1) 도로기울기 : 백분율(%)을 사용

(2) 철도기울기 : 천분율(‰)을 사용

★★★
59

도로의 중심선을 따라 20m 간격의 종단 측량을 해서 표와 같은 결과를 얻었다. 측점 1과 측점 5의 지반고를 연결하는 도로계획선을 설정한다면 이 계획선의 구배는?

측점	지반고(m)
1	73.63
2	72.82
3	75.67
4	70.65
5	70.83

① −1%   ② −3.5%

③ +3.5%   ④ +1%

> 해설
>
> (1) 고저차 $= 70.83 - 73.63 = -2.8\text{m}$
>
> (2) 구배 $= \dfrac{-2.8}{80} \times 100 = -3.5\%$

★★☆
60

상향구배 $\dfrac{5.5}{1,000}$, 하향구배 $\dfrac{35}{1,000}$인 두 노선이 곡선반경 3,000m의 단곡선에서 교차할 때 곡선장은?

① 60.8m   ② 121.5m

③ 50.8m   ④ 111.5m

> 해설
>
> $L = R\left(\dfrac{m}{1,000} - \dfrac{n}{1,000}\right) = 3,000\left\{\dfrac{5.5}{1,000} - \left(\dfrac{-35}{1,000}\right)\right\} = 121.5\text{m}$

★★★
61

다음 중 노선 측량에서 종단 곡선에 대한 설명으로 잘못된 것은?

① 철도에서는 주로 원곡선이 이용된다.

② 도로에서는 2차 포물선이 많이 쓰인다.

③ 종단 곡선은 원심력에 의한 불안정한 운행을 방지하기 위해 설치한다.

④ 종단 곡선의 길이는 가능한 한 길게 취하는 것이 좋다.

종단곡선

⑴ 충격을 완화하고 충분한 시거를 확보해서

⑵ 철도에서는 주로 원곡선이 이용

⑶ 도로에서는 2차 포물선이 많이 이용

⑷ 종단곡선의 길이는 될 수 있는 대로 길게 취하는 것이 좋다.

9 하천측량

❶ 평면측량

❷ 수준측량

❸ 수위관측

❹ 유속측정

❺ 유량측정

09 하천측량

① 평면측량

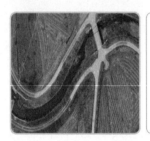

하천측량은 평범하지만 공무원시험에 자주 출제되는 단원이다. 주로 출제되는 부분은 수위관측소, 평균유속의 측정 및 계산, 심천측량 등으로 외울 공식도 몇 개 없고, 평이하게 이해를 요하는 문제가 출제된다.
※ 공무원 시험에는 다음 관계를 반드시 숙지해야 한다.
　① 하천측량의 목적　　② 평면측량의 범위　　③ 수애선 측량

1. 하천측량의 목적

하천의 형상, 수위, 심천, 단면, 구배 등을 측정하여 하천의 평면도, 종횡단면도를 작성함과 동시에, 수류의 방향, 유속, 유량, 부유물, 기타 구조물을 조사하여 각종 수공 설계, 시공에 필요한 자료를 얻기 위함이다.

2. 하천측량의 종류

　① 평면측량
　② 수준측량
　③ 유량측량
　④ 수위관측
　⑤ 우량관측
　⑥ 하천 공작물 조사 등

3. 하천측량의 작업순서

도상조사	1/50,000의 지형도를 이용
자료조사	홍수피해, 수리권의 문제, 물의 이용상황 등
현지조사	하천 노선의 답사와 선점
평면측량	골조측량(삼각, 트래버스 측량)과 세부(평판)측량,
수준측량	지상 및 하저의 깊이 측정
유량측량	수위, 유속 관측, 심천측량 등으로 유량계산

4. 평면측량

평면 측량은 하천 유로의 상태와 형상을 관측하여 제방, 호안, 옹벽, 수문, 교량, 삼각점, 수준점, 거리표, 양수표의 위치와, 전답, 산림, 등 하천과 관계가 있는 모든 것을 상세히 측량하여 평면도에 표시한다.

(1) 평면측량의 범위

제외지	전지역
제내지	300m 내외
무제부	홍수시의 물가선의 흔적보다 약간 넓게(약 100m 정도) 실시

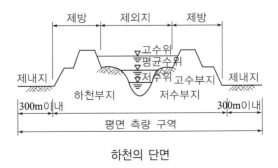

하천의 단면

◉ 제내지와 제외지

1. 하천 단면에서 볼 때 제외지와 제내지가 바뀐 것이 아닌지 혼동할 수 있는데 그것은 하천을 중심으로 생각하기 때문이다.
2. 인간 중심으로 생각하면 제내지란 인간이 삶을 영위하는 곳이므로 혼동되지 않는다.

(2) 골조측량

삼각측량	삼각망은 단열삼각망을 사용
	삼각망의 협각은 40~100° 사이일 것
	측각은 반복법(배각법)으로 측정하며 각오차는 20″ 이내 (단, 삼각형의 오차는 10″ 이내)
	실측 기선장과 계산기선장의 차는 1/60,000 이내일 것.
	삼각점은 2~3km마다 설치한다.
트래버스 측량	보통 200m마다 다각망을 만들어 기준점을 늘린다.
	다각망은 결합 트래버스로 한다.
	측각오차는 3′ 이내, 거리오차는 1/1,000 이내일 것.

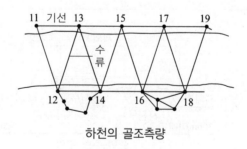

하천의 골조측량

(3) 세부측량

세부측량의 대상	하천의 형상, 다리, 제방, 행정구역상의 경계, 건축물, 양수표 등 하천 유역에 있는 모든 것.
방법	지거측량, 평판측량, 시거측량의 세부측량과 같은 방법으로 행한다.
	제내 침수지역, 범람지역, 유수지의 수위, 면적, 용량의 조사 등에는 등고선 측량이 필요하다.
	평면도의 축척은 1/2,500로 하나, 하천의 폭이 50m 이내일 경우에는 1/1,000으로 한다.
수애선(물가선)의 측량	수면과 하안과의 경계선을 수애선이라 한다.
	수애선은 평수위일 때의 물가선을 말한다.
	수애선의 측량에는 동시관측법과 심천측량에 의한 방법이 있다.
	수애선을 나타내는 말뚝은 50~100m 간격으로 한다.

핵심 01

다음 중 하천 측량의 순서가 옳은 것은?

① 도상조사 → 자료조사 → 답사 → 관측

② 자료조사 → 답사 → 도상조사 → 관측

③ 답사 → 자료조사 → 도상조사 → 관측

④ 답사 → 도상조사 → 자료조사 → 관측

 해설

하천측량의 순서
도상조사 → 자료조사 → 답사 → 관측 순으로 한다.

핵심 02

다음 중 하천측량을 실시하는 주목적은 무엇인가?

① 하천공사의 비용을 알기 위해

② 하천공사의 각종 설계, 시공에 필요한 자료를 얻기 위해

③ 하천의 수위, 구배, 단면을 알기 위해

④ 하천의 평면도, 단면도를 얻기 위해

해설

하천측량의 주목적
①, ③, ④에서 요구한 것을 구하여 하천공사의 각종 설계, 시공 등에 필요한 자료를 얻기 위함이다.

핵심 03

하천측량 시 수애선은 어떤 수위를 기준으로 하는가?

① 평수위   ② 평균수위

③ 최고수위   ④ 최저수위

 해설

수애선
평수위일 때의 물가선을 말한다.

핵심 04 제방이 있는 하천의 평면 측량의 일반적인 범위는?

① 제외지 전부와 제내지 300 m 이내

② 제외지 전부와 제내지 600 m 이내

③ 제내지 전부와 제외지 300 m 이내

④ 제내지 전부와 제외지 600 m 이내

해설

제외지 : 전지역

제내지 : 300m 내외

무제부 : 홍수시의 물가선의 흔적보다 약(100m)정도 넓게

핵심 05 다음 중 하천측량작업을 크게 나눈 3종류에 속하지 않는 것은?

① 심천측량　　　　　② 유량측량

③ 평면측량　　　　　④ 수준측량

해설

하천측량의 종류

(1) 평면측량　　(2) 수준측량　　(3) 유량측량

(4) 수위관측　　(5) 우량관측　　(6) 하천 공작물 조사

등이 있다.

핵심 06 다음 중 하천 측량 시 무제부에서의 평면 측량 범위는?

① 홍수가 영향을 주는 구역보다 약간 넓게

② 계획하고자 하는 지역의 전체

③ 홍수가 영향을 주는 구역까지

④ 홍수영향 구역보다 약간 좁게

해설

평면측량의 범위

(1) 제외지 : 전지역

(2) 제내지 : 300m 내외

(3) 무제부 : 홍수시의 물가선으로부터 100m 정도까지

핵심 07

다음 중 하천측량에 포함되지 않는 것은 어느 것인가?

① 평면측량　　　　　　② 고저측량

③ 해수위(海水位)관측　　④ 유량측량

> 해설
>
> 하천측량의 종류
> (1) 평면측량　　(2) 수준측량　　　(3) 유량측량　　　(4) 수위관측
> (5) 우량관측　　(6) 하천 공작물 조사
> 등이 있다.

핵심 08

다음 중 하천측량에서 평면측량의 범위로 옳은 것은?

① 유제부에서 제내 300m 이내, 무제부에서는 홍수가 영향을 주는 구역보다 약간 넓게 한다.

② 유제부에서 제내 100m 이내, 무제부에서는 홍수가 영향을 주는 구역보다 약간 좁게 한다.

③ 유제부에서 제내 100m 이내, 무제부에서는 홍수가 영향을 주는 구역보다 약간 넓게 한다.

④ 유제부에서 제내 300m 이내, 무제부에서는 홍수가 영향을 주는 구역보다 약간 좁게 한다.

> 해설
>
> 평면측량의 범위
> (1) 유제부
> 　① 제외지 : 전지역
> 　② 제내지 : 300m 내외
> (2) 무제부 : 홍수시의 물가선으로부터 100m 정도까지의 거리

09 하천측량 시 평면 측량에서 삼각점은 몇 km마다 설치하는가?

① 1~2km
② 2~3km
③ 3~4km
④ 4~5km

하천측량시 기준점 설치
(1) 평면측량의 삼각점 2~3km
(2) 수준측량의 수준점 5km 이내

10 다음 중 하천측량 실시에 필요한 세부측량이 아닌 것은?

① 수심측량
② 종·횡단측량
③ 삼각측량
④ 천체측량

하천측량의 삼각 측량은 골조측량이다.

11 다음 중 하천측량을 행할 때 평면측량의 범위 및 거리에 대한 설명이다. 옳지 않은 것은?

① 유제부에서의 측량범위는 제내지 300m 이내로 한다.
② 무제부에서의 측량범위는 평상시 물이 차는 곳까지로 한다.
③ 선박운행을 위한 하천개수가 목적일 때 하류는 하구까지로 한다.
④ 홍수방지공사가 목적인 하천공사에서는 하구에서부터 상류의 홍수피해가 미치는 지점까지로 한다.

하천측량에서 무제부의 측량범위
홍수의 흔적이 있는 곳보다 약간 넓게(약 100m 정도) 측량한다.

핵심 12

주로 해도, 하천, 항만 등의 수심을 나타내는 경우에 사용되며, 임의 점의 표고를 숫자로 도면 상에 나타내는 지형의 표현방법은?

① 우모법   ② 음영법
③ 점고법   ④ 등고선법

해설

하천이나 항만 등에서 심천측량을 한 결과의 지형을 표시하는 방법으로 그 점의 깊이를 숫자로 나타내는 지형의 표시법이다.

② 수준측량

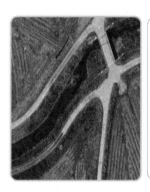

하천의 수준측량은 좌안의 거리표를 따라 종단측량을 한 후 이에 직각 방향으로 횡단측량과 하천의 수심 및 하저상황을 조사하여 종·횡단면도를 작성하는 측량이다.

※ 공무원 시험에는 다음 관계를 숙지해야 한다.

① 수준점은 5km마다 설치한다.

② 거리표는 좌안 200m 간격으로 설치한다.

③ 종단면도의 축척은 종 1/100, 횡 1/1,000이다

1. 수준측량의 분류

① 종단측량

② 횡단측량

③ 심천측량(sounding)

④ 하구 심천측량(sounding of river mouth)

2. 수준기표의 설치

① 양안 5km마다 설치한다.

② 구조는 길이 1.2m, 15cm×15cm의 형으로 만들어 매립

3. 거리표(distance mark)의 설치

① 거리표는 하천의 중심에 직각 방향으로 양안의 제방법선에 설치한다.

② 거리표는 하구 또는 하천의 합류점에서의 위치를 표시한다.

③ 설치간격은 하천의 중심을 따라 200m를 표준으로 하나 실제로는 좌안을 따라 200m 간격으로 설치하는 것이 많다. 따라서 우안의 거리표는 200m 간격으로 되지 않는다.

④ 거리표의 위치는 보조 삼각측량, 보조다각측량으로 결정한다.

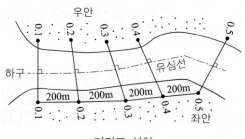

거리표 설치

4. 종단측량

① 종단측량이란 좌, 우 양안의 거리표의 높이와 지반고를 관측하는 것으로 필요한 곳이나 공작물의 높이를 수준측량에 의해 결정하는 것이다.

② 종단측량의 결과로 종단면도를 작성하는데 그 축척은 종 1/100, 횡 1/1,000~ 1/10,000로 한다.

③ 종단면도는 하류를 좌측으로 한다.

5. 횡단측량

① 횡단측량은 200m마다 양안에 설치한 거리표를 기준으로 실시한다.

② 측정구역은 평면측량할 구역을 고려한다.

③ 고저차의 관측은 지면이 평탄할 경우에는 5~10m 간격으로 하며 경사변환점은 필히 실시한다.

④ 횡단측량은 양수표, 댐, 교량, 갑문 등 구조물이 있는 곳에서는 특별한 측량을 실시한다.

⑤ 횡단면도는 좌안을 좌측으로, 좌안 거리표를 기점으로 하며 거리표의 부호를 제도한다.

6. 심천측량

심천측량이란 하천의 수심 및 유수부분의 하저상황을 조사하고 횡단면도를 제작하는 측량이다.

(1) 심천 측량용 기계, 기구

로드(rod)	측간이라고도 하며 수심 1~2m의 얕은 곳에 효과적
레드(red)	측심간이라고도 하며 와이어나 로우프의 끝부분에 납으로 된 추가 붙어 있어 수심 5m 이상인 곳에 사용
음향측심기	초음파를 사용하며 수심 30m까지의 깊은 곳에 사용

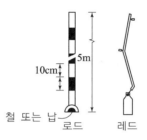

로드와 레드

(2) 하천 심천측량

① 하천 폭이 넓고 수심이 얕은 경우 : 양안 거리표를 지나는 직선상에 수면말뚝을 박고 와이어로 길이 5~10m 마다 수심을 관측한다.

② 하천 폭이 넓고 수심이 깊은 경우 : 양안 거리표의 선상에 배를 띄워 배의 위치(거리) 및 그 위치의 수심을 측정한다. 그림에서 AB의 길이 l은 기선이고 P, Q, R은 측정선의 위치이다.

③ 수심이 30m 정도의 깊은 곳은 음향 측심기나 수압 측심기를 사용하는데 0.5% 정도의 오차가 발생한다.

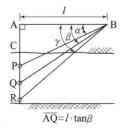

$$\overline{AQ} = l \cdot \tan\beta$$

지상에서 일정 방향 선상의 점을 구하는 법

핵심 01

다음 그림에서 BC선에 연하여 심천측량을 위해 A점을 CB선에 직각으로 AB= 96m를 잡았다. 지금 이 배의 위치에서 육분의(sextant)로 ∠APB를 측정하여 52°을 얻었을 때 BP의 거리는? (여기서 tan52°=1.3)

① 93.85m

② 83.85m

③ 73.85m

④ 64.33m

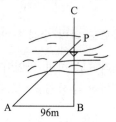

해설

$\tan 52° = \dfrac{\overline{AB}}{\overline{BP}}$ 에서

$\overline{BP} = \dfrac{\overline{AB}}{\tan 52°} = \dfrac{96}{\tan 52°} = 73.85\,\mathrm{m}$

핵심 02

다음 중 하천측량에 대한 설명 중 옳지 않는 것은?

① 하천측량시 수위관측소의 위치는 지천의 합류점 및 분류점으로 수위의 변화가 일어나기 쉬운 곳이 적당하다.

② 심천측량은 하천의 수심 및 유수부분의 하저상황을 조사하고, 횡단면도를 제작하는 측량을 말한다.

③ 하천측량에서 수준측량을 할 때의 거리표는 하천의 중심에 직각의 방향으로 설치한다.

④ 하천측량 시 처음에 할 일은 도상조사로서 유로상황, 지역면적, 지형지물, 토지이용 상황 등을 조사하여야 한다.

해설

수위관측소는 지천의 합류점 및 분류점 등 수위의 변화가 일어나기 쉬운 곳은 피한다.

03 하천에서 수준 측량 시 횡단 측량을 이용하여 횡단면도를 만들 때 사용하는 기준은?

① 거리표   ② 도근점

③ 삼각점   ④ 수위표

해설

횡단 측량 : 횡단 측량은 200m마다 양안에 설치한 거리표를 기준으로 실시한다.

04 다음 중 하천측량에서 수준점 측설은 몇 km마다 하는가?

① 0.5km   ② 1km

③ 5km   ④ 20km

해설

하천측량 시 수준점의 설치
(1) 수준점 : 5km
(2) 삼각점 : 2~3km

05 다음 중 수심이 비교적 깊고, 지역이 넓은 하구측량에 적절치 못한 기계·기구는?

① 음향 측심기   ② 측간 또는 측심간

③ 육분의   ④ 측량선

해설

(1) 하구심천측량
  ① 트랜싯과 측량선을 사용하는 방법
  ② 육분의에 의한 방법
  ③ 음향 측심기를 사용하는 방법
(2) 수심이 작은 경우
  ① 로드 : 수심 5m까지 사용가능, 1~2m에 효과적
  ② 레드 : 추의 무게를 가감하여 수심측정

핵심 06 하천수준 측량에서 그 오차의 한계를 유조부에서는 4km 왕복에 대하여 얼마를 넘지 않아야 하는가?

① 5mm ② 10mm

③ 15mm ④ 20mm

해설

하천수준측량의 허용오차 (4km 왕복시)

(1) 급류부 : 20mm 이내

(2) 무조부 : 15mm 이내

(3) 유조부 : 10mm 이내

핵심 07 하천 측량 시 수준 측량에서 거리표의 설치는 하천의 좌안을 기준으로 몇 m간격으로 설치하는가?

① 100m ② 200m

③ 500m ④ 1,000m

해설

거리표

(1) 하구 또는 하천 합류점에서의 위치를 표시

(2) 하천의 중심을 따라 200m 간격으로 설치

(3) 실제로는 좌안을 기준으로 200m 간격으로 설치

핵심 08 다음 중 하천측량에서 하저 경사도를 구하는데 가장 적합한 방법은?

① 심천측량으로 가장 깊은 곳을 찾아 하저 경사도를 구한다.

② 하천의 중심에 따라 하저를 측정하여 양안에 설치한 수준기표를 이용하여 하저 경사도를 구한다.

③ 하저단면 측량으로부터 최심부의 위치를 평면도상에 그리고 거리를 구하여 하천 바닥의 총 단면도를 그려 하저 경사도를 구한다.

④ 수면 경사도를 구하여 이것을 이용하여 하저 경사도를 구한다.

해설

하저경사를 구하는 방법은 여러 가지가 있으나 심천측량으로 수심이 가장 깊은 곳을 찾아서 구하는 것이 가장 적합하다.

핵심 09

다음 중 우리나라 하천측량의 규정에 의하면 급류부의 수준측량 4km에 대한 허용오차는?

① ±15mm 　　　　② ±20mm

③ ±40mm 　　　　④ ±50mm

해설

하천수준측량의 허용오차 4km 왕복시

급류부 : 20mm 이내, 무조부 : 15mm 이내, 유조부 : 10mm 이내

핵심 10

어느 점의 지표상 표고 또는 수심을 직접 수치로 표시하는 방법으로 해도에 사용하는 대표적인 지형 표현 방법은?

① 우모법 　　　　② 음영법

③ 점고법 　　　　④ 등고선법

해설

점고법 : 하천, 항만, 해양 등에서의 심천측량을 점에 숫자를 기입하여 높이를 표시하는 방법이다.

③ 수위관측

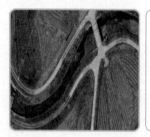

수위의 관측은 양수표의 눈금을 읽어 측정한다. 따라서 양수표의 설치 장소의 선정이 중요하며 자주 출제된다. 하천의 수위는 이수면에서는 최저수위, 치수면에서는 최고수위를 사용한다.

※ 공무원 시험에는 다음 관계를 반드시 숙지해야 한다.

① 하천의 수위   ② 양수표의 설치장소

1. 제도

평면도 작성	① 평면도는 $S=\dfrac{1}{2,500}$ 로 작도하나 하천의 폭이 50m 이하일 때는 $S=\dfrac{1}{1,000}$ 로 한다. ② 평면도는 하천개수나 하천구조물의 계획, 설계, 시공의 기초가 되는 것으로 기준점은 직교좌표로 전개된다.
종단면도	① 축척은 종 $\dfrac{1}{100}$, 횡 $\dfrac{1}{1,000}$ 을 표준으로 하고 경사가 급한 경우 종축척을 $\dfrac{1}{200}$ 로 한다. ② 양안의 거리표 높이, 하상고, 계획고수위, 수위표 등을 기입하며 하류를 좌측으로 제도한다.
횡단면도	① 축척은 종(높이)를 $\dfrac{1}{100}$, 횡(폭)을 $\dfrac{1}{1,000}$ 로 한다. ② 횡단면도는 육상부분의 횡단측량과 수중부분의 심천측량의 결과를 연결하여 작성된다.

2. 하천의 수위

최고수위 **최저수위**	어떤 기간에 있어서 최고, 최저의 수위로 년 단위나 월 단위의 최고, 최저로 구분한다.
평균최고수위 **평균최저수위**	년과 월에 있어서의 최고, 최저의 평균으로 나타낸다. 평균최고수위는 축제나 가교, 배수공사 등의 치수목적으로 이용되고 평균최저수위는 주운, 발전, 관개 등 이수관계에 이용된다.
평균 수위	어떤 기간의 관측수위를 합계하여 관측회수로 나누어 평균값을 구한 값
평균 고수위 **평균저수위**	어떤 기간에 있어 평균수위 이상 되는 수위의 평균, 또는 평균수위 이하의 수위의 평균값
평수위	어떤 기간에 있어서의 수위중 이것보다 높은 수위와 낮은 수위의 관측회수가 똑같은 수위로 평균수위보다 약간 낮다.
최다수위	일정기간중 제일 많이 생긴 수위
지정수위	홍수시에 매시 수위를 관측하는 수위
통보수위	지정된 통보를 개시하는 수위
경계수위	수방요원의 출동을 필요로 하는 수위

핵심 **KEY**

◉ **이수면에서의 수위**

1. 갈수위 : 1년에 355일 이상 이보다 적어지지 않는 수위
2. 저수위 : 1년에 275일 이상 이보다 적어지지 않는 수위
3. 평수위 : 1년에 185일 이상 이보다 적어지지 않는 수위
4. 고수위 : 1년에 2~3회 이상 이보다 적어지지 않는 수위
5. 홍수위 : 최대수위

3. 수위 관측소 설치 시 고려사항

① 그 상하류의 상당한 범위까지 하안과 하상이 안전하고 세굴이나 퇴적이 되지 않아야 한다.

② 상하류의 길이 약 100m 정도는 직선이고 유속의 크기가 크지 않은 곳이어야 한다.

③ 수위 관측시 교각이나 기타 구조물에 의하여 수위에 영향을 받지 않아야 한다.

④ 홍수 때 관측소가 유실, 이동 및 파손될 염려가 없어야 한다.

⑤ 평시에는 물론 홍수 때에도 수위표를 쉽게 읽을 수 있는 곳이어야 한다.

⑥ 지천의 합류점 및 분류점 같은 수위의 변화가 생기지 않는 곳이어야 한다.

⑦ 갈수시에도 양수표의 0의 눈금이 노출되지 않아야 한다.

⑧ 잔류 및 역류가 없는 장소여야 한다.

⑨ 양수표는 평균해수면에서 부터의 표고를 관측해둔다.

4. 수위관측횟수와 정도

① cm단위로 읽고 수면구배 측정 시는 1/4cm까지 읽는다.

② 평수시, 저수시에는 1일 2~3회 관측한다.

③ 홍수시는 주야 계속 1시간마다 관측한다.

④ 감조하천 : 자기양수표를 사용하며 자기 양수표가 없을 때에는 15분마다 관측한다.

단, 간만조 때는 다음과 같다.

· 평시 : 6~12시간마다 관측한다.

· 홍수시 : 1~1.5시간마다 관측한다.

· 최고수위 전후 : 5~10분마다 관측한다.

핵심 KEY

◉ **수위의 비교**

1. 사용목적에 따라
   ① 치수목적 : 평균최고 수위
   ② 이수목적 : 평균최저 수위

2. 관측방법에 따라
   ① 평균수위 : 관측수위 합계를 관측회수로 나누어 구한 평균값
   ② 평수위 : 높은 수위와 낮은 수위의 관측 회수가 똑같은 수위

핵심 01 다음 중 건설교통부 하천측량 규정에 의해 하천의 수애선을 결정하는 방법은 어느 것인가?

① 평균 평수위에 가까울 때의 동시수위에 의하여 결정한다.
② 평균 저수위에 가까울 때의 동시수위에 의하여 결정한다.
③ 평균 수위에 가까울 때의 동시수위에 의하여 결정한다.
④ 평균 고수위의 가까울 때의 동시수위에 의하여 결정한다.

해설

수애선
평균 평수위에 가까운 동시수위로 결정한다.

핵심 02 다음 중 수위관측 회수에 관한 설명 중 틀린 것은?

① 수위는 cm까지 읽고 수면구배를 측정 시는 1/4cm까지 읽는다.
② 평시와 저수 시에는 1일 2~3회 관측한다.
③ 최고수위 전후에는 1시간마다 관측한다.
④ 홍수 시에는 주야 1~1.5시간마다 관측한다.

해설

수위 관측회수와 정도
① cm 단위로 읽고 수면구배 측정 시는 1/4cm까지 읽는다.
② 평수시, 저수시에는 1일 2~3회 관측한다.
③ 최고수위 전후 : 5~10분마다 관측한다.
④ 홍수시는 주야 계속 1시간마다 관측한다.

핵심 03 다음 양수표를 설치하는 위치조건 중 옳지 않은 것은?

① 상, 하류 약 500m 정도의 직선인 장소

② 잔류, 역류가 적은 장소

③ 수위가 교각이나 기타 구조물에 의한 영향을 받지 않는 장소

④ 지천의 합류점에서는 불규칙한 수위의 변화가 없는 장소

해설

양수표
상·하류 약 100m 정도가 직선일 것

핵심 04 다음 중 하천의 수위에서 제방, 교량, 배수 등 치수목적에 이용되는 수위는?

① 평균최저수위 ② 최고수위

③ 최저수위 ④ 평균최고수위

해설

(1) 치수목적 : 평균최고수위
(2) 이수목적 : 평균최저수위

핵심 05 다음 중 하천수위 관측소의 설치장소 중 옳지 않은 곳은 어느 것인가?

① 수위가 교각이나 구조물에 의한 영향을 받지 않는 곳일 것

② 홍수 시에도 양수량을 쉽게 볼 수 있는 곳일 것

③ 잔류, 역류 및 저수위가 많은 곳일 것

④ 하상과 하안이 안전하고 퇴적이 생기지 않는 곳일 것

해설

수위관측소 설치장소
잔류, 역류 및 저수위가 없는 곳

핵심 06 다음은 하천측량에 관한 설명이다. 내용이 맞지 않은 것은?

① 평면 측량의 범위는 유제부에서 제내지의 전부와 제외지의 300m 정도, 무제부에서는 홍수의 영향이 있는 구역을 측량한다.

② 1점법에 의한 평균유속은 수면으로부터 수심 0.6H 되는 곳의 유속을 말한다.

③ 수심이 깊고, 유속이 빠른 장소에는 음향 측심기와 수압측정기를 사용한다.

④ 하천 측량은 하천 개수공사나 하천공작물의 계획, 설계, 시공에 필요한 자료를 얻기 위하여 실시한다.

평면측량의 범위

(1) 유제부 : 제외지 전부와 제내지 300m 정도

(2) 무제부 : 홍수의 흔적보다 약간 넓게(100m 정도)

핵심 07 다음 하천에서 저수위라 함은 1년을 통하여 며칠 이상 내려가지 않는 수위를 말하는가?

① 100일   ② 125일

③ 185일   ④ 275일

이수면에서의 수위

(1) 갈수위 : 1년에 355일 이상 이보다 적어지지 않는 수위

(2) 저수위 : 1년에 275일 이상 이보다 적어지지 않는 수위

(3) 평수위 : 1년에 185일 이상 이보다 적어지지 않는 수위

(4) 고수위 : 1년에 2~3회 이상 이보다 적어지지 않는 수위

(5) 홍수위 : 최대수위

핵심 08

다음 중 하천의 수위관측소 설치에서 장소 선정이 잘못된 것은?

① 상하류의 길이가 약 100m 정도는 직선인 곳

② 홍수시 관측소가 유실 및 파손될 염려가 없는 곳

③ 수위표가 쉽게 읽을 수 있는 곳

④ 합류나 분류에 의해 수위가 민감하게 변화하여 다양한 수위의 관측이 가능한 곳

> **[해설]**
>
> 수위관측소
> 합류나 분류에 의해 수위의 변화가 없는 곳일 것

핵심 09

하천 측량에 대한 설명으로 옳지 않은 것은?

① 거리표는 종단 측량에서 기준이 되는 것으로 하천의 양안에 설치한다.

② 유속의 연직 분포는 수면에서 하저까지 일정하다.

③ 하천의 유량은 유수 단면적과 평균 유속의 곱으로 계산한다.

④ 평면 측량은 하천 유로의 상태와 형상을 관측하는 것이다.

> **[해설]**
>
> 하천의 유속은 수심에 따라 변화하고 횡단면을 따라서도 변화하며 상, 하류의 위치에 따라서도 변화한다.
> 따라서 어느 단면에서의 평균유속은 그 자체로 오차를 내포하고 있다고 보는데 그래도 비교적 정확한 방법은 3점법이며 3점법이 가장 많이 쓰인다.

핵심 10 다음 하천 측량에 대한 설명 중 맞지 않는 것은 어느 것인가?

① 표준으로 하는 종단면도의 축척은 횡 1/1,000, 종 1/100이다.

② 하천의 만곡부의 수면경사를 측정할 때 측정은 반드시 양안에서 하고 그 평균을 가장 중심의 수면으로 본다.

③ 양수표는 하천에 연하여 보통 1~3km마다 배치한다.

④ 평균유속을 구하는데 2점법을 사용하는 경우 수저로부터 수심의 2/10, 8/10점의 유속을 측정 평균한다.

해설

양수표 설치
일정한 간격으로 설치하는 것이 아니라 수위를 알아야 될 지점에 여러 가지 조건들은 고려하여 설치한다.

④ 유속측정

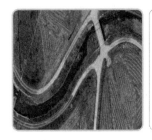

유속측정은 하천측량에서 가장 자주 출제되는 단원으로 홍수시의 유속은 부자를 이용하며 평상시의 유속은 유속계를 사용하는데 유속은 횡단면, 종단면에 따라 입체적으로 변화하므로 그 평균값을 구하는 것이 중요하다.

※ 공무원 시험에는 다음 관계를 반드시 숙지해야 한다.
① 부자의 종류 ② 부자의 투하점과 구간 ③ 평균유속 계산

1. 유속계의 종류 및 측정범위

종 류		측정범위(m/sec)
price 전기 유속계		0.1~4
광정 전기 유속계		0.03~3
광정 음향식 유속계		0.03~3
전기 유속계	고속용	0.5~8
	저속용	0.1~3
	미속용	0.01~0.5

2. 부자를 사용한 유속 측정

(1) 부자의 종류

표면부자	① 홍수시의 표면유속 관측에 사용되며 ② 평균유속(V_m)은 표면부자에 의한 표면유속을 V로 할 때 큰하천 0.9 V_s, 얕은 하천 $0.8V_s$로 한다. ③ 투하지점은 10m 이상, $\dfrac{B}{3}$ 이상, 20~30초 정도로 한다.
이중부자	① 표면부자에 실이나 가는 쇠줄을 사용하여 수중부자와 연결한 것 ② 수면에서 수심의 $\dfrac{3}{5}$ 되는 곳에 가라앉혀서 직접 평균유속을 구한다.
봉부자	수면에서 하천바닥에 이르는 전수심의 유속에 영향을 받으므로 평균유속을 구하기 쉽다. $$V_m = V_r \left(1.012 - 0.116\sqrt{\dfrac{d'}{d}}\right)$$ 여기서, V_r : 봉부자의유속, d' : 부자하단에서 하천 바닥까지의 거리 d : 전수심, V_m : 평균 유속

(2) 부자에 의한 유속 관측

① 부자에 의한 유속 관측은 하천의 직류부를 선정하여 실시한다.

② 직류부의 길이는 하천폭의 2~3배, 30~200m로 한다.

③ 부자의 투하점에서 제1관측점까지는 부자가 도달하는데 약 20~30초 정도가 소요되는 위치로 한다.

④ 부자의 투하는 교량, 또는 부자 투하장치를 이용한다.

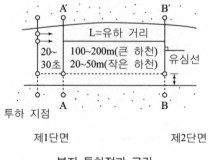

부자 투하점과 구간

3. 평균유속 측정법

1점법	$V_m = V_{0.6}$
2점법	$V_m = \dfrac{1}{2}(V_{0.2} + V_{0.8})$
3점법	$V_m = \dfrac{1}{4}(V_{0.2} + 2V_{0.6} + V_{0.8})$
4점법	$V_m = \dfrac{1}{5}\left\{(V_{0.2} + V_{0.4} + V_{0.6} + V_{0.8}) + \dfrac{1}{2}\left(V_{0.2} + \dfrac{V_{0.8}}{2}\right)\right\}$

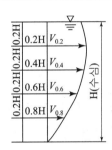

수심에 따른 유속분포도

4. 유속에 관한 일반 공식

① $V = C\sqrt{RI}$ (chezy 공식)

② $V = \dfrac{1}{n}R^{\frac{2}{3}}I^{\frac{1}{2}}$ (manning 공식)

③ kutter 공식 등이 있으며 이런 식들은 I(수면기울기), R(경심), n(조도계수) 등과 관계가 깊다.

핵심 KEY

● **평균유속 계산**

하천의 유속은 옆의 그림처럼 수심에 따라 변화하고 횡단면을 따라서도 변화하며 상, 하류의 위치에 따라서도 변화한다.
따라서 어느 단면에서의 평균유속은 그 자체로 오차를 내포하고 있다고 보는데 그래도 비교적 정확한 방법은 3점법이며 3점법이 가장 많이 쓰인다.

핵심 01

유속을 수면으로부터 0.2h, 0.5h, 0.6h, 0.8h되는 곳에서 측정한 결과 각각 0.5, 0.4, 0.4, 0.7m/sec 이었다. 이때 3점법에 의한 평균유속을 구하면?
(단, h는 수심)

① 0.2m/sec

② 0.3m/sec

③ 0.5m/sec

④ 0.6m/sec

해설

3점법에 의한 평균유속

$$V_m = \frac{1}{4}(V_{0.2} + 2V_{0.6} + V_{0.8}) = \frac{1}{4}(0.5 + 2 \times 0.4 + 0.7) = 0.5\text{m/sec}$$

핵심 02

다음 하천의 유속측정에서 수면깊이가 0.2h, 0.6h, 0.8h인 지점의 유속이 각각 0.5m/sec, 0.4m/sec. 0.3m/sec 일 때 2점법으로 구한 평균유속은?

① 0.43m/sec

② 0.42m/sec

③ 0.40m/sec

④ 0.39m/sec

해설

$$V_m = \frac{1}{2}(0.5 + 0.3) = 0.4\text{m/sec}$$

핵심 03

다음 하천측량에서 표면부자를 사용할 때 표면유속에서 평균유속을 구할 경우 큰 하천에서는 얼마를 곱해주어야 하는가?

① 0.1

② 0.2

③ 0.6

④ 0.9

해설

$$V_m = (0.8 \sim 0.9)V_s$$

여기서, 큰 하천 0.9, 작은 하천 0.8

핵심 04

수면으로부터 수심의 20%, 40%, 60%, 80%인 지점의 유속을 측정하였더니 각각 1.00m/sec, 1.20m/sec, 0.80m/sec, 0.40m/sec 이었다. 이 경우 3점법으로 계산한 유속[m/sec]은?

① 0.70

② 0.75

③ 0.80

④ 0.85

해설

3점법에 의한 평균유속

$$V_m = \frac{1}{4}(V_{0.2} + 2V_{0.6} + V_{0.8})$$

$$= \frac{1}{4}(1.0 + 2 \times 0.8 + 0.4) = 0.75\text{m/sec}$$

핵심 05

다음 중 하천측량에서 유속측정은 횡단면에 연직한 선 내에서 평균유속을 구하기 위한 방법인데 다음 설명 중 옳지 않은 것은?

① 1점법은 수면에서 $\frac{6}{10}$ 되는 곳의 유속($V_{0.6}$)을 평균유속으로 취한다.

② 2점법은 수면에서 $\frac{2}{10}$, $\frac{6}{10}$ 되는 곳의 유속($V_{0.2}$, $V_{0.6}$)를 산술평균하여 평균유속으로 취한다.

③ 3점법은 수면에서 $\frac{2}{10}$, $\frac{6}{10}$, $\frac{8}{10}$ 되는 곳의 유속($V_{0.2}$, $V_{0.6}$, $V_{0.8}$)를 산술평균하여 평균유속으로 취한다.

④ 4점법은 $\frac{1}{5}\left\{(V_{0.2} + V_{0.4} + V_{0.6} + V_{0.8}) + \frac{1}{2}\left(V_{0.2} + \frac{V_{0.8}}{2}\right)\right\}$로 계산하여 평균유속을 취한다.

해설

2점법에 의한 평균유속

수면에서 $\frac{2}{10}$, $\frac{8}{10}$ 되는 곳의 유속을 산술평균한다.

$$V_m = \frac{1}{2}(V_{0.2} + V_{0.8})$$

정답 01 ③   02 ③   03 ④   04 ②   05 ②

06 다음 중 유속측정에서 부자를 사용할 때 직류부의 유하거리는 어느 것이 가장 적당한가?

① 수면 폭의 1~2배 　　② 수면 폭의 2~3배

③ 하천 폭의 1~2배 　　④ 하천 폭의 2~3배

> [해설]
>
> 직류부의 길이
> 하천폭의 2~3배, 30~200m 정도

 07 수면으로부터 수심의 20%, 40%, 60%, 80% 되는 곳에서 측정한 유속 값이 각각 0.46, 0.54, 0.48, 0.38 m/sec일 때, 2점법으로 구한 평균 유속[m/sec]은?

① 0.42 　　② 0.45

③ 0.48 　　④ 0.51

> [해설]
>
> 2점법에 의한 평균 유속은
> $$= \frac{0.46 + 0.38}{2} = 0.42 \, \text{m/sec}$$

 08 하천의 평균유속을 구하는데 수면 깊이가 0.2, 0.4, 0.6, 0.8인 지점의 유속이 각각 0.54, 0.51, 0.46, 0.40m/sec일 때 1점법에 의한 평균 유속은?

① 0.44m/sec 　　② 0.45m/sec

③ 0.46m/sec 　　④ 0.47m/sec

> [해설]
>
> 1점법
> (1) $V_m = V_{0.6}$
> (2) 수심 0.6 지점의 유속이 곧 평균유속이다.

핵심 09

최대 수심 4m의 하천에서 깊이를 변화시켜 유속관측을 하였다. 3점법에 의해서 유속을 구하면?

수심(m)	0.0	0.4	0.8	1.2	1.6	2.0
유속(m/s)	3.0	4.2	4.0	5.4	4.9	4.3

수심(m)	2.4	2.8	3.2	3.6	4.0
유속(m/s)	5.0	3.3	3.6	1.9	1.2

① 4.4m/s

② 4.8m/s

③ 5.1m/s

④ 5.4m/s

[해설]

전체수심이 4m이므로

$V_{0.2}$ (4×0.2=0.8m인 곳의 유속)=4.0m/s

$V_{0.6}$ (4×0.6=2.4m인 곳의 유속)=5.0m/s

$V_{0.8}$ (4×0.8=3.2m인 곳의 유속)=3.6m/s

$$\therefore \ V_m = \frac{1}{4}(V_{0.2}+2V_{0.6}+V_{0.8}) = \frac{1}{4}(4.0+2\times5.0+3.6) = 4.4 \ \text{m/sec}$$

핵심 10

다음 부자(float)에 의한 유속측정 방법 중 적절치 못한 것은?

① 부자에는 표면부자, 이중부자, 봉부자 등이 있다.

② 표면부자를 사용할 때 낮고 작은 하천에서의 평균 유속은 표면유속의 약 80% 정도이다.

③ 표면유속과 평균유속의 비는 일정하지 않다.

④ 이중부자 사용 시 수중부자는 대략 수면으로부터 수심의 약 3/5인 지점에 설치한다.

[해설]

(1) 이중부자 사용 시 수중부자는 대략 수면으로부터 수심의 3/5인 지점에 설치한다.

(2) 표면유속과 평균유속의 비는 일정하다.

핵심 11

다음 중 하천의 유속을 설명한 것 중 알맞은 것은?

① 하천의 유속은 수면보다 20% 아래 중앙부가 가장 빠르다.

② 하천의 유속은 수면보다 40% 아래 중앙부가 가장 빠르다.

③ 하천의 유속은 수면보다 50% 아래 중앙부가 가장 빠르다.

④ 하천의 유속은 수면 바로 아래 부분이 가장 빠르다.

해설

하천의 유속

(1) 최대유속 : 0.2H (수면으로부터 20% 지점)

(2) 최소유속 : 1.0H (수면으로부터 100% 지점)

(3) 평균유속 : 0.6H (수면으로부터 60% 지점)

핵심 12

하천 측량에서 평균 유속을 구하기 위해 그림과 같이 깊이에 따른 유속을 관측하였을 때, 다음 설명으로 옳지 않은 것은?

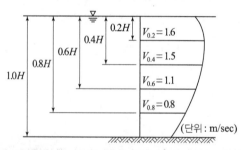

(단위 : m/sec)

① 1점법에 의한 평균 유속은 1.1m/sec이다.

② 3점법에 의한 평균 유속은 1.4m/sec이다.

③ 1점법, 2점법, 3점법 중 2점법에 의한 평균 유속이 가장 크다.

④ 2점법은 $V_{0.2}$ 와 $V_{0.8}$ 유속의 평균으로 구한다.

해설

1점법 평균유속 $= 1.1$m/sec

2점법 평균유속 $= \dfrac{1}{2}(V_{0.2} + V_{0.8}) = 1.2$m/sec

3점법 평균유속 $= \dfrac{1}{4}(V_{0.2} + 2V_{0.6} + V_{0.8})$

$\qquad\qquad\qquad = \dfrac{1}{4}(1.6 + 2.2 + 0.8) = 1.15$

정답 11 ① 12 ②

⑤ 유량측정

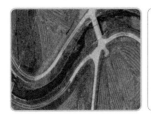

하천의 유속 및 유량측정 원리는 간단하지만 유속이 종, 횡방향으로 변하면서 하상구배도 일정치 않기 때문에 힘든 작업이다.

※ 공무원 시험에는 다음 관계를 반드시 숙지해야 한다.

① 유량(Q)$= \sum A_i V_i$ ② 유량곡선   ③ 유량측정의 방법

1. 유량 계산

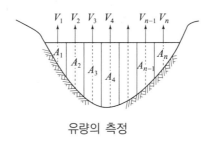

유량의 측정

하천의 유수단면적을 일정한 간격을 가진 n개로 분할하면 그 각각의 단면적과 평균 유속은 A_i, V_i가 되므로 전유량(Q)은 다음과 같다.

$$Q = A_1 V_1 + A_2 V_2 + \ldots + A_n V_n = \sum A_i V_i$$

2. 유량곡선으로부터 유량을 구하는 방법

① 어떤 한 지점에서 여러 가지 수위일 때 유량을 측정하면 이 것에 의하여 수위 – 유량의 관계를 옆의 그림처럼 나타낸 것이 수위 – 유량곡선이다.

② 홍수 시에는 같은 수위라도 감수 시 보다는 증수 시가 훨씬 더 유량이 많음을 알 수 있다.

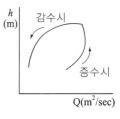

수위 유량 곡선

③ 곡선의 기본식

$$Q = a + bh + ch^2 = k(h+z)^2$$

여기서, a, b, c, k : 계수, h : 수위, z : 수위표의 O위치와 하저의 차이

3. 위어(weir)에 의한 유량 측정

(1) 위어(weir)

상류의 흐름을 상승시킴과 동시에 그 자체 위를 통해서 수류가 흐르도록 수로에 설치한 장애물로 유량을 측정하는 장치이다.

(2) 위어는 작은 하천이나 수로에 설치해서 유량을 구한다.

(3) 모양에 따른 위어의 분류

① 광정 위어 : 위어의 정부(頂部)가 흐름의 방향으로 상당한 길이를 갖는 위어

② 예연 위어 : 위어의 정부(頂部)가 흐름의 방향으로 날카로운 칼날모양을 갖는 위어로 월류수맥이 안전하고 월류수심의 측정이 용이하므로 널리 사용된다.

3. 유량측정의 방법

유속계를 사용하는 방법	정확하므로 큰 하천의 유량측정에 이용
부자를 사용하는 방법	유속이 대단히 빠른 상태(홍수 시…)의 유량측정에 이용되며 정도는 낮다.
수면구배를 측정하는 방법	수면구배(I)의 측정정도나 계수를 구하는 방법에 따라 정도가 달라진다.
간접유량 측정법	강우량, 지질, 지형 등을 고려하여 하천의 유출량을 추정하는 방법

KEY

◉ 하천유량을 간접적으로 알기 위해 평균유속을 사용하는 경우 반드시 알아두어야 할 사항

1. 수면경사
2. 조도계수
3. 단면적
4. 윤변

핵심 01 다음 중 유량측정 장소로서 적합하지 않은 것은?

① 수류가 급격 또는 완만하지 않는 곳

② 유심의 이동, 하상의 변동이 적은 곳

③ 잠류 역류 또는 유수변화가 있는 곳

④ 상·하류 약 100m 정도의 직선인 장소일 것

> 해설
>
> 유량 측정 장소 선정 시 고려할 사항
> (1) 하상과 하안이 안전하고 세굴이나 퇴적이 생기지 않는 장소일 것
> (2) 상·하류 약 100m 정도의 직선인 장소일 것.
> (3) 잠류 역류 또는 유수변화가 없는 곳

핵심 02 다음 중 하천의 유량을 간접적으로 알아내는데 평균 유속공식을 사용할 경우 반드시 알아야 할 사항은?

① 수면구배, 조도계수, 유속, 경심

② 수면구배, 조도계수, 단면적, 윤변

③ 단면적, 하상구배, 윤변, 경심

④ 유속, 조도계수, 윤변, 경심

> 해설
>
> $Q = AV$에서 Manning의 유속 공식 $V = \dfrac{1}{n} R^{\frac{2}{3}} I^{\frac{1}{2}}$
>
> 여기서, $R(경심) = \dfrac{유적(A)}{윤변(S)}$, $I(동수경사) = \dfrac{h}{L}$

정답 01 ③   02 ②

03 하천의 유수 단면적이 20m² 인 지점에서 수면으로부터 수심의 $\frac{2}{10}$, $\frac{6}{10}$, $\frac{8}{10}$ 되는 곳의 유속을 측정한 결과 각각 3m/sec, 1.5m/sec, 1m/sec였다. 이 지점의 유량은? (단, 하천의 평균 유속은 2점법을사용하여 구한다.)

① $20\text{cm}^3/\text{sec}$

② $30\text{m}^3/\text{sec}$

③ $40\text{m}^3/\text{sec}$

④ $50\text{m}^3/\text{sec}$

해설

2점법

$$V_m = \frac{1}{2}(V_{0.2} + V_{0.8}) = \frac{1}{2}(3+1) = 2\text{m/sec}$$

유량 $Q = AV = 20 \times 2 = 40\text{m}^3/\text{sec}$

04 다음 하천측량 시 하상구배를 구하려 한다. 가장 적당한 것은?

① 하천의 중심지를 따라 하상을 측량하고 구배를 정한다.

② 각 단면도에 가장 깊은 곳을 따라 이것을 하상구배로 한다.

③ 수심측량에 의하여 구배를 정한다.

④ 수심구배에 의하여 구배를 정한다.

해설

하상구배

(1) 하천의 가장 깊은 곳을 연결한 선의 경사도

(2) 각 종, 횡단면도를 그려 가장 깊은 곳을 따라 하상구배로 한다.

05 다음 중 하천의 유량(Q) 측정공식은 다음 중 어느 것인가?

① $Q = A \cdot V$

② $Q = \frac{A}{V}$

③ $Q = \frac{V}{A}$

④ $Q = A \cdot V^2$

해설

(1) 연속방정식 $Q = A \cdot V$

(2) 유량은 단면적에 유속을 곱하여 구한다.

06

다음 중 하천의 유량 관측에서 급경사여서 유속계를 사용할 수 없을 때 현장에서 유속을 실측하여 유량을 계산하는 것은?

① 위어에 의한 유량관측

② 유량 곡선에 의한 유량관측

③ 부자에 의한 유량관측

④ 하천 기울기를 이용한 유량관측

부자에 의한 유량관측

(1) 유속이 빨라서(홍수, 급경사 등) 유속계를 이용할 수 없을 때

(2) 기타 설비가 없을 때는 부자를 떠내려 보내 유속을 실측하는 방법

 07

다음은 유량을 측정하는 장소를 선정하는데 필요한 사항에 대하여 설명하였다. 이 중 적당하지 않은 것은?

① 측수작업이 쉽고 하저의 변화가 없는 곳

② 비교적 유신이 직선이고 갈수류가 있는 곳

③ 잠류, 역류가 없고 유수의 상태가 균일한 곳

④ 윤변의 성질이 균일하고 상, 하류를 통하여 횡단면의 형상이 차가 없는 곳

유량 측정 장소

(1) 비교적 유신이 직선이고 갈수류가 없는 곳

(2) 상·하류 약 100m 정도의 직선인 장소로 횡단면의 형상의 차가 없는 곳

(3) 잠류, 역류가 없고 유수의 상태가 균일한 곳

핵심 08 **다음 중 하천 만곡부의 수면경사를 측정할 때 가장 주의할 사항은?**

① 측정은 반드시 양안에서 하고 그 평균을 가장 중심의 수면으로 본다.

② 시시각각 수면경사가 변하므로 많은 사람을 써서 동시에 많은 양수표의 읽음
을 취한다.

③ 만곡부 하천중심의 길이는 측정하기 곤란하므로 특히 주의하여 정확히 측정
한다.

④ 수면경사 측정에는 반드시 하천의 동일 측안에서 관측한 값에 기준하여 계산
한다.

하천 만곡부

(1) 2단으로 양단의 수위차가 있다.

(2) 수면경사를 측정시 반드시 양안에서 측정하여 평균값을 얻어야 한다.

출제예상문제

★☆☆
01 다음 중 해상에서의 위치 결정방법이 아닌 것은?

① 천문항법
② 전자항법
③ 삼각항법
④ 음향항법

해상위치 결정방법
천문항법, 전자항법, 음향항법 등이 있다.

★★☆
02 다음 중 육분의에 대한 설명 중 부적절한 것은?

① 선체에서 수평각 연직각 및 경사각을 신속하게 측정할 수 있다.
② 천체관측, 항만 공사에서 선상위치를 측정할 수 있다.
③ 곡선 설정 등 지상의 측각에도 많이 이용한다.
④ 동요선체상에서도 정밀한 측각이 되므로 수상 측량에 사용한다.

육분의
(1) 2점간의 각도를 재는 휴대용 기계
(2) 하천, 항만의 심천측량, 선박이나 항공기 위에서 천체관측을 통해 경·위도 등 측정

★★☆

03 다음 중 하천측량을 행할 때 평면측량의 범위 및 거리에 대한 설명 중 옳지 않은 것은?

① 유제부에서의 측량범위는 제외지 300m 이내로 한다.
② 무제부에서의 측량범위는 홍수가 영향을 주는 구역보다 약간 넓게 한다.
③ 선박운행을 위한 하천개수가 목적일 때 하류는 하구까지로 한다.
④ 홍수방지공사가 목적인 하천공사에서는 하구에서부터 상류의 홍수피해가 미치는 지점까지로 한다.

> [해설]
>
> 하천측량의 평면위치
> 유제부에서의 측량범위는 제외지 전지역과 제내지 300m 이내로 한다.

★☆☆

04 다음 중 하천측량을 실시하는 가장 주된 목적은?

① 하천의 유량, 수위, 구배, 단면 등을 알기 위하여
② 평면도 및 종횡 단면도를 작성하기 위하여
③ 하천의 계획과 정비를 위한 각종 공사의 설계 및 시공에 필요한 자료를 얻기 위하여
④ 하천공사의 공사비용 산출하기 위하여

> [해설]
>
> 하천측량의 목적
> 하천의 계획과 정비를 위한 각종 공사의 설계 및 시공에 필요한 자료를 얻기 위하여, 하천의 형상, 수위, 심천, 구배, 단면 등을 측정하여 하천의 평면도 및 종·횡단면도를 작성한다.

★★★
05

다음 중 하천, 항만, 해안측량 등에서 심천측량을 할 때 측점에 숫자로 기입하여 고저를 표시하는 방법 중 옳은 것은?

① 심프슨법　　　　② 점고법
③ 영선법　　　　　④ 등고선법

> **[해설]**
>
> 점고법
> 하천, 항만, 해양측정 등에서 심천측량을 한 측점에 숫자를 기입하여 고저를 표시하는 방법

★☆☆
06

다음 중 하천측량 작업을 크게 나눈 3종류에 해당되지 않는 측량은?

① 심천측량　　　　② 유량측량
③ 수준측량　　　　④ 평면측량

> **[해설]**
>
> 하천측량의 종류
> (1) 평면측량 : 골조측량과 세부측량
> (2) 수준측량 : 종·횡단 수준측량을 실시하여 지상 및 지하저의 높이 측정
> (3) 유량측량 : 각 관측점에서 수위관측, 유속관측, 심천측량을 행하여 유량을 계산하고 유량곡선을 작성

★★★
07

다음 중 하천 측량에 사용되는 삼각망으로 적합한 것은?

① 격자형 삼각망　　② 유심 삼각망
③ 사변형 삼각망　　④ 단열 삼각망

> **[해설]**
>
> 하천측량은 길고 좁은 지역의 측량에는 단열 삼각망을 사용하면 좋다.

정답　03 ①　　04 ③　　05 ②　　06 ①　　07 ④

08 ★★☆

다음 중 하천측량에서 종단면도의 축척은?

① 횡축척 1/10,000, 종축척 1/1,000
② 횡축척 1/1,000, 종축척 1/100
③ 횡축척 1/5,000, 종축척 1/500
④ 횡축척 1/5,000, 종축척 1/100

해설

하천 종단면도의 축척은 종 1/100, 횡 1/1,000로 한다.

09 ★★☆

다음 중 하천의 수애선을 결정하는 수위는?

① 갈수위에 가까운 동시수위
② 저수위에 가까운 동시수위
③ 평균 평수위에 가까운 동시수위
④ 평균 고수위에 가까운 동시수위

해설

수애선(물가선)
수면과 하안과의 경계선을 수애선이라 한다.
(1) 평수위일 때의 물가선
(2) 평수위에 가까운 수위일 때 다수의 인원으로 동시에 수애에 따라 말뚝을 박고 횡단측량을 실시하여 수애선을 결정한다.

10 ★★★

다음 중 하천의 수애선은 어떤 수위에 의하여 정해지는가?

① 평수위   ② 저수위
③ 갈수위   ④ 고수위

수애선
평수위 시 수면과 하안과의 경계선을 말한다.

다음 중 하천의 세부측량 시 평면도의 축척은 하천의 규모 도면의 사용목적에 따라 다르겠으나 하폭 50m 이하일 때 표준은?

① 1/5,000   ② 1/2,500

③ 1/2,000   ④ 1/1,000

> **해설**
>
> 평면도의 축척
> (1) 일반적으로 1/2,500로 한다.
> (2) 하천의 폭이 50m 이하일 경우는 1/1,000로 한다.

12

다음 중 하천을 횡단할 때 가장 정밀한 수준측량을 할 수 있는 방법은?

① 기압수준측량

② 원격측정

③ 평판측량과 스타디아(stadia)측량을 병용하는 경우

④ 교호수준측량

> **해설**
>
> 교호수준측량
> 하천을 횡단할 때 실시하면 오차를 서로 상쇄시켜 정밀한 측정값을 얻을 수 있다.

다음 중 하천의 수심 및 유수부분의 하저상황을 조사하고 횡단면도를 제작하는 측량은?

① 평면측량   ② 심천측량

③ 수중측량   ④ 유량측량

> **해설**
>
> 심천측량
> 횡단면도를 제작하기 위해 하천의 수심 및 유수부분의 하저상황을 조사하고 측량한다.

★★☆

14

다음 중 하천 측량에 있어서 하상구배를 구하려 할 때 가장 적당한 것은?

① 각 단면도의 가장 깊은 곳을 따라 이것을 하상구배로 한다.

② 하천의 중심선을 따라 하상을 측량하고 구배를 정한다.

③ 심천측량에 의하여 구배를 정한다.

④ 수면구배에 의하여 구배를 정한다.

[해설]

하천에서 물의 흐름은 가장 낮은(깊은) 곳을 따라 흐르므로 각 단면도의 가장 깊은 곳을 따라 결정한다.

★★☆

15

다음 하천측량에서 부자에 의해 유속측정을 하고자 한다. 작은 하천에서 제1측정단면과 제2측정단면간의 적당한 거리는?

① 200~500m

② 100~200m

③ 50~100m

④ 20~50m

[해설]

부자의 유하거리(L)

(1) 큰 하천 L=100~200m

(2) 작은 하천 L=20~50m

★★★

16

다음 중 하천측량에서 표면부자를 사용할 때 표면유속에서 평균유속을 구하고자 한다. 작은 하천의 평균유속 비는?

① 0.1

② 0.2

③ 0.8

④ 0.9

[해설]

표면부자를 사용한 평균유속

(1) 큰 하천 : $0.9V_S$

(2) 작은 하천 : $0.8V_S$

17 ★★☆

다음 중 하천 수위 관측소의 설치장소 중 틀린 곳은?

① 수위가 교각이나 구조물에 의한 영향을 받는 곳일 것

② 유수의 크기가 크지 않는 곳일 것

③ 잔류, 역류 및 저수위가 없는 곳일 것

④ 하상과 하안이 안전하고 퇴적이 생기지 않는 곳일 것

해설

수위관측소 장소

(1) 상하류의 상당한 범위까지 하안과 하상이 안전하고 세굴이나 퇴적이 되지 않아야 한다.

(2) 상하류의 길이 약 100m 정도는 직선이어야 하고 유속의 크기가 크지 않아야 한다.

(3) 수위를 관측 시 교각이나 기타 구조물에 의하여 수위에 영향을 받지 않아야 한다.

(4) 홍수 시 관측소가 유실, 이동 및 파손 염려가 없는 곳이어야 한다.

(5) 평시는 홍수 때보다 수위표를 쉽게 읽을 수 있는 곳이어야 한다.

(6) 지천의 합류점 및 분류점으로 수위의 변화가 생기지 않는 곳이어야 한다.

18 ★★★

다음은 하천측량에 관한 설명이다. 이 중 틀린 것은?

① 수심이 깊고, 유속이 빠른 장소에는 음향 측심기와 수압측정기를 사용하며 음향 측심기는 30m 깊이를 0.5% 정도의 오차로 측정이 가능하다.

② 1점법에 의한 평균유속은 수면으로부터 수심 0.6H 되는 곳의 유속을 말하며, 5% 정도의 오차가 발생한다.

③ 평면 측량의 범위는 유제부에서 제내지의 전부와 제외지의 300m 정도, 무제부에서는 홍수가 영향을 주는 구역보다 약간 넓게 측량한다.

④ 하천 측량의 목적은 하천공작물의 계획, 설계, 시공에 필요한 자료를 얻기 위해서이다.

해설

평면측량의 범위

(1) 유제부에서 제외지 전부와 제내지 300m 정도

(2) 무제부에서는 홍수가 영향을 주는 구역보다 약간 넓게(약 100m 정도) 측량한다.

★★★

19

다음 중 하폭이 크고 홍수 시 평균 유속측정에 가장 적합한 방법은?

① 표면부자에 의한 측정　　② 수중부자에 의한 측정

③ 막대부자에 의한 측정　　④ 유속계에 의한 측정

해설

홍수시의 유속측정

(1) 표면유속 : 표면부자　　(2) 평균유속 : 막대부자

★★★

20

다음 중 하천측량의 설명 중 틀린 것은?

① 평수위는 평상시의 수위를 평균한 값이다.

② 평면측량의 범위는 무제부에서 홍수가 영향을 주는 구역보다 넓게 한다.

③ 하천 폭이 넓고 수심이 깊은 경우 배에 의해 수심을 잴 수 있다.

④ 평균수위는 어떤 기간의 관측수위를 합계하여 관측횟수로 나누어 평균값을 구한 것이다.

해설

(1) 평균수위

　　어떤 기간의 관측수위를 합계하여 관측회수로 나누어 평균값을 구한 값

(2) 평수위

　　어떤 기간에 있어서의 수위 중 이것보다 높은 수위와 낮은 수위의 관측횟수가 똑같은 수위로 평균수위보다 약간 낮다.

★★☆

21

다음 부자(Float)에 의해 유속을 측정하고자 할 때 측정 지점 제1단면과 제2단면간의 거리는 대략 얼마가 좋은가? (단, 큰 하천의 경우)

① 50m 이내　　　　② 100m 이내

③ 100~200m　　　　④ 200~300m

해설

부자에 의한 유속 측정시 제1단면과 2단면 사이의 거리

(1) 큰 하천 : 100~200m　　(2) 작은 하천 : 20~50m

22
★★★

다음 중 유량계산 방법 중 홍수시의 유량계산에 적당한 방법은?

① 하천구배에 의한 방법　　② 유량곡선에 의한 방법

③ 평균단면적에 의한 방법　　④ 계산에 의한 방법

홍수 시 유량계산
홍수시에는 같은 수위라도 감수시보다 증수시가 훨씬 더 유량이 많다.

23
★★★

다음 중 하천측량에 대한 설명 중 틀린 것은 어느 것인가?

① 평균유속 계산식은 $V_m = V_{0.6}$, $V_m = \frac{1}{2}(V_{0.2} + V_{0.8})$,
　$V_m = \frac{1}{4}(V_{0.2} + 2V_{0.6} + V_{0.8})$

② 하천기울기를 이용한 유량은 $V_m = C\sqrt{RI}$, $V_m = \frac{1}{n}R^{\frac{2}{3}}I^{\frac{1}{2}}$ 공식을 이용
　하여 구한다.

③ 유속측정에 이용되는 부자는 표면부자, 2중부자, 봉부자 등이 있다.

④ 하천 구조물의 계획, 설계, 시공에 필요한 자료는 반드시 하천측량을 통해
　서만이 얻을 수 있다.

하천계획에 필요한 자료는 반드시 하천측량을 통해서만이 얻는 것은 아니다.

24
★★☆

부자(Float)를 통해 유속을 측정하고자 한다. 투하 후 약 몇 초 후에 제1측정 단
면에 도달할 수 있도록 투하장소를 결정하여야 하는가?

① 10초　　　　　　　② 20초

③ 1분　　　　　　　④ 1분 20초

부자에 의한 유속관측
(1) 직류부에서 실시하며 직류부의 길이는 하폭의 2~3배, 30~200m로 한다.
(2) 투하지점에서 제1측정단면에 도달하는 시간은 약 20~30초 정도 소요되는 위치
(3) 시준선은 유심에 직각일 것

★★☆

25

다음 중 해양측지에서 간출암 높이 및 해저수심의 기준이 되는 면은 어느 것인가?

① 약 최고고저면 　　　　　② 약 최저저조면

③ 수애면 　　　　　　　　④ 평균중등수위면

★★★

26

그림과 같이 봉부자로 유속을 측정하고자 한다. 상하류 횡단면의 유하거리가 200m, 유하시간은 1분 40초일 때 유속은 얼마인가?

① 1.5m/sec

② 1.9m/sec

③ 2.0m/sec

④ 4.0m/sec

> 해설

$$V = \frac{l}{t} = \frac{200}{100} = 2.0\,\mathrm{m/sec}$$

★★★

27

다음 중 홍수 시에 매시간 수위를 관측하는 수위는?

① 경계수위 　　　　　　　② 지정수위

③ 통보수위 　　　　　　　④ 평수위

> 해설

(1) 경계수위 : 수방요원의 출동을 필요로 하는 수위

(2) 지정수위 : 홍수 시에 매시 수위를 관측하는 수위

(3) 통보수위 : 지정된 통보를 개시하는 수위

28 ★★★

다음 중 갈수위에 대한 설명으로 옳은 것은?

① 1년을 통하여 355일이 이것보다 내려가지 않는 수위
② 1년을 통하여 275일이 이것보다 내려가지 않는 수위
③ 1년을 통하여 185일이 이것보다 내려가지 않는 수위
④ 1년을 통하여 30일이 이것보다 내려가지 않는 수위

【해설】

수위의 종류
(1) 갈수위 : 1년에 355일 이상 이보다 적어지지 않는 수위
(2) 저수위 : 1년에 275일 이상 이보다 적어지지 않는 수위
(3) 평수위 : 1년에 185일 이상 이보다 적어지지 않는 수위
(4) 고수위 : 1년에 2~3회 이상 이보다 적어지지 않는 수위
(5) 홍수위 : 최대수위

29 ★★☆

다음 중 평균유속의 일반적인 위치이다. 맞는 것은?

① 수심의 0.35~0.45 사이   ② 수심의 0.55~0.65 사이
③ 수심의 0.65~0.75 사이   ④ 수심의 0.75~0.85 사이

30 ★★★

다음 중 저수위에 대한 설명으로 옳은 것은?

① 1년을 통하여 355일이 이것보다 내려가지 않는 수위
② 1년을 통하여 275일이 이것보다 내려가지 않는 수위
③ 1년을 통하여 185일이 이것보다 내려가지 않는 수위
④ 1년을 통하여 30일이 이것보다 내려가지 않는 수위

【해설】

이수면에서의 수위
(1) 갈수위 : 1년에 355일 이상 이보다 적어지지 않는 수위
(2) 저수위 : 1년에 275일 이상 이보다 적어지지 않는 수위
(3) 평수위 : 1년에 185일 이상 이보다 적어지지 않는 수위
(4) 고수위 : 1년에 2~3회 이상 이보다 적어지지 않는 수위
(5) 홍수위 : 최대수위

★★★
31

다음은 하천측량에 관한 설명이다. 틀린 것은?

① 수심이 깊고, 유속이 빠른 장소에는 음향 측심기와 수압측정기를 사용하며 음향 측심기는 30m의 깊이를 0.5% 정도의 오차로 측정이 가능하다.
② 1점법에 의한 평균유속은 수면으로부터 수심의 중앙의 유속을 말하며 5% 정도의 오차가 발생한다.
③ 평면 측량의 범위는 유제부에서 제외지의 전부와 제내지의 300m 정도, 무제부에서는 홍수의 영향이 있는 구역보다 약간 넓게 측량한다.
④ 하천 측량은 하천 개수공사나 하천공작물의 계획, 설계, 시공에 필요한 자료를 얻기 위하여 실시한다.

해설

1점법의 평균유속
수심 0.6H 되는 곳의 유속을 말한다.

★★★
32

다음 중 하천의 유속을 설명한 것 중 맞는 것은?

① 하천의 유속은 수면보다 20% 아래 중앙부가 가장 빠르다.
② 하천의 유속은 수면 30% 아래 가장자리가 가장 빠르다.
③ 하천의 유속은 수면 50% 아래의 중앙부가 가장 빠르다.
④ 하천의 유속은 수면하가 가장 빠르다.

해설

하천의 최대유속
수면보다 20% 아래 중앙부가 가장 빠르다.

33
★★★

하천 유속 측정에서 수면부터 0.2h, 0.4h, 0.6h, 0.8h 깊이에서의 유속이 각각 0.56m/sec, 0.51m /sec, 0.45m/sec, 0.38m/sec이었다. 2점법에 의한 평균 유속은?

① 0.35m/sec   ② 0.45m/sec

③ 0.56m/sec   ④ 0.47m/sec

[해설]

2점법

$$V_m = \frac{1}{2}(V_{02} + V_{0.8}) = \frac{1}{2}(0.56 + 0.38) = 0.47\text{m/sec}$$

34
★★★

하천의 평균유속을 구하기 위하여 수면으로부터 2/10, 6/10, 8/10 되는 곳의 유속을 측정하였더니 0.54m/sec, 0.67m/sec, 0.59m/sec이었다. 이때 3점법에 의하여 산출한 평균유속은 얼마인가?

① 0.618m/sec   ② 0.565m/sec

③ 0.605m/sec   ④ 0.518m/sec

[해설]

$$V_m = \frac{1}{4}(V_{0.2} + 2V_{0.6} + V_{0.8}) = \frac{1}{4}(0.54 + 2 \times 0.67 + 0.59) = 0.618\text{m/sec}$$

35
★★☆

다음 하천의 평균유속을 구할 때 횡단면의 연직선내에서 어떤 점이 가장 적합한 것은?

① 수저에서 수심의 2/10 되는 곳

② 수저에서 수심의 4/10 되는 곳

③ 수저에서 수심의 6/10 되는 곳

④ 수저에서 수심의 8/10 되는 곳

[해설]

하천의 평균유속

수면에서부터 0.6H이므로, 수저에서는 0.4H가 된다.

★★☆
36

다음 중 유량 측정 장소의 선정이 잘못된 것은?

① 유수방향이 최대방향과 정방향인 곳
② 교량 그 밖의 구조물에 의한 영향을 받지 않는 곳
③ 합류에 의하여 불규칙한 영향을 받지 않는 곳
④ 와류와 역류가 생기지 않는 곳

해설

유량측정 시 유수방향
최대방향과 반대방향인 곳

★★★
37

하천의 유속측정에서 수면으로부터 0.2h, 0.6h, 0.8h 깊이의 유속이 각각 0.625, 0.564, 0.382m/sec일 때 3점법에 의한 평균유속은?

① 0.49m/sec
② 0.50m/sec
③ 0.51m/sec
④ 0.53m/sec

해설

$$V_m = \frac{1}{4}(V_{0.2} + 2V_{0.6} + V_{0.8}) = \frac{1}{4}(0.625 + 2 \times 0.564 + 0.382) = 0.534\,\text{m/sec}$$

★☆☆
38

하천의 직류부를 선정하여 부자에 의한 유속관측을 실시할 경우 직류부의 길이는?

① 하폭의 8~9배
② 하폭의 4~5배
③ 하폭의 6~7배
④ 하폭의 2~3배

해설

부자에 의한 유속관측 시 직류부의 길이는 하폭의 2~3배, 30~200m 정도로 한다.

39
★★☆

하천의 유속측정에 있어서 수면깊이가 0.2h, 0.6h, 0.8h인 지점의 유속이 0.562m/sec, 0.497m/sec, 0.364m/sec일 때 평균유속이 0.463m/sec였다. 이 평균유속을 구한 방법 중 옳은 것은?

① 2점법   ② 3점법

③ 4점법   ④ 평균유속법

> **해설**
>
> 평균유속 측정법
>
> (1) 1점법 : $V_{0.6} = 0.497\,\mathrm{m/sec}$
>
> (2) 2점법 : $\dfrac{1}{2}(V_{0.2} + V_{0.8}) = \dfrac{1}{2}(0.562 + 0.364) = 0.463\,\mathrm{m/sec}$
>
> (3) 3점법 : $\dfrac{1}{4}(V_{0.2} + 2V_{0.6} + V_{0.8}) = \dfrac{1}{4}(0.562 + 2 \times 0.497 + 0.364) = 0.48\,\mathrm{m/sec}$
>
> 이 세 방법 중 3점법이 실제유속에 가장 근접하고 일점법은 수심이 얕은 경우 많이 사용된다.

40
★★★

다음 평균유속 측정방법 중 3점법은 다음 어느 지점의 유속을 사용하는가?

① 수면에서 0.1h, 0.4h, 0.9h 깊이의 지점 유속

② 수면에서 0.1h, 0.4h, 0.8h 깊이의 지점 유속

③ 수면에서 0.2h, 0.4h, 0.8h 깊이의 지점 유속

④ 수면에서 0.2h, 0.6h, 0.8h 깊이의 지점 유속

> **해설**
>
> 3점법 : $\dfrac{1}{4}(V_{0.2} + 2V_{0.6} + V_{0.8})$

41
★☆☆

하천의 평면측량에서 삼각망의 구성 중 대삼각의 내각은 얼마이면 좋은가?

① 40~100°   ② 30~100°

③ 20~80°   ④ 20~30°

> **해설**
>
> (1) 삼각점 : 2~3km마다 설치
>
> (2) 협각 : 40~100°

★★★

42

하천의 수면 기울기를 정하기 위해 200m 간격으로 동시 수위를 측정하여 다음 결과를 얻었다. 이 구간의 평균수면경사는? (단, 표고의 단위는 m임)

① $\dfrac{1}{800}$

② $\dfrac{1}{950}$

③ $\dfrac{1}{1,000}$

④ $\dfrac{1}{11,200}$

측점	표고
1	85.70
2	85.55
3	85.33
4	85.10

해설

$$I = \frac{H}{D} \times 100(\%) = \frac{(85.70 - 85.10)}{200 \times (4-1)} \times 100 = \frac{1}{1,000}$$

★★☆

43

다음 중 하천측량에 대한 다음 설명 중 맞지 않는 것은 어느 것인가?

① 양수표는 하천에 연하여 중요지점에 설치한다.

② 하천의 만곡부의 수면경사를 측정할 때 측정은 반드시 양안에서 하고 그 평균을 가장 중심의 수면으로 본다.

③ 건설부 하천측량의 규정에서 표준으로 하는 종단면도의 축척은 종 1/1,000, 횡 1/100이다.

④ 하천 횡단면 직선내 평균유속을 구하는데 2점법을 사용하는 경우 수저로부터 수심의 2/10, 8/10점의 유속을 측정, 평균한다.

해설

(1) 하천 양안 5km마다 수준기표를 설치한다.

(2) 거리표는 하천좌안을 따라 200m 간격으로 배치한다.

(3) 양수표는 하구부근이나 치수, 이수의 중요지점 등에 설치한다.

(4) 건설부 하천측량의 규정에서 표준으로 하는 종단면도의 축척은 횡단면 1/1,000, 종단면 1/100이다.

10 사진측량

10

사진측량

① 사진측량의 개요

현대 측량의 발달에 전기를 마련한 매우 중요한 단원으로 출제비중도 대단히 높은 단원이다. 사진측량의 정의는 '정량적으로 해석하는 것'에 서 '정량적, 정성적으로 해석한다'

※ 공무원 시험에는 다음 관계를 반드시 숙지해야 한다.

① 사진측량의 장·단점   ② 사진측량의 분류

③ 사진측량의 작업순서

1. 사진측량의 정의

사진 측량(photogrammetry)이란 각종 센서를 이용하여 자연적, 물리적 현상 및 특성을 기록하고, 여기서 획득한 영상을 이용하여 대상물(또는 피사체)에 대하여 정량적 (定量的)·정성적(定性的) 해석하여 물체와 그 주변 환경에 대한 정보를 취득하는 기법을 말한다.

즉 사진측량이란 영상을 이용하여 피사체를 정량적(위치, 형상), 정성적(특성)으로 해석하는 측량이다.

2. 사진측량의 장단점

(1) 장점

① 정량적 및 정성적 측정이 가능

② 동체측정에 의한 보존 이용

③ 정확도가 균일

· 표고(h)의 정밀도 : 촬영고도의 1/10,000~2/10,000

· 평면(X, Y)의 정밀도 : 촬영축척 분모수에 대해 10~30μm

④ 접근하기 어려운 대상물의 측정

⑤ 분업화에 의한 능률성

⑥ 도화기로 축척변경이 용이

⑦ 축척이 작을수록, 넓을수록 경제적

⑧ 4차원 측정이 가능

(2) 단점

① 시설비용이 많이 들고 작은지역의 측정에 부적합

② 피사대상에 대한 식별이 난해

③ 기상조건 및 태양고도 등의 영향을 받음

핵심KEY

◉ **사진측량**

기존의 측량방법과 사진측량의 가장 큰 차이는 시간을 포함하는 4차원 측정이 가능해졌다는 것이다. 따라서 측량의 정의도 정량적인 점의 위치 결정에서 '정량적, 정성적으로 해석할 수 있다'로 바뀌었다.

3. 사진측량의 분류

(1) 촬영방향에 의한 분류

수직사진	광축이 연직선과 ±3° 이내의 경사로 촬영
경사사진	광축이 연직선과 ±3° 이상의 경사로 촬영
수평사진	광축이 수평선과 거의 일치하도록 촬영

(2) 측정방법에 의한 분류

항공사진	지상의 표정점을 항공기에서 촬영하여 촬영지역을 정량적, 정성적으로 해석하는 측량으로 후방교회법과 비슷하다.
지상사진	지상의 2점에서 카메라를 설치하여 피사체를 촬영하여 해석하며 전방교회법과 비슷하다.
수중사진	수중 카메라로 얻어진 영상을 사용하여 수중자원 및 환경 등을 조사하는 것이다.
원격탐측 (remote sensing)	가시광선, 적외선, 자외선 등 광역파장을 특성별로 기록하여 사진을 전산처리함으로써 피사체를 해석하는 방법이다.

(3) 축척에 의한 분류

대축척 도화	저공촬영(촬영고도 800m 이내)에 의하여 얻어진 사진을 도화
중축척 도화	촬영고도 800~3,000m에서 촬영된 사진을 도화
소축척 도화	촬영고도 3,000m 이상에서 촬영된 사진을 도화

(4) 사용 카메라에 의한 분류

종류	렌즈	렌즈의 화각	f=초점 거리 (mm)	화면의 크기 (cm)	용도
보통각 사진	보통각 렌즈	약 60°	210	18×18	삼림 조사용
광각 사진	광각 렌즈	약 90°	153	23×23	일반 도화, 판독용
초광각 사진	초광각 렌즈	약120°	90	23×23	소축척 도화용

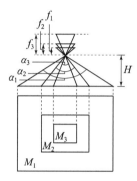

화각에 의한 촬영범위

f_1 : 초광각 카메라의 초점 거리

f_2 : 광각 카메라의 초점 거리

f_3 : 보통각 카메라의 초점 거리

α_1 : 초광각 카메라의 화각

α_2 : 광각 카메라의 화각

α_3 : 보통각 카메라의 화각

M_1 : 초광각 카메라의 촬영 범위

M_2 : 광각 카메라의 촬영 범위

M_3 : 보통각 카메라의 촬영 범위

KEY

◉ 렌즈의 화각에 따른 특징

1. 보통각 사진은 화각이 작다. 따라서 촬영면적도 작고 기복변위도 작다.

2. 초광각 사진은 화각이 넓어 사진 1매에 찍히는 면적도 넓고 기복 변위도 크게 발생한다. 즉, 경제성은 높지만 정밀도가 떨어진다.

3. 따라서, 대부분의 도화 판독용 사진은 정밀도와 경제성을 만족시키는 광각사진을 사용한다.

* $\dfrac{f}{H} = \dfrac{1}{m}$ → H 가 동일할 때 f 가 크면 대축척

다음 사진측량의 특성 중 틀린 것은?

① 분업화에 의한 능률성
② 4차원 측정이 불가능
③ 접근하기 어려운 대상물의 측정
④ 정확도의 균일성

해설

사진측량은 4차원 측정
(1) 4차원 측정 : 3차원 공간의 점(x, y, z)의 시간변화에 따른 점의 위치 추적
(2) 4차원 측정의 예 : 낙석의 추적, 미사일의 위치 추적 등

다음 중 사진측정의 장점과 거리가 가장 먼 것은?

① 촬영 대상물에 대한 식별이 매우 용이하다.
② 넓은 지역에 있어서는 평판측량보다 경제적이다.
③ 실내작업이 많으므로 기상조건에 의해 크게 좌우되지 않는다.
④ 접근하기 어려운 물체도 측정할 수 있다.

해설

사진측량의 단점
(1) 시설비용이 많이 들고 작은 지역의 측정에 부적합
(2) 피사대상에 대한 식별이 난해함(사진에 나타나지 않는 부분, 즉 행정경계, 지명, 건물명, 음영에 의하여 분류하기 힘든 곳 등의 측정은 현장의 작업으로 보완해야 한다)

다음 중 구조물의 변형조사 및 각종 문화재의 정량적 분석과 제작에 이용하기에 적당한 사진측량은?

① 항공사진측량   ② 원격탐측
③ 수치지형모형   ④ 지상사진측량

해설

지상사진
정밀한 수직위치의 측정이 가능

04 항공사진 촬영용 카메라의 종류는 일반적으로 3종이 있는데 이 중 광각(廣角)렌즈의 사각(寫角)은 몇 도인가?

① 60° ② 90°

③ 120° ④ 150°

카메라의 종류

보통각 : 60°, 광각 : 90°, 초광각 : 120°

05 다음 중 항공사진측량과 평판측량을 비교하여 항공사진측량의 장점이 아닌 것은?

① 분업화 되어 작업이 능률적이다.
② 축척변경이 용이하다.
③ 대축척 측량일수록 경비가 더욱 싸다.
④ 동체(動體)측정에 의한 보존 이용이 가능하다.

항공사진측량

촬영면적이 넓은 소축척 측량일수록 경제적이다.

06 지상에 위치한 100m 교량이 항공사진 상에 20mm로 나타났을 때, 이 사진의 축척은?

① 1/500 ② 1/1,000

③ 1/5,000 ④ 1/10,000

$$\frac{1}{m} = \frac{f}{H} = \frac{0.02}{100} = \frac{1}{5,000}$$

핵심 07

다음 중 지도제작에 주로 사용되는 항공사진은?

① 거의 수직사진
② 엄밀 수직사진
③ 지상사진
④ 저경사 사진

해설

(1) 항공사진은 거의 대부분이 수직사진이다.

(2) 수직사진은 광축이 연직선과 ±3° 이내의 경사로 촬영된 사진이다.

핵심 08

다음 설명 중 옳지 않은 것은?

① 사진측량은 축척 변경이 용이하며 4차원 측정이 가능하다.
② 사진측량은 정량적 및 정성적 측량을 할 수 있다.
③ 사진측량은 하천의 흐름, 구조물의 변형, 교통사고, 화재 등 상황을 보존 기록 할 수 있다.
④ 사진측량은 피사대상에 대한 식별이 용이하다.

해설

사진측량은 피사대상에 대한 식별이 난해하다.

핵심 09

다음 중 항공 사진측량에서 같은 높이에서 촬영했을 때 가장 소축척으로 촬영할 수 있는 카메라는 어느 것인가?

① 보통각 카메라
② 광각 카메라
③ 초광각 카메라
④ 이상 모두 같다

해설

축척 $= \dfrac{f}{H}$ 에서 H 가 일정하면 f(초점거리)가 작을수록 소축척이 된다.

∴ 초광각 카메라는 소축척 촬영에 용이하다.

핵심 10

다음은 지상사진측정을 항공사진측정과 비교한 내용이다. 이 중 옳지 않은 것은?

① 항공사진측정은 전방교회법이고 지상사진측정은 후방교회법이다.

② 항공사진은 광각사진이 바람직하고 지상사진은 보통각이 좋다.

③ 항공사진보다 평면 정도는 떨어지나 높이의 정도는 좋다.

④ 지상사진은 수직, 수평사진, 편각수평, 수렴수평 촬영이 되나 항공사진은 수직, 사각사진만 가능하다.

해설

(1) 항공사진측정 : 촬영당시 카메라의 위치를 모르고 촬영된 사진에서 촬영점을 구하는 후방교회법

(2) 지상사진 측정 : 촬영 카메라의 위치 및 촬영방향을 미리 알고 있는 전방교회법

② 사진측량의 특성

항공사진은 주점, 연직점, 등각점의 특수 3점이 있으며 이는 사진을 해석하는 중요한 점들이다. 사진은 중심투영의 원리를 이용하므로 정사투영에 의한 지도와 사진의 상은 서로 다르다.

※ 공무원 시험에는 다음 관계를 반드시 숙지해야 한다.
① 중심투영과 오차
② 항공사진의 특수 3점
③ 항공사진에서 각도는 grade를 많이 사용한다.

1. 중심투영

① 중심투영의 원리 : 항공사진은 피사체인 지형을 렌즈의 광축을 중심으로 하여 평면으로 촬영했으므로 중심투영으로 인한 화상은 지도와 다르다.
② 그림에서 중심투영의 오차는 촬영고도(H)가 높을수록(소축척) 줄어든다.
③ 광축에서 가까우면 크게 나타나고 멀수록 작게 나타난다.

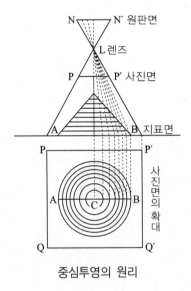

중심투영의 원리

2. 정사투영

지도는 정사투영으로 그려져 있다. 정사투영이란 도면상의 모든 부분이 일정한 축척으로 나타난다. 중심투영에 의한 사진은 그림에서 보듯이 중심에서 가까울수록 정사투영에 가깝고 멀수록 지형의 왜곡현상이 나타난다. 따라서 평지는 지도와 항공사진이 일치하나 비고가 있는 곳에서는 항공사진의 형상은 달라진다.

핵심KEY

◉ **중심투영과 정사투영**

1. 중심투영은 우리의 눈에 보이는 것처럼 상이 나타난다.
2. 중심투영은 사진의 중앙부분은 대축척이고 중심에서 멀수록 소축척이 된다.
3. 정사투영은 도면상의 모든 점이 일정한 축척이다.
4. 중심투영은 항공사진의 기복변위가 발생하지만, 정사투영은 기복변위가 발생되지 않는다.

3. 항공사진의 특수 3점

항공사진의 특수 3점에는 주점, 연직점, 등각점이 있다.

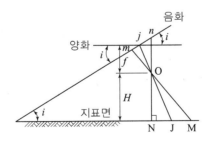

항공사진의 특수 3점

주점	렌즈의 중심에서 사진면에 내린 수선의 발(m)로 사진의 중심점이 된다. 사진 상에서 사진지표 4개를 대각으로 연결한 교차점을 주점으로 정하기도 한다.
연직점	렌즈 중심을 통한 연직축과 사진면과의 교점(n)을 말한다. 그림에서 $mn = f \tan i$
등각점	사진면과 직교하는 광선과 연직선이 이루는 각을 2등분하는 점(j)을 말한다. 그림에서 $mj = f \tan \dfrac{i}{2}$
화면거리	렌즈의 중심에서 화면에 내린 수선의 거리를 말한다. 초점거리라고도 한다.

엄밀 수직사진(사진경사각=0°)에서는 주점, 연직점, 등각점이 일치한다.

핵심 KEY

◉ **화면거리(초점거리)**

사진의 축척$\left(\dfrac{1}{m}\right) = \dfrac{f}{H}$로 나타낸다.

화면거리와 촬영고도가 사진의 축척을 결정할 정도로 중요한 요소임을 알 수 있으며 카메라에 따른 화면거리는 다음과 같다.

1. 보통각 카메라 : 210mm
2. 광각 카메라 : 153mm
3. 초광각 카메라 : 90mm

4. 평면각의 단위

① 일반측량 : 60진법과 호도법

② 군(포병) : mil(milliemes)

③ 유럽 : 100진법(grade)

④ 각 단위의 관계

$$전원 = 360° = 2\pi \text{rad} = 400^g = 6,400\text{miles}$$

$$1^g = 100c(\text{centi-grade}) = 10,000\text{cc} = 0.9° = 54'$$

$$1° = 10/9 \text{ grade} = 160/9\text{miles} = 0.01745\text{rad}$$

$$90° = 100^g = 1,600\text{mils}$$

핵심 01

다음 중 항공사진상은 어떤 원리에 의한 지형지물의 상인가?

① 평형투영　　　　　　② 정사투영

③ 중심투영　　　　　　④ 등적투영

해설

(1) 일반적으로　항공사진 : 중심투영

(2) 지도 : 정사투영

핵심 02

다음 중 주점을 m, 연직점을 n, 등각점을 j라 하고, 화면거리 f는 150mm, 화면의 크기가 23cm×23cm인 수직 공중사진의 경사가 5°일 때 연직점과 등각점간의 화면상 거리는? (단, $\tan\dfrac{5}{2}=0.04$)

① 6.0mm

② 10.0mm

③ 13.0mm

④ 16.0mm

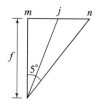

해설

$$mj=nj=f\tan\frac{i}{2}=150\times\tan\frac{5°}{2}=150\times0.04=6\,\mathrm{mm}$$

핵심 03

다음 항공사진의 특수 3점에 해당되지 않는 것은?

① 주점　　　　　　② 연직점

③ 등각점　　　　　　④ 표정점

해설

항공사진의 특수 3점

(1) 주점 : 사진의 중심점으로서 렌즈의 중심으로부터 화면에 내린 수선의 발

(2) 연직점 : 렌즈의 중심을 통한 연직축과 사진면과의 교점

(3) 등각점 : 사진면에 직교되는 광선과 연직선이 이루는 각을 2등분 하는 점

핵심 04 다음 중 사진에서 중심투영의 원리를 이용해 문제를 해결하는 것으로 볼 수 있는 것은?

① 기복변위　　　　　　② 최소노출시간
③ 사진매수　　　　　　④ 표정

 해설

비고에 의한 편위(기복변위)는 중심투영의 원리 때문에 발생한다.
기복변위량은 사진 중심에서 멀수록 크게 발생한다.

핵심 05 다음 중 화면거리의 정의로 옳은 것은?

① 화면과 기준면과의 거리
② 렌즈의 중심으로부터 화면에 내린 수선의 거리
③ 기준면으로부터 렌즈의 중심까지의 거리
④ 사진면에서 기준면에 이르는 거리

 해설

화면거리
렌즈의 중심으로부터 화면에 내린 수선의 거리, 초점거리라고도 한다.

핵심 06 다음 중 0.02mm의 크기(지름)를 판별할 수 있는 광학기계의 해상력은 얼마인가?

① 2.5　　　　　　　　② 4
③ 25　　　　　　　　④ 50

해설

광학기계의 해상력 $= \dfrac{1}{0.02} = 50$

핵심 07

다음 중 사진상의 연직점에 대한 설명으로 옳은 것은?

① 대물렌즈의 중심을 말한다.

② 렌즈의 중심으로부터 사진면에 내린 수선의 발

③ 렌즈의 중심으로부터 지면에 내린 수선의 연장선과 사진면과의 교점

④ 사진면에 직교되는 광선과 연직선이 만나는 점

해설

(1) 주점 : 사진의 중심점으로서 렌즈의 중심으로부터 화면에 내린 수선의 발

(2) 연직점 : 렌즈의 중심을 통한 연직축과 사진면과의 교점

(3) 등각점 : 사진면에 직교되는 광선과 연직선이 이루는 각을 2등분 하는 점

핵심 08

다음 중 초점거리 f=100mm 카메라로 경사각 20° 상태에서 촬영했다면 등각점의 위치는 주점으로부터 어느 정도 떨어져 있는가? (단, $\tan\dfrac{20}{2}=0.18$)

① 14.20mm

② 13.97mm

③ 16.40mm

④ 18.0mm

해설

$$mn = f \cdot \tan\frac{i}{2} = 100 \times \tan\frac{20}{2} = 18.0\text{mm}$$

핵심 09

촬영 기준면에 위치한 길이 100 m인 교량이 항공사진 상에 5 mm의 길이로 나타날 수 있도록 촬영하고자 할 경우 촬영고도(m)는? (단, 사진 측량은 연직촬영이며 카메라의 초점거리는 200 mm이다)

① 2,000

② 3,000

③ 4,000

④ 5,000

해설

축척 $m = \dfrac{0.005}{100} = \dfrac{1}{20,000}$

$\dfrac{1}{m} = \dfrac{f}{H}$

$H = mf = 20,000 \times 0.2 = 4,000\text{m}$

③ 축척과 고도

비고에 따라 촬영고도가 달라지므로 엄밀한 의미에서는 사진 상의 모든 점들은 축척이 다르다고 말할 수 있다. 여기서 사진 축척을 결정하는 요소는 카메라의 초점거리와 촬영고도다.

※ 공무원 시험에는 다음 관계를 반드시 숙지해야 한다.

① 축척 $= \dfrac{\text{초점거리}}{\text{촬영고도}}$

② 축척은 비고가 높은 곳은 대축척, 낮은 곳은 소축척이 된다.

1. 지표면이 평탄할 때

옆의 그림에서 $\triangle OAB$와 $\triangle Oab$는 닮은꼴이므로

$$\frac{\overline{ab}}{\overline{AB}} = \frac{f}{H} = \frac{1}{m} = M$$

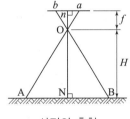

사진의 축척

따라서, $H = mf$

즉, 비행기의 촬영고도는 축척을 정한 후 초점거리를 곱해서 구한다.

여기서, $\dfrac{1}{m} = M$: 사진축척

H : 비행기의 촬영고도

f : 카메라의 초점거리

2. 지표면에 비고가 있을 때

M_A를 A점의 축척, M_B를 B점의 축척, h_1을 A점의 비고, h_2를 B점의 비고라 하면

$$M_A = \frac{f}{H_A} = \frac{f}{H - h_1} = \frac{r_1}{l_1} = \frac{1}{m_A}$$

$$M_B = \frac{f}{H_B} = \frac{f}{H + h_2} = \frac{r_2}{l_2} = \frac{1}{m_B}$$

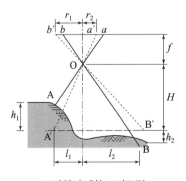

고저차가 있는 지표면

3. 산악지역

비행고도(H)에 대하여 $10\sim20\%$의 비고차($h_1 - h_2$)가 있을 때는 산악지역으로 보고 2단 촬영을 하여 축척을 정하며 산악지역은 종중복도를 $10\sim20\%$ 증가($70\sim80\%$)시켜 사각부를 없앤다.

해설 KEY

◉ **출제문제의 유형**

1. 지표면이 평탄할 때
2. 지표면에 비고가 있을 때
3. 산악지역

◉ **사진의 축척**

1. 사진측량의 문제를 해결하는데 있어 거의 대부분의 문제는 축척과 관련이 있다.
2. 문제를 해결하기 위한 요소들을 직접 주는 문제는 거의 없다.
3. 문제의 유형
   ① 화면거리와 촬영고도를 주고 축척을 구해 다른 문제를 해결하는 문제
   ② 화면거리와 축척을 주고 촬영고도를 구해 다른 문제를 해결하는 문제

실전핵심예제 03 축척과 고도

핵심 01

다음 중 촬영기준면의 표고가 100m인 평지를 사진축척 1/10,000로 촬영한 연직사진의 촬영기준면으로부터의 비행고도는? (단, 카메라의 화면거리는 10cm)

① 1,100m   ② 1,600m

③ 1,700m   ④ 1,800m

해설

$$\frac{1}{m} = \frac{f}{H \pm h} \text{에서} \frac{1}{10,000} = \frac{0.10}{H-100}$$

$$\therefore H = 0.10 \times 10,000 + 100 = 1,100\text{m}$$

핵심 02

다음 중 축척이 1/20,000인 보통각 항공사진이 있다. 이 사진의 카메라 초점거리가 21cm일 때 이 사진을 찍기 위한 비행고도는?

① 4.2km   ② 3.8km

③ 2.6km   ④ 1.8km

해설

$$\frac{1}{m} = \frac{f}{H}$$

$$\therefore H = mf = 20,000 \times 0.21 = 4,200\text{m}$$

핵심 03

다음 중 촬영고도 3,000m인 비행기에서 화면거리 150mm인 카메라로 촬영한 수직항공사진에서 길이가 50m인 교량의 사진상에 나타나는 길이는?

① 1.0mm   ② 1.5mm

③ 2.0mm   ④ 2.5mm

해설

$$M = \frac{f}{H} = \frac{l}{L} \text{에서} \frac{0.15}{3,000} = \frac{l}{50}$$

$$\therefore l = 2.5\text{mm}$$

핵심 04
그림과 같이 연직사진에서 연직고도 4,530m에서 촬영했을 때 B점의 축척은?
(단, 화면거리는 100mm)

① 1/3,5000

② 1/40,000

③ 1/45,000

④ 1/50,000

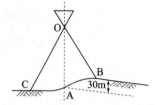

해설

$\dfrac{1}{m} = \dfrac{f}{H-h}$ 에서

$\dfrac{1}{m} = \dfrac{f}{H-h}$ (∵ 대축척) $= \dfrac{0.10}{4,530-30} = \dfrac{1}{45,000}$

핵심 05
비행고도 3,000m의 비행기에서 초점거리 15cm인 사진기로 촬영한 수직항공사진에서 길이가 50m인 교량의 길이는?

① 1mm

② 2.5mm

③ 3.6mm

④ 4.2mm

해설

$\dfrac{1}{m} = \dfrac{0.15}{3,000} = \dfrac{1}{20,000}$

∴ 교량의 크기 $= \dfrac{50 \times 1,000}{20,000} = 2.5\text{mm}$

4 사진의 위치결정

사진상의 위치결정은 지형의 기복으로 인해 실제의 지형과는 차이가 생기는데 이를 기복변위라 한다. 기복변위를 조정하여 평면위치를 결정하고 시차차에 의해 높이를 결정한다.

※ 공무원 시험에는 다음 관계를 반드시 숙지해야 한다.

① 기복변위　　　　② 시차차

1. 기복 변위(편위)

지표면에 기복이 있을 경우 연직 사진으로 촬영해도 사진 축척은 동일하지 않으며 사진에 찍힌 상과 실제 지형과는 변위가 생기는데 이를 기복 변위(Δr)라 한다.

그림에서 $\Delta r : \Delta R$의 축척 관계와 $\triangle Opn \infty \triangle OP'N$에서

$$\frac{\Delta r}{\Delta R} = \frac{f}{H}$$

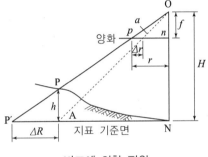

비고에 의한 편위

$$\Delta r = \frac{f}{H} \Delta R = \frac{f}{H} \frac{r}{f} h = \frac{h}{H} r \quad (\because \Delta R : h = r : f \text{ 동위각이므로})$$

여기서, Δr : 기복 변위량, h : 비고, H : 촬영고도,
　　　　r : 연직점(또는 주점)으로부터 사진상까지의 거리

KEY

기복변위(Δr)는 다음 비례식으로 이해하면 매우 편리하다.

$$\frac{\Delta r}{r} = \frac{h}{H} \text{에서} \quad \Delta r = \frac{h}{H} r$$

시차차도 동일하게

$$\frac{dp}{b} = \frac{h}{H} \qquad dp = \frac{h}{H} b$$

(∵ 거리의 비=높이의 비)

2. 최대변위

사진상에서 최대변위는 r의 값이 최대가 되는 곳에서 발생한다.
그림에서 최대변위는 A, B, C, D점에서 발생한다.

$$r_{max} = \frac{\sqrt{2}}{2}a$$

$$\Delta r_{max}(최대변위) = \frac{h}{H}r_{max}$$

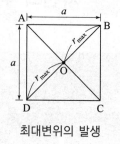

최대변위의 발생

3. 시차차에 의한 고저측량

■높이와 시차와의 관계

시차(P)	한 쌍의 사진상에 있어서 동일점에 대한 상이 연직 하에서 한 점에 만나야 하는데 만나지 않고 생기는 종횡의 시각적인 오차
종시차(P_y)	시차(P)의 y성분으로 비행 방향에 직각방향 성분
횡시차(P_x)	시차(P)의 x성분으로 비행 방향의 성분 $\triangle AO_1O_2$ ⋓ $\triangle O_2a_1a_2$에서 $\dfrac{P_a}{\overline{B}} = \dfrac{f}{H-h_a}$ 이므로 $P_a = \dfrac{f\overline{B}}{H-h_a}$ 또는 $H-h_a = \dfrac{f\overline{B}}{P_a}$ $P_b = \dfrac{f\overline{B}}{H-h_b}$ 또는 $H-h_b = \dfrac{f\overline{B}}{P_b}$ 여기서, P_a, P_b : A, B점에서의 시차

핵심 01

다음 중 화면의 거리 10cm의 사진에서 평지의 사진축척은 1/20,000이었다. 주점에서의 거리가 80mm, 평지에서의 비고 200m일 때 비고에 의한 기복변위량을 구한 것은?

① 8mm

② 6mm

③ 5mm

④ 4mm

해설

(1) $H = mf = 20,000 \times 0.1 = 2,000\,\mathrm{m}$

(2) $\triangle r = \dfrac{h}{H} r = \dfrac{200}{2,000} \times 0.08 = 0.008\,\mathrm{m}$

핵심 02

촬영 고도 4,200m에서 200m 높이의 건물을 촬영한 항공사진의 주점 기선 길이가 10cm일 때, 이 건물의 시차차[m]는?

① 0.001

② 0.003

③ 0.005

④ 0.007

해설

$\triangle p = \dfrac{h \times b}{H} = \dfrac{200 \times 0.1}{4200} = 0.0047$

핵심 03

다음 중 기복 변위 설명 중 틀린 것은?

① $\dfrac{\Delta R}{R} = \dfrac{\Delta r}{r} = \dfrac{h}{H}$ 로 나타내진다.

② 지형의 고저변화로 인하여 사진 상에 동일지물의 위치변위가 생기는 것

③ 기준면상의 저면위치와 정점위치가 투영을 거치기 때문에 사진상에 나타나는 위치가 달라지는 것

④ 기복 변위는 축척과 아무 관계가 없다.

해설

사진상에 기복이 있으면

(1) 비고에 의해 축척이 달라진다.

(2) 기복변위가 발생한다.

(3) 사진측량의 문제를 해결하는데 있어 거의 대부분의 문제는 축척과 관련이 있다.

04 비고가 200m인 산 정상이 항공사진의 연직점으로부터 30mm 지점에 촬영되었을 때, 비고에 의한 기복 변위량은? (단, 촬영 고도는 1,000m이며, 연직 촬영을 조건으로 한다)

① 2mm

② 3mm

③ 5mm

④ 6mm

$$\Delta r = \frac{h}{H} \cdot r = \frac{200}{1000} \times 0.03 = 6\text{mm}$$

 05 다음 항공 사진상에 굴뚝의 윗부분이 주점으로부터 90mm 떨어져 나타났으며 굴뚝의 길이는 10mm였다. 실제 굴뚝의 높이가 70m라면 이 사진은 촬영고도 얼마에서 촬영된 것인가?

① 490m

② 630m

③ 875m

④ 1,142m

$$\frac{\Delta r}{r} = \frac{h}{H} \text{에서} \quad H = \frac{r}{\Delta r} h = \frac{0.09}{0.01} \times 70 = 630\text{m}$$

 06 촬영고도 1,500m로 촬영한 축척 1/10,000의 편위 수정 사진이 있다. 지상 연직점으로부터 300m인 곳에 있는 비고 500m의 산정은 몇 mm변위로 찍혀져 있는가?

① 5mm

② 6mm

③ 8mm

④ 10mm

$$r = \frac{300}{10,000} = 0.03\text{m}, \quad \frac{\Delta r}{r} = \frac{h}{H} \text{에서}$$

$$\therefore \ \Delta r = \frac{h}{H} r = \frac{500}{1,500} \times 0.03 = 0.01\text{m}$$

핵심 07

상공 고도 6,000m에서 촬영한 공중사진이 있다. 주점기선장이 10cm이고 굴뚝 상·하단의 시차차가 2mm일 때 이 굴뚝의 높이는?

① 120m

② 80m

③ 60m

④ 40m

[해설]

$\dfrac{dp}{b} = \dfrac{h}{H}$ 에서

$h = \dfrac{dp}{b} \times H = \dfrac{2}{100} \times 6,000 = 120\text{m}$

핵심 08

초점거리 100mm의 카메라로 3,000m의 고도에서 비고 300m의 구름을 촬영하였다. 이 사진의 비고에 의한 최대 편위는 얼마인가?
(단, 사진크기는 20cm×20cm)

① $0.01\sqrt{2}\,\text{m}$

② $\sqrt{2}\,\text{m}$

③ $\sqrt{3}\,\text{m}$

④ $\sqrt{5}\,\text{m}$

[해설]

(1) $r_{\max} = \dfrac{\sqrt{2}}{2} a = \dfrac{\sqrt{2}}{2} \times 0.20 = \dfrac{\sqrt{2}}{10}\,\text{m}$

(2) $\Delta r_{\max} = \dfrac{h}{H} r_{\max} = \dfrac{300}{3,000} \times \dfrac{\sqrt{2}}{10} = 0.01\sqrt{2}\,\text{m}$

핵심 09

항공사진 촬영고도 2,500m에서 촬영된 인접한 2매의 수직사진이 있다. 이 사진의 주점기선장이 10cm라면, 기준면에서 비고 50m인 지점의 시차차는?

① 1mm

② 2mm

③ 3mm

④ 4mm

[해설]

$d_P = b \cdot \dfrac{h}{H} = 10 \cdot \dfrac{50}{2,500} = 0.2\text{cm}$

초점거리 100 mm인 카메라를 이용하여 연직 항공 사진 촬영을 하였다. 건물의 기복 변위가 5 mm이고, 건물 윗부분이 연직점으로부터 25 mm 떨어져 나타났다면, 이 건물의 높이[m]는? (단, 사진의 축척은 1 : 10,000이다)

① 100   ② 200

③ 300   ④ 400

해설

$$\frac{1}{m} = \frac{f}{H} \qquad H = mf$$

$$\frac{h}{H} = \frac{\Delta r}{r} \qquad \frac{h}{mf} = \frac{\Delta r}{r} \qquad \frac{h}{10,000 \times 0.1} = \frac{0.005}{0.025}$$

$$\frac{h}{1,000} = \frac{1}{5} \qquad \therefore \ h = 200\text{m}$$

⑤ 촬영계획과 사진매수

항공사진측량에서 촬영계획 시 고려해야 될 사항 중 자주 출제되는 부분은 촬영코스, 표정점의 배치, 촬영기선길이, 사진매수 등이며 축척과 기선길이, 사진의 면적과 매수는 특히 중요하다.

※ 공무원 시험에는 다음 관계를 반드시 숙지해야 한다.

① 표정점의 배치   ② 촬영기선길이
③ 사진매수

1. 촬영계획

촬영계획은 촬영 목적, 축척, 정밀도, 현지의 지형, 등고선 간격, 도화기 성능, 작업법, 사용기구 등을 고려하여 가장 능률적이고 경제적인 작업이 될 수 있도록 계획한다.

2. 촬영 코스

① 직선 코스는 동서 방향을 원칙으로 하고, 코스의 길이는 중축척일 경우 30km를 한도로 한다.
② 종중복(촬영 진행방향의 중복)은 입체시를 고려하여 60%, 횡중복은 30%를 표준으로 한다.
③ 산악지역이나 고층빌딩이 밀집된 지역은 사각부를 없애기 위해 중복도를 10~20% 증가시킨다.
④ 도로, 하천과 같은 선형물체는 그 방향에 따라 촬영한다.

3. 표정점의 배치

① 대지표정에 필요로 하는 최소 표정점은 삼각점 2점과 수준점 3점이다.
② 스트립 항공삼각 측량일 경우의 표정점 배치
① 각 코스의 최초의 모델에 4점(최소한 3점)
② 각 코스의 최후의 모델에 최소한 2점
③ 각 코스의 중간에 4~5 모델마다 1점씩 둔다.

> 대지표정에 필요한 최소 표정점은 평면위치 결정에 2점, 고저의 위치 결정에 3점이 필요하다.
>
> 여기서, 삼각점은 평면위치(X, Y)와 표고(H)를 모두 갖고 있으므로 최소 표정점은 삼각점 2점, 수준점 1점이면 된다.

4. 촬영 기선 길이

종중복	동일 코스 내에서의 중복으로 약 60%를 기준(스트립 형성)
횡중복	인접 코스 간의 중복으로 약 30%를 기준(블럭형성)
촬영기선길이(B)	1코스의 촬영중에 임의의 촬영점으로부터 다음 촬영점까지의 실제거리 $B = $ 화면크기의 실거리 $\times \left(1 - \dfrac{p}{100}\right) = ma\left(1 - \dfrac{p}{100}\right)$
촬영 횡기선길이	코스와 코스 사이의 촬영점간 실거리 $C_o = $ 화면크기의 실거리 $\times \left(1 - \dfrac{q}{100}\right) = ma\left(1 - \dfrac{q}{100}\right)$ 여기서, a : 화면크기, p : 종 중복도, q : 횡 중복도
주점 기선 길이(b)	임의의 사진의 주점과 다음 사진의 주점과의 거리 $b = \dfrac{B}{m} = a\left(1 - \dfrac{p}{100}\right)$

5. 촬영일시

① 구름 없는 쾌청일의 오전 10시~오후 2시(태양각 45° 이상)가 최적

② 우리나라의 연평균 쾌청일수는 80일

③ 대축척의 촬영은 어느 정도 구름이 있거나 태양각이 30° 이상인 경우도 가능하다.

6. 사진 매수(모델 수)

(1) 화면 1변의 길이를 a, 사진 축척의 분모를 m이라 할 때 사진 한 장에 촬영되는 지상면적(A_o)

$$A_o = (am) \times (am) = a^2 m^2 = a^2 \frac{H^2}{f^2}$$

(2) 종중복도 p일 때 중복부에 촬영되는 면적(A_1)

$$A_1 = \left\{ (am)\left(1 - \frac{p}{100}\right) \right\}(am) = A_0 \left(1 - \frac{p}{100}\right)$$

(3) 종중복도 p와 횡중복도 q를 고려한 면적 (A_2)

$$A_2 = \left\{ (am)\left(1 - \frac{p}{100}\right) \right\}\left\{ (am)\left(1 - \frac{q}{100}\right) \right\}$$

$$= A_0 \left(1 - \frac{p}{100}\right)\left(1 - \frac{q}{100}\right)$$

(4) p＝60%, q＝30%일 때 유효면적(A_2)은

$$A_2 = A_0 \left(1 - \frac{60}{100}\right)\left(1 - \frac{30}{100}\right) = 0.28 A_0$$

(5) 안전율을 고려한 사진 매수(N)

$$N = \frac{F}{A} \,(1 + 안전율)$$

여기서, F : 촬영대상지역의 면적

A : 사진 1장의 면적(중복도가 있을 경우 유효면적)

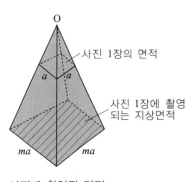

사진에 촬영된 면적

KEY

◉ 사진매수(N)의 결정

1. 촬영대상지역의 면적과 안전율이 주어질 경우

$$N = \frac{F}{A}\,(1+안전율)$$

2. 촬영대상지역의 가로×세로의 길이가 주어질 경우(안전율이 없는 경우)

① 종모델수 $= \dfrac{S_1}{B} = \dfrac{S_1}{ma\left(1 - \dfrac{p}{100}\right)}$

② 횡모델수 $= \dfrac{S_2}{C} = \dfrac{S_2}{ma\left(1 - \dfrac{q}{100}\right)}$

③ 사진매수 = 종 모델 수 × 횡 모델 수

핵심 01

어떤 임야 13km×28km의 토지를 1/30,000의 항공사진으로 촬영할 때 모델 수는 몇 매인가? (단, 지상면적 A_o=13km²)

① 9매

② 13매

③ 19매

④ 28매

해설

$$N = \frac{F}{A_o} = \frac{13 \times 28}{13} = 28\,\text{매}$$

핵심 02

다음 중 주점기선장이 밀착사진에서 10cm일 때 25cm×25cm인 항공사진의 중복도는?

① 50%

② 60%

③ 70%

④ 80%

해설

$$b = a\left(1 - \frac{P}{100}\right)\text{에서 } P = 100\left(1 - \frac{b}{a}\right) = 100\left(1 - \frac{10}{25}\right) = 60\%$$

핵심 03

다음 중 항공사진 촬영에서 진행방향의 중복도(over lap)와 가로 중복도(side lap)가 옳은 것은?

① 40%, 60%

② 70%, 30%

③ 60%, 30%

④ 50%, 50%

해설

(1) 진행방향의 중복도(종중복도) : 입체시를 위해 필요하며 보통 60% 정도

(2) 가로 중복도(횡중복도) : 촬영코스와 코스의 결합을 위해 필요하며 보통 30% 정도

핵심 04

다음 항공사진 측량 결과 종중복도 50%, 횡중복도 30%일 때 촬영종기선의 길이와 촬영횡기선의 길이의 비는? (단, 정사각형 사진이다.)

① 5 : 3

② 3 : 5

③ 7 : 5

④ 5 : 7

(1) 촬영 종기선의 길이 $= ma\left(1 - \dfrac{50}{100}\right) = 0.5ma$

(2) 촬영 횡기선의 길이 $= ma\left(1 - \dfrac{30}{100}\right) = 0.7ma$

$\therefore$ (1) : (2) = 5 : 7

핵심 05

평탄한 지역을 축척 1 : 25,000으로 촬영한 수직 사진이 있다. 이때 사진기의 초점 거리는 200mm, 사진의 크기는 25cm×25cm, 그리고 종중복도가 60%일 경우 기선 고도비는?

① 2.0

② 1.2

③ 0.5

④ 0.3

$B = ma\left(1 - \dfrac{p}{100}\right) = 25,000 \times 0.25 \times \left(1 - \dfrac{60}{100}\right) = 2,500\text{m}$

$H = mf = 25,000 \times 0.20 = 5,000\text{m}$

$\therefore$ 기선도비$(B/H) = \dfrac{2,500}{5,000} = 0.5 = 50\%$

핵심 06

다음 사진의 중복도 설명 중 옳지 않은 것은?

① 70~80% 이상 중복시켜 촬영하면 사각부분을 없앨 수 있다.

② 횡중복은 평지 20~30%, 산간지 30~40%를 유지하여야 한다.

③ 중복도가 클수록 경제적이고 종중복도는 80%를 유지하여야 한다.

④ 일반적으로 같은 코스 내에서 비고의 량이 촬영고도의 20%, 횡중복의 30%를 넘지 않도록 계획하여야 한다.

해설

중복도가 크면

(1) 유효면적이 작아져 사진매수가 늘어나므로 비경제적

(2) 종중복도는 60%가 표준이다.

핵심 07

축척 1/10,000로 촬영한 수직사진이 있다. 사진의 크기를 23cm×23cm, 종중복도를 60%로 하면 촬영기선의 길이는?

① 920m

② 1,380m

③ 690m

④ 1,610m

해설

$$B = ma\left(1 - \frac{P}{100}\right) = 10,000 \times 0.23 \times \left(1 - \frac{60}{100}\right) = 920\text{m}$$

핵심 08

항공 사진 측량의 작업과정을 순서대로 바르게 나열한 것은?

> ㄱ. 수치 도화
>
> ㄴ. 항공 사진 촬영
>
> ㄷ. 항공 사진 측량 계획
>
> ㄹ. 기준점 측량
>
> ㅁ. 현지 조사 및 보완 측량
>
> ㅂ. 대공 표지의 설치
>
> ㅅ. 정위치 편집 및 구조화 편집

① ㄷ → ㄹ → ㄴ → ㅂ → ㄱ → ㅁ → ㅅ

② ㄷ → ㄹ → ㄴ → ㅂ → ㅅ → ㅁ → ㄱ

③ ㄷ → ㅂ → ㄴ → ㄹ → ㄱ → ㅁ → ㅅ

④ ㄷ → ㅂ → ㄴ → ㄹ → ㅁ → ㅅ → ㄱ

해설

항공사진측량의 순서는

계획 – 대공표지 설치 – 사진촬영 – 기준점 측량 – 현지조사 – 정위치편집 순으로 한다.

다음 중 항공사진 측량에서 산악지역이 포함하는 뜻은?

① 산지의 면적이 평지의 면적보다 그 분포 비율이 높은 지역
② 한 장의 사진이나 한 모델상에서 지형의 고저차가 비행고도의 10% 이상인 지역
③ 평탄지역에 비하여 경사조정이 편리한 지역
④ 표정시에 산정과 협곡에 시차분포가 균일한 지역

해설

산악지역
한 장의 사진상에서 지형의 고저차가 비행고도의 10% 이상인 지역

6 촬영

항공사진측량의 촬영은 가을과 이른 봄에 실시하는 것이 좋으며 지정된 코스와 지정된 고도를 벗어나지 않도록 한다.

※ 공무원 시험에는 다음 관계를 반드시 숙지해야 한다.
　① 촬영고도와 C계수
　② 최소노출시간과 최장 노출시간
　③ 지상사진과 항공사진의 비교

1. 촬영시 주의사항

촬영은 지정된 코스에서 코스간격의 10% 이상 벗어나지 않게 한다.

고도는 지정고도에서 5% 이상 낮게, 혹은 10% 이상 높게 진동하지 않도록 일정고도로 촬영한다.

편류(crab or drift) : 비행중 비행기가 기류에 의하여 밀리는 현상

카메라의 방향을 편류의 각도만큼 회전하여 수정한다.

편류각(α)은 5° 이내, 앞 뒤 사진간의 회전각 5° 이내, 촬영시 카메라의 경사 3° 이내로 한다.

구름, 홍수, 적설 등으로 지표면이 보이지 않을 때, 이른 아침이나 석양은 촬영에 부적당하다.

계절은 지표면이 잘 보이는 가을에서 이른 봄이 좋다.

단, 적설지대에서는 겨울을 피한다.

2. 촬영고도와 C계수(도화기 계수)

① 촬영고도 : 촬영계획 지역 내의 저지면을 촬영 기준면으로 촬영고도를 결정한다.

② 비고가 클 때 : 그 지역의 평균표고를 기준으로 촬영고도를 결정한다.

③ 단, 비고가 20%를 초과 시 2단 촬영을 하고 코스단위로 촬영고도를 바꾼다.

④ 촬영고도는 그려진 등고선의 간격과 사용하는 도화기의 성능에 따라 제약된다.

$$H = C\Delta h$$

여기서, C : 도화기의 계수

Δh : 등고선의 간격

3. 노출시간

촬영할 때는 노출시간과 조리개의 결정이 중요한 문제이다.

① 최장 노출시간

$$T_l = \frac{\Delta s\, m}{V}$$

② 최소 노출시간

$$T_s = \frac{B}{V}$$

여기서, ΔS : 허용흔들림양

m : 축척분모수

V : 항공기의 초속, $B = 0.23\left(1 - \dfrac{p}{100}\right) \times m$

T_s : 노출점간의 최소 소요시간(최소 노출시간)

◉ **노출시간**

1. 최소 노출시간이란 사진을 2매 찍을 때 걸리는 시간으로 주점기선길이를 비행기의 속도로 나눠서 구한다.
2. 최장 노출시간이란 카메라 셔터의 속도를 말한다.
3. 실제 두 값을 비교하면 최소 노출시간이 최장 노출시간보다 훨씬 더 큰 값을 갖는 것에 주의해야 한다.

4. 지상사진측량과 항공사진측량의 비교

항공 사진측량은 촬영할 때 카메라의 정확한 위치를 모르고 촬영된 사진에서 촬영점을 구하는 후방 교회법이지만, 지상 사진측량은 촬영 카메라의 위치와 촬영 방향을 미리 알고 행하는 전방 교회법이다.

항공 사진은 감광도에 중점을 두는 반면에 지상 사진은 렌즈 수차만 작으면 된다.

항공 사진은 넓은 면적을 촬영하기 때문에 광각 사진이 바람직하나, 지상 사진은 여러 번 찍을 수 있으므로 보통각이 좋다.

지상 사진은 항공 사진에 비하여 기상 변화의 영향이 작다.

지상 사진은 축척 변경이 용이하지 않다.

항공 사진은 지상 전역에 걸쳐 찍을 수 있으나 지상 사진에서는 산림, 산 등의 배후는 찍히지 않으므로 보충 촬영을 해야 한다.

대상 지역이 좁은 곳에서는 지상 사진 측량이 경제적이고 능률적이다.

소규모 대상물의 판독은 지상 사진 쪽이 유리하다.

◉ **지상사진측정**

1. 지상사진측정이란 지상의 2개소에서 수평촬영하여 피사체의 특성 및 측량
   의 정밀 측정을 행하는 것이다.
2. 손댈 수 없는 문화재의 조사 및 기록 보존, 구조물의 변위측정, 사적, 고고
   학 등의 복잡한 것.
3. 짧은 시간에 측정해야 하며 의학에 사용되는 X-ray, MRI 등에 이용된다.

5. 지상사진 촬영 방법

지상사진 촬영은 카메라의 광축이 촬영 기선과 이루는 각도에 따라 직각 수평 촬영,
편각 수평 촬영 및 수렴 수평 촬영으로 분류한다.

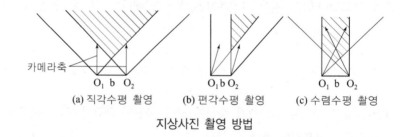

지상사진 촬영 방법

① 수렴수평촬영은 촬영기선길이가 길어진 것과 같은 결과가 되어 정도가 가장 높다.
② 정도의 비교 : 수렴수평촬영 > 직각수평촬영 > 편각수평촬영

핵심 01 다음 항공사진 촬영에 대한 설명 중 옳지 않은 것은?

① 촬영코스는 동서방향으로 하고, 남북으로 긴 경우는 남북방향으로 촬영코스를 계획한다.

② 일반적으로 코스의 연장은 30km를 한도로 한다.

③ 촬영은 쾌청일의 10~14시가 좋고 우리나라의 쾌청일수는 약 80일이다.

④ 카메라의 선정 시 시가지는 보통각, 일반도시에는 광각, 특수한 대축척 촬영에는 초광각을 사용한다.

해설

항공사진 촬영 시 카메라 선정
(1) 화각이 클수록 피복면적은 넓으나 정밀도는 떨어진다.
(2) 대축척 촬영에는 협각 또는 보통각 카메라를 사용한다.

핵심 02 다음 중 항공사진 촬영시 주의 사항으로 잘못 설명된 것은?

① 촬영은 지정된 코스에서 코스간격의 10% 이상 벗어나지 않도록 한다.

② 고도는 지정고도에서 5% 이상 낮게 혹은 10% 이상 높게 진동하지 않도록 일정고도로 촬영한다.

③ 카메라의 방향을 편류각의 1/2만큼 회전하여 수정한다.

④ 계절은 지표면이 잘 보이는 가을에서 이른 봄이 좋다.

해설

카메라의 방향은 편류각만큼 회전하여 수정한다.

정답 01 ④ 02 ③

03 축척 1/10,000로 촬영한 연직사진을 C-계수가 1,000인 도화기로서 도화할 수 있는 최소 등고선의 간격이 1.5m였다면 촬영고도는 얼마인가?

① 1,500m ② 1,000m

③ 750m ④ 500m

촬영고도$(H) = C \Delta h = 1,000 \times 1.5 = 1,500 \mathrm{m}$

---

04 항공사진의 축척이 1/40,000이고 C-factor가 600인 도화기로 도화작업을 할 때 등고선의 최소간격은? (단, 사진화면의 거리는 150mm임)

① 5m ② 10m

③ 15m ④ 20m

$H = C \Delta h$ 에서

$\Delta h = \dfrac{H}{C} = \dfrac{40,000 \times 0.15}{600} = 10 \mathrm{m}$

---

05 다음 중 15cm 화면거리에 광각 카메라로서 비행고도 3,000m에서 초속 100m의 운항속도로 항공사진을 촬영할 때에 사진 노출점간의 최소 소요시간은? (단, 촬영기선길이는 1,840m)

① 18.4초 ② 36.8초

③ 50.5초 ④ 60.3초

(1) $\dfrac{1}{m} = \dfrac{f}{H} = \dfrac{0.15}{3,000} = \dfrac{1}{20,000}$

(2) $T_s = \dfrac{B}{V} = \dfrac{1,840}{100} = 18.4 \mathrm{sec}$

06 다음과 같이 축척 1/10,000로 촬영한 연직사진을 촬영기선길이는 얼마인가?
(단, 사진크기는 23×23cm, 횡중복 30%, 종중복 60%)

① 1,020m

② 920m

③ 720m

④ 520m

해설

$$촬영기선길이(B) = ma\left(1 - \frac{p}{100}\right) = 10,000 \times 0.23\left(1 - \frac{60}{100}\right) = 920\,\text{m}$$

07 축척 1/10,000로 촬영한 연직사진을 C-계수가 1,000인 도화기로서 도화할 수 있는 최소 등고선의 간격이 1.5m였다면 기선 고도비는 얼마인가?
(단, 촬영고도=1,500m   촬영기선길이=920m)

① 0.55

② 0.61

③ 0.73

④ 0.82

해설

기선고도비

$$\left(\frac{B}{H}\right) = \frac{920}{1,500} = 0.61$$

08 다음은 지상사진 측정과 항공사진 측정을 비교한 내용 중 옳지 않은 것은?

① 항공사진 측정은 전방교회법이고 지상사진 측정은 후방교회법이다.

② 항공사진은 광각사진이 바람직하고 지상사진은 보통각이 좋다.

③ 지상사진은 항공사진보다 평면 정도는 떨어지나 높이의 정도는 높다

④ 작업지역이 넓은 경우에는 항공사진 측정이, 좁은 경우에는 지상사진이 유리하다.

해설

항공사진은 후방교회법이고, 지상사진은 전방교회법이다.

핵심 09

다음 사진측량에 있어서 촬영에 관한 설명 중 옳지 않은 것은?

① 항공사진은 지상에 대하여 연직방향으로 종중복 60%, 횡중복 30%로 하여 촬영하는 것이 일반적이다.

② 지상사진은 카메라의 광축을 직각수평, 편각수평 및 수렴수평으로 하여 촬영한다.

③ 측량용 촬영카메라는 항공사진 측정용 카메라, 지상사진 측정용 카메라, 입체사진 측정용 카메라, 다중파장대 측정용 카메라 등이 있다.

④ 측정용 사진의 촬영은 구름 없는 이른 아침이나 해지기 1시간 전에 행하는 것이 가장 이상적이다.

항공사진 촬영
쾌청일의 10~14시가 최적이고 태양각 45° 이상일 때가 좋다.

핵심 10

그림 (A)는 보통각(초점거리 $f_A = 210\,\text{mm}$) 카메라, (B)는 광각(초점거리 $f_B = 150\,\text{mm}$) 카메라를 이용한 항공 사진 측량 모습을 나타낸 것이다. (A)와 (B)의 촬영면적과 사진의 크기, 축척이 모두 같을 때, (A)와 (B)의 촬영고도(H_A, H_B)의 비율 $\dfrac{H_A}{H_B}$는?

① 0.7

② 1.2

③ 1.4

④ 2

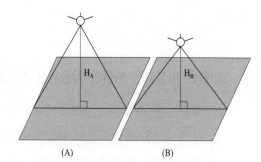

(A)　　　　(B)

축척이 같으므로 $\dfrac{1}{m} = \dfrac{f}{H}$ (H=mf) 식을 이용하면

$\dfrac{H_A}{H_B} = \dfrac{210}{150} = 1.4$이다.

입체시

중복사진을 명시거리에서 왼쪽의 사진을 왼쪽 눈, 오른쪽의 사진을 오른쪽 눈으로 보면 좌우의 상이 하나로 융합되면서 입체감을 얻게 된다. 이것을 입체시라 한다. 입체시에 의해 시차차에 의한 높이 계산, 입체영상 등을 얻을 수 있다.

※ 공무원 시험에는 다음 관계를 반드시 숙지해야 한다.

① 정입체시와 역입체시

② 입체시의 조건

③ 입체시에 의한 과고감

1. 입체시

중복된 사진을 명시거리에서 왼쪽의 사진을 왼쪽 눈, 오른쪽의 사진을 오른쪽 눈으로 보면 좌우의 상이 하나로 융합되면서 입체감을 얻게 된다. 이것을 입체시 또는 정입체시라 한다.

입체도형

2. 입체시(stereoscopic vision)의 일반

단안시	사물을 한눈으로 보는 것으로 망막에 비치는 상이 평면적이므로 물체의 원근감을 얻을 수 없다.
쌍안시	사물을 두 눈으로 보는 것으로 원근감을 얻을 수 있다.
입체시	쌍안시에 의해 입체감을 얻는 것으로 정입체시와 역입체시가 있다.

3. 입체시 또는 정입체시

어떤 대상물을 찍은 중복사진을 명시거리(약 25cm 정도)에서 왼쪽사진→왼쪽 눈, 오른쪽 사진→오른쪽 눈으로 보면 좌우의 상이 하나로 융합되면서 입체감을 얻는 현상

4. 역입체시

입체시 과정에서 높은 것이 낮게, 낮은 것이 높게 보이는 현상으로 다음 2가지의 원인이 있다.

① 정입체시되는 한 쌍의 사진에서 좌우사진을 바꾸어 입체시하는 경우
② 정상적인 여색입체시 과정에서 색안경의 적색과 청색을 바꾸어 볼 경우

5. 입체시의 재현

① 1쌍의 사진을 촬영할 때와 같은 상태로 하여 눈을 투영중심에 갖다 놓는다.
② 2매의 사진을 평평한 면에 놓고 입체시할 경우는 피사체의 핵선을 일직선상으로 벌려놓고 그것과 평행하게 안기선을 두어 바로 위에서 보도록 한다.

6. 입체사진의 조건

① 1쌍의 사진을 촬영한 카메라의 광축은 거의 동일 평면내에 있어야 한다.
② 기선고도비 B/H가 적당한 값(약 0.25 정도)이어야 하며 사진측량에서는 대략 1/40~20이다.
③ 2매의 사진축척은 거의 같아야 하며 최대 15%의 축척 차까지 입체시 되나 장시간 입체시할 경우 5% 이상의 축척 차는 좋지 않다.

7. 입체시의 방법

(1) 육안에 의한 입체시

정입체시와 같다.

(2) 입체경에 의한 입체시

실내에서 많은 양을 입체시할 경우나 어느 정도 넓은 범위를 관찰할 경우 사용되며 연습하지 않아도 입체시 된다.

① 렌즈식 입체경 : 2개의 볼록렌즈를 안기선의 평균값(65mm 간격)으로 놓고 조립한 것

② 반사식 입체경 : 사진기선이 25~30cm 정도로 입체시가 좋게 되며, 한 번에 넓은 범위에서 이루어진다.

(3) 여색입체시

① 여색인쇄법 : 1쌍의 입체사진의 오른쪽 → 적색, 왼쪽 → 청색으로 현상하여 겹쳐 인쇄한 것으로 이 사진의 오른쪽 → 청색, 왼쪽 → 적색 안경으로 보아 입체감을 얻는 방법

② 여색 투영광법 : 인쇄 없이 입체감을 얻는 방법

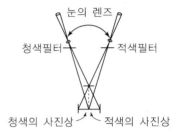

여색사진의 원리

8. 입체상의 변화

① 기선(B)이 긴 경우가 짧은 경우보다 더 높게 보인다.

② 렌즈의 초점거리가 긴 쪽의 사진이 짧은 쪽의 사진보다 더 낮게 보인다.

③ 같은 촬영기선에서 촬영할 때 낮은 촬영고도(대축척)로 촬영한 사진이 촬영고도가 높은 경우(소축척)보다 더 높게 보인다.

④ 눈의 위치가 약간 높아짐에 따라 입체상은 더 높게 보인다.

⑤ 눈을 옆으로 돌리면 눈이 움직이는 쪽으로 비스듬히 기울어져 보인다.

9. 입체시에 의한 과고감

① 과고감 : 평면축척에 대하여 수직축척이 크게 되므로 높은 곳은 더 높게, 낮은 곳은 더 낮게 과장되어 보이는 것

② 부상비$(n)=\dfrac{촬영기선길이(B)}{안기선의 길이(b)}$

③ 자연 입체시와 인공입체시는 부상비가 다른데 이 다른 것이 과고감이다.

④ 과고감은 기선고도비(B/H)에 비례한다.

핵심
01

다음 중 공중사진의 실체 시 측정에 의하여 비고가 측정되는 이유 중 옳은 것은?

① 높은 지점의 종시차는 낮은 지점의 종시차보다 적다.
② 높은 지점의 횡시차는 낮은 지점의 횡시차보다 크다.
③ 높은 지점의 횡시차는 낮은 지점의 종시차보다 크다.
④ 높은 지점의 종시차, 횡시차는 낮은 지점의 종시차, 횡시차보다 적다.

해설

(1) 종시차
 ① 연직상에 높이(h)를 가진 물체가 비행기의 방향(x방향)으로 나타나는 시차
 ② 낮은 고도일수록 크게 나타난다.
 ③ 높은 고도는 거의 연직에 가까워지므로 시차가 없어짐
(2) 횡시차
 ① 비행기 방향의 직각방향(y방향)으로 나타나는 시차
 ② 종시차와 동일하다.
(3) 시차
 종시차의 횡시차와 제곱의 합으로 시차를 측정해서 높이를 측정한다.

핵심
02

다음 중 입체시에 대한 설명 중 옳지 않은 것은?

① 2매의 사진이 입체감을 나타내기 위해서는 사진축척이 거의 같고 촬영한 카메라의 광축이 거의 동일 평면 내에 있어야 한다.
② 여색입체사진이 오른쪽은 적색, 왼쪽은 청색으로 인쇄되었을 때 오른쪽에 청색, 왼쪽에 적색의 안경으로 보아야 바른 입체시가 된다.
③ 렌즈의 화면거리가 길 때가 짧을 때 보다 입체상이 더 높게 보인다.
④ 입체시 과정에서 본래의 고저가 반대가 되는 현상을 역입체시라고 한다.

해설

(1) 렌즈의 화면거리가 길면 기선고도비 B/H가 작아진다. ($H = mf$)
(2) 과고감은 기선고도비(B/H)에 비례한다.
(3) 화면거리가 길 때가 짧을 때보다 입체상이 더 낮게 보인다.

03 **다음의 입체시에 대한 설명 중 옳은 것은?**

① 다른 조건이 동일할 때 초점거리가 긴 사진기에 의한 입체상이 짧은 사진기의 입체상보다 높게 보인다.

② 한 쌍의 입체사진은 촬영코스 방향과 중복도만 유지하면 두 사진의 축척이 20% 정도 달라도 상관없다.

③ 다른 조건이 동일할 때 기선의 길이를 길게 하는 것이 짧은 경우보다 과고감이 크게 된다.

④ 입체상의 변화는 기선고도비에 영향을 받지 않는다.

(1) 초점거리가 긴 사진이 짧은 사진보다 더 낮게 보인다.

(2) 2매의 사진축척은 거의 같아야 하며 최대 15%의 축척차까지 입체시 된다.

(3) 입체상의 변화는 눈의 위치가 약간 높아짐에 따라 더 높게 보인다.

04 **다음 입체시 과정에서 틀린 것은 어느 것인가?**

① 촬영기선이 긴 경우가 짧은 경우보다 입체상이 높게 보인다.

② 초점거리가 긴 경우가 짧은 경우보다 입체상이 낮게 보인다.

③ 눈의 높이가 약간 높아짐에 따라 입체상은 더 낮게 보인다.

④ 여색 입체시에는 여색 투영광법과 여색인쇄법이 있다.

입체시

(1) 연속된 2장의 사진에서 시차차에 의한 원근감을 느끼는 것

(2) 눈의 높이가 약간 높아짐에 따라 입체상은 더 높게 보인다.

핵심 05

항공 촬영에 의한 사진을 입체시하는 경우 대상물의 기복이 과장되어 보이는 과고감을 크게 하는 방법으로 옳은 것은?

① 렌즈의 화각을 작게 한다.

② 사진의 초점 거리를 길게 한다.

③ 입체시할 경우 눈의 위치를 낮게 한다.

④ 촬영 기선 고도비를 크게 한다.

해설

과고감은 기선 고도비에 비례한다. 그러므로 기선 고도비가 크면 과고감이 크다.

핵심 06

다음 반사식 입체경으로 항공사진을 입체시 할 때 사진의 정치 방법 중 가장 옳은 것은?

① 좌우의 사진에서 서로 대응되는 점이 60~70mm 되도록 놓는다.

② 사진의 중복부를 좌측에 놓는다.

③ 사진의 중복부를 우측에 놓는다.

④ 좌우의 사진에서 서로 대응되는 점이 25~30cm 되도록 놓는다.

해설

(1) 렌즈식 입체경

2개의 블록 렌즈를 안기선의 평균값인 65mm 간격으로 놓고 조립한 것

(2) 반사식 입체경

① 사진기선이 25~30cm 정도 되도록 놓고 입체시 하는 방법

② 한 번에 넓은 범위의 입체시가 가능하다.

핵심 07 다음 중 역입체시에 대한 설명 중 틀린 것은?

① 정입체시 할 수 있는 사진을 오른쪽과 왼쪽위치를 바꿔 놓을 때

② 여색입체사진을 청색과 적색의 색안경을 좌우로 바꿔서 볼 때

③ 멀티 플렉스의 모델을 좌우의 색안경을 교환해서 입체시할 때

④ 정입체시 할 수 있는 사진을 반대위치에서 입체시할 때

> **해설**
>
> 역입체시 원인
> (1) 정입체시 되는 한 쌍의 사진에서 좌우 사진을 바꾸어 입체시 하는 경우
> (2) 정상적인 여색입체시 과정에서 색안경의 적색과 청색을 좌우로 바꾸어 볼 경우

핵심 08 다음은 실체시에 관한 사항이다. 잘못된 것은?

① 촬영기선이 긴 경우가 짧은 경우보다 낮게 보인다.

② 여색입체시 할 때 색안경의 적과 청을 바꿔보면 역입체시가 된다.

③ 눈을 사진으로부터 멀리하면 과고감이 커진다.

④ 사진을 90° 회전해 보면 비고감이 없다.

> **해설**
>
> 과고감은 기선고도비(B/H)에 비례하므로 B가 커지면 더 높게 보인다.

핵심 09 보통사람의 눈은 안기선이 60mm, 명시거리가 240mm라 할 때, 광각 카메라의 주점기선장이 90mm, 초점거리가 180mm이면 광각 카메라에서의 과고감은 약 몇 배인가?

① 1배   ② 2배

③ 3배   ④ 5배

> **해설**
>
> 과고감은 기선고도비에 비례한다.
> $$B = b \times m, \quad H = f \times m$$
> $$\therefore \frac{\dfrac{B_2}{H_2}}{\dfrac{B_1}{H_1}} = \frac{\dfrac{b^2 \cdot m_2}{f_2 \cdot m_2}}{\dfrac{b_1 \cdot m_1}{f_1 \cdot m_1}} = \frac{\dfrac{b_2}{f_2}}{\dfrac{b_1}{f_1}} = \frac{\dfrac{90}{180}}{\dfrac{60}{240}} = 2$$

⑧ 표정

표정은 사진 상 임의의 점과 대응되는 땅의 점과의 상호관계를 정하는 방법으로 지형의 정확한 입체모델을 기하학적으로 재현하는 과정을 말한다.

※ 공무원 시험에는 다음 관계를 반드시 숙지해야 한다.
① 표정의 순서
② 상호표정인자의 운동
③ 모델좌표 → 절대좌표 → 모델대

1. 표정의 순서

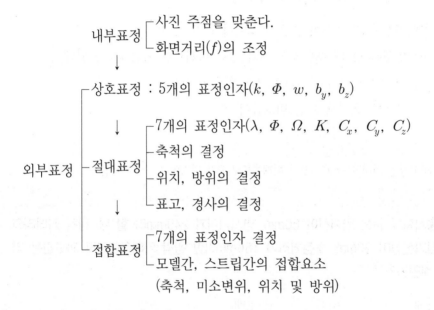

2. 내부표정(inner orientation)

도화기의 투영기에 촬영당시와 똑같은 상태로 양화건판을 정착시키는 작업
① 주점위치의 결정
② 화면거리(f)의 결정
③ 건판의 신축 결정

3. 상호표정(relative orientation)

종시차(P_y)를 소거하여 목표지형물의 상대적 위치를 맞추는 작업으로 상호표정이 끝나면 1개의 모델이 완전입체시되는 모델좌표를 얻는다.

(1) 상호표정인자의 운동

① 회전인자	k : z축 주위로 회전 ϕ : y축 주위로 회전 w : x축 주위로 회전
② 평행인자	b_y, b_z

③ 표정을 위해서는 최소 5개의 표정점이 있으면 가능하나 보통 아래 그림과 같이 대칭형으로 6점을 취한다. 여기서, 점 1, 2는 좌우사진의 주점이거나 그 가까이에 있는 점이다.

(2) 상호표정인자의 선택

① 평행변위부(k', k'', b_y) : y 방향 크기는 불변이며 영점을 이동

② 축척부(Φ', Φ, b_z) : 중앙점에 대해 대칭으로 이동되며 y방향 선분의 크기를 일정하게 분배하여 배분한다.

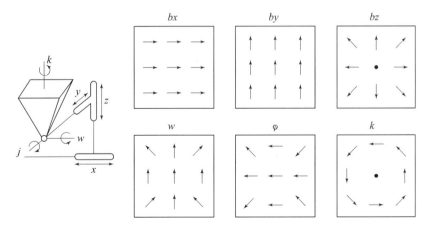

상호표정인자의 운동

4. 절대표정(absolute orientation)

대지표정이라고도 하며, 상호표정이 끝난 입체모델 → 지상좌표계와 일치하도록 하는 작업으로 축척의 결정 → 수준면의 결정 → 위치의 결정 순서로 한다.

5. 접합표정(successive orientation)

한 쌍의 입체사진 내에서 한쪽의 표정인자는 전혀 움직이지 않고 다른 한쪽만을 움직여 다른 쪽에 접합시키는 표정법으로 접합표정의 결과 모델대(strip)가 형성된다.

해설 KEY

◉ **표정**

1. 재현의 원리 : 입체도화기는 촬영 시 사진의 기하학적 상태를 그대로 재현하면 대응하는 광선에 대한 교점의 집합은 '피사체의 표면과 전부 합동을 만든다' 는 원리
2. 촬영 시 사진의 기하학적 상태란 그 위치와 경사를 말한다.
3. 사진위치란 X, Y, Z의 3좌표로 표시되며 경사는 3축 둘레의 회전각으로 표현된다.
4. 따라서 각각의 사진에 대하여 이 6개의 양을 알아야 하는데 이러한 결정과정을 표정이라 한다.

핵심 01

다음 중 표정에 관한 설명 중 옳지 않은 것은?

① 상호표정을 하기 위해서는 회전인자 K, Φ, w와 평행인자 b_y, b_z가 필요하다.

② 상호표정이란 $x-y$ 방향의 양시차를 소거하여 지형물의 상대적인 위치를 맞추는 작업이다.

③ 대지표정은 절대표정이라고도 하는데, 축척을 결정하고 위치를 결정하여 원지형과 상사관계가 되도록 하는 작업이다.

④ 접합표정이란 모델과 모델, 스트립과 스트립간의 축척위치 및 방위 등을 조정하여 접합하는 표정이다.

[해설]

(1) 시차 : 종시차(P_y)와 횡시차(P_x)가 있다.

(2) 상호표정이란 종시차(P_y)를 소거하여 완전 입체시되는 모델좌표를 얻는 작업을 말한다.

핵심 02

사진 해석을 위해 입체모델좌표를 지상기준점을 이용하여 축척 및 경사 등을 조정함으로써 대상물 공간좌표를 얻는 과정은?

① 절대표정   ② 상호표정

③ 접합표정   ④ 내부표정

[해설]

절대표정(대지표정)

상호표정이 끝난 입체모델→지상좌표계와 일치하도록 하는 작업으로 축척의 결정→수준면의 결정→축척 및 위치의 결정 순서로 한다.

03 다음 표정에 대한 설명 중 잘못된 것은?

① 내부표정이란 사진 중심과 화면거리를 조정하여 사진 좌표를 구하는 표정이다.

② 외부표정이란 사진 좌표로부터 절대 좌표를 얻는 제반표정이다.

③ 정사투영 사진지도는 카메라의 경사지표의 비고를 수정하고 등고선이 삽입된 지도이다.

④ 상호표정이란 사진 좌표의 종시차를 소거하여 절대 좌표를 얻는 표정이다.

> **[해설]**
>
> 외부표정
> 상호표정 – 절대표정 – 접합표정의 순으로 행한다.
> (1) 상호표정 : 종시차 소거 → 모델좌표
> (2) 절대(대지)표정 : 축척, 수준면, 위치의 결정 → 절대좌표
> (3) 접합표정 : 접합표정의 결과 모델대가 형성됨

04 다음 그림과 같은 시차를 없애려면 사용하여야 할 상호 표정인지는 어느 것인가?

① b_x

② b_y

③ b_z

④ k_1

> **[해설]**
>
> x축의 방향으로 이동하므로 b_x의 운동이다.

핵심 05

사진 측량의 표정에서 입체 사진 표정에 대한 설명으로 옳지 않은 것은?

① 해석적 내부 표정 방법은 정밀 좌표 측정기에 의하여 관측된 상 좌표로부터 사진 좌표를 결정하는 작업이다.

② 기계적 내부 표정 방법은 사진상의 등각점을 도화기의 투영 중심에 일치시키고 초점 거리를 도화기의 눈금에 맞추는 작업이다.

③ 절대 표정은 상호 표정에 의하여 얻어지는 입체 모델 좌표를 지상 기준점을 이용하여 축척 및 경사 등을 조정함으로써 대상물의 공간 좌표를 얻는 과정을 말한다.

④ 상호 표정은 한 모델을 이루는 좌우 사진에서 나오는 광속이 촬영 당시 촬영면 상에 이루는 종시차를 소거하여 입체 모델 전체가 완전 입체시되도록 조정하는 작업이다.

> **해설**
>
> 기계적 내부 표정 방법은 사진상의 주점을 도화기의 촬영 중심에 일치시키고 초점 거리를 도화기의 눈금에 맞추는 작업으로 촬영시와 동일한 광학 관계를 가지도록 양화 필름을 장착시키는 작업이다.

핵심 06

다음 그림과 같은 시차를 없애려면 사용하여야 할 상호 표정인자는 어느 것인가?

① Φ_1

② b_y

③ b_z

④ k_1

> **해설**
>
> y 축의 방향으로 이동
>
> ∴ b_y의 운동

핵심 07 다음 중 대지표정이란 무엇인가?

① 축척만을 맞춘다.

② 경사만을 바로 잡는다.

③ 축척과 경사를 바로 잡는다.

④ 내부표정 및 상호표정 이전에 하는 작업이다.

해설

⑴ 축척 결정, 수준면 결정, 위치를 결정한다.

⑵ 대지표정의 결과 절대좌표를 얻는다.

핵심 08 다음 표정에 대한 설명 중 옳지 않은 것은?

① 대지표정은 절대표정이라고도 하며 축척의 결정, 수준면의 결정, 위치의 결정으로 나누어진다.

② 내부표정이란 도화기의 투영기에 촬영당시와 똑같은 상태로 양화건판을 장착시키는 작업을 말한다.

③ 접합표정은 한 쌍의 입체사진 내에서 한쪽의 표정인자는 전혀 움직이지 않고 다른 한쪽만을 움직여 그 다른 쪽에 접합시키는 표정법을 말한다.

④ 상호표정이란 투영기에서 나오는 광속이 촬영당시 촬영면상에 이루어지는 횡시차를 소거하여 목표지형물의 상대적 위치를 맞추는 작업을 말한다.

해설

상호표정

종시차 소거 : 모델좌표를 얻는다.

핵심 09 다음 표정 단계 중 기준점 좌표를 이용하여 축척, 경사 및 위치를 결정하는 표정은?

① 상호표정   ② 접합표정

③ 내부표정   ④ 절대표정

해설

절대 표정

상호표정된 모델좌표에서 축척, 경사, 위치를 결정하여 절대좌표를 얻는 작업

핵심 10

다음 중 내부표정에 의해 처리할 수 있는 사항은?

① 축척결정 ② 수준면 결정

③ 주점거리 조정 ④ 종시차 소거

해설

내부표정

주점거리 조정. 건판의 신축보정 등을 한다.

출제예상문제

★☆☆
01 다음 사진 측정학의 적용범위로 볼 수 없는 것은?

① 토목설계
② 의상 및 인간공학
③ 인체구조 분석과 정확한 진단
④ 행정 경계의 측정

> **해설**
>
> 사진측정학의 적용범위
> (1) 환경보호 및 조사
> (2) 자원 및 교통조사
> (3) 도시계획
> (4) 토목설계 : 사진에 의한 토목 구조물의 자동설계
> (5) 의상 및 인간공학
> (6) 인체구조의 분석과 정확한 진단
> (7) 고고학, 문화재 보전 및 복원
> (8) 우주개발
> (9) 군사적 이용
> 행정경계는 사진상에 측정되지 않음

★★★
02 다음 카메라 중에서 과고감이 가장 크게 나타나는 것은?

① 보통각 카메라
② 광각 카메라
③ 초광각 카메라
④ 모두 같다.

> **해설**
>
> (1) 과고감은 기선고도비(B/H)에 비례한다.
> (2) 기선장(B)은 초광각 카메라가 가장 크므로 과고감이 크게 나타난다.

★★★
03

다음 사진측량의 장점 중 옳은 것은?

① 평판 측량보다 작업속도가 빠르다.

② 소요 축척의 사진만 촬영하면 정도는 높일 수 있다.

③ 실내 작업이 많으므로 경제적이다.

④ 도화기를 이용하면 기선 삼각점이 없어도 작도할 수 있다.

해설

사진측량에서 항공사진은 후방교회, 지상사진은 전방교회법이므로 삼각측량에 의한 기선측정이 정밀하다.

★★★
04

다음 중 항공사진 촬영 시 카메라의 경사한계는?

① $0°$ ② $3°$

③ $5°$ ④ $10°$

해설

항공사진은 공중에서 촬영할 때 항공카메라의 수직사진과 경사사진의 한계 각도를 $±3°$를 기준으로 한다.

★★☆
05

다음 사항 중 설명이 옳지 않은 것은?

① 지상 사진은 항공사진에 비하여 높이의 정도가 높다.

② 사진 측정에서의 평면오차는 일반적으로 사진상에서 $10 \sim 30 \mu$이다.

③ 표정점은 최소한 3~4점이 필요하다.

④ 수치 지형 모델(DTM)은 기준점이 없어도 임의의 점의 좌표를 얻을 수 있는 가장 정밀한 좌표 측정기이다.

해설

수치지형모델
(1) 지형의 연속적인 기복변화를 3차원 좌표로부터 보간법 등의 자료처리
(2) 불규칙한 지형을 기하학적으로 재현하고 수치적으로 처리하는 방법
(3) 측정의 능률이나 근사의 정도삽입의 어려움 등이 있다.

06 다음 항공사진 측정에서 산악지역이라 함은 무엇인가?

① 산이 많은 지역
② 산지(山地)모델상이 지형의 고저차가 촬영고도의 10% 이상인 지역
③ 평탄지역에 비하여 경사 조정이 편리한 곳
④ 표정시 산정과 협곡에 시차분포가 균일한 곳

해설

산악지역
⑴ 한 사진이나 한 모델상에서 비고가 촬영고도의 10% 이상인 지역
⑵ 이런 지역에서는 사각부를 없애기 위하여 중복도를 10~20% 증가시킨다.

07 다음 중 촬영조건이 같을 경우 사진 한 장에 찍힐 수 있는 지상면적이 가장 큰 항공사진은?

① 보통각 사진　　　　② 광각 사진
③ 초광각 사진　　　　④ f=300mm의 정찰용 사진

해설

화각에 따른 분류
⑴ 사진은 화각이 클수록, 초점거리(f)가 작을수록 소축척이 되고, 한 장당 찍히는 면적이 커진다.
⑵ 초점거리는 300 > 보통각 > 초광각의 순

08 항공사진측량과 평판측량을 비교하여 다음 중 항공사진측량의 장점이 아닌 것은?

① 도화기에 의한 축척변경이 용이하다.
② 정량적, 정성적 측정이 가능하다.
③ 대축척 측량일수록 측량지역이 넓을수록 경비가 더욱 싸다.
④ 정확도가 균일하다.

해설

항공측량의 장점
측량지역이 넓을수록, 축척이 소축척일수록 경제적

09 ★★★

다음 중 지상사진 측량과 항공사진 측량에 관한 설명이 틀린 것은?

① 작업지역이 넓은 경우에는 항공사진측량이 좁은 경우에는 지상측량이 유리하다.
② 지상 사진측량은 전방 교회법으로 측량한다.
③ 항공 사진측량은 후방 교회법으로 측량한다.
④ 지상 사진측량은 축척변경이 용이하고, 항공 사진측량은 축척 변경이 안된다.

해설

(1) 일반적으로 지상사진 측량은 축척변경이 용이하지 않다.
(2) 항공사진은 일정한 한도 내에서 소요축척에 따라 대상물을 도화기로써 용이하게 처리할 수 있다.

10 ★★★

다음 사진측량의 특성 중 틀린 것은?

① 정확도가 균일하다.
② 접근하기 어려운 대상물을 측정할 수 있다.
③ 작업이 분업화되어 능률적이다.
④ 4차원의 측정은 불가능하다.

해설

사진측량은 점의 위치(X, Y, Z)에 시간(T)을 고려할 수 있어 동체측정 등 4차원측정이 가능하다. (예: 교통량측정, 항로측정 등)

11 ★★☆

다음 중 항공사진의 투영은 어느 것인가?

① 연직투영　　　　　② 정사투영
③ 중심투영　　　　　④ 등적투영

해설

항공사진의 투영법
(1) 중심투영 : 항공사진으로 비고에 의한 변위가 발생한다.
(2) 정사투영 : 지형도의 투영법으로 비고가 있더라도 변위가 발생하지 않는다.

12 ★★☆

항공사진의 주점을 구하려면 다음 어느 것을 이용하는가?

① 사진지표　　　　　　② 화면거리
③ 연직점　　　　　　　④ 사진번호

해설

항공사진측량의 주점은 사진상의 지표를 연결한 선이 만나는 점이다.

13 ★★★

항공사진의 축척이 1 : 10,000이고, 사진의 크기는 20 cm × 20 cm, 종중복이 60%, 횡중복이 40%일 때, 연직 사진의 유효 입체 모델 면적[km²]은?

① 0.48　　　　　　　② 0.96
③ 1.25　　　　　　　④ 2.50

해설

$$유효입체모델 = m^2 a^2 \left(1 - \frac{60}{100}\right)\left(1 - \frac{40}{100}\right)$$

$$10{,}000^2 \times 0.0002^2 \times \left(1 - \frac{60}{1000}\right) \times \left(1 - \frac{40}{100}\right) = 0.96\,\text{km}^2$$

14 ★★★

다음 중 도해 사선법에서 사용되는 항공사진은 화면 경사각이 얼마까지 허용하면 좋은가?

① 3° 이내의 기울기를 가진 수직사진이면 수정하지 않고 사용한다.
② 4° 이내의 기울기를 가진 수직사진이면 수정하지 않고 사용한다.
③ 5° 이내의 기울기를 가진 수직사진이면 수정하지 않고 사용한다.
④ 6° 이내의 기울기를 가진 수직사진이면 수정하지 않고 사용한다.

해설

(1) 사선법
　· 사진상에서 관측한 각도가 지표면상에서 관측한 각도와 동일한 값을 가질 때 삼
　　각측량이나 평판측량의 교회법과 같이 하여 계산 혹은 도해적(도해사선법)으로 점
　　의 평면위치를 구하는 방법
　· 사선법에 사용되는 사진

(2) 중복도 : 종중복 60%(최저 50%), 횡중복 30% 이상
  ㆍ비고 : 촬영고도의 10~15% 이내
  ㆍ사진의 경사 : 3° 이내

★★★
15 다음 중 항공 사진에서 등각점을 측각 중심으로 하는 경우와 가까운 것은?

① 화면의 경사가 3° 이내에서 비고가 클 때

② 지면이 평탄하며 화면의 경사가 클 때

③ 엄밀한 연직 사진, 또는 화면의 경사가 3° 이내에서 지면의 비고가 작을 때

④ 화면의 경사 및 지면의 비고가 똑같이 클 때

측각의 중심
(1) 주점 : 화면의 경사가 3° 이내에서 비고가 작을 때
(2) 연직점 : 화면의 경사가 3° 이내에서 비고가 클 때
(3) 등각점 : 지면이 평탄하고 화면의 경사가 클 때

16 다음 항공 사진측량에서 같은 높이에서 촬영했을 때 가장 소축척으로 촬영할 수 있는 카메라는 어느 것인가?

① 보통각 카메라　　　　② 광각 카메라

③ 초광각 카메라　　　　④ 이상 모두 같다.

(1) 축척 $\dfrac{1}{m} = \dfrac{f}{H}$에서 H가 일정하다면 f값이 작을수록 소축척이 된다.

(2) 초점거리 : 보통각 카메라 210mm, 광각 카메라 153mm, 초광각 카메라 90mm

17

다음 사진상의 주점에 대한 설명 중 옳은 것은?

① 대물렌즈의 중심을 말한다.

② 렌즈의 중심으로부터 사진면에 내린 수선의 발

③ 렌즈의 중심으로부터 지면에 내린 수선의 연장선과 사진면과의 교점

④ 사진면에 직교되는 광선과 연직선이 만나는 점

[해설]

주점
렌즈의 중심으로부터 사진면에 내린 수선의 발

18

초점거리 10cm인 카메라로 경사 30°로 촬영된 사진상에 연직점 n과 등각점 j와의 거리는 얼마인가?(단, tan30°=0.7, tan15°=0.3으로 한다.)

① 40.0mm

② 46.4mm

③ 64.2mm

④ 86.2mm

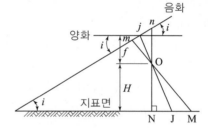

[해설]

$$nj = f\tan i - f\tan\frac{i}{2} = 100\left(\tan 30° - \tan\frac{30°}{2}\right) = 100(0.7 - 0.3) = 40\text{mm}$$

19

다음 중 사진면에 직교되는 광선과 중력선이 이루는 협각을 2등분하는 사진면이 관통하는 점을 무엇이라고 하는가?

① 연직점   ② 등각점

③ 중심점   ④ 부점

[해설]

등각점
사진면에 직교되는 광선과 연직선(중력선)이 이루는 각을 2등분하는 선이 사진면에 마주치는 점

★★☆

20

다음 중 화면거리 10.0cm의 카메라로 평지를 지면에서 2,000m의 촬영고도로 찍은 연직사진의 축척은 얼마인가?

① 1/5,000

② 1/10,000

③ 1/15,000

④ 1/20,000

> **해설**
>
> $$\frac{1}{m} = \frac{f}{H} = \frac{0.10}{2,000} = \frac{1}{20,000}$$

★★☆

21

다음 항공사진 촬영 결과 화면거리 150mm, 비행고도 3,000m인 항공사진의 축척은?

① 1 : 10,000

② 1 : 15,000

③ 1 : 20,000

④ 1 : 25,000

> **해설**
>
> $$\frac{1}{m} = \frac{f}{H} = \frac{0.150}{3,000} = \frac{1}{20,000}$$

★★☆

22

지상에 위치한 40m 구조물이 항공사진 상에 5mm의 크기로 나타날 수 있도록 촬영하고자 할 경우 촬영고도[m]는? (단, 카메라의 초점거리는 150mm이며, 연직촬영을 조건으로 한다.)

① 1,100

② 1,200

③ 1,300

④ 1,400

> **해설**
>
> $$M = \frac{f}{H} = \frac{l}{L}$$
>
> $$\frac{0.15}{H} = \frac{0.005}{30}$$
>
> $$\therefore H = \frac{0.15 \times 40}{0.005} = 1,200\,\text{m}$$

★★☆

23

화면의 크기 20cm×20cm인 사진기로 평탄한 지역을 촬영고도 3,000m로 촬영해서 연직사진을 얻었으며, 그 면적은 16km²이었다. 이 사진기의 초점거리는 얼마인가?

① $\dfrac{3}{25}$ m

② $\dfrac{1}{20}$ m

③ $\dfrac{3}{20}$ m

④ $\dfrac{1}{25}$ m

해설

(1) 1변의 길이$(l) = \sqrt{A} = \sqrt{16} = 4\text{km}$

(2) 축척$\left(\dfrac{1}{m}\right) = \dfrac{a}{l} = \dfrac{0.20}{4,000} = \dfrac{1}{20,000}$

(3) $\dfrac{1}{m} = \dfrac{f}{H}$ 에서

초점거리$(f) = \dfrac{H}{m} = \dfrac{3,000}{20,000} = \dfrac{3}{20}\text{m}$

★★★

24

화면의 크기 20cm×20cm인 사진기로 평탄한 지역을 촬영고도 3,000m로 촬영해서 연직사진을 얻었으며, 그 면적은 16km²이었다. 이 사진기의 축척은 얼마인가?

① $\dfrac{1}{10,000}$

② $\dfrac{1}{15,000}$

③ $\dfrac{1}{20,000}$

④ $\dfrac{1}{30,000}$

해설

(1) 1변의 길이$(l) = \sqrt{A} = \sqrt{16} = 4\text{km}$

(2) 축척$\left(\dfrac{1}{m}\right) = \dfrac{a}{l} = \dfrac{0.20}{4,000} = \dfrac{1}{20,000}$

★★☆
25

항공사진 측량에서 사진상에 나타난 두 점(A, B)의 거리를 측정하였더니 20mm 이었으며 두 점 A, B의 지상좌표는 아래와 같다. 이때 사진 축척(S)은 얼마인가? (단, XA=205,300m, YA=107,936m, XB=205,310m, YB=107,906m, $\sqrt{10}=3$)

① $S = 1 : 1,500$
② $S = 1 : 2,000$
③ $S = 1 : 3,000$
④ $S = 1 : 4,000$

해설

(1) $\overline{AB}$의 실거리 = $\sqrt{\triangle X^2 + \triangle Y^2} = \sqrt{(X_B - X_A)^2 + (Y_B - Y_A)^2}$
$$= \sqrt{(10)^2 + (30)^2} = 10\sqrt{10}$$

(2) 축척 $\dfrac{1}{m} = \dfrac{도상거리}{실제거리} = \dfrac{20}{30,000} = \dfrac{1}{1,500}$

★★☆
26

교량을 고도 1,500 m에서 초점거리 150 mm인 카메라로 연직 항공 사진 촬영을 하였다. 사진상에서 교량의 길이가 10 mm로 나타났다면 이 교량의 길이[m]는?

① 100
② 200
③ 300
④ 400

해설

$$\frac{f}{H} = \frac{l}{L} = \frac{0.15}{1,500} = \frac{0.01}{L}$$
$$\therefore L = 100\text{m}$$

★★☆
27

1/20,000 항공사진의 촬영고도가 3,000m이면 이 사진의 화면거리는 얼마인가?

① 88mm   ② 150mm

③ 210mm   ④ 250mm

해설

$\dfrac{1}{m} = \dfrac{f}{H}$ 에서

$f = \dfrac{H}{m} = \dfrac{3,000}{20,000} = 0.150\text{m} = 150\text{mm}$

★★☆
28

표고 200m의 평탄한 토지를 사진축척 1/10,000로 촬영한 연직사진의 촬영고도 즉 해발고도는 몇 m인가? (단, 카메라의 화면거리는 150mm이다.)

① 1,700m   ② 1,500m

③ 1,300m   ④ 1,100m

해설

(1) 표고 200m의 평지와 비행기의 높이차

$\dfrac{1}{m} = \dfrac{f}{H}$ 에서 $H = mf = 10,000 \times 0.15 = 1,500\text{m}$

(2) 촬영고도(해발고도 H')

$H' = H + \text{표고} = 1,500 + 200 = 1,700\text{m}$

★★★
29

화면거리 20cm의 카메라로 평지로부터 6,000m의 촬영고도로 찍은 연직사진이 있다. 이 사진상에 찍혀있는 비고 500m인 작은 산의 사진 축척은?

① $\dfrac{1}{27,500}$ ② $\dfrac{1}{28,500}$

③ $\dfrac{1}{27,000}$ ④ $\dfrac{1}{28,000}$

해설

$\dfrac{1}{m} = \dfrac{f}{H-h} = \dfrac{0.2}{6,000-500} = \dfrac{1}{27,500}$

★★★ 30

지상고도 2,000m의 비행기 위에서 초점거리 10cm인 촬영기로 촬영한 수직 공중사진에서 50m의 교량의 크기는?

① 2.0mm ② 2.5mm

③ 3.0mm ④ 3.5mm

해설

(1) 축척 $\dfrac{1}{m} = \dfrac{f}{H} = \dfrac{1}{20,000}$

(2) 교량크기 $= \dfrac{1}{20,000} \times 50 = 0.0025\,\mathrm{m}$

★★★ 31

초점거리 150mm의 카메라로 촬영 고도 3,000m에서 촬영한 1/20,000 축척의 항공 사진이 있다. 이 사진의 연직점으로부터 10cm 떨어진 곳에 찍힌 굴뚝의 길이를 측정하니 2mm였다. 이 굴뚝의 실제 높이는 얼마인가?

① 6m ② 0.6m

③ 600m ④ 60m

해설

$\dfrac{\Delta r}{r} = \dfrac{h}{H}$

$\therefore\ h = \dfrac{\Delta r}{r}\,H = \dfrac{0.002}{0.10} \times 3,000 = 60\,\mathrm{m}$

★★☆ 32

촬영고도 2,000m, 비고 200m, 사진주점에서 투영점까지의 거리가 10cm인 지점에서 사진상의 기복 변위량(혹은 편위량)을 구한 값은?

① 4.4mm ② 6.4mm

③ 8.4mm ④ 10.0mm

해설

$\dfrac{\Delta r}{r} = \dfrac{h}{H}$ 이므로 $\Delta r = \dfrac{h}{H} \times r = \dfrac{200}{2,000} \times 100 = 10\,\mathrm{mm}$

★★☆
33

항공사진의 초점거리 150mm, 사진 23cm × 23cm, 사진축척 1/20,000, 기준면으로부터의 높이 30m일 때, 비고(比高)에 의한 사진의 최대편위는 어느 것인가? (단, $\sqrt{2}$ =0.16)

① 0.037cm ② 0.018cm

③ 0.025cm ④ 0.031cm

$$H = f \cdot M = 0.15 \times 20,000 = 3,000$$

$$\Delta r_{max} = \frac{h}{H} r_{max} = \frac{30}{3,000} \times 0.23 \times \frac{\sqrt{2}}{2} = 0.0184 \text{cm}$$

★★☆
34

다음 중 평탄한 지형을 1/20,000 축척으로 촬영한 항공사진을 편위수정 후 제작한 1/5,000 사진에서 길이 5.0mm로 나타난 건물의 높이는 얼마인가?
(단, 연직점에서 건물까지 사진상의 길이는 50cm이고 촬영 사진기의 초점거리는 15cm이다.)

① 20m ② 30m

③ 40m ④ 50m

$$H = fm = 0.15 \times 20,000 = 3,000 \text{m}$$

$$\Delta r = \frac{h}{H} r \text{에서 } h = \frac{\Delta r}{r} H = \frac{0.5}{50} \times 3,000 = 30 \text{m}$$

35

★★☆

항공사진측량 결과 편위수정에 의하여 1/ 30,000 축척의 지도제작을 하는 경우에 허용되는 최대 비고는 얼마인가? (단, 촬영 카메라의 화면거리는 150mm, 항공사진 축척은 1/50,000, 지도 제작범위는 1/50,000 사진의 사진 중심점에서 6cm이내, 완성도상에서 최대 오차는 0.4mm, 편위수정은 평균표고면을 기준으로 실시함)

① 30.0m

② 25.0m

③ 20.0m

④ 15.0m

해설

$$H = fm = 0.15 \times 30,000 = 4,500\,\mathrm{m}$$

$$\Delta r_{\max} = \frac{h}{H} r_{\max}$$

$$\therefore \ h = \frac{\Delta r_{\max}}{r_{\max}} H = \frac{0.4}{60} \times 4,500 = 30\,\mathrm{m}$$

36

★★★

지상고도 2,000m의 비행기 위해서 초점거리 120mm의 사진기로 촬영한 수직 항공 사진에서 길이 50m인 교량의 사진상의 길이는?

① 1.26mm

② 3.00mm

③ 2.6mm

④ 3.38mm

해설

$$\frac{1}{m} = \frac{f}{H} = \frac{l}{L} \ \mathrm{에서}$$

$$\therefore \ l = \frac{f}{H} \times L = \frac{120}{2,000} \times 50 = 3.00\,\mathrm{mm}$$

★★☆

37

대지고도 3,000m로 촬영한 편위수정 사진이 있다. 지상 연직점으로부터 500m
인 곳에 있는 비고 1,000m의 산꼭대기는 몇 mm 변위로 찍혀지는가?
(단, 축척은 1/25,0000이다.)

① 약 4.5mm
② 약 6.7mm
③ 약 9.5mm
④ 약 10.5mm

해설

실제 연직점에서 사진상의 연직점거리(r)를 환산하면

$$r = \frac{500}{25,000} = 0.02\text{m}$$

$\dfrac{\Delta r}{r} = \dfrac{h}{H}$ 에서 $\Delta r = \dfrac{h}{H}r = \dfrac{1,000}{3,000} \times 0.02 = 0.0067\text{m}$

★★☆

38

다음 중 항공사진 측량에서 산악지역이 포함하는 뜻은?

① 산지의 면적이 평지의 면적보다 그 분포 비율이 높은 지역
② 비고차가 커서 2단 촬영을 해야 하는 지역
③ 평탄지역에 비하여 경사조정이 편리한 지역
④ 표정시에 산정(山頂)과 계곡사이에 시차분포가 균일한 지역

해설

산악지역
사진상에서 비고가 10% 이상인 지역을 말한다.

★★★

39

초점거리가 200mm인 사진기로 비고 640m 지점의 기념탑을 1/50,000의 사진
축척으로 촬영한 연직사진이 있다. 이때 촬영고도는 얼마인가?

① 9,140m
② 10,140m
③ 10,640m
④ 12,140m

해설

비고가 있을 때의 축척을 구하면

$$\frac{1}{m} = \frac{f}{H-h} \qquad \therefore \quad H = fm + h = 0.200 \times 50,000 + 640 = 10,640\text{m}$$

★★★
40

다음 중 항공사진 촬영에 있어서 일반적으로 택하는 종중복도와 횡중복도는?

① 60%, 30%　　　　　　② 60%, 40%

③ 70%, 30%　　　　　　④ 50%, 50%

해설

(1) 종중복
- 입체시를 위해 필요하며 최소 50%, 일반적으로 60%

(2) 횡중복
- 촬영코스간의 틈을 없애기 위해 최소 5%, 일반적으로 30%
- 비고가 촬영고도의 10% 이상인 때는 사각부를 없애기 위해 종중복도를 10~20% 증가시킨다.

★★☆
41

다음 화면의 크기 20cm×15cm, 초점거리 20cm, 촬영고도 5,000m일 때, 이 화면의 총면적은? (단, 계산된 축척은 $\dfrac{1}{25,000}$ 이다.)

① $12,500^2 \times 0.20 \times 0.15\text{m}^2$

② $25,000^2 \times 0.20^2 \times 0.15^2\text{m}^2$

③ $25,000 \times 0.20 \times 0.15\text{m}^2$

④ $25,000^2 \times 0.20 \times 0.15\text{m}^2$

해설

(1) 축척 $\dfrac{1}{m} = \dfrac{f}{H} = \dfrac{0.20}{5,000} = \dfrac{1}{25,000}$

(2) 면적 $A = (ma)(mb) = m^2 ab = (25,000)^2 \times 0.20 \times 0.15\text{m}^2$

★★★
42

다음 중 산악 지역이나 고층 빌딩이 밀접한 시가지에서의 항공 사진 촬영 중복도를 10~20% 이상 높이는 이유는?

① 높이의 정도를 높게 하기 위하여
② 고도가 높을수록 사각 부분이 많이 생기기 때문에
③ 비고감을 높게 하기 위하여
④ 수차를 없애기 위하여

해설

사각부분을 없애기 위해 중복을 70~80% 시킨다.

★★★
43

사진의 크기가 23cm×23cm이고 두 사진의 주점 기선의 길이는 10cm이었다. 이때의 종 중복도는 얼마인가?

① 43%   ② 57%
③ 64%   ④ 78%

해설

주점 기선장

$$b_0 = a\left(1 - \frac{P}{100}\right) \text{에서 } P = \left(1 - \frac{b_0}{a}\right) \times 100 = \left(1 - \frac{10}{23}\right) \times 100 = 56.5\% \fallingdotseq 57\%$$

★★★
44

사진측량 결과 F : 촬영대상지역의 면적 A_0 : 사진 1장의 유효면적이라 하면 안전율을 고려한 사진 매수(N) 구하는 식으로 옳은 것은?

① $N = A_o F(1 + \text{안전율})$ ② $N = \frac{F}{A_o}(\text{안전율})$

③ $N = \frac{F}{A_o}(1 + \text{안전율})$ ④ $N = \frac{A_0}{F}(1 + \text{안전율})$

해설

사진매수 $N = \frac{F}{A_o}(1 + \text{안전율})$

★★★
45

주점기선장이 밀착사진에서 6cm일 때 18×18cm의 공중사진의 중복도는?

① 75% 　　　　　　　　　② 70%

③ 67% 　　　　　　　　　④ 50%

해설

$$b = a\left(1 - \frac{p}{100}\right) 에서 \quad \frac{p}{100} = 1 - \frac{b}{a}$$

$$\therefore \ p = \left(1 - \frac{6}{18}\right) \times 100 = 67\%$$

★★☆
46

항공사진측량 시 화면 1변의 길이를 a, 사진 축척의 분모를 m이라 할 때 사진 한 장에 촬영되는 지상면적(A_o)를 구하는 식으로 옳은 것은?

① $A_o = (am)^2 \times (am)$ 　　　② $A_o = (am) \times (am)$

③ $A_o = (a^2 m)$ 　　　　　　　　④ $A_o = (am^2)$

해설

사진 1매의 지상면적

$$A_o = (am) \times (am) = a^2 m^2 = a^2 \frac{H^2}{f^2}$$

★★★
47

다음 중 초점거리가 15cm이고 종중복도 60%, 축척이 1/10,000인 사진의 기선고도비는? (단, 사진의 크기 23×23cm)

① 31% 　　　　　　　　　② 51%

③ 61% 　　　　　　　　　④ 71%

해설

$$B = ma\left(1 - \frac{p}{100}\right) = 10,000 \times 0.23 \times \left(1 - \frac{60}{100}\right) = 920\text{m}$$

$$H = mf = 10,000 \times 0.15 = 1,500\text{m}$$

$$\therefore \ 기선도비(B/H) = \frac{920}{1,500} = 61\%$$

★★★
48

다음 중 실체시의 변화에 관한 내용으로 맞는 것은?

① 입체상은 촬영기선이 긴 경우가 짧은 경우보다 더 낮아 보인다.
② 렌즈의 초점거리가 긴 쪽의 사진이 짧은 쪽의 사진보다 더 높게 보인다.
③ 눈의 위치가 약간 높아짐에 따라 입체상은 더 낮게 보인다.
④ 촬영고도의 차에 의한 변화도 있다.

[해설]

과고감
(1) 높은 곳은 더 높게, 낮은 곳은 더 낮게 보이는 현상
(2) 기선고도비(B/H)에 비례한다.
(3) 촬영기선이 길수록 과고감은 커진다.
(4) 촬영고도가 낮을수록($H = f \cdot m$에서 초점거리가 작을수록) 과고감은 커진다.

★★☆
49

수직 항공 사진상에 나타난 교량의 길이가 0.2mm이고, 이 교량의 실제 길이는 20m이다. 카메라의 초점거리가 150mm이고 화면의 크기가 18×18cm이다. 이 때 축척과 사진 한 장에 포괄되는 토지의 면적은 몇 km²인가?

① 축척 : $\dfrac{1}{200,000}$, 토지면적 $= (200,000 \times 0.18)^2$

② 축척 : $\dfrac{1}{100,000}$, 토지면적 $= (100,000 \times 0.18)^2$

③ 축척 : $\dfrac{1}{10,000}$, 토지면적 $= (10,000 \times 0.18)^2$

④ 축척 : $\dfrac{1}{50,000}$, 토지면적 $= (50,000 \times 0.18)^2$

[해설]

(1) $\dfrac{1}{m} = \dfrac{도상거리}{실제거리} = \dfrac{0.0002}{20} = \dfrac{1}{100,000}$

(2) $A = (ma)^2 = (100,000 \times 0.18)^2$

★★☆

50

1 : 30,000의 축척으로 촬영한 항공사진을 C−계수가 1500인 도화기로서 도화 작업을 할 때의 신뢰할 수 있는 최소 등고선의 간격은? (단, 사진의 화면거리는 150mm이다.)

① 2.5m

② 3.0m

③ 5.0m

④ 10.0m

[해설]

$H = fm = 0.15 \times 30,000 = 4,500\,\mathrm{m}$

$H = C\Delta h$에서 $\Delta h = \dfrac{H}{C} = \dfrac{4,500}{1,500} = 3\,\mathrm{m}$

★★★

51

축척 1/20,000로 촬영된 연직사진을 C-계수가 1,300인 도화기로 도화할 수 있는 최소등고선 간격이 2.0m였다면, 이때 기선 고도비는?

(단, 화면크기 23cm×23cm, 횡중복도 30%, 종중복도는 60%이다.)

① 0.54

② 0.84

③ 0.71

④ 1.04

[해설]

(1) $H = C\Delta h = 1,300 \times 2 = 2,600\,\mathrm{m}$

(2) $B = am\left(1 - \dfrac{P}{100}\right) = 0.23 \times 20,000\left(1 - \dfrac{60}{100}\right) = 1,840\,\mathrm{m}$

(3) 기선고도비 $B/H = 1,840/2,600 = 0.71$

★★☆

52

다음은 사진을 입체시하여 보았을 때 입체상의 변화를 기술한 것 중 옳지 않은 것은?

① 촬영기선이 긴 경우가 짧은 때보다 더 높게 보인다.

② 렌즈의 초점거리가 긴 쪽의 사진이 짧은 쪽의 사진보다 더 높게 보인다.

③ 같은 카메라로 촬영고도를 변형하여 같은 촬영기선에서 촬영할 때 낮은 촬영고도로 촬영한 사진이 촬영고도가 높은 경우보다 더 높게 보인다.

④ 눈의 위치가 약간 높아짐에 따라 입체상은 더 높게 보이다.

[해설]

초점거리가 긴 쪽의 사진이 짧은 쪽의 사진보다 더 낮게 보인다.

53 다음 사진측량에서 스트립(strip) 설명 중 옳지 않은 것은?

① 촬영비행 진행방향으로 연속된 모델

② 비행코스와도 같은 의미로 쓰인다.

③ 스트립의 횡방향으로 이루어진 것이 블록(block)이다.

④ 비행코스나 블록과 무관한 사진들의 집합이다.

★★★

54 축척 1/10,000로 촬영한 연직사진을 C-계수가 1,000인 도화기로서 도화할 수 있는 최소등고선의 간격이 1.5m이었다면 기선고도비는 얼마인가?
(단, 사진 크기는 23×23cm, 횡중복 40%, 종중복 60%이다.)

① 0.55

② 0.61

③ 0.73

④ 0.82

[해설]

(1) $H = C\Delta h = 1,000 \times 1.5 = 1,500 \text{m}$

(2) $B = ma\left(1 - \dfrac{P}{100}\right) = 10,000 \times 0.23\left(1 - \dfrac{60}{100}\right) = 920 \text{m}$

(3) 기선고도비(B/H) $= \dfrac{920}{1,500} = 0.61$

★★☆

55 다음 중 입체시에 대한 설명 중 옳지 않은 것은?

① 2매의 사진이 입체감을 나타내기 위해서는 사진축척이 거의 같고 촬영한 카메라의 광축이 거의 동일 평면 내에 있어야 한다.

② 여색입체사진이 오른쪽은 적색, 왼쪽은 청색으로 인쇄되었을 때 오른쪽 적색, 왼쪽에 청색의 안경으로 보아야 바른 입체시가 된다.

③ 렌즈의 화면거리가 길 때가 짧을 때보다 입체상이 더 낮게 보인다.

④ 입체시 과정에서 본래의 고저가 반대가 되는 현상을 역 입체시라고 한다.

[해설]

여색 입체시(여색 인쇄법)

(1) 한 쌍의 입체사진의 오른쪽은 적색, 왼쪽은 청색으로 현상하여 겹쳐 인쇄한 것

(2) 이 사진의 오른쪽은 청색, 왼쪽에 적색의 안경으로 보아 입체감을 얻는 방법

56
★★★

다음 중 입체상의 변화에 대한 설명 중 옳은 것은?

① 입체상의 변화는 기선고도비(B/H)에 영향을 받는다.
② 입체상은 촬영기선이 짧은 경우가 긴 경우보다 더 높게 보인다.
③ 렌즈의 초점거리가 짧은 쪽이 긴 경우보다 더 낮게 보인다.
④ 눈의 높이를 달리할 경우 눈의 높이가 약간 높아짐에 따라 입체상은 더 낮게 보인다.

해설

입체상의 변화
(1) 기선이 긴 경우가 더 높게 보인다.
(2) 초점거리가 긴 렌즈가 더 낮게 보인다.
(3) 같은 촬영기선에서 낮은 촬영고도(대축척)로 촬영한 사진이 더 높게 보인다.
(4) 눈의 위치가 약간 높아짐에 따라 입체상은 더 높게 보인다.

57
★☆☆

다음 반사식 입체경으로 항공사진을 입체시할 때 사진을 놓는 위치가 바른 것은?

① 좌우의 사진에서 서로 대응되는 점이 60~70mm 되도록 놓는다.
② 사진의 중복부를 좌측에 놓는다.
③ 사진의 중복부를 우측에 놓는다.
④ 좌우의 사진에서 서로 대응되는 점이 25~30cm 되도록 놓는다.

58
★★☆

다음 중 공중사진을 실체 측정해서 산의 높이를 측정할 수 있는 이유는?

① 산지의 횡시차가 골짜기의 횡시차보다 크기 때문에
② 산지의 횡시차가 골짜기의 횡시차보다 적기 때문에
③ 산지의 종시차가 골짜기의 종시차보다 크기 때문에
④ 산지의 종시차가 골짜기의 종시차보다 적기 때문에

해설

(1) 입체시는 횡시차(수평시차)가 있기 때문이며 종시차는 측정에 방해가 된다.
(2) 횡시차는 대축척인 산지가 골짜기보다 크다.

★★☆
59

오른쪽의 밀착 사진을 청색으로, 왼쪽의 밀착 사진을 적색으로 중복하여 인쇄한 것을 여색 입체시를 행할 경우 정 입체시하기 위하여 색안경을 어떻게 쓰면 좋은가?

① 오른쪽에 청색, 왼쪽에 적색의 색안경을 써야 한다.
② 오른쪽에 적색, 왼쪽에 청색의 색안경을 써야 한다.
③ 오른쪽과 왼쪽에 청색의 안경을 써야 한다.
④ 오른쪽과 왼쪽에 적색의 안경을 써야 한다.

> **해설**
>
> (1) 정입체시 : 오른쪽→적색, 왼쪽→청색
> (2) 역입체시 : 오른쪽→청색, 왼쪽→적색

★★★
60

다음 중 상호 표정 인자가 아닌 것은?

① b_x ② b_y
③ b_z ④ w

> **해설**
>
> 상호표정인자
> (1) 종시차와 관계 b_y, b_z, k, Φ, w의 5개
> (2) b_x : 횡시차

★★★
61

다음 항공사진 측량에서 상호표정을 실시하려고 한다. 아래 표정인자 조합 중 상호표정을 할 수 없는 것은?

① K_1, K_2, w_1, b_{z1}, Φ_1 ② K_1, K_2, w_1, w_2, Φ_2
③ w_1, w_2, Φ_2, b_{y1}, K_2 ④ K_1, w_1, Φ_1, Φ_2, b_{x2}

> **해설**
>
> 상호표정은 종시차(P_y)를 소거하여 모델 좌표를 얻는 것으로 횡시차 조정성분인 b_x는 상호표정에 아무런 쓸모가 없다.

★★★
62

항공사진을 도화기를 사용하여 표정을 실시하려고 한다. 사진의 축척, 경사, 방위는 어떠한 표정을 실시할 때 결정되는가?

① 접속표정　　　　　　　② 절대표정

③ 상호표정　　　　　　　④ 내부표정

> **해설**
>
> (1) 내부표정
>   　사진의 초점거리를 조정하고 주점을 맞추는 작업으로 사진좌표를 얻는다.
> (2) 외부표정
>   ・ 상호표정 : 종시차를 소거하여 모델좌표를 얻는다.
>   ・ 절대표정(대지표정) : 상호표정이 끝난 다음 측지좌표를 이용하여 축척, 위치, 방위, 표고, 경사를 결정한다.
>   ・ 접속표정 : 모델간, 스트립간의 접합

★★☆
63

투영기의 기준면을 정하고 축척을 결정하는 작업을 다음 중 무엇이라고 하는가?

① 내부표정　　　　　　　② 외부표정

③ 상호표정　　　　　　　④ 절대표정

> **해설**
>
> 절대표정(대지표정)
> (1) 축척의 결정　　(2) 수준면(Z좌표)의 결정　　(3) 위치(X, Y좌표)의 결정

★★★
64

사진측량에서 대지표정에 대한 설명 중 틀린 것은?

① 축척결정　　　　　　　② 표고, 경사결정

③ 초점거리 조정　　　　　④ 상호표정을 수행한다.

> **해설**
>
> 대지표정
> 축척을 결정한 후 시차가 생기면 다시 상호표정으로부터 축척 결정 → 수준면 결정 → 위치결정 순으로 표정한다. 초점거리의 조정은 내부표정이다.

★★☆
65

다음과 같은 시차를 소거하기 위해 옳은 것은 어느 것인가?

① w

② k

③ b_y

④ b_z

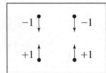

해설

b_z의 운동

z축을 중심으로 상하운동 → 확대 or 축소됨

★★★
66

다음 중 항공사진 판독요소로만 이루어진 것은?

① 색조, 크기, 날짜　　　　② 질감, 모양, 촬영고도

③ 형상, 날짜, 촬영고도　　④ 음영, 모양, 크기

해설

사진판독의 요소

색조, 모양, 질감, 음영, 크기, 형상, 상호위치관계, 과고감 등

★★☆
67

사진측정에 대한 다음 설명 중 옳지 않은 것은?

① 사진측정에서는 기선이 없어도 정도가 높은 도화기로 도화작업을 행할 수 있는 장점이 있다.

② 촬영용 항공기는 항속거리가 길어야 하며, 이착륙 거리가 짧아야 한다.

③ 지면에 비고가 있으면 연직사진이라도 각 지점의 축척은 엄밀히 서로 다르다.

④ 항공삼각측량이란 항공사진상의 사진좌표를 도화기 또는 정밀좌표 측정기로 측정, 소수의 지상 기준점 성과를 이용하여 측정된 다량의 사진좌표를 측지좌표로 환산해 내는 경제적 기법이다.

68 ★★☆

다음 그림은 도화기의 어느 표정 요소의 움직임을 표시한 것이다. 옳은 것은?

① b_z
② b_y
③ ϕ
④ ω

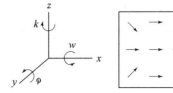

> **해설**
>
> y축의 회전인자인 ϕ의 운동을 나타낸다.

69 ★★☆

다음 중 사진 판독에 대한 설명 중 틀린 것은 어느 것인가?

① 판독 요소는 색조, 모양, 형상, 질감, 크기, 음영 등이 있다.
② 판독 순서는 촬영 계획→촬영과 사진 제작→판독기준 작성→판독→정리
③ 사진 색조가 표층토양의 함수율이 낮은 곳은 검게, 높은 곳은 희게 찍히
   는데 이를 Soil Mark라 한다.
④ 우리 육안의 분해능은 0.2mm이다.

> **해설**
>
> 사진의 색조가 표양토층의 함수율이 낮은 곳은 희게, 높은 곳은 검게 찍히는데 이를
> Soil Mark라 한다.

70 ★★☆

1/50,000의 사진을 만들기 위해 6,000m의 비행고도로 촬영하였을 때 평면에
서의 상대오차는 얼마인가?

① 0.3~1.5m   ② 0.7~1.5m
③ 0.5~1.5m   ④ 0.9~1.5m

> **해설**
>
> 항공사진에서 평면의 오차는 $10 \sim 30 \mu M$이다.
> $\therefore (10 \times 10^{-6} \sim 30 \times 10^{-6}) \times M = (10 \times 10^{-6} \sim 30 \times 10^{-6}) \times 50,000 = 0.5 \sim 1.5m$
> 여기서, M : 축척분모

정답   65 ④   66 ④   67 ①   68 ③   69 ③   70 ③

★★★
71 다음 중 $\dfrac{1}{70,000}$ 축척의 항공사진에서 사진측정의 평면오차 한계는?

① $\left(\dfrac{20}{10^6} \sim \dfrac{30}{10^6}\right) \times 70,000\,\mathrm{m}$　　② $\left(\dfrac{5}{10^6} \sim \dfrac{10}{10^6}\right) \times 70,000\,\mathrm{m}$

③ $\left(\dfrac{10}{10^6} \sim \dfrac{30}{10^6}\right) \times 70,000\,\mathrm{m}$　　④ $\left(\dfrac{30}{10^6} \sim \dfrac{40}{10^6}\right) \times 70,000\,\mathrm{m}$

> **해설**
>
> (1) 축척 $\dfrac{1}{m} = \dfrac{1}{70,000}$
>
> (2) 평면오차한계$(10 \sim 30\mu)\mathrm{m} = \left(\dfrac{10}{10^6} \sim \dfrac{30}{10^6}\right) \times 70,000 = 0.7 \sim 2.1\,\mathrm{m}$

★★☆
72 다음 중 원격측정에 대한 설명 중 옳지 않은 것은?

① 원격측정은 회전주기가 일정하므로 원하는 지점 및 시기에 관측하기가 용이하다.
② 탐사된 자료가 즉시 이용될 수 있으며, 재해 및 환경문제 해결에 편리하다.
③ 관측이 좁은 시야각으로 실시되므로 얻어진 영상은 정사투영상에 가깝다.
④ 짧은 시간에 넓은 지역을 동시에 측정할 수 있으며 반복측정이 가능하다.

> **해설**
>
> 원격측정은 회전주기가 일정하므로 원하는 지점 및 시기에 관측하기가 어렵다.

73 다음 중 원격 탐측(Remote Sensing)과 관계없는 것은 어느 것인가?

① VLBI　　　　　　　② ERTS
③ MSS　　　　　　　④ LANDSAT

> **해설**
>
> ① VLBI : 초장기선 전파간섭계　　② ERTS : LANDSAT의 기본형
> ③ MSS : 다중 파장대 주사기　　　④ LANDSAT : 지구자원 탐사위성

★★★
74

다음 중 수동적 센서 방식이 아닌 것은?

① 전자적 주사방식　　　　　② 사진방식

③ Vidicon방식　　　　　　　④ Laser방식

센서

(1) 화상 센서

　수동적 센서

　　– 선주사 방식 : 광기계적 주사방식, 전자적 주사방식

　　– 카메라 방식 : 사진 방식, T.V 방식(Vidicon 방식)

　능동적 센서

　　– Radar 방식

　　– Laser 방식

(2) 비화상 센서

★★☆
75

생물 및 식물의 연구나 조사 등에 널리 이용되는 것으로서 식물의 잎이 적색으로 나타나는 사진은 어떤 것인가?

① 위색사진　　　　　　　　② 적외선사진

③ 팬크로사진　　　　　　　④ 팬인플러사진

(1) 팬크로사진 : 가시광선(0.4μ~0.75μ)에 해당하는 전자파로 이루어진 사진으로 판독용으로 쓰인다.

(2) 팬인플러사진 : 팬크로사진과 적외선 사진의 중간에 속하며, 적외선용 필름과 황색필터를 사용한다.

(3) 위색사진 : 식물의 잎은 적색으로, 그 외는 청색으로 찍히게 되는 특수사진으로 생물 및 식물의 연구조사 등에 이용한다.

(4) 적외선 사진 : 지도작성 뿐만 아니라 지질, 토양, 수자원 및 삼림조사 등의 판독용

★★☆
76

다음 중 항공 삼각측정의 설명 중 가장 타당한 것은?

① 항공기에서 지상 목표물에 전자파를 송수신하여 수행하는 삼각측량
② 항공사진에서 정밀도화기 및 정밀좌표측정기에 의하여 관측된 많은 좌표군을 소수의 대응지상기준점 성과를 이용하여 사진좌표를 대지상좌표(혹은 측지좌표)로 조정전환하는 작업
③ 도화기를 이용하여 사진의 좌표를 삼각측량원리에 의하여 수행하는 측량
④ 항공사진에 선정된 점의 평면좌표를 측정하는 작업으로써 전자정보처리 조작에 의한 측량

77

다음 중 원격 측정의 설명 중 옳지 않은 것은?

① 인공위성에 의한 영상에 관한 수집장치로는 M.S.S, R.B.V. 등이 있다.
② E.R.T.S의 촬영 고도는 900~950km이고, 사진 한 장에 포함되는 면적은 34,225km²이다
③ 인공위성에서 이루어지는 특수한 기법이다.
④ 원격 측정은 원거리에 있는 대상물과 현상에 관한 정보를 해석함으로써 토지 환경 및 자원 문제를 해결하는 학문이다.

해설

⑴ 원격탐측은 원거리에서 비행기나 인공위성에 탑재된 탐측기를 이용하여 지표의 대상물에서 반사 또는 방사된 전자 스펙트럼을 측정
⑵ 이 자료들을 이용하여 대상물이나 현상에 관한 정보를 얻는 기법

11 부록

2015 지방공무원 경력경쟁임용 필기시험

- 필기시험 시험시간 : 20분　　　• 자가진단점수 1차 : ＿＿＿　2차 : ＿＿＿　　　• 학습진도 30% 60% 90% □ □ □

01 현재 우리나라 제도권 측량을 할 때 사용되는 기준타원체는?

① 베셀타원체
② 헤인포드 타원체
③ WGS80
④ GRS80

02 우리나라 평면직각좌표계의 원점에 대한 설명으로 옳은 것은?

① 원전의 경도는 동경 127°03′ 14.8913″이다.
② 원방위각은 3°17′ 32.159″이다.
③ 모든 점의 좌표가 양수가 되도록 종축(X축)에 600,000M, 횡축(Y축)에 200,000을 더한다.
④ 지구의 질량중심을 좌표계의 원점으로 한다.

03 「지형공간의 구축 및 관리 등에 관한 법률」상 모든 측량의 기초가 되는 공간정보를 제공하기 위하여 국토교통부장관이 실시하는 측량은?

① 기본측량　　　② 공공측량
③ 지적측량　　　④ 수로측량

04 어떤 토탈스테이션의 거리에 대한 정확도가 3mm+2ppm·L이라고 할 때, 2ppm·L에 해당하는 오차는? (단 L은 측정거리이다.)

① 토탈스테이션 상수오차
② 반사경 상수 오차
③ 토탈스테이션 구심오차
④ 대기 굴절오차

05 검정한 길이보다 20mm가 긴 30m 테이프로 정사각형의 토지를 측정하여 8,100m²의 면적을 구하였다. 이 토지의 실제 한 변 길이[m]는?

① 89.94　　　　② 89.98
③ 90.02　　　　④ 90.06

06 그림과 같이 A, B 두 점 간의 경사거리(L)를 측정하였더니 50.000m였고, A, B 두 점 간의 고저차(h)가 1.000m이었다. A,B 두 점 간의 경사를 보정한 수정거리(L0) [m]는?

① 19.987
② 49.990
③ 49.993
④ 49.996

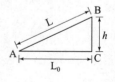

07 그림과 같은 트래버스측량에서 측선 BA의 방위각은?

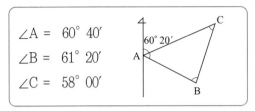

∠A = 60° 40′
∠B = 61° 20′
∠C = 58° 00′

① 297° 20′
② 298° 40′
③ 301° 00′
④ 302° 20′

08 GPS와 같은 GNSS측량의 일반적인 특성에 대한 설명으로 옳지 않은 것은?

① 실시간으로 3차원 위치 측정이 가능하다.
② 기선을 결정할 경우에는 두 측점 간에 서로 잘 보여야 한다.
③ 기상에 관계없이 하루 24시간 어느 시간에도 이용이 가능하다.
④ 민간을 신호하는 신호사용에 따른 경제적 부담이 없다.

09 폐합 트래버스측량에서 1개 측점의 각 관측 허용오차가 ±5″일 경우 측점이 16개일 때 이 폐합트래버스의 허용오차는?

① ±20″
② ±25″
③ ±30″
④ ±35″

10 그림과 같이 터널 내에서 직접 수준측량을 실시할 경우 이에 대한 설명으로 옳은 것은?
(단, 전·후시 읽음 값의 단위는 m이고, No.0의 지반고는 100.000m이다.)

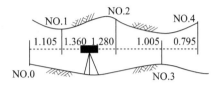

① No.1은 후시로 −1.360m이고 지반고는 102.465m이다.
② No.2는 전시로 −1.280m이고 지반고는 102.385m이다.
③ No.3은 전시로 1.005m이고 지반고는 101.100m이다.
④ No.4는 전시로 −0.795m이고 지반고는 100.310m이다.

11 주로 해도, 하천, 항만 등의 수심을 나타내는 경우에 사용되며, 임의 점의 표고를 숫자로 도면 상에 나타내는 지형의 표현방법은?

① 우모법
② 음영법
③ 점고법
④ 등고선법

12 도로의 중심선을 따라 중심말뚝 20m 간격의 종단측량을 실시하여 표와 같은 결과를 얻었다. No.1으로부터 No.4의 지반고를 연결하여 이를 도로 계획선으로 설정할 경우, 이 계획선의 경사도[%]는?

측 점	지반고(m)
No.1	27.35
No.2	26.24
No.3	25.67
No.4	24.89

① −2.46 ② +2.46

③ −4.10 ④ +4.10

13 축척이 1:5,000인 국가 기본도에서 주곡선의 간격[m]은?

① 1 ② 2

③ 5 ④ 10

14 차량 주행 시 충격을 완화하고 충분한 시거를 확보할 목적으로 경사가 변화하는 곳에 설치하는 곡선은?

① 평면곡선 ② 완화곡선

③ 횡단곡선 ④ 종단곡선

15 그림과 같은 지역을 땅고르기하기 위하여 수준측량을 실시하였다. 절토량과 성토량이 균형을 이루기 위한 지반고[m]는?

① 2.0

② 2.1

③ 2.2

④ 2.3

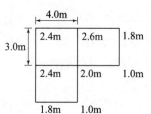

16 수면으로부터 수심의 20%, 40%, 60%, 80%인 지점의 유속을 측정하였더니 각각 1.00m/sec, 1.20m/sec, 0.80m/sec, 0.40m/sec 이었다. 이 경우 3점법으로 계산한 유속[m/sec]은?

① 0.70 ② 0.75

③ 0.80 ④ 0.85

17 도로기점(No.0)으로부터 교점 I.P까지의 추가거리가 1,150m이고, 교각 I=90°, 곡선반지름 R=500m, 중심말뚝 간격이 20m일 때, 곡선종점 E.C의 위치는? (단, π=3으로 계산한다.)

① No.64 ② No.66

③ No.68 ④ No.70

18 차량의 직선부에서 곡선부로 진입할 때 직선과 원곡선 사이에 삽입하는 완화곡선에 대한 설명으로 옳지 않은 것은?

① 완화곡선에 연한 곡선 반지름의 감소율은 캔트의 증가율과 같다.
② 완화곡선의 종류에는 클로소이드곡선, 렘니스케이트곡선, 3차포물선 등이 있다.
③ 완화곡선의 접선은 시점에서 직선에 접하고, 종점에서 원호에 접한다.
④ 완화곡선의 반지름은 시점에서 반지름이 되고 종점에서 무한대가 된다.

19 지상에 위치한 40m 구조물이 항공사진 상에 5mm의 크기로 나타날 수 있도록 촬영하고자 할 경우 촬영고도[m]는? (단, 카메라의 초점거리는 150mm이며, 연직촬영을 조건으로 한다.)

① 1,100
② 1,200
③ 1,300
④ 1,400

20 사진 해석을 위해 입체모델좌표를 지상기준점을 이용하여 축척 및 경사 등을 조정함으로써 대상물 공간좌표를 얻는 과정은?

① 절대표정
② 상호표정
③ 접합표정
④ 내부표정

2016 지방공무원 경력경쟁임용 필기시험

01 그림과 같은 등고선에서 A, B 두 점 간의 도상 거리가 4cm이고 축척이 1:5,000일 때 AB의 경사도는?

① 2.5%

② 5.0%

③ 7.5%

④ 10.0%

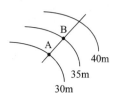

02 등고선에 대한 설명으로 옳은 것은?

① 등고선은 능선 또는 계곡선과 직교하지 않으며 최대경사선과는 직각으로 만난다.

② 등고선이 도면 내에서 폐합하는 경우 등고선의 내부에는 산정(산꼭대기)이나 분지가 있다.

③ 높이가 다른 두 등고선은 절대로 교차하거나 만나지 않는다.

④ 지표면의 경사가 급한 곳에서는 등고선 간격이 넓어지며 완만한 곳에서는 좁아진다.

03 강철 줄자에 의한 거리 측량 시 발생하는 정오차의 원인에 해당하는 것은?

① 측정 중에 줄자에 가해진 장력이 표준 장력과 다르다.

② 야장에 측정값의 수치를 잘못 기록하였다.

③ 측정 중에 습도가 변하였다.

④ 눈금을 크게 잘못 읽었다.

04 레벨을 이용하여 표고가 51.50m인 A점에 표척을 세워 측정한 값이 1.24m일 때 표고 52m의 등고선이 지나는 B점의 위치를 찾기 위해 시준해야 할 표척의 읽음값은?

① 0.54m　　② 0.74m

③ 0.94m　　④ 1.24m

05 하천의 유수 단면적이 20m²인 지점에서 수면으로부터 수심의 $\frac{2}{10}$, $\frac{6}{10}$, $\frac{8}{10}$ 되는 곳의 유속을 측정한 결과 각각 3m/sec, 1.5m/sec, 1m/sec였다. 이 지점의 유량은? (단, 하천의 평균 유속은 2점법을사용하여 구한다.)

① 20cm³/sec　　② 30m³/sec

③ 40m³/sec　　④ 50m³/sec

06 지적 세부 측량에 대한 설명으로 옳은 것은?

① 지상 구조물 또는 지형지물이 점유하는 위치 현황을 지적도나 임야도에 등록된 경계와 대비하여 그 관계 위치를 표시하고 면적을 산출하기 위하여 경계 복원 측량을 한다.

② 현지 경계는 변동이 없으나 지적 공부 상에 경계가 잘못 등록되었을 때 공부를 정정하기 위해 신규 등록 측량을 한다.

③ 도시 개발 사업 등으로 토지를 구획하고 환지를 마친 토지의 지번, 지목, 면적, 경계 또는 좌표를 지적 공부에 새로이 등록하기 위해 지적 확정 측량을 한다.

④ 간척 사업에 따른 공유 수면 매립 등으로 새로운 토지가 생겼을 경우 토지를 새로이 지적 공부에 등록하기 위해 등록 전환 측량을 한다.

07 지오이드에 대한 설명으로 옳지 않은 것은?

① 정지된 평균 해수면을 육지까지 연장한 지구 전체의 가상곡면이다.

② 중력장 이론에 의하여 기하학적으로 정의된 것이다.

③ 지구 타원체를 기준으로 대륙에서는 높고 해양에서는 낮다.

④ 지구의 평균 해수면에 일치하는 등전위 면이다.

08 단곡선 설치 시 노선의 기점으로부터 교점(I.P.)까지의 거리가 520.68m일 때 종단현의 길이는? (단, 접선 길이(T.L.) = 288.60m, 곡선 길이(C.L.) = 523.60m, 중심 말뚝 간격은 20m 이다.)

① 4.32m   ② 7.92m

③ 12.08m   ④ 15.68m

09 GIS 데이터베이스로부터 유용한 정보를 추출하기 위한 버퍼(buffer)분석의 설명으로 옳은 것은?

① 공간 형상의 둘레에 특정한 폭을 가진 구역을 정하여 분석하는 데 이용된다.

② 땅의 기울어진 정도와 방향, 높낮이 등과 같은 특성 분석에 이용된다.

③ 전기, 전화, 상하수도 등과 같은 관망의 연결성과 경로 분석에 이용된다.

④ 벡터 데이터 층을 겹쳐 토질에 따른 토지 이용 현황을 알아보는 데 이용된다.

10 평탄한 지역을 축척 1 : 25,000으로 촬영한 수직 사진이 있다. 이때 사진기의 초점 거리는 200mm, 사진의 크기는 25cm×25cm, 그리고 종중복도가 60%일 경우 기선 고도비는?

① 2.0   ② 1.2

③ 0.5   ④ 0.3

11 공간정보의 구축 및 관리 등에 관한 법률 시행령 상 원점 위치가 동경 131°00′, 북위 38°00′이고, 적용 구역이 동경 130°~132°인 우리나라 직각 좌표계의 원점은?

① 동부 원점   ② 동해 원점
③ 서부 원점   ④ 중부 원점

12 국토지리정보원 발행 기준점(삼각점) 성과표에 나타나지 않는 내용은?

① 경위도
② 평면 직각 좌표
③ 표고
④ 3차원 지심 직각 좌표

13 기본 수준 측량에서 1등 수준 측량의 경우 왕복 차의 허용 기준은? (단, 은 수준 측량을 실시한 편도 노선 거리(km)이다.)

① $\pm 10.0 \sqrt{L}$ mm   ② $\pm 5 \sqrt{L}$ mm
③ $\pm 3 \sqrt{L}$ mm   ④ $\pm 2.5 \sqrt{L}$ mm

14 그림과 같은 트래버스에서 측선 CD의 방위는?

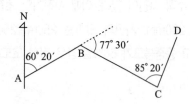

① S83° 30′E   ② N72° 30′E
③ S47° 50′E   ④ N43° 10′E

15 두 측점 A, B 간의 거리를 왕복 측량한 결과가 199.98m, 200.02m일 때 정밀도는?

① $\dfrac{1}{3,000}$ $\dfrac{1}{4,000}$
③ $\dfrac{1}{5,000}$ $\dfrac{1}{6,000}$

16 우리나라의 통합 기준점에 대한 설명으로 옳지 않은 것은?

① 각을 측량하기 위해 대부분 산 정상에 매설되어 있다.
② 우리나라 1번 통합 기준점은 경기도 수원에 위치해 있다.
③ 국토지리정보원 홈페이지에서 성과를 발급받을 수 있다.
④ 수평 위치 성과, 높이 성과 및 중력 성과가 하나의 기준점에 존재한다.

17 단측법으로 관측한 각을 기록한 야장이 다음 표와 같을 때 ∠AOB의 평균값은?

기계점	망원경	시준점	관측각	결과 (평균값)
O	정위	A	0° 00′ 00″	
		B	70° 06′ 00″	
	반위	B	250° 06′ 00″	
		A	179° 59′ 56″	

① 70° 06′ 00″   ② 70° 06′ 02″
③ 70° 06′ 03″   ④ 70° 06′ 04″

18 측량의 오차에 대한 설명으로 옳은 것은?

① 관측값의 신뢰도를 표시하는 값을 최확값이라고 한다.
② 정오차는 그 발생 원인이 확실하지 않으므로 확률 법칙에 따라 최소제곱법의 원리를 사용하여 처리한다.
③ 경중률은 관측 횟수에 비례하고, 관측 거리에 반비례하며 표준편차의 제곱에 반비례한다.
④ 측량 기계·기구의 구조적 결함이나 조정 상태의 불완전 등에 따라 발생하는 자연적 오차가 있다.

19 다음 표는 직선 도로의 계획 중심선을 따라 20m 간격으로 종단측량을 행한 결과이다. No.1의 계획고를 10.00m로 하고 오르막경사 2%의 도로를 설치하려고 할 때 No.4의 절토고는?

측점	후시	전시	지반고	비고
No.1	2.50		10.00	
No.2	2.30	1.60		단위 : m
No.3	3.60	1.80		
No.4		3.10		

① 0.25m ② 0.50m
③ 0.70m ④ 0.95m

20 항공 촬영에 의한 사진을 입체시하는 경우 대상물의 기복이 과장되어 보이는 과고감을 크게 하는 방법으로 옳은 것은?

① 렌즈의 화각을 작게 한다.
② 사진의 초점 거리를 길게 한다.
③ 입체시할 경우 눈의 위치를 낮게 한다.
④ 촬영 기선 고도비를 크게 한다.

2017 지방공무원 경력경쟁임용 필기시험

- 필기시험 시험시간 : 20분
- 자가진단점수 1차 : _____ 2차 : _____
- 학습진도 ☐30% ☐60% ☐90%

01 「공간정보의 구축 및 관리 등에 관한 법률」에 따른 측량의 분류에 해당하지 않는 것은?

① 측지 측량
② 지적 측량
③ 수로 측량
④ 일반 측량

02 우리나라에서 사용하고 있는 좌표계에 대한 설명으로 옳지 않은 것은?

① 경위도 좌표계의 원점은 서부·중부·동부·동해 원점으로 나뉜다.
② 측량 범위가 넓지 않은 일반 측량에서는 평면 직각 좌표계가 널리 사용된다.
③ 3차원 직각 좌표계는 인공위성을 이용한 위치 측정에 주로 사용된다.
④ 평면 직각 좌표계는 평면 상 원점을 지나는 자오선을 X축, 동서 방향을 Y축으로 한다.

03 우리나라 통합 기준점에 대한 설명으로 옳은 것은?

① 전국에 50km×50km 간격으로 약 100개 정도가 설치되어 있다.
② 수평 위치 성과만 존재한다.
③ 표고(수직 위치) 성과와 중력 성과만 존재한다.
④ 위성 측량 기술이 보편화됨에 따라 산 정상이 아닌 평지에 설치하였다.

04 지형에 대한 높낮이를 일정한 격자 간격으로 배열하여 나타난 수치 모형은?

① MC(Model Coordinate)
② DEM(Digital Elevation Model)
③ IMM(Independent Model Method)
④ DBMS(Data Base Management System)

05 그림의 $\overline{AB}$ 거리를 구한 값은? (단, $\overline{AD}$는 직선이고, $\overline{AD}$와 $\overline{BC}$가 만나는 점은 E라고 할 때, $\overline{BE}$ =20m, $\overline{CE}$ =8m, $\overline{CD}$ =22m이며, $\overline{AB} \perp \overline{BC}$, $\overline{BC} \perp \overline{CD}$ 이다)

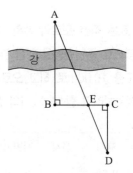

① 50.5m
② 55.0m
③ 60.5m
④ 70.0m

06 동일한 조건으로 ∠A, ∠B, ∠C, ∠D를 측정한 결과가 그림과 같을 때, 각오차를 조정한 ∠A의 값은?

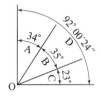

① 33° 59' 52"   ② 33° 59' 54"

③ 34° 00' 06"   ④ 34° 00' 08"

07 지구 타원체와 지오이드에 대한 설명으로 옳지 않은 것은?

① 일반적으로 지구 상 어느 한 점에서 지구 타원체의 법선과 지오이드 법선은 일치한다.

② 지구 타원체는 기하학적인 타원체이므로 굴곡이 없는 매끈한 면으로 삼각 측량의 기준이 된다.

③ 우리나라는 세계 측지계를 도입하여 GRS80 타원체를 기준 타원체로 사용하고 있다.

④ 수준 측량에서 정하는 표고는 지오이드를 기준으로 한 높이이다.

08 A점의 좌표가 (10,000, 40,000) B점의 좌표가 (-110,000, -80,000)일 때, 측선AB의 방위각은?

① 45°   ② 135°

③ 225°   ④ 315°

09 노선의 기점(No.0)으로부터 단곡선 시점까지의 거리가 450m, 교각(I)은 90°, 곡선반지름(R)은 200m일 때, 곡선 종점에 중심 말뚝을 설치한다면 말뚝의 측점번호는? (단, 중심 말뚝의 간격은 20m, 원주율(π)은 3으로 한다)

① No.10+15m   ② No.22+10m

③ No.32+15m   ④ No.37+10m

10 하천 측량에 대한 설명으로 옳지 않은 것은?

① 거리표는 종단 측량에서 기준이 되는 것으로 하천의 양안에 설치한다.

② 유속의 연직 분포는 수면에서 하저까지 일정하다.

③ 하천의 유량은 유수 단면적과 평균 유속의 곱으로 계산한다.

④ 평면 측량은 하천 유로의 상태와 형상을 관측하는 것이다.

11 그림과 같은 터널에서 직접 수준 측량을 실시하였다. B점의 지반고는? (단, A점의 지반고는 50m이고, 표척 눈금의 읽음 단위는 m이다)

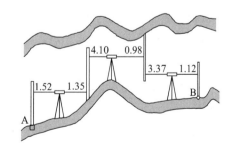

① 50.46m   ② 50.56m

③ 50.66m   ④ 50.76m

12 거리 측량에서 발생한 오차 상태 중 정오차에 해당하는 것으로만 묶은 것은?

> ㄱ. 측정할 때 온도가 표준 온도보다 5℃ 높았다.
>
> ㄴ. 측정한 테이프의 길이가 표준 길이보다 5cm 짧았다.
>
> ㄷ. 측정 도중 급격한 습도 변화로 테이프 신축이 발생하였다.
>
> ㄹ. 측점 사이의 간격이 멀어져 테이프 자체의 무게 때문에 처짐이 일정하게 발생하였다.

① ㄱ, ㄷ   ② ㄱ, ㄴ, ㄹ

③ ㄴ, ㄷ, ㄹ   ④ ㄱ, ㄴ, ㄷ, ㄹ

13 지상에 위치한 100m 교량이 항공사진 상에 20mm로 나타났을 때, 이 사진의 축척은?

① 1/500   ② 1/1,000

③ 1/5,000   ④ 1/10,000

14 GPS 측량에 대한 설명으로 옳지 않은 것은?

① GPS와 유사한 위치 결정 체계로는 GLONASS, Galileo 등이 있다.

② 상대 위치 결정 방법은 실시간 DGPS, 후처리 DGPS, 실시간 이동 측량으로 나뉜다.

③ 사이클 슬립(cycle slip)은 주로 GPS 안테나 주위의 지형·지물에 의해 신호가 단절되어 발생한다.

④ 단독 위치 결정 방법은 2대 이상의 GPS 수신기를 사용하여 위치를 결정하는 것이다.

15 두 점 A, B의 수평거리가 100m이고, 표고가 각각 100.5m, 160.5m이다. A점에서 B방향으로 수평거리가 50m인 지점의 표고와 1/50,000 지형도 상에서 A, B 사이에 들어가는 주곡선의 개수는?

① 130.0m, 3개   ② 130.5m, 3개

③ 150.0m, 6개   ④ 150.5m, 6개

16 그림과 같은 지형에서 절토량과 성토량이 균형을 이루게 하려면 얼마의 높이로 정지 작업을 하여야 하는가? (단, 괄호 안의 값은 교점의 높이이며, 계산은 삼각형 분할법으로 한다)

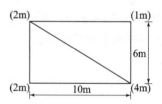

① 1.7m   ② 2.0m

③ 2.2m   ④ 2.5m

17 등고선의 일반적인 성질에 대한 설명으로 옳지 않은 것은?

① 동일 등고선 상에 있는 각 점의 높이는 같다.

② 등고선은 반드시 폐합한다.

③ 등고선은 능선 또는 계곡선과 평행하다.

④ 동일 경사 지면에서 서로 이웃한 등고선의 간격은 일정하다.

18 그림과 같은 트래버스에서 B점의 X좌표를 구하여 측선 BC의 거리를 계산한 값은?

(단, 좌표의 단위는 m이고, $\sqrt{2}$ 는 1.4로 한다)

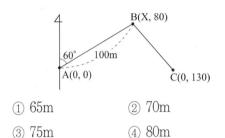

① 65m ② 70m

③ 75m ④ 80m

19 비고가 200m인 산 정상이 항공사진의 연직점으로부터 30mm 지점에 촬영되었을 때, 비고에 의한 기복 변위량은? (단, 촬영 고도는 1,000m이며, 연직 촬영을 조건으로 한다)

① 2mm ② 3mm

③ 5mm ④ 6mm

20 지적에 사용되는 용어에 대한 설명으로 옳은 것은?

① 지적공부에는 지적도, 임야도, 경계점좌표등록부, 토지대장, 임야대장 등이 있다.

② 분할은 2필지 이상의 토지를 1필지로 합하는 것이다.

③ 지목은 하나의 지번이 붙는 토지의 등록단위이다.

④ 필지는 토지의 주된 사용 목적에 따라 토지의 종류를 구분·표시하는 명칭이다.

2018 지방공무원 경력경쟁임용 필기시험

• 필기시험 시험시간 : 20분   • 자가진단점수 1차 : _____   2차 : _____   • 학습진도 ☐ ☐ ☐   30% 60% 90%

01 경중률에 대한 설명으로 옳지 않은 것은?

① 경중률은 관측 값의 신뢰도를 표시한다.
② 경중률은 표준 편차의 제곱에 비례한다.
③ 경중률은 관측 횟수에 비례한다.
④ 경중률은 관측 거리에 반비례한다.

02 수평각 측정 방법에 대한 설명으로 옳지 않은 것은?

① 단측법은 가장 간단한 방법으로 정밀도가 낮은 관측방법이다.
② 배각법은 측정한 값의 처음과 마지막의 차이에 반복 횟수를 곱해서 관측각을 구하는 방법이다.
③ 방향각 관측법은 한 측점 주위에 여러 개의 측점이 있을 때 시계 방향의 순서에 따라 각 점을 시준하여 측정한 각들의 차에 의하여 각의 크기를 측정하는 방법이다.
④ 조합각 관측법은 가장 정밀한 결과를 낼 수 있어 높은 정밀도를 필요로 하는 측량에 사용된다.

03 GPS 반송파 위상 추적회로에서 반송파 위상값을 순간적으로 놓쳐서 발생하는 오차는?

① 사이클 슬립
② 다중 경로 오차
③ 위성 궤도 오차
④ 대류권 굴절 오차

04 지형의 표현 방법 중 등고선법에 대한 설명으로 옳지 않은 것은?

① 등고선은 같은 높이(표고)의 지점을 연결한 선을 평면도 상에 투영한 것이다.
② 인접한 등고선과의 수평 거리에 의하여 지표면의 경사도를 알 수 있다.
③ 축척 1:50,000 지형도에서 주곡선의 간격은 20 m이다.
④ 지표면의 경사가 급한 곳에서는 각 등고선의 간격이 넓어지며 경사가 완만한 경우는 좁아진다.

05 측점 A에 토털 스테이션을 세우고 400 m 떨어진 지점에 있는 측점 B에 세운 프리즘을 시준하였다. 이때 프리즘이 측점 B에서 측선 AB에 대해 직각방향으로 2 cm가 기울어져 있었다면 이로 인한 각도의 오차는? (단, 1라디안 = 200,000 ")

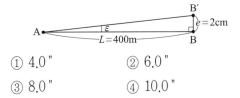

① 4.0 "   ② 6.0 "
③ 8.0 "   ④ 10.0 "

06 하천 측량에서 평균 유속을 구하기 위해 그림과 같이 깊이에 따른 유속을 관측하였을 때, 다음 설명으로 옳지 않은 것은?

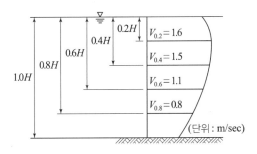

① 1점법에 의한 평균 유속은 1.1 m/sec이다.
② 3점법에 의한 평균 유속은 1.4 m/sec이다.
③ 1점법, 2점법, 3점법 중 2점법에 의한 평균 유속이 가장 크다.
④ 2점법은 $V_{0.2}$와 $V_{0.8}$ 유속의 평균으로 구한다.

07 축척 1 : 25,000 지형도 상의 인접한 두 주곡선에서 각 주곡선 상의 임의 지점 사이의 수평 거리가 10 mm이었다면 그 두 지점 간의 경사(%)는?

① 3   ② 4
③ 5   ④ 6

08 촬영 기준면에 위치한 길이 100 m인 교량이 항공사진 상에 5 mm의 길이로 나타날 수 있도록 촬영하고자 할 경우 촬영고도(m)는? (단, 사진 측량은 연직촬영이며 카메라의 초점거리는 200 mm 이다)

① 2,000   ② 3,000
③ 4,000   ④ 5,000

09 폐합 트래버스 측량의 오차에 대한 설명으로 옳지 않은 것은? (단, Σa : 측정된 교각의 합, n: 트래버스 변의 수)

① 위거 오차와 경거 오차가 없다면 위거의 합과 경거의 합이 1이 되어야 한다.
② 폐합 오차를 구하는 식은 $\sqrt{(위거오차)^2 + (경거오차)^2}$ 이다.
③ 폐합 트래버스의 내각을 측량한 경우 각 오차를 구하는 식은 $\Sigma a - 180° \cdot (n-2)$이다.
④ 각 측량의 정밀도가 거리 측량의 정밀도보다 높을 때는 트랜싯 법칙으로 폐합 오차를 조정한다.

10 교호 수준 측량을 실시하여 다음과 같은 성과를 얻었다. B점의 표고(H_B)는?

(단, A점의 표고(H_A) = 30m, a_1 = 1.750m, a_2 = 2.440m, b_1 = 1.050m, b_2 = 1.940m이다.)

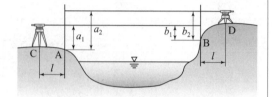

① 30.500 m ② 30.600 m

③ 30.700 m ④ 30.800 m

11 노선 측량에서 노선을 선정할 때 고려해야 할 사항으로 옳지 않은 것은?

① 토공량이 많으며 절토와 성토가 균형을 이루게 한다.
② 절토 및 성토의 운반 거리를 가급적 짧게 한다.
③ 노선은 가능한 직선으로 하고 경사가 완만해야 한다.
④ 배수가 잘되는 곳이어야 하며 가능한 소음이 적어야 한다.

12 측량의 오차 중 발생 원인이 확실하지 않아 확률법칙에 따라 최소 제곱법의 원리를 이용하여 처리하며, 관측이 반복되는 동안 부분적으로 상쇄되어 없어지기도 하는 오차는?

① 부정 오차 ② 정오차
③ 착오 ④ 계통적 오차

13 측량 구역 내에서 적당한 기준점(기지점)을 두 점 이상 취하고, 기준점으로부터 미지점을 시준하여 방향선을 교차시켜 도면상에서 미지점의 위치를 결정하는 방법은?

① 방사법 ② 전진법
③ 교회법 ④ 지거법

14 수평 정지 작업을 위하여 토지를 직사각형 (5 m × 4 m) 모양으로 분할하고 각 교점의 지반고를 관측하여 그림과 같은 결과를 얻었다. 이 작업에서 절토와 성토가 균형을 이루는 표고는? (단, 지반고의 단위는 m로 한다)

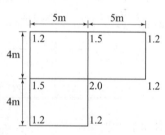

① 1.50m ② 1.55m
③ 1.60m ④ 1.65m

15 항공 사진 측량의 작업과정을 순서대로 바르게 나열한 것은?

> ㄱ. 수치 도화
> ㄴ. 항공 사진 촬영
> ㄷ. 항공 사진 측량 계획
> ㄹ. 기준점 측량
> ㅁ. 현지 조사 및 보완 측량
> ㅂ. 대공 표지의 설치
> ㅅ. 정위치 편집 및 구조화 편집

① ㄷ→ㄹ→ㄴ→ㅂ→ㄱ→ㅁ→ㅅ
② ㄷ→ㄹ→ㄴ→ㅂ→ㅅ→ㅁ→ㄱ
③ ㄷ→ㅂ→ㄴ→ㄹ→ㄱ→ㅁ→ㅅ
④ ㄷ→ㅂ→ㄴ→ㄹ→ㅁ→ㅅ→ㄱ

16 삼각망의 조정에 대한 설명으로 옳지 않은 것은?

① 점 조건은 하나의 측점 주위에서 측량한 모든 각의 합이 360°가 되어야 하는 조건이다.
② 각 조건은 삼각망을 이루는 삼각형 내각의 합이 180°가 되어야 하는 조건이다.
③ 사변형 삼각망은 길고 좁은 지역의 측량에 이용되며 조정 조건식의 수가 적어 정밀도가 낮다.
④ 변 조건은 삼각망 중에서 임의의 한 변의 길이가 계산의 순서에 관계없이 동일해야 하는 것을 말한다.

17 그림과 같이 시준방향이 5개인 방향선 사이의 각을 조합각관측법(각관측법)으로 관측한 각의 개수는?

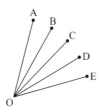

① 5개　　　　② 10개
③ 15개　　　　④ 20개

18 그림과 같은 폐합 트래버스의 교각을 측량한 경우, 측선 DC의 방위는? (단, $\overline{\text{AD}}$ 측선의 방위각은 45°30′이다)

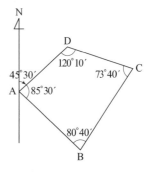

① N15° 20′ E　　　② N44° 30′ W
③ S45° 30′ W　　　④ S74° 40′ E

19 우리나라 평면 직각 좌표계에 대한 설명으로 옳은 것은?

① 중부원점은 동경 124°~126°에서 적용이 된다.

② 원점은 서부원점, 중부원점, 동부원점, 동해원점의 4개를 기본으로 하고 있다.

③ 모든 점의 좌표가 양수(+)가 되도록 종축에 200,000m, 횡축에 600,000m를 더한다.

④ 평면상에서 원점을 지나는 동서 방향을 X축으로 하며 자오선을 Y축으로 한다.

20 도로기점(No. 0)으로부터 단곡선 종점(E.C.)까지의 거리가 1,000m이고, 교각 I = 90°, 곡선의 반지름 R = 360m, 중심말뚝 간격이 20m일 때, 단곡선 시점(B.C.)의 위치는? (단, π =3으로 계산한다)

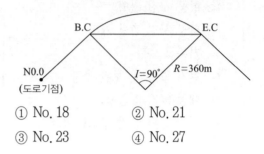

① No. 18 ② No. 21

③ No. 23 ④ No. 27

2019 지방공무원 경력경쟁임용 필기시험

• 필기시험 시험시간 : 20분　　• 자가진단점수 1차 : ＿＿＿　2차 : ＿＿＿　　• 학습진도 30% 60% 90% ☐ ☐ ☐

01 「공간정보의 구축 및 관리 등에 관한 법률 시행령」상의 측량기준점 중에서 국가기준점에 해당하는 것은?

① 통합기준점　　② 공공삼각점
③ 지적도근점　　④ 공공수준점

02 테이프를 이용한 거리 측량에서 발생하는 오차 중 정오차가 아닌 것은?

① 테이프의 길이가 표준 길이보다 긴 경우
② 테이프가 자중으로 인해 처짐이 발생한 경우
③ 측정할 때 온도가 표준 온도보다 낮은 경우
④ 측정 중 장력을 일정하게 유지하지 못하였을 경우

03 측점 A, B, C, D, E에서 각의 크기가 그림과 같을 때, 측선 DE의 방위각은?
(단, a = 131°, b = 54°, c = 65°, d = 97°이다)

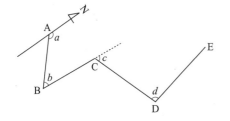

① 167°　　② 267°
③ 327°　　④ 347°

04 다음 글에서 설명하는 오차는?

> 위성에서 송신된 전파가 지형·지물에서 반사되는 반사파와 함께 수신되는 현상으로, 반사파는 위성으로부터의 직접파에 비해 긴 경로를 통과하기 때문에 코드의 도달 시간 지연과 반송파 위상의 지연을 일으켜 거리 오차로 작용한다.

① 다중 경로 오차
② 수신기 기기 오차
③ 위성의 궤도 정보 오차
④ 위성 및 수신기 시계 오차

05 A, B 두 사람이 거리를 측량한 결과가 각각 10.540 m ± 1 cm, 10.490 m ± 3 cm였다면 최확값[m]은?

① 10.525　　② 10.530
③ 10.535　　④ 10.540

06 그림과 같이 점 A와 점 D 사이에 터널을 시공하고자 한다. 터널 $\overline{AD}$의 길이[m]는?

(단, $\overline{AB}$ // $\overline{DE}$이며, $\overline{AB}$ = 1400 m, $\overline{CD}$ = 325 m, $\overline{DE}$ = 350 m이다)

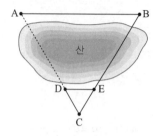

① 970.0   ② 970.5

③ 975.0   ④ 975.5

07 지오이드에 대한 설명으로 옳지 않은 것은?

① 평균 해수면을 육지까지 연장한 지구 전체의 가상 곡면이다.

② 일반적으로 지오이드 면은 해양에서는 지구 타원체보다 높고 대륙에서는 낮다.

③ 지구 타원체의 법선과 지오이드 법선의 불일치로 연직선 편차가 생긴다.

④ 지오이드는 중력장 이론에 의하여 물리적으로 정의된 것이다.

08 A, B 두 점 간의 경사 거리가 100 m이고 고저차가 20 m일 때, 두 점의 경사는? (단, 수평 거리는 경사 거리를 보정하여 계산한다)

① $\dfrac{1}{3.4}$ ② $\dfrac{1}{4.9}$

③ $\dfrac{1}{6.4}$ ④ $\dfrac{1}{7.9}$

09 20 m 거리에 있는 두 개의 집수정 A, B를 2 % 경사의 우수관으로 연결하고자 직접 수준 측량을 실시하였다. A집수정 바닥에 세운 표척 읽음값이 1.832 m였다면 B집수정 바닥에 세운 표척의 읽음값[m]은? (단, 물은 A집수정에서 B집수정 방향으로 흐른다)

① 1.432   ② 2.032

③ 2.232   ④ 3.832

10 축척 1:25,000 지형도에서 A점의 표고가 876 m, B점의 표고가 553 m일 때, 두 점 사이에 들어가는 주곡선의 수는?

① 15   ② 16

③ 32   ④ 33

11 시준을 방해하는 장애물이 없고 비교적 좁은 지역에서 평판을 한 번 세워서 여러 점을 측정할 수 있는 평판 측량 방법은?

① 방사법   ② 전진법

③ 도선법   ④ 교회법

12 교량을 고도 1,500 m에서 초점거리 150 mm인 카메라로 연직 항공 사진 촬영을 하였다. 사진상에서 교량의 길이가 10 mm로 나타났다면 이 교량의 길이[m]는?

① 100   ② 200

③ 300   ④ 400

13 측선의 전체 길이가 1,000 m인 폐합 트래버스 측량에서 위거 오차가 0.04 m이고, 경거 오차가 0.03 m일 때, 이 트래버스의 폐합비는?

① $\dfrac{1}{2,500}$ ② $\dfrac{1}{5,000}$

③ $\dfrac{1}{10,000}$ ④ $\dfrac{1}{20,000}$

14 곡선 반지름이 200 m이고 교각이 30°인 원곡선을 설치하고자 할 때, 이 곡선의 길이[m]는? (단, π는 3.14로 한다)

① 약 100.6   ② 약 104.7

③ 약 110.5   ④ 약 116.6

15 그림과 같은 종단면과 등고선에 대한 설명으로 옳지 않은 것은? (단, AB, BC, CD, DE, EF 구간의 각각의 경사는 등경사이다)

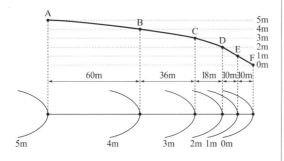

① AB 구간의 경사는 BC 구간의 경사보다 완만하다.
② DE 구간의 경사는 EF 구간과 같다.
③ 3.5 m 등고선을 BC 구간 사이에 삽입하면 3.5 m 등고선의 위치는 B점으로부터 우측으로 18 m 떨어진 지점이 된다.
④ DE 구간의 경사는 좌측에서 우측으로 하향 1 %이다.

16 축척 1:50,000 지도를 축척 1:5,000으로 알고 면적을 측정하였더니 100 m²이었다. 실제 면적[m²]은?

① 1,000   ② 2,500

③ 10,000   ④ 25,000

17 완화 곡선에 대한 설명으로 옳지 않은 것은?

① 완화 곡선의 반지름은 시점에서는 원곡선의 반지름이다.
② 우리나라 도로의 완화 곡선으로는 클로소이드가 주로 사용된다.
③ 완화 곡선의 접선은 종점에서 원호에 접한다.
④ 완화 곡선에 연한 곡선 반지름의 감소율은 캔트의 증가율과 같다.

18 초점거리 100 mm인 카메라를 이용하여 연직 항공 사진 촬영을 하였다. 건물의 기복 변위가 5 mm이고, 건물 윗부분이 연직점으로부터 25 mm 떨어져 나타났다면, 이 건물의 높이[m]는? (단, 사진의 축척은 1:10,000이다)

① 100   ② 200

③ 300   ④ 400

19 그림과 같이 측점 A, B, C, D의 좌표가 주어졌을 때, 폐합 다각형의 면적[m²]은? (단, 좌표 단위는 m이다)

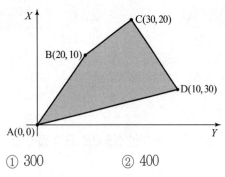

① 300   ② 400

③ 500   ④ 600

20 그림과 같이 축척 1 : 5,000 지형도상에 주곡선으로 등고선이 그려져 있다. 도면상에서 두 점 A, B의 직선 거리가 30 mm일 때, A와 B 간의 경사는?

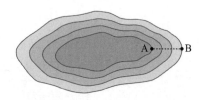

① $\dfrac{1}{10}$ ② $\dfrac{1}{20}$

③ $\dfrac{1}{30}$ ④ $\dfrac{1}{40}$

2020 지방공무원 경력경쟁임용 필기시험

• 필기시험 시험시간 : 20분 　　• 자가진단점수 1차 : _____ 2차 : _____ 　　• 학습진도 30% 60% 90% □ □ □

01 관측값의 조정에 이용하며, 관측값과 최확값 사이의 차로 정의되는 것은?

① 잔차　　　　　② 참값
③ 참오차　　　　④ 편의

02 경위도 좌표계에 대한 설명으로 옳지 않은 것은?

① 경도와 위도에 의한 좌표로 수평 위치를 나타낸다.
② 위도는 어떤 지점의 수직선이 적도면과 이루는 각으로 표시한다.
③ 영국 그리니치 천문대를 지나는 본초 자오선과 적도의 교점을 원점(경도 $0°$, 위도 $0°$)으로 한다.
④ 경도는 본초 자오선으로부터 적도를 따라 동쪽, 서쪽으로 각각 $0°$에서 $360°$까지 나타낸다.

03 어느 점의 지표상 표고 또는 수심을 직접 수치로 표시하는 방법으로 해도에 사용하는 대표적인 지형 표현 방법은?

① 우모법　　　　② 음영법
③ 점고법　　　　④ 등고선법

04 하천에서 수준 측량 시 횡단 측량을 이용하여 횡단면도를 만들 때 사용하는 기준은?

① 거리표　　　　② 도근점
③ 삼각점　　　　④ 수위표

05 편각법에 의한 단곡선 설치에서 노선 기점으로부터 교점까지의 거리가 274.50m이고, 접선 길이가 49.71m, 중앙 종거가 9.13m, 곡선 길이가 94.23m일 때, 노선 기점으로부터 곡선 종점까지의 거리[m]는?

① 309.89　　　　② 319.02
③ 328.15　　　　④ 427.57

06 그림과 같은 삼각형 ABC에서 삼변법(헤론의 공식)을 이용하여 구한 면적[m²]은?

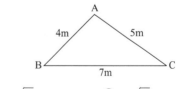

① $4\sqrt{5}$　　　　② $4\sqrt{6}$
③ $5\sqrt{5}$　　　　④ $5\sqrt{6}$

07 항공사진의 축척이 1 : 10,0000이고, 사진의 크기는 20 cm × 20 cm, 종중복이 60%, 횡중복이 40%일 때, 연직 사진의 유효 입체 모델 면적[km^2]은?

① 0.48   ② 0.96
③ 1.25   ④ 2.50

08 그림과 같은 도로의 횡단면도에서 토공량을 구하기 위한 단면적[m^2]은? (단, 괄호 안의 숫자는 좌표를 m단위로 나타낸 것이다)

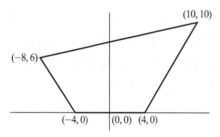

① 102   ② 135
③ 204   ④ 270

09 측량 결과가 다음과 같을 때, 두 점 A, B 간의 경사 거리[m]는?

(단위 : m)

측점	N(X)	E(Y)	지반고
A	110.123	100.346	192.239
B	106.123	100.346	195.239

① 3   ② 5
③ 7   ④ 9

10 가상 기준점(VRS)을 활용한 Network-RTK 측량 과정을 순서대로 바르게 나열한 것은?

(가) 전송받은 보정값을 통해 정밀 좌표를 획득

(나) 사용자는 제어국으로 현재 위치 정보를 전송

(다) 기준국은 GPS데이터를 수신하고 제어국으로 전송

(라) 제어국은 수집된 기준국 데이터를 이용하여 보정값을 생성

(마) 제어국은 사용자가 요청한 위치에 해당하는 보정값을 전송

① (나) → (라) → (다) → (마) → (가)
② (나) → (마) → (라) → (다) → (가)
③ (다) → (라) → (나) → (마) → (가)
④ (다) → (마) → (라) → (나) → (가)

11 각의 측정 단위에 대한 설명으로 옳지 않은 것은?

① 60진법은 원주를 360등분할 때 그 한 호에 대한 중심각을 1°로 표시한다.

② 호도법은 원의 지름과 호의 길이가 같을 때 그에 대한 중심각을 1라디안으로 표시한다.

③ 원을 60진법과 호도법으로 나타내면 각각 360°와 2π 라디안으로 나타낼 수 있다.

④ 측량에서는 주로 60진법으로 표현되는 도(degree)와 호도법으로 표현되는 라디안(radian)이 사용되고 있다.

12 그림과 같은 폐합 트래버스에서 AB 측선의 방위각이 70°일 때 DA 측선의 방위는?

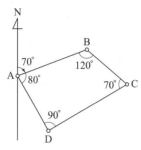

① S 20°E ② S 30°E
③ N 20°W ④ N 30°W

13 축척에 따른 등고선의 간격으로 옳은 것은?

① 축척 1:5,000일 때 계곡선의 간격은 20 m이다.
② 축척 1:25,000일 때 주곡선의 간격은 15 m이다.
③ 축척 1:25,000일 때 간곡선의 간격과 축척 1:5,000일 때 주곡선의 간격은 같다.
④ 축척 1:50,000일 때 간곡선의 간격과 축척 1:25,000일 때 조곡선의 간격은 같다.

14 표준 길이보다 2cm 긴 50m 테이프로 측점 A, B 간의 거리를 측정한 결과 200m이었을 때, 두 점 A, B 간의 정확한 거리[m]는?

① 199.29 ② 199.92
③ 200.08 ④ 200.80

15 테이프로 거리를 측량할 때 발생되는 오차에 대한 설명으로 옳지 않은 것은?

① 관측 시의 온도가 표준 온도보다 낮은 경우 (−)값의 보정량이 생긴다.
② 경사 거리를 수평 거리로 보정하는 경우 보정량은 항상 (−)값을 가진다.
③ 테이프 상수란 사용 테이프의 길이와 표준 테이프 길이와의 차이를 말한다.
④ 경사 거리를 수평 거리로 보정하는 경우 보정량은 $\left(-\dfrac{고저차}{2\times경사거리}\right)$로 구한다.

16 측점 A의 좌표가 (100, 50), 측선 AB의 길이가 20m, 측선 AB의 방위각이 30°일 때 측점 B의 좌표는? (단, 좌표 단위는 m이며, $\sqrt{3}$ = 1.7로 한다)

① (60, 117) ② (67, 110)
③ (110, 67) ④ (117, 60)

17 촬영 고도 4,200m에서 200m 높이의 건물을 촬영한 항공사진의 주점 기선 길이가 10cm일 때, 이 건물의 시차차[m]는?

① 0.001 ② 0.003
③ 0.005 ④ 0.007

18 수준점 A, B, C에서 표고를 구하려는 점 P 까지 직접 수준 측량을 하였을 때, 점 P의 표고[m]는? (단, A→P 표고 = 45.50m, B→P 표고 = 45.56m, C→P 표고 = 45.54m이다)

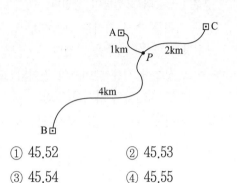

① 45.52
② 45.53
③ 45.54
④ 45.55

19 기고식 수준 측량 야장 기입 결과가 다음과 같을 때, (가)~(라)에 해당하는 값을 옳게 짝지은 것은?

(단위 : m)

측점	후시	기계고	전시 이기점	전시 중간점	지반고
No.0	1.980				100.000
No.1				2.520	(가)
No.2	1.850		2.140		(나)
No.3				2.210	(다)
No.4			0.950		(라)
계	3.830		3.090	4.730	

	(가)	(나)	(다)	(라)
①	99.360	99.740	99.480	100.730
②	99.460	99.740	99.580	100.730
③	99.460	99.840	99.480	100.740
④	99.460	99.840	99.580	100.740

20 그림과 같은 트래버스 측량을 실시하였을 때, 각 오차는? (단, a_1 ~ a_6의 총합은 980° 00′ 30″이다)

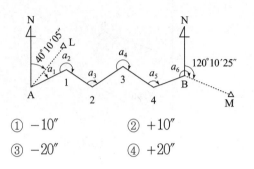

① $-10''$
② $+10''$
③ $-20''$
④ $+20''$

2021 지방공무원 경력경쟁임용 필기시험

• 필기시험 시험시간 : 20분　　• 자가진단점수 1차 : _____ 2차 : _____　　• 학습진도 30% 60% 90% ☐ ☐ ☐

01 GNSS(Global Navigation Satellite System) 측량의 오차에 대한 설명으로 옳지 않은 것은?

① 위성 위치를 구하는 데 필요한 위성 궤도 정보의 부정확성으로 인하여 발생하는 위성의 궤도 정보 오차가 있다.

② 위성에서 송신된 전파가 지형·지물에 의해 반사된 반사파와 함께 수신되어 발생되는 다중 경로 오차가 있다.

③ 위성에서 송신된 전파는 전리층과 대류층에서 전파 속도의 변화에 의해 오차가 발생된다.

④ 전파를 수신하고 있는 위성의 기하학적 배치 상태는 측위 정확도에 영향을 주지 않는다.

02 15°를 라디안(rad) 단위로 표시하면?

① $\dfrac{\pi}{4}$

② $\dfrac{\pi}{8}$

③ $\dfrac{\pi}{12}$

④ $\dfrac{\pi}{180}$

03 동일한 축척의 지형도에서 등고선 간격이 가장 넓은 것은?

① 간곡선

② 계곡선

③ 조곡선

④ 주곡선

04 제방이 있는 하천의 평면 측량의 일반적인 범위는?

① 제외지 전부와 제내지 300 m 이내

② 제외지 전부와 제내지 600 m 이내

③ 제내지 전부와 제외지 300 m 이내

④ 제내지 전부와 제외지 600 m 이내

05 「공간정보의 구축 및 관리 등에 관한 법률」상 '등록전환'의 정의는?

① 새로 조성된 토지와 지적공부에 등록되어 있지 아니한 토지를 지적공부에 등록하는 것을 말한다.

② 임야대장 및 임야도에 등록된 토지를 토지대장 및 지적도에 옮겨 등록하는 것을 말한다.

③ 지적공부에 등록된 지목을 다른 지목으로 바꾸어 등록하는 것을 말한다.

④ 지적도에 등록된 경계점의 정밀도를 높이기 위하여 작은 축척을 큰 축척으로 변경하여 등록하는 것을 말한다.

06 삼각측량에 대한 설명으로 옳지 않은 것은?

① 삼각측량은 '계획 및 준비 – 답사 및 선점 – 표지 설치 – 관측 – 계산 및 정리' 순으로 진행된다.

② 삼각형은 정삼각형에 가깝도록 하는 것이 이상적이다.

③ 삼각망의 조정 계산은 점 조건, 변 조건, 각 조건으로 구분된다.

④ 사변형 삼각망은 조건식의 수가 적어 정확도가 가장 낮다.

07 그림과 같이 간접 거리 측량을 했을 때 $\overline{AB}$의 거리[m]는? (단, $\overline{BC}$ = 20 m, $\overline{BD}$ = 10 m이며, $\overline{AB} \perp \overline{BC}$, $\overline{AC} \perp \overline{CD}$ 이다)

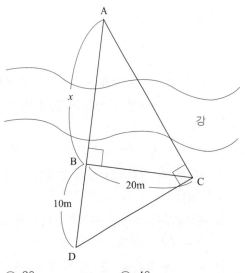

① 30 　　　　② 40
③ 50 　　　　④ 60

08 수면으로부터 수심의 20%, 40%, 60%, 80% 되는 곳에서 측정한 유속 값이 각각 0.46, 0.54, 0.48, 0.38 m/sec일 때, 2점법으로 구한 평균 유속[m/sec]은?

① 0.42 　　　　② 0.45
③ 0.48 　　　　④ 0.51

09 그림 (A)는 보통각(초점거리 f_A = 210 mm) 카메라, (B)는 광각(초점거리 f_B = 150 mm) 카메라를 이용한 항공 사진 측량 모습을 나타낸 것이다. (A)와 (B)의 촬영면적과 사진의 크기, 축척이 모두 같을 때, (A)와 (B)의 촬영고도 (H_A, H_B)의 비율 $\dfrac{H_A}{H_B}$는?

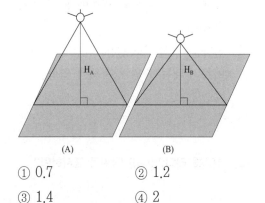

① 0.7 　　　　② 1.2
③ 1.4 　　　　④ 2

10 1/50,000 지형도에서 등경사 2%인 노선을 선정하려면 도상에서 주곡선 사이의 수평거리[mm]는?

① 10 　　　　② 15
③ 20 　　　　④ 30

11 1등 수준 측량의 등급으로 편도 4km를 왕복 수준 측량했을 때 최대 허용오차[mm]는?

① ± 4   ② ± 5

③ ± 7   ④ ± 10

12 도해 평판 측량의 특징으로 옳지 않은 것은?

① 대부분의 작업 공정이 현장에서 이루어지므로 내업이 적다.

② 현장에서 직접 도면이 그려지므로 오차 또는 누락을 쉽게 발견한다.

③ 우천 시에도 측량이 가능하다.

④ 높은 정확도를 기대할 수 없다.

13 지형도의 활용 분야로 적절하지 않은 것은?

① 저수 용량의 결정

② 유역 면적의 결정

③ 신설 노선의 도상 선정

④ 등고선에 의한 평균 유속 결정

14 측량 구역 넓이에 따른 측량의 분류에 대한 설명으로 옳은 것은?

① 평면 측량과 측지 측량을 구별하는 기준은 허용 오차의 영향을 받지 않는다.

② 평면 측량은 지구의 곡률을 고려하여 대규모 지역에서 이루어지는 정밀한 측량이다.

③ 거리의 허용 오차가 1/1,000,000일 경우, 반지름 10 km의 원형 지역은 평면 측량으로 실시한다.

④ 측지 측량은 높은 정확도를 요구하지 않는 소규모 지역에서의 측량이다.

15 측량 기사 A, B, C가 어떤 거리를 관측하여 다음의 결과를 얻었을 때, 관측 거리의 최확값[m]은?

구분	관측 거리(m)	관측 횟수(회)
측량 기사 A	100.25	2
측량 기사 B	100.15	3
측량 기사 C	100.10	4

① 100.10   ② 100.15

③ 100.20   ④ 100.25

16 편각법으로 노선의 단곡선 설치를 위한 계산을 할 때 필요로 하지 않는 것은?

① 시단현 길이

② 시단현에 대한 편각

③ 곡선 반지름

④ 중앙 종거

17 A(4, 1), B(6, 7), C(5, 10)의 세 점으로 이루어진 삼각형의 면적[m^2]을 좌표법으로 구하면? (단, 좌표의 단위는 m이다)

① 6   ② 8

③ 10   ④ 12

18 그림과 같은 트래버스에서 측선 $\overline{BC}$의 위거[m]와 경거[m]는? (단, 측선 $\overline{BC}$의 거리는 10 m이며, $\sqrt{3} = 1.7$로 한다)

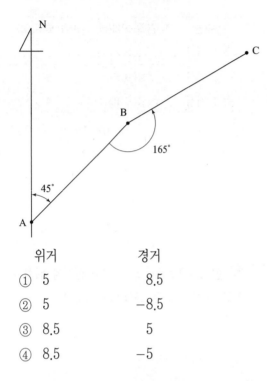

	위거	경거
①	5	8.5
②	5	−8.5
③	8.5	5
④	8.5	−5

19 사진 측량의 표정에서 입체 사진 표정에 대한 설명으로 옳지 않은 것은?

① 해석적 내부 표정 방법은 정밀 좌표 측정기에 의하여 관측된 상 좌표로부터 사진 좌표를 결정하는 작업이다.

② 기계적 내부 표정 방법은 사진상의 등각점을 도화기의 투영 중심에 일치시키고 초점 거리를 도화기의 눈금에 맞추는 작업이다.

③ 절대 표정은 상호 표정에 의하여 얻어지는 입체 모델 좌표를 지상 기준점을 이용하여 축척 및 경사 등을 조정함으로써 대상물의 공간 좌표를 얻는 과정을 말한다.

④ 상호 표정은 한 모델을 이루는 좌우 사진에서 나오는 광속이 촬영 당시 촬영면상에 이루는 종시차를 소거하여 입체 모델 전체가 완전 입체시되도록 조정하는 작업이다.

20 배각법으로 측량한 결과가 다음과 같을 때, $\angle AOB$의 평균값은?

기계점	망원경	시준점	누계각	반복 횟수	결과	평균
O	정위	A	0° 00′ 00″	0		
		B	136° 01′ 00″	3		
	반위	B	316° 01′ 00″	0		
		A	180° 00′ 12″	3		

① 45° 20′ 14″ ② 45° 20′ 16″
③ 45° 20′ 18″ ④ 45° 20′ 20″

2022 지방공무원 경력경쟁임용 필기시험

• 필기시험 시험시간 : 20분　　　• 자가진단점수 1차 : _____ 2차 : _____　　　• 학습진도

01 지오이드(Geoid)에 대한 설명으로 옳은 것은?

① 평균해수면과 동일한 면이다.
② 형태는 굴곡이 없는 타원체이다.
③ 중력의 방향에 수평한 등전위면이다.
④ 육지에서는 일반적으로 타원체보다 아래에 있다.

02 트래버스의 계산 요소 중 결합 트래버스에서 계산할 필요가 없는 것은?

① 방위각
② 조정경거 및 조정위거
③ 합경거 및 합위거
④ 배면적

03 다음 그림에서 각주공식으로 계산한 체적[m^3]은? (단, A_0 = 50m^2, A_1 = 20m^2, A_m = 30m^2, L = 18m)

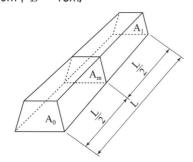

① 540
② 570
③ 630
④ 720

04 지구상의 어느 한 점에서 지구 타원체의 법선과 지오이드 법선의 차이는?

① 표고 편차
② 중력 편차
③ 연직선 편차
④ 지오이드 편차

05 토털스테이션을 이용하여 두 측점 간의 거리(L)를 구하는 원리는? (단, 위상차는 없으며, n은 두 측점 간을 왕복한 전자기파의 총 파장 수, λ는 파장이다)

① $L = \lambda \cdot n$
② $2L = \lambda \cdot n$
③ $2L = \dfrac{\lambda}{3} \cdot n$
④ $L = \dfrac{\lambda}{3} \cdot n$

06 축척 1 : 25,000 지형도에서 간곡선의 간격과 표시 방법을 바르게 연결한 것은?

	간격[m]	표시 방법
①	2.5	가는 긴 파선
②	2.5	가는 실선
③	5	가는 긴 파선
④	5	가는 실선

07 두 점 P, Q 간의 경사거리가 400m이고, 높이차가 20 m일 때 P, Q 간의 수평거리[m]는?

① 399.5
② 399.9
③ 400.5
④ 400.9

08 GNSS(Global Navigation Satellite System) 오차 중 다중경로(Multipath)에 대한 설명으로 옳은 것은?

① 위성신호 굴절현상으로 인하여 발생하며, 주로 대류권에서 발생한다.
② 반송파 위상 추적회로에서 반송파 위상 값을 순간적으로 놓쳐서 발생하며, 낮은 신호강도로 발생한다.
③ 위성에 내장되어 있는 시계의 부정확성으로 인하여 발생한다.
④ 위성으로부터 직접 수신된 전파 이외에 주위의 지형지물에 의하여 반사된 전파 때문에 발생한다.

09 통합 기준점에 대한 설명으로 옳은 것은?

① 기준점 간의 각을 측량하기 위하여 주로 산 정상에 매설한다.
② 수평위치 성과, 수직위치 성과 및 중력 성과를 포함하고 있다.
③ 성과표는 지방자치단체장의 승인을 받아 발급받는다.
④ 1등급부터 4등급까지 등급별로 구분하고 있다.

10 그림과 같은 하천에서 평균유속이 7.2km/hr 이고, 하천의 폭(b)이 20m, 유량이 100m³/sec 라면, 수심(h)은? (단, 하천바닥과 벽면은 직각이고, 마찰은 무시한다)

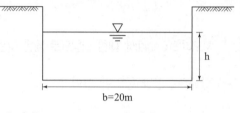

① 0.7 m
② 1.5 m
③ 2.0 m
④ 2.5 m

11 평판측량에 대한 설명으로 옳지 않은 것은?

① 대부분의 작업이 현장에서 이루어지므로 내업량이 매우 적다.
② 평판 설치의 세 가지 조건은 정준, 구심, 표정이다.
③ 방사법은 도해적으로 트래버스를 구성하기 때문에 도선법이라고도 한다.
④ 교회법은 방향선의 시준으로 미지점의 위치를 결정하는 방법이다.

12 지형의 표현 방법에 대한 설명으로 옳은 것은?

① 등고선법은 지표의 같은 높이의 점을 연결한 곡선으로 지표면의 형태를 표시한다.
② 우모법은 해도, 하천, 호수, 항만의 수심을 나타내는 경우에 사용된다.
③ 음영법은 지형이 높아질수록 색깔을 진하게, 낮아질수록 연하게 표시한다.
④ 점고법은 지형의 경사가 급하면 선을 굵고 짧게, 경사가 완만하면 선을 가늘고 길게 표시한다.

13 그림과 같이 A~D 구간의 신설도로를 계획할 때 $\overline{BC}$ 구간의 수평거리가 400m일 경우 $\overline{BC}$ 구간의 평균구배[%]는?

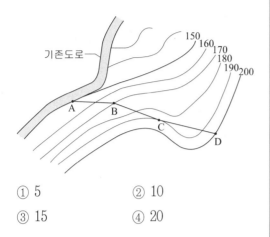

① 5

② 10

③ 15

④ 20

14 그림과 같은 개방 트래버스에서 측선 $\overline{CD}$의 방위는?

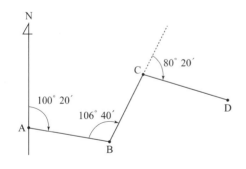

① N 72°40′ E

② S 72°40′ E

③ N 87°20′ W

④ S 87°20′ E

15 항공사진 촬영중복도에 대한 설명으로 옳지 않은 것은?

① 종중복은 입체시를 위해 60%를 표준으로 한다.

② 횡중복은 일반적으로 30%의 중복도를 준다.

③ 사각 지역을 없애기 위해 중복도를 높여 촬영하기도 한다.

④ 촬영 진행방향으로 횡중복도를 주어 촬영한다.

16 우리나라 측량원점에 대한 설명으로 옳은 것만을 모두 고르면?

> ㄱ. 수준원점은 인천만의 평균해수면으로부터 높이 26.6871 m이다.
>
> ㄴ. 평면직각좌표에서는 점의 좌표가 양수가 되도록 종축에 400,000 m, 횡축에 200,000 m를 더한다.
>
> ㄷ. N37°20′ 10″, E128°30′ 40″에서 이용하는 평면직각좌표의 원점은 중부원점이다.
>
> ㄹ. 현재의 경위도 원점은 세계측지계를 기반으로 산출되었다.

① ㄱ, ㄷ

② ㄱ, ㄹ

③ ㄴ, ㄹ

④ ㄴ, ㄷ, ㄹ

17 (가), (나)에 들어갈 단곡선 설치 방법을 바르게 연결한 것은?

- [가] 은 곡선 시점에서의 접선과 현이 이루는 각을 이용하여 곡선을 설치하는 방법으로 정확도가 높아 많이 이용된다.
- [나] 은 현 길이의 중점에서 수선을 올려 곡선을 설치하는 방법으로 기존 곡선의 검사 또는 수정에 사용된다.

	(가)	(나)
①	중앙종거법	편각법
②	중앙종거법	지거법
③	편각법	현편거법
④	편각법	중앙종거법

18 초점거리가 100mm인 카메라로 촬영고도 1,000m에서 촬영한 연직사진이 있다. 지상 연직점으로부터 100m 떨어진 곳의 비고 200m인 산정에 대한 사진상의 기복 변위[mm]는?

① 1   ② 2

③ 3   ④ 4

19 각 측량에 대한 설명으로 옳은 것만을 모두 고르면?

- ㄱ. 원주를 360등분할 때 그 한 호에 대한 중심각을 1초($''$)로 표시한다.
- ㄴ. 1라디안(radian)은 $\dfrac{360°}{2\pi}$이다.
- ㄷ. 수평각 관측법에서 가장 정밀한 측정 방법은 조합각 관측법이다.
- ㄹ. 평면직각좌표에서 횡축(Y)을 기준으로 어느 측선까지 우회한 각도를 방위각이라 한다.

① ㄱ, ㄴ   ② ㄱ, ㄹ

③ ㄴ, ㄷ   ④ ㄷ, ㄹ

20 단곡선 설치 시 장애물이 있어 그림과 같이 관측하였다. C점은 도로의 기점으로부터 300m 떨어져 있고, 곡선반지름이 100m일 때 접선길이[m]는?

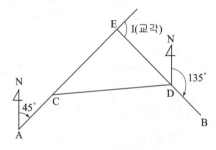

① 50   ② 100

③ 141   ④ 200

2023 지방공무원 경력경쟁임용 필기시험

• 필기시험 시험시간 : 20분   • 자가진단점수 1차 : _____ 2차 : _____   • 학습진도 30% 60% 90% □ □ □

01 우리나라 측량의 기준점 중에서 지표상에 실제로 존재하지 않는 것은?

① 경위도 원점
② 수준 원점
③ 중력 원점
④ 평면직각좌표 원점

02 측량의 오차에 대한 설명으로 옳지 않은 것은?

① 정오차는 관측이 반복되는 동안 부분적으로 상쇄되어 없어지기도 한다.
② 착오는 관측자의 미숙과 부주의에 의해 발생하며, 큰 오차가 발생할 수 있다.
③ 참오차는 정확히 알 수 없는 추상적인 개념이므로 잔차라는 개념을 대체하여 사용한다.
④ 부정오차는 그 발생 원인이 확실하지 않으며 확률법칙에 따라 최소 제곱법의 원리로 처리한다.

03 GNSS 측량의 특징으로 옳은 것은?

① 강우, 강설 시에는 위치 결정이 불가능하다.
② GNSS 민간용 신호는 유료로 정해진 기간에만 사용 가능하다.
③ 3차원 공간 정보의 실시간 획득에는 제한이 있으므로 사후 취득만 가능하다.
④ 측점 간 시통에 관계없이 상공으로부터 위성 신호 수신이 가능하면 위치 결정이 가능하다.

04 기준점 성과표 중에서 삼각점 성과표에 기록되지 않는 요소는?

① 직각좌표   ② 지자기
③ 표고   ④ 경위도

05 평판 측량에 관한 설명으로 옳은 것은?

① 내업에 많은 시간이 필요하다.
② 부속품이 많아 정확한 측량이 가능하다.
③ 표정에서는 도면 방향과 지상 방향을 일치시킨다.
④ 정준에서는 도상 측점과 지상 측점을 동일 연직선으로 맞춘다.

06 측량기사 A, B, C가 같은 작업 조건에서 동일한 거리를 측량하였다. 그 결과 표준편차가 표와 같을 때, 이 세 측량기사의 측량결과에 대한 경중률의 비 $P_A : P_B : P_C$는?

구분	표준편차(mm)	경중률
측량기사 A	±1	P_A
측량기사 B	±3	P_B
측량기사 C	±2	P_C

① 1 : 3 : 2   ② 1 : 9 : 4

③ 6 : 2 : 3   ④ 36 : 4 : 9

07 그림과 같이 A, B 두 점 간의 경사 거리(L)를 측정한 결과 50 m였고, 경사에 대한 보정량이 –10 mm로 계산되었다면 이 지형의 경사도는?

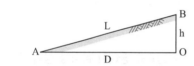

① 약 $\dfrac{1}{50}$ ② 약 $\dfrac{1}{75}$

③ 약 $\dfrac{1}{100}$ ④ 약 $\dfrac{1}{150}$

08 토털스테이션에 의한 거리측량의 오차 중에서 관측거리와 독립적이면서 정오차에 해당하는 경우는?

① 빛의 굴절률이 부정확할 때

② 기압, 온도, 습도 등을 정확히 측정하지 못할 때

③ 반사 프리즘을 측점에 정확히 세우지 못할 때

④ 반사 프리즘의 실제적인 중심이 이론적인 중심과 불일치할 때

09 거리 100 m에 대한 거리 관측의 오차가 ±5 mm일 때, 이와 균형을 이루는 각 관측 오차는?

① 약 ±5″   ② 약 ±10″

③ 약 ±15″   ④ 약 ±20″

10 그림과 같이 외경 1,500 mm의 흄관을 지반으로부터 2.7 m 아래에 매설하기 위해 터파기 작업을 수행하고자 수준측량을 실시하였다. 흄관 중앙 상단 A 지점에 세워진 표척의 읽음 값 [m]은? (단, 레벨 설치지점의 지반고는 36.5 m, 기계고는 37.6 m이다)

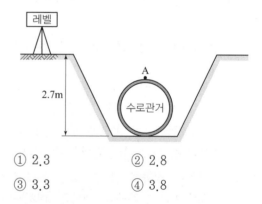

① 2.3   ② 2.8

③ 3.3   ④ 3.8

11 다각측량을 실시하여 A (150 m, 247 m), B (–83 m, 14 m)의 좌표를 얻었다. AB측선의 방위각은?

① 45°   ② 135°

③ 225°   ④ 315°

12 그림은 우리나라에서 제작한 지형도이다. 이 지형도의 축척과 (가)로 표시된 등고선의 표고를 바르게 연결한 것은? (단, 그림에서 수치의 단위는 m이다)

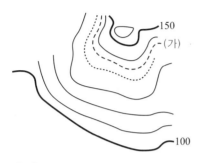

	축척	표고
①	1 : 25,000	135 m
②	1 : 50,000	135 m
③	1 : 25,000	137.5 m
④	1 : 50,000	137.5 m

13 지형의 표현 방법에 관한 설명으로 옳지 않은 것은?

① 등고선법은 건설 공사용으로 많이 사용된다.

② 점고법은 주로 하천, 호수, 항만의 수심을 나타내는 데 사용된다.

③ 등고선 간의 간격은 지표면의 경사가 급한 곳에서는 좁게 완만한 곳에서는 넓게 표현된다.

④ 부호적 도법에는 영선법과 음영법이 있고, 자연적 도법에는 점고법, 등고선법, 채색법이 있다.

14 지형도 제작을 위한 3차원 측량 방법으로 적절하지 않은 것은?

① 중력 측량

② GNSS 측량

③ 항공 사진 측량

④ 토털스테이션 측량

15 하천의 유속 및 유량 관측에 관한 설명으로 옳지 않은 것은?

① 수면에서 하저까지 유속의 연직 분포는 일정하지 않다.

② 수면 폭에서의 유속 분포는 유심부에서 최소이고 양안으로 갈수록 점차 증가한다.

③ 유량 관측은 하천의 유수 단면적에 평균 유속을 곱하여 구하는 방법을 주로 사용한다.

④ 부자에 의한 유속 관측에서는 부자를 하천에 띄워 흐르게 한 다음, 거리와 시간을 관측하여 유속을 결정한다.

16 노선의 기점으로부터 교점까지의 거리가 358.2 m이고, 교각(I)은 60°, 접선장(T.L.)은 115.5 m, 곡선길이(C.L.)는 209.4 m일 때, 종단현의 길이[m]는? (단, 중심말뚝 간의 간격은 20 m이다)

① 7.6   ② 7.9

③ 12.1   ④ 12.4

17 그림은 어떤 지역을 10 m × 8 m의 직사각형으로 나누어 각 교점의 표고를 측정한 결과이다. 땅 고르기 표고를 15 m로 계획할 때, 전체 지역에서 남거나 부족한 토량[m³]은? (단, 그림의 표고 단위는 m이다)

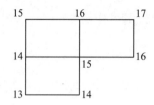

① 절토량 20
② 절토량 10
③ 성토량 10
④ 절토량 = 성토량

18 터널 측량 방법에 대한 설명으로 옳지 않은 것은?

① 터널 밖 측량에는 두 터널 입구를 연결하는 중심선을 지상에 설치하는 지표 중심선 측량 등이 있다.
② 터널 안에 중심선이 설치되면 중심말뚝의 표고를 구하기 위하여 터널 입구에 설치된 수준점으로부터 수준 측량을 한다.
③ 터널 안에서 곡선부 중심선 측량을 다각 측량으로 할 경우 가능한 범위 내에서 현의 길이를 짧게 잡고 기계를 세우는 횟수를 많이 한다.
④ 터널 밖 중심선 측량에서 중심선이 길거나 중간에 장애물이 있어 다각 측량으로 문제를 해결할 수 없을 경우 삼각 측량으로 중심선을 측설한다.

19 초점거리 200mm 카메라를 이용하여 촬영 고도 4,000m의 상공에서 종중복도 60%로 항공 사진을 촬영할 때, 촬영 기선길이[m]는? (단, 사진의 크기는 20 cm × 20 cm이다)

① 800
② 1,600
③ 2,000
④ 2,400

20 항공 사진의 특수 3점에 대한 설명으로 옳은 것은?

① 연직점은 사진 좌표계 상의 원점이 된다.
② 표정점은 주점과 연직점을 2등분하는 점이다.
③ 등각점은 경사와 관계없이 연직사진의 축척과 같은 축척이 되는 점이다.
④ 주점은 렌즈의 투영 중심으로부터 지상의 촬영 기준면에 수선을 내렸을 때 만나는 점이다.

2024 지방공무원 경력경쟁임용 필기시험

01 (가), (나)에 들어갈 용어를 바르게 연결한 것은?

> [(가)]은 국가, 지방자치단체, 그 밖에 대통령령으로 정하는 기관이 관계 법령에 따른 사업 등을 시행하기 위하여 [(나)]을 기초로 실시하는 측량이다. 또, 그 밖의 자가 시행하는 측량 중에서 공공의 이해 또는 안전과 밀접한 관련이 있는 측량으로서 대통령령으로 정하는 측량이 포함된다.

	(가)	(나)
①	일반측량	기본측량
②	일반측량	공공측량
③	공공측량	기본측량
④	공공측량	일반측량

02 우리나라의 평면 직각 좌표계 원점 중 중부 원점에 대한 설명으로 옳은 것은?

① 적용 범위는 E 124° ~ E 126° 이다.

② 원점의 수치는 X=600,000m, Y=200,000m이다.

③ 투영점의 위치는 N 38° 00′ 00″, E 129° 00′ 00″ 이다.

④ 원점을 지나는 방향은 동서를 X축, 남북을 Y축으로 한다.

03 각측량에서 방향각에 대한 설명으로 옳은 것은?

① 진북을 기준으로 어느 측선까지 시계방향으로 측정한 각이다.

② 천정, 천저를 기준으로 목표물에 대한 시준선까지 측정한 각이다.

③ 시준선과 수평선이 이루는 각을 말하며 상향각을 (+), 하향각을 (−)로 한다.

④ 임의의 기준선 또는 일반적으로 직각 좌표의 X축을 기준으로 어느 측선까지 시계방향으로 측정한 각이다.

04 삼각측량에 대한 설명으로 옳은 것은?

① 단열삼각망은 측점수가 적어 경제적이며 정밀도가 가장 높다.

② 각 변의 길이를 모두 측정하여 삼각법을 이용하는 계산을 기본으로 한다.

③ 유심삼각망은 동일 측점수에 비해 포함하는 면적이 넓어 넓은 지역의 측량에 적합하다.

④ 삼각망의 조정에서 점 조건은 하나의 측점 주위에서 측량한 모든 각의 합이 180° 가 되어야 한다.

05 도면상의 표고 또는 수심을 숫자로 나타내는 방법으로 산정, 하천, 호수 등에 주로 이용되는 지형의 표현법은?

① 등고법 ② 영선법
③ 음영법 ④ 점고법

06 수준측량의 오차 발생 원인 중 기계적 요인에 해당하는 것만을 모두 고르면?

> ㄱ. 기포가 둔감하다.
> ㄴ. 시준이 불완전하다.
> ㄷ. 표척 눈금이 불완전하다.
> ㄹ. 측정값에 오독이 있었다.

① ㄱ, ㄴ ② ㄱ, ㄷ
③ ㄴ, ㄹ ④ ㄷ, ㄹ

07 수평각 측정 시 망원경을 정위-반위로 관측하여도 제거할 수 없는 오차는?

① 외심 오차 ② 연직축 오차
③ 시준축 오차 ④ 수평축 오차

08 기지점 A(75.0, 150.0)와 B(150.0, 300.0)를 연결하는 결합트래버스의 계산 결과 A에서 B까지의 합위거가 75.30이고, 합경거가 149.6일 때 폐합오차는? (단, 단위는 [m]이다)

① 0.2 ② 0.3
③ 0.4 ④ 0.5

09 그림과 같은 하천의 평균 유속(V_m)을 산정하는 방법으로 옳지 않은 것은?

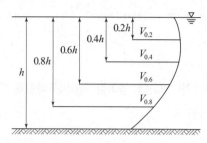

① 1점법 $V_m = V_{0.6}$

② 2점법 $V_m = \dfrac{1}{2}(V_{0.4} + V_{0.6})$

③ 3점법 $V_m = \dfrac{1}{4}(V_{0.2} + 2V_{0.6} + V_{0.8})$

④ 4점법 $V_m = \dfrac{1}{5}\{(V_{0.2} + V_{0.4} + V_{0.6} + V_{0.8})$
$+ \dfrac{1}{2}(V_{0.2} + \dfrac{V_{0.8}}{2})\}$

10 등고선의 성질에 대한 설명으로 옳지 않은 것은?

① 최대 경사 방향은 등고선과 평행선을 이룬다.
② 동일 등고선은 반드시 도면 안팎에서 폐합한다.
③ 등고선은 능선 또는 계곡선과 직각으로 만난다.
④ 한 등고선상의 점은 모두 동일한 표고를 나타낸다.

11 노선 기점으로부터 교점까지의 거리가 500m 이고 교각이 120°일 때, 중앙종거[m]는? (단, 곡선반지름은 200 m이다)

① 80   ② 90

③ 100   ④ 110

12 단곡선 설치에서 곡선길이는 209.4m, 노선의 기점에서 곡선시점의 위치는 No.6 + 12m일 때, 노선의 기점에서 곡선종점까지 거리[m]는? (단, 중심말뚝 간격은 20m이다)

① 297.4   ② 317.4

③ 321.4   ④ 341.4

13 축척 1 : 5,000 지형도에서 등고선의 종류에 따른 간격[m]을 바르게 연결한 것은?

	계곡선	주곡선	조곡선
①	10	2.0	1.00
②	10	5.0	1.25
③	25	5.0	1.25
④	25	12.5	6.25

14 정량적(높이, 거리, 면적 등) 해석과 정성적 (색상, 질감, 음영 등) 해석이 모두 가능한 측량은?

① 사진측량   ② 지형측량

③ 삼각측량   ④ GNSS측량

15 트래버스측량에 대한 설명으로 옳은 것은?

① 각 측량의 정밀도가 같을 때 각의 크기 에 비례하여 오차를 배분한다.

② 미지점에서 출발하여 다른 미지점에 결 합시키는 개방트래버스가 가장 정밀한 방법이다.

③ 각 트래버스의 측점 수를 n이라 하면 시가지에서의 오차허용 범위는 $20'' \sqrt{n}$ $\sim 30'' \sqrt{n}$ 이다.

④ 바로 앞 측선의 연장선과 이루는 각인 편각은 시계방향의 좌편각(+)과 반시계 방향의 우편각(−)이 있다.

16 측점 A, B 간의 경사거리를 측정하여 수평 거리로 보정할 때, 보정량[m]은? (단, 경사거리 = 25 m, 고저차 = 2.5 m이다)

① −0.250   ② −0.125

③ +0.125   ④ +0.250

17 초점거리 10 cm인 항공촬영용 카메라로 2km 고도에서 촬영된 하천 폭이 사진상 15mm로 측정되었을 때, 실제 폭[m]은?

① 150   ② 200

③ 250   ④ 300

18 GPS 위성의 기하학적 배치 상태를 나타내는 DOP(Dilution Of Precision) 중에서 수평 위치 요소를 포함하는 것만을 모두 고르면?

> ㄱ. HDOP
> ㄴ. VDOP
> ㄷ. GDOP
> ㄹ. TDOP

① ㄱ, ㄷ   ② ㄱ, ㄹ
③ ㄴ, ㄷ   ④ ㄴ, ㄹ

19 GRS80 타원체에 대한 설명으로 옳지 않은 것은?

① 편평률은 1 : 299.15로 베셀 타원체와 동일하다.
② 1979년 IUGG총회에서 발표한 측지기준계이다.
③ 우리나라의 경위도 원점은 국토지리정보원 구내에 위치한다.
④ 우리나라의 경위도 원점은 ITRF2000 좌표계와 GRS80 타원체를 기준으로 정하였다.

20 장애물이 없고 비교적 좁은 측량지역에서 대축척의 높은 정확도를 얻을 수 있는 평판측량은?

① 전진법   ② 방사법
③ 전방교회법   ④ 후방교회법

기출문제 정답 및 해설

2015년 지방공무원 경력경쟁	672~675쪽

01 ④	02 ③	03 ①	04 ④	05 ④
06 ②	07 ③	08 ②	09 ①	10 ②
11 ③	12 ③	13 ③	14 ④	15 ①
16 ②	17 ④	18 ④	19 ②	20 ①

01 우리나라는 세계측지계를 도입함에 따라 2002년 6월 29일부터 GRS80 타원체를 기준 타원체로 사용하고 있다.

02 각각의 평면직교좌표계에서 모든 지역의 좌표가 양수가 되게 하기 위해 종축(X축)에는 500,000m(단, 제주도는 550,000m), 횡축(Y축)에는 200,000m를 더한다.

03 모든 측량의 기초가 되는 측량으로서 국토교통부장관의 명을 받아 국토지리원장이 실시하는 측량이다. (측량법 제2조 2항)

04 토탈스테이션의 거리에 대한 정확도는 정오차±굴절오차로 표시한다.

05 $A = 8,100\,\text{m}^2$

$\therefore a = 90\,\text{m}$

실제 한 변 길이 $a_0 = 90\left(1 + \dfrac{0.02}{30}\right) = 90.06\,\text{m}$

06 $C_h = -\dfrac{h^2}{2L} = -\dfrac{1^2}{2 \times 50} = -0.01\,\text{m}$

$\therefore D = L + C_h = 100 - 0.01 = 49.990\,\text{m}$

07 $\overline{BA}$방위각 $= 60°20' + 60°40' + 180° = 301°$

08 GPS 장점

(1) 기상조건에 영향 받지 않는다.

(2) 야간에 관측이 가능하다.

(3) 관측점 간의 시통이 필요 없다.

(4) 장거리도 측정이 가능하다.

(5) 3차원 측정이 가능하다.

(6) 움직이는 대상물 측정이 가능하다.

(7) 고정 및 측량이 가능하다.

(8) 24시간 상시 높은 정밀도를 유지한다.

09 허용오차 $= \pm 5'' \sqrt{16} = \pm 20''$

10

측점	B.S.	F.S.		I.H	G.H
		T.P.	I.P.		
0	1.105			101.105	100.000m
1			-1.360		102.465m
2			-1.280		102.385m
3			1.005		100.100m
4		-0.795			101.900m

11 하천이나 항만 등에서 심천측량을 한 결과의 지형을 표시하는 방법으로 그 점의 깊이를 숫자로 나타내는 지형의 표시법이다.

12 경사도 $= \dfrac{h}{L} = \dfrac{24.89 - 27.35}{60} = -4.10\%$

13

등고선의 종류	기호	$\dfrac{1}{10,000}$	$\dfrac{1}{25,000}$	$\dfrac{1}{50,000}$
주곡선	가는실선	5	10	20
간곡선	가는긴파선	2.5	5	10
조곡선	가는파선	1.25	2.5	5
계곡선	굵은실선	25	50	100

$\dfrac{1}{10,000}$ 이하의 대축척은 주곡선 간격을 5m로 한다.

14 종단곡선

노선의 종단구배가 변하는 곳에 충격을 완화하고 충분한 시거를 확보해 줄 목적으로 적당한 곡선을 설치하여 차량이 원활하게 주행할 수 있도록 한 것

15 $V = \dfrac{A}{4}\left(\sum h_1 + 2\sum h_2 + 3\sum h_3 + 4\sum h_4\right)$

$\sum h_1 = 2.4 + 1.8 + 1.0 + 1.0 + 1.8 = 8.0$

$\sum h_2 = 2.6 + 2.4 = 5.0$

$\sum h_3 = 2.0$

$\sum h_4 = 0$

$V = \dfrac{12}{4}\left(8.0 + 2 \times 5.0 + 3 \times 2.0\right)$

$\quad = 3.0 \times 24 = 72\,\mathrm{m}^3$

계획고 $= \dfrac{V}{A} = \dfrac{72}{12 \times 3} = 2\,\mathrm{m}$

16 3점법에 의한 평균유속

$V_m = \dfrac{1}{4}\left(V_{0.2} + 2V_{0.6} + V_{0.8}\right)$

$\quad = \dfrac{1}{4}(1.0 + 2 \times 0.8 + 0.4) = 0.75\,\mathrm{m/sec}$

17 (1) $T.L = R\tan\dfrac{I}{2} = 500 \times \tan\dfrac{90°}{2} = 500\,\mathrm{m}$

(2) $C.L = R\,I° \dfrac{\pi}{180°} = 500 \times 90 \times \dfrac{\pi}{180} = 750\,\mathrm{m}$

(3) $E.C$ 까지의 거리

$\quad = I.P$ 까지의 추가거리 $- T.L + C.L$

$\quad = 1,150 - 500 + 750 = 1,400\,\mathrm{m}$

(4) 20m 중심말뚝이므로 곡선종점 $E.C$의 위치는

$\dfrac{1,400}{20} = 70$번 말뚝

18 완화곡선 성질

(1) 곡선반경은 완화곡선의 시점에서 무한대, 종점에서 원곡선 R로 된다.

(2) 완화곡선의 접선은 시점에서 직선에, 종점에서 원호에 접한다.

(3) 완화곡선에 연한 곡률반경의 감소율은 캔트의 증가율과 동률(부호는 반대)로 된다.

(4) 완화곡선의 종점에서의 캔트는 원곡선의 캔트와 같다.

(5) 완화곡선의 곡률 $\left(\dfrac{1}{R}\right)$은 곡선길이에 비례한다.

19 $M = \dfrac{f}{H} = \dfrac{l}{L}$

$\dfrac{0.15}{H} = \dfrac{0.005}{30}$

$\therefore\ H = \dfrac{0.15 \times 40}{0.005} = 1,200\,\mathrm{m}$

20 절대표정(대지표정)

상호표정이 끝난 입체모델 → 지상좌표계와 일치하도록 하는 작업으로 축척의 결정 → 수준면의 결정 → 축척 및 위치의 결정 순서로 한다.

2016년 지방공무원 경력경쟁   676~679쪽

01 ①	02 ②	03 ①	04 ②	05 ③
06 ③	07 ②	08 ④	09 ①	10 ③
11 ②	12 ④	13 ④	14 ④	15 ③
16 ①	17 ②	18 ③	19 ③	20 ④

01 실제상 A, B의 거리 $= 0.04 \times 5,000 = 200\,\mathrm{m}$

경사도 $= \dfrac{H}{D} \times 100 = \dfrac{5}{200} \times 100 = 2.5\%$

02 등고선의 성질

(1) 등고선이 능선을 통과할 때에는 능선 한쪽을 따라 내려가서 능선을 직각 방향으로 횡단하고, 능선 다른 쪽을 따라 거슬러 올라간다.

(2) 최대경사선과는 직각으로 만난다.

(3) 등고선이 도면 내에서 폐합하는 경우 등고선의 내부에는 산정(산꼭대기)이나 분지가 있다.

(4) 높이가 다른 두 등고선은 절대로 교차하거나 만나지 않는다.(절벽이나 동굴 제외)

(5) 지표면의 경사가 급한 곳에서는 등고선 간격이 좁아지며 완만한 곳에서는 넓어진다.

03 장력보정은 오차가 정하여져 있어서 보정이 가능한 정오차이다.

04 A점의 기계고 $= 51.50 + 1.24 = 52.74\,\mathrm{m}$

B점의 지반고=기계고－전시이므로

$52.74 - x = 52$

$\therefore\ x = 52.74 - 52 = 0.74\,\mathrm{m}$

05 2점법

$$V_m = \frac{1}{2}\left(V_{0.2} + V_{0.8}\right) = \frac{1}{2}(3+1) = 2\,\mathrm{m/sec}$$

유량 $Q = AV = 20 \times 2 = 40\,\mathrm{m^3/sec}$

06 지적 세부측량

(1) 지적 도근점에 기초하여 필계점(筆界點)의 위치를 정하는 측량

(2) 필계점 복원의 정밀도 목표를 15~20cm로 잡고 있기 때문에 필계선의 변길이가 대부분 수십m임을 감안하면 평판 측량이 가장 적합하다.

(3) 지적확정 측량은 세부측량을 통해 정해진다.

07 (1) 정지된 평균 해수면을 육지까지 연장한 지구 전체의 가상곡면이다.

(2) 중력장 이론에 의하여 물리적으로 정의된 것이다.

(3) 지구 타원체를 기준으로 대륙에서는 높고 해양에서는 낮다.

(4) 지구의 평균 해수면에 일치하는 등전위면이다.

08 (1) $\sim E.C = \sim B.C + C.L = I.P - T.L + C.L$

$\qquad = 520.68 - 288.60 + 523.60 = 755.68\,\mathrm{m}$

(2) $l_2 = 755.68 - 740 = 15.68\,\mathrm{m}$

09 버퍼 [buffer] 분석

버퍼링 분석은 특정 지도 객체나 사용자가 지정하는 지점으로부터 일정 거리 내에 존재하는 영역을 분석하여 표시하는 분석이다.

10 $B = ma\left(1 - \dfrac{p}{100}\right)$

$\qquad = 25,000 \times 0.25 \times \left(1 - \dfrac{60}{100}\right) = 2,500\,\mathrm{m}$

$H = mf = 25,000 \times 0.20 = 5,000\,\mathrm{m}$

$\therefore$ 기선도비 $(B/H) = \dfrac{2,500}{5,000} = 0.5 = 50\%$

11 우리나라 평면직각좌표 원점

명칭	경도	위도
동해원점	동경 131°	북위 38°
동부원점	동경 129°	북위 38°
중부원점	동경 127°	북위 38°
서부원점	동경 125°	북위 38°

12 기준점(삼각점) 성과표는 평면좌표(x, y)에 대한 성과를 기록하고 있다. 3차원 좌표는 높이(z)에 대한 성과는 표시되어 있지 않다.

13 1등 수준측량의 허용오차 $= \pm 2.5\sqrt{L}\,\mathrm{mm}$

2등 수준측량의 허용오차 $= \pm 5.0\sqrt{L}\,\mathrm{mm}$

14 $\overline{AB}$ 방위각 $= 60°20'$

$\overline{BC}$ 방위각 $= 60°20' + 77°30' = 137°50'$

$\overline{CD}$ 방위각 $= 137°50' + 180° + 85°20' = 43°10'$

$\overline{CD}$ 방위 $= N\,43°10'\,E$

15 AB거리 평균 $= \dfrac{199.98 + 200.02}{2} = 200\,\mathrm{m}$

AB거리 오차 $= 199.98 - 200.02 = -0.04\,\mathrm{m}$

정밀도 $= \dfrac{0.04}{200} = \dfrac{1}{5,000}$

16 GPS측량의 발달로 우리나라 기준점은 시야확보의 문제점에서 벗어나게 되었다. 그러므로 산 정상에 기준점을 매설할 필요 없이 평지에 통합기준점을 매설하여 활용하고 있다.

17 정위 $B - A = 70°06'00$

반위값 $B - A = 70°06'04$

정위와 반위의 평균값 $= 70°06'02$

18 ① 관측값의 신뢰도를 표시하는 값을 경중률이라고 한다.

② 우연오차는 그 발생 원인이 확실하지 않으므로 확률 법칙에 따라 최소제곱법의 원리를 사용하여 처리한다.

③ 경중률은 관측 횟수에 비례하고, 관측 거리에 반비례하며 표준편차의 제곱에 반비례한다.

④ 측량 기계·기구의 구조적 결함이나 조정 상태의 불완전 등에 따라 발생하는 정오차가 있다.

19 NO4의 지반고

$= 10 + 2.50 - 1.60 + 2.30 - 1.80 + 3.60 - 3.10$

$= 11.9m$

NO4의 계획고 $= 10 + 60 \times 0.02 = 11.2m$

절토고 $= 11.9 - 11.2 = 0.7m$

20 과고감은 기선 고도비에 비례한다. 그러므로 기선 고도비가 크면 과고감이 크다.

2017년 지방공무원 경력경쟁 680~683쪽

01 ①	02 ①	03 ④	04 ②	05 ②
06 ③	07 ①	08 ③	09 ④	10 ②
11 ④	12 ②	13 ③	14 ④	15 ②
16 ④	17 ③	18 ②	19 ④	20 ①

01 법률에 따른 분류에는 기본측량, 공공측량, 지적측량, 수로측량, 일반측량등이 있다. 측지측량은 측량 구역의 넓이에 따른 분류이다.

02 평면직각좌표

명 칭	경 도(Y)	위 도(X)
서부 원점	동경 125°	북위 38°
중부 원점	동경 127°	북위 38°
동부 원점	동경 129°	북위 38°
동해 원점	동경 131°	북위 38°

03 통합기준점의 최종적인 위치는 경위도 및 표고 등으로 표시하며(「통합기준점 측량 작업규정」 제3조), 통합기준점의 번호는 다섯 자리(알파벳과 아라비아숫자)로 구성되며 북 → 남, 서 → 동의 순서로 번호를 부여하며 맨 앞자리에 알파벳 U로 표기한다(「통합기준점 측량 작업규정」 제4조). 한편, 통합기준점은 기존의 획일화된 기준점 표석과는 달리 형상을 1.5m×1.5m 크기로 하여 위성영상과 항공사진 등에서 식별이 가능하도록 하였다(「공간정보구축 및 관리 등에 관한 법률 시행규칙」 제3조 제1항). 2008~2013년 현재, 전국에 5~10km 간격으로 3,650점을 설치하였다. **특히 위성 기술의 발달로 산 정상이 아닌 평지에 설치하였다.**

04 DEM이란?

① Digital Elevation Model(수치표고모델)의 약어이다.

② 균일한 간격의 격자점(X, Y)에 대해 높이값 Z를 가지고 있는 데이터이다.

③ DEM을 이용하여 등고선을 제작하기도 한다.

* DTM은 표고정보 및 지형특성정보를 포함하고 DEM은 높이의 정보만을 가지며 표고를 (x, y, z)에 의해 표시한다.

05 이 도형은 △ABE와 △DCE는 닮음이므로

$20 : 8 = x : 22$가 성립된다.

$$\therefore x = \frac{20 \times 22}{8} = 55.0m$$

06 $\angle A + \angle B + \angle C = 93°$

오차(m) $= 24''$

각 측정을 4회 했으므로 오차 배분량은 $\frac{24}{4} = 6''$

$$\therefore \angle A = 34°00'06''$$

07 지구 타원체는 지표면의 기복과 지하 물질의 밀도 분포 및 구조 등의 영향을 고려하지 않은 것이므로 실제 지구와 좀 더 가까운 모양으로 결정할 필요가 있다. 지구 타원체가 기하학적으로 정의된 것이라면 지오이드(geoid)는 중력장 이론에 의하여 물리적으로 정의된 것이다.

즉 지구타원체와 지오이드는 일치하지 않는다.

08 $\tan\theta = \dfrac{\text{경거차}}{\text{위거차}} = \dfrac{(-80,000-40,000)}{(-110,000-10,000)} = 1$

$\therefore \theta = 45°$

여기서 합위거(−), 합경거(−)이므로 3상한에 존재한다.

$\because$ AB측선의 방위각 $= 180° + 45° = 225°$

09 곡선길이(C.L) $= \dfrac{\pi}{180}RI° = \dfrac{3}{180} \times 200 \times 90°$

$\qquad\qquad\qquad = 300\text{m}$

곡선 종점까지 거리 $= 450 + 300 = 750\text{m}$

말뚝간격이 20m이므로 $\dfrac{740}{20} + 10\text{m}$

즉 No.37+10m

10 하천의 유속은 수심에 따라 변화하고 횡단면을 따라서도 변화하며 상, 하류의 위치에 따라서도 변화한다. 따라서 어느 단면에서의 평균유속은 그 자체로 오차를 내포하고 있다고 보는데 그래도 비교적 **정확한 방법은 3점법**이며 3점법이 가장 많이 쓰인다.

11 방법 1

각점의 지반고는

전 지반고+후시−전시 이므로

$G_b = (50 + 1.52 - 1.35 + 4.10 + 0.98 - 3.37 - 1.12)\text{m}$

$\quad = 50.76\text{m}$

방법 2

$\sum$후시$-\sum$전시$=2.25-1.49=0.76\text{m}$

즉, B점의 지반고 = A점 지반고(50m)+0.76=50.76m

12 정오차는 수학적, 물리학적인 법칙에 따라 일정하게 발생되어 발생원인을 발견하면 처리가 가능한 오차이다.

급격한 습도의 변화의 오차는 정오차가 아니다.

13 $\dfrac{1}{m} = \dfrac{f}{H} = \dfrac{0.02}{100} = \dfrac{1}{5,000}$

14 단독위치결정방법은

GPS를 이용하여 1대의 수신기로 관측된 지점의 경위도와 높이를 구하는 방법을 말하며, 1점 측위라고

도 한다. 최저 4개의 GPS 위성의 유사거리를 관측하여 위치를 계산한다.

15 A, B지점의 표고차 $= 160.5 - 100.5 = 60\text{m}$

주곡선의 간격은 20m이므로 개수는 3개

50m지점의 표고 $= 100.5 + \dfrac{60}{30} = 130.5\text{m}$

16 삼각형 분할법

$V = \dfrac{A}{3}\left\{\sum h_1 + 2\sum h_2 + 3\sum h_3 + \cdots + 6\sum h_6\right\}$

$\quad = \dfrac{30}{3}(3 + 12) = 150\text{m}^3$

$\therefore H = \dfrac{V}{A} = \dfrac{150}{60} = 2.5\text{m}$

17 ① 같은 등고선 위의 모든 점은 높이가 같다.

② 한 등고선은 반드시 도면 안이나 밖에서 폐합되며, 도중에서 없어지지 않는다.

③ 등고선이 도면 안에서 폐합되면 산정이나 오목지가 된다.

오목지의 경우 대개는 물이 있으나, 없는 경우 낮은 방향으로 화살표시를 한다.

④ 높이가 다른 두 등고선은 동굴이나 절벽의 지형이 아닌 곳에서는 교차하지 않는다. 동굴이나 절벽에서는 2점에서 교차한다.

⑤ 경사가 일정한 곳에서는 평면상 등고선의 거리가 같고, 같은 경사의 평면일 때에는 평행한 선이 된다.

⑥ 등고선의 경사가 급한 곳에서는 간격이 좁고, 완만한 경사에서는 넓어진다.

⑦ 최대 경사의 방향은 등고선과 직각으로 교차한다.

⑧ 등고선이 골짜기를 통과할 때에는 한쪽을 따라 거슬러 올라가서 곡선을 직각 방향으로 횡단한 다음 곡선 다른 쪽을 따라 내려간다.

⑨ 등고선이 능선을 통과할 때에는 능선 한쪽을 따라 내려가서 능선을 직각 방향으로 횡단한 다음, 능선 다른 쪽을 따라 거슬러 올라간다.

⑩ 한 쌍의 등고선이 산정부가 서로 마주 서 있고, 다른 한 쌍의 등고선이 바깥쪽으로 바라보고 내려갈 때, 그곳은 고개를 나타낸다.

18 B점의 합위거를 구하면

$$X = 100 \times \cos 60° = 100 \times 0.5 = 50\text{m}$$

$$\therefore \overline{BC} = \sqrt{(0-50)^2 + (130-80)^2}$$

$$= \sqrt{50^2 + 50^2} = 50\sqrt{2} = 70\text{m}$$

19 $\Delta r = \dfrac{h}{H} \cdot r = \dfrac{200}{1000} \times 0.03 = 6\text{mm}$

20 1. 지적공부(地籍公簿)란 토지대장, 임야대장, 공유지연명부, 대지권등록부, 지적도, 임야도 및 경계점좌표등록부 등 지적측량을 통하여 조사된 토지의 표시와 해당 토지의 소유자 등을 기록한 대장 및 도면(정보처리시스템을 통하여 기록·저장된 것을 포함한다)을 말한다.

2. 분할은 1필지를 2필지 이상으로 나누는 것

3. "지목"이란 토지의 주된 용도에 따라 토지의 종류를 구분하여 지적공부에 등록한 것을 말한다.

4. 필지(筆地), 필(筆)은 구획된 논이나 밭, 임야, 대지 따위를 세는 단위이다. 땅에 대한 소유권이나 건물이 앉은 터를 기준으로 해서, 토지 구역 경계로 갈라 정한 국토를 등록하는 기본단위이다.

2018년 지방공무원 경력경쟁 — 684~688쪽

01 ②	02 ②	03 ①	04 ④	05 ④
06 ②	07 ②	08 ③	09 ①	10 ②
11 ①	12 ①	13 ③	14 ①	15 ③
16 ③	17 ②	18 ④	19 ②	20 ③

---

01 ① 경중률(P)은 정밀도의 제곱에 비례한다.

② 경중률(P)은 중등오차의 제곱에 반비례한다.

③ 경중률(P)은 관측회수에 비례한다.

④ 직접수준측량에서 오차는 노선거리의 제곱근에 비례한다.

⑤ 직접수준측량에서 경중률은 노선거리에 반비례한다.

⑥ 간접수준측량에서 오차는 노선거리에 비례한다.

⑦ 간접수준측량에서 경중률은 노선거리의 제곱에 반비례한다.

02 배각법은 트래버스 측량과 같이 한 측점에서 한 개의 각을 높은 정밀도로 측정할 때 사용하며, 시준할 때의 오차를 줄일 수 있고 최소 눈금 이상의 정밀한 관측값을 얻을 수 있다. 1개의 각을 2회 이상 반복 관측하여 어느 각을 측정하는 방법으로 반복법이라고도 한다.

03 사이클 슬립

① 사이클 슬립(cycle slip)은 GPS 반송파 위상 추적 회로에서 반송파 위상값을 순간적으로 놓쳐서 발생하는 오차이다.

② 주로 GPS 안테나 주위의 지형지물에 의한 신호 단절, 높은 신호 잡음 및 낮은 신호 강도로 발생한다.

③ 반송파 위상 데이터를 사용하는 정밀 위치 측정 분야에서는 매우 큰 영향을 끼칠 수 있음

04 등고선의 경사가 급한 곳에서는 간격이 좁고, 완만한 경사에서는 넓어진다. (그림 b)

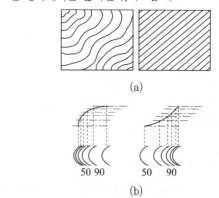

(a)

(b)

05 $\dfrac{\Delta l}{l} = \dfrac{\theta}{\rho''}$

$$\dfrac{2}{40,000} = \dfrac{\theta}{206,265''} \qquad \therefore \ \theta = 10''$$

06 1점법 평균유속 = 1.1m/sec

2점법 평균유속 = $\dfrac{1}{2}(V_{0.2} + V0.8) = 1.2\text{m/sec}$

3점법 평균유속 = $\dfrac{1}{4}(V_{0.2} + 2V_{0.6} + V0.8)$

$$= \dfrac{1}{4}(1.6 + 2.2 + 0.8) = 1.15$$

07 $\dfrac{1}{25,000}$ 지형도 상의 주곡선 간격은 10m

실제거리 $= 25,000 \times 0.01 = 250\,\mathrm{m}$

경사 $= \dfrac{10}{250} = 0.04$

$\therefore$ 4%

08 축척 $m = \dfrac{0.005}{100} = \dfrac{1}{20,000}$

$\dfrac{1}{m} = \dfrac{f}{H}$

$H = mf = 20,000 \times 0.2 = 4,000\,\mathrm{m}$

09 폐합트래버스에서 위거경거 오차가 없다면 위거합과 경거합이 0이 되어야 한다.

10 $\Delta h = \dfrac{(1.750 + 2.440) - (1.050 + 1.940)}{2} = 0.600\,\mathrm{m}$

A점의 표고 $(H_A) = 30\,\mathrm{m}$

B점의 표고 $(H_B) = 30 + 0.600 = 30.600\,\mathrm{m}$

11 노선은 토공량이 많으면 공사비가 많이 소요되므로 토공량이 최소화 되도록 노선을 선정해야 한다.

12 우연오차(부정오차, 우차, 상차)

우연오차는 착오와 정오차를 제거하고도 남는 오차로서 오차의 발생 원인이 불분명하며 아무리 주의해도 없앨 수 없는 오차로 부정오차라 하며, 때로는 서로 상쇄되어 없어지기도 하므로 상차라 하고, 우연히 발생한다 하여 우차라고도 한다. 우연오차는 측정회수의 제곱근에 비례하며 Gauss의 오차론에 의해 처리한다.

$$R' = \pm b\sqrt{n}$$

여기서, R' : 우연오차, b : 1회 측정시의 오차

13 교회법은 기지점에서 미지점들을 시준하여 서로 교차된 교점을 찾는 방법이다.

14 $V = \dfrac{a}{4}\left(\sum h_1 + 2\sum h_2 + 3\sum h_3 + 4\sum h_4\right)$

$= \dfrac{20}{4}(1.2 \times 5) + 2(1.5 \times 2) + 3(2.0) = 90\,\mathrm{m}^3$

$\therefore h = \dfrac{V}{A} = \dfrac{90}{60} = 1.5\,\mathrm{m}$

15 항공사진측량의 순서는

계획 – 대공표지 설치 – 사진촬영 – 기준점 측량
– 현지조사 – 정위치편집 순으로 한다.

16 사변형 삼각망은 가장 정밀도가 높으나 피복면적이 작아 비경제적이므로 중요한 기선측량에 사용된다.

17 총 관측각 수 $= \dfrac{N(N-1)}{2} = \dfrac{5(5-1)}{2} = 10$개

18 AB측선의 방위각=45°30′

DC측선의 방위각=45°30′ + 180-120°10′ = 105°20′
방위각이 2상한에 있으므로
180° - 105°20′ = S74°40′ E

19 우리나라의 평면 직각 좌표계 원점은 서부 원점, 중부 원점, 동부 원점, 동해 원점의 4개를 기본으로 하고 있다. 평면 직각 좌표계에서는 모든 점의 좌표가 양수(+)가 되도록 종축(X축)에 600,000m, 횡축(Y축)에 200,000m를 더한다.

우리나라 평면직각 좌표계의 원점

명칭	경도	위도
동해원점	동경 131°	북위 38°
동부원점	동경 129°	북위 38°
중부원점	동경 127°	북위 38°
서부원점	동경 125°	북위 38°

20 $C.L = 0.0174533RI° = R.I° \dfrac{\pi}{180} = 540\,\mathrm{m}$

(이때 $\pi = 3$)

시점 $(B.C) = 1000 - 540 = 460\,\mathrm{m}$

즉 중심말뚝이 20m이므로

시점의 위치 $= \dfrac{460}{20} = NO\,23$

01 ①	02 ④	03 ④	04 ①	05 ③
06 ③	07 ②	08 ②	09 ③	10 ③
11 ①	12 ①	13 ④	14 ②	15 ④
16 ③	17 ①	18 ②	19 ②	20 ①

01 최근 위성측량 기술이 보편화됨에 따라 측량 시통에 관계없이 정확하게 원하는 지점의 위치를 결정할 수 있어 산 정상에 매설 할 필요가 없이 어느 위치에도 설치 할 수 있다.
이러한 국가 기준점은 전국에 10km 간격으로 약 1,000여 점이 설치되어 있다.

02 정오차는 정상적으로 측정했을 때 생기는 오차이므로 장력을 일정하게 유지하지 못했을 때 생기는 오차는 착오(과실)이다.

03 $\overline{DE}$ 방위각 $= 131° + 180 + 51° + 65° + 180 + 97°$
$= 707° - 360° = 347°$

04 다중경로 오차는
위성으로부터 직접 수신된 전파 이외의 부가적으로 주위의 지형물에 의하여 반사된 전파 때문에 생기는 오차를 말한다.

05 경중률은 우연오차(부정오차)의 제곱에 반비례하므로
경중율 : $\dfrac{1}{1^2} : \dfrac{1}{3^2} = 9 : 1$
최확값 $= 10 + \dfrac{(0.54 \times 9) + (0.49 \times 1)}{10} = 10.535\,\text{m}$

06 비례식을 이용하면
$\overline{AB} : \overline{DE} = \overline{AD+DC} : \overline{DC}$
$1400 : 350 = (AD + 325) : 325$
등식을 풀면
$\overline{AD} = 975\,\text{m}$

07 지오이드 면은 해양에서는 지구타원체보다 낮고, 대륙에서는 높다.

08 경사에 대한 보정량은
$\dfrac{-h^2}{2L} = \dfrac{-20^2}{2 \times 100} = -2\,\text{m}$
두점의 경사 $= \dfrac{20}{100-2} = \dfrac{1}{4.9}$

09 2%의 경사이므로 A, B지점의 고저차는
$100 : 2 = 20 : x$
$\therefore x(\text{고저차}) = \dfrac{40}{100} = 0.4\,\text{m}$
A지점의 표고가 B지점의 표고보다 40cm 높다.
$\therefore$ A표척의 읽음값 $= 1.832 + 0.4 = 2.232\,\text{m}$

10 $\dfrac{1}{25,000}$ 지형도에서 주곡선 간격은 10㎥이므로
$\dfrac{876-553}{10} = 32$개

11 장애물이 없고, 비교적 좁은 지역에서는 방사법이 좋다.

12 $\dfrac{f}{H} = \dfrac{l}{L} = \dfrac{0.15}{1,500} = \dfrac{0.01}{L}$
$\therefore L = 100\,\text{m}$

13 폐합비 $= \dfrac{\text{폐합오차}}{\text{전체길이}}$
폐합오차 $= \sqrt{4^2 + 3^2} = \sqrt{25} = 5\,\text{cm}$
$\therefore$ 폐합오차 $= \dfrac{0.05}{1,000} = \dfrac{1}{20,000}$

14 곡선길이$(C.L) = \dfrac{\pi}{180} RI° = \dfrac{\pi}{180} \times 200 \times 30$
$= 104.7\,\text{m}$

15 DE 구간의 경사는 $\dfrac{1}{10}$이므로 하향 10%이다.

16 $\left(\dfrac{50,000}{5,000}\right)^2 = \dfrac{A}{100}$

$\therefore A = 10,000\text{m}^2$

17 완화곡선의 곡선 반지름은 시점에는 무한대이다.

18 $\dfrac{1}{m} = \dfrac{f}{H}$ $\qquad H = mf$

$\dfrac{h}{H} = \dfrac{\Delta r}{r}$ $\quad \dfrac{h}{mf} = \dfrac{\Delta r}{r}$ $\quad \dfrac{h}{10,000 \times 0.1} = \dfrac{0.005}{0.025}$

$\dfrac{h}{1,000} = \dfrac{1}{5}$ $\quad \therefore h = 200\text{m}$

19 좌표법을 이용하여 풀면 쉽다.

$A = \dfrac{1}{2} \begin{vmatrix} 0 & 10 & 30 & 20 & 0 \\ 0 & 30 & 20 & 10 & 0 \end{vmatrix} = \dfrac{1}{2}|(200+300)-(900+400)|$

$= -400\text{m}^2$

면적은 (−)가 없으므로 정답은 400m^2

20 $\dfrac{1}{5,000}$ 일 때 등고선 간격은 5m이므로

A, B점의 고저차 $= 5 \times 3 = 15\text{m}$

수평거리 $= 5,000 \times 0.03 = 150\text{m}$

경사 $= \dfrac{\text{고저차}}{\text{수평거리}} = \dfrac{15}{150} = \dfrac{1}{10}$

2020년 지방공무원 경력경쟁	693~696쪽

01 ①	02 ④	03 ③	04 ①	05 ②
06 ②	07 ②	08 ①	09 ②	10 ③
11 ②	12 ④	13 ③	14 ③	15 ④
16 ④	17 ③	18 ①	19 ③	20 ②

01 관측값과 최확값의 차는 잔차이다.

02 경도는 본초 자오선으로부터 적도를 따라 동쪽, 서쪽으로 각각 0°에서 180°까지 나타낸다.

03 점고법 : 하천, 항만, 해양 등에서의 심천측량을 점에 숫자를 기입하여 높이를 표시하는 방법이다.

04 횡단 측량 : 횡단 측량은 200m마다 양안에 설치한 거리표를 기준으로 실시한다.

05 B.C = I.P − T.L $\quad$ 274.50−49.71=224.79m

C.E = B.C + C.L $\quad$ 224.79+94.23=319.02m

06 $s = \dfrac{1}{2}(a+b+c)$

$s = \dfrac{1}{2}(4+5+7) = 8$

$S = \sqrt{s(s-a)(s-b)(s-c)}$

$S = \sqrt{8(8-4)(8-5)(8-7)} = 4\sqrt{6}$

07 유효입체모델

$= m^2 a^2 \left(1-\dfrac{60}{100}\right)\left(1-\dfrac{40}{100}\right)$

$10,000^2 \times 0.0002^2 \times \left(1-\dfrac{60}{1000}\right) \times \left(1-\dfrac{40}{100}\right)$

$= 0.96\text{km}^2$

08 $S = (0 \times 0) + (-4 \times 6) + (-8 \times 10)$

$\quad -(-4 \times 0) - (-8 \times 0) - (-6 \times 10) - (-4 \times 10)$

$s = \dfrac{S}{2} = \dfrac{204}{2} = 102$

09 경사거리

$= \sqrt{(110.123-106.123)^2 + (192.239-195.239)^2}$

$= 5\text{m}$

10 VRS : 기존의 RTK측량방식이 기지국에 1대, 이동국에 1대, 총 2대의 수신기를 필요로 했던 방식을 상시관측소를 기준으로 1대의 수신기와 블루투스 통신이 가능한 1대의 휴대전화로 실시간 위성측량이 가능한 측량 방법이다.

11 호도법은 원의 반지름과 호의 길이가 같을 때 그에 대한 중심각을 1라디안으로 표시한다.

12 AD측선의 방위각=70° +80° =150°

DA측선의 방위각=AD측선의 방위각+180°

=150° +180° =330°

DA측선의 방위=360° −330° =30° =N 30 E

13 1 : 25000 일 때 간곡선 = 5m

1 : 5000 일 때 주곡선 = 5m

14 $L\left(1+\dfrac{\Delta l}{l}\right)=200\left(1+\dfrac{0.02}{50}\right)=200.08$

15 경사 거리를 수평 거리로 보정하는 경우 보정량은

$-\dfrac{\text{고저차}^2}{2\times\text{경사거리}}$ 로 구한다.

16 AB측선의 위거=COS30° ×20=10

AB측선의 경거=SIN30° ×20=17

측점 B의 좌표=(100+17,50+10)=(117,60)

17 $\triangle p=\dfrac{h\times b}{H}=\dfrac{200\times0.1}{4200}=0.0047$

18 경중률 A:B:C=$A:B:C=\dfrac{1}{1}:\dfrac{1}{4}:\dfrac{1}{2}=4:1:2$

최확값

$\dfrac{\sum PL}{\sum P}=\dfrac{45.50\times4+45.56\times1+45.54\times2}{4+1+2}=45.52$

19 (단위 : m)

측점	후시	기계고	전시		지반고
			이기점	중간점	
No.0	1.980	101.980			100.000
No.1				2.520	99.460
No.2	1.850	101.69	2.140		99.840
No.3				2.210	99.480
No.4			0.950		100.740
계	3.830		3.090	4.730	

20 $\omega_A+\sum\alpha-\omega_B-180(n-1)=40°10'05''+$

$980°00'30''-120°10'25''-180(6-1)=+10''$

01 ④	02 ③	03 ②	04 ①	05 ②
06 ④	07 ②	08 ①	09 ③	10 ③
11 ②	12 ③	13 ④	14 ③	15 ②
16 ④	17 ①	18 ①	19 ②	20 ③

01 DOP는 관측지역의 상공을 지나는 위성의 기하학적인 배치상태에 따라 측위의 정확도가 영향을 받는다.

02 $\pi:180=X:15$

$X=\dfrac{\pi}{180}\times15=\dfrac{\pi}{12}$

03 등고선의 간격은

계곡선 → 주곡선 → 간곡선 → 조곡선 순으로 간격이 좁아진다.

04 제외지 : 전지역

제내지 : 300m 내외

무제부 : 홍수시의 물가선의 흔적보다 약(100m)정
도 넓게

05 ① : 신규등록 에 대한 내용이다

③ : 지목변경 에 대한 내용이다

④ : 지적측량 에 대한 내용이다

06 ④번: 사변형 삼각망의 조건식의 수가 가장 많아
정확도가 가장 좋고, 단열삼각망은 조건식의 수가
가장 적어 정확도가 가장 낮다.

07 $\triangle ABC \propto \triangle CBD$

$x : 20 = 20 : 10$

$\therefore x = \dfrac{400}{10} = 40$

08 2점법에 의한 평균 유속은

$= \dfrac{0.46 + 0.38}{2} = 0.42 \, \text{m/sec}$

09 축척이 같으므로 $\dfrac{1}{m} = \dfrac{f}{H}$ (H=mf) 식을 이용하면

$\dfrac{H_A}{H_B} = \dfrac{210}{150} = 1.4$이다.

10 $\dfrac{1}{50,000}$ 지형도에서 주곡선 간격은 20m이다.

2% 경사시 도상의 수평거리를 구하면

$\dfrac{2}{100} = \dfrac{20}{x}$ 즉 $x = 1,000$m

$\therefore \dfrac{1}{50,000}$ 지도이므로 $\dfrac{1,000\text{m}}{50,000} = 20\text{mm}$ 이다.

11 1등 수준측량의 최대 허용오차 $= \pm 2.5 \sqrt{n}$

$= \pm 2.5 \sqrt{4} = \pm 5\text{mm})$

12 도해 평판측량은 기후의 영향을 많이 받으므로 우천
시에 측량이 불가능하다.

13 지형도의 이용 방법

1. 저수량 및 토공량 산정
2. 유역면적의 결정
3. 등경사선 관측
4. 도상계획의 작성

14 거리의 허용 오차가 1/1,000,000일 경우, 반지름
11km내의 지역은 평면측량으로 행하므로 10km의
지역은 평면측량으로 행한다.

15 $\dfrac{\sum PL}{\sum P}$

$= \dfrac{(100.25 \times 2) + (100.15 \times 3) + (100.10 \times 4)}{2 + 3 + 4} = 100.15$

16 중앙종거는 중앙 종거법으로 단곡선을 설치할 때
필요하다.

17 좌표법을 이용하면

$2A = |(4 \times 7) + (6 \times 10) + (5 \times 1) - (6 \times 1)$

$- (5 \times 7) - (4 \times 10)|$

$= |93 - 81| = |12| = 6$

18 선분 BC 의 방위각 : $45° + 180° - 165° = 60°$

선분 BC 의 위거 $= 10\cos 60° = 10 \times \dfrac{1}{2} = 5$

선분 BC 의 경거 $= 10\sin 60° = 10 \times \dfrac{\sqrt{3}}{2} = 8.5$

19 기계적 내부 표정 방법은 사진상의 주점을 도화기의 촬영 중심에 일치시키고 초점 거리를 도화기의 눈금에 맞추는 작업으로 촬영시와 동일한 광학 관계를 가지도록 양화 필름을 장착시키는 작업이다.

20 3배각이므로

정위 : $\dfrac{136°\,01'\,00''}{3} = 45°\,20'\,20''$

반위 : $\dfrac{316°\,01'\,00'' - 180°\,00'\,12''}{3} = 45°\,20'\,16''$

∠AOB 의 평균값 :

$\dfrac{45°\,20'\,20'' + 45°\,20'\,16''}{2} = 45°\,20'\,18''$

2022년 지방공무원 경력경쟁   701~704쪽

01 ①	02 ④	03 ②	04 ③	05 ②
06 ③	07 ①	08 ④	09 ②	10 ④
11 ③	12 ①	13 ①	14 ②	15 ④
16 ②	17 ④	18 ②	19 ③	20 ②

01 • 평균해수면과 동일한 면이다.
• 형태는 중력에 근거한 가상적인 곡면이다.
• 중력의 방향에 수직한 등전위면이다.
• 육지에서는 일반적으로 타원체보다 위에 있다.

02 배면적은 폐합트래버스에서 필요한 과정이다.

03 $V = \dfrac{l}{6}(A_0 + 4A_m + A_1)$

$= \dfrac{18}{6}(50 + 120 + 20) = 570\,\text{m}^3$

04 지구타원체의 법선과 지오이드 법선과의 차이는 연직선 편차이다.

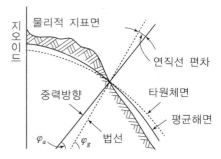

05 토탈스테이션은 왕복의 전자기파의 총 파장수를 통해 거리를 구한다.

$2L = \lambda \cdot \eta$

∴ $L = \dfrac{\lambda \cdot \eta}{2}$

06

등고선의 종류	기호	$\dfrac{1}{10,000}$	$\dfrac{1}{25,000}$
주곡선	가는 실선	5	10
간곡선	가는 긴파선	2.5	5
조곡선	가는 파선	1.25	2.5
계곡선	굵은 실선	25	50

07 $D^2 = L^2 - H^2$

$D = \sqrt{400^2 - 20^2} = 399.5\text{m}$

08
1. 대류권 굴절오차 : 위성신호 굴절현상으로 인하여 발생하며, 주로 대류권에서 발생한다.
2. 사이클슬립 : 반송파 위상 추적회로에서 반송파 위상값을 순간적으로 놓쳐서 발생하며, 낮은 신호강도로 발생한다.
3. 위성 시계오차 : 위성에 내장되어 있는 시계의 부정확성으로 인하여 발생한다.
4. 다중경로오차 : 위성으로부터 직접 수신된 전파 이외에 주위의 지형지물에 의하여 반사된 전파 때문에 발생한다.

09
통합기준점 이란 평탄지에 설치·운용하여 측지, 지적, 수준, 중력 등 다양한 측량분야에 통합 활용할 수 있는 다차원·다기능 기준점을 말한다.
경위도(수평위치), 높이(수직위치), 중력 등을 통합 관리 및 제공, 영상기준점 역할을 한다.

10
유량 = 단면적 × 유속

$Q = AV$

$100 = 20 \times b \times 7.2 \times (1,000/60 \times 60)$

$\therefore b = \dfrac{100}{20 \times 7.2 \times (1,000/3,600)} = 2.5\text{m}$

11
전진법 : 도해적으로 트래버스를 구성하기 때문에 도선법이라고도 한다.

12
1. 등고선법은 지표의 같은 높이의 점을 연결한 곡선으로 지표면의 형태를 표시한다.
2. 점고법은 해도, 하천, 호수, 항만의 수심을 나타내는 경우에 사용된다.
3. 음영법은 지형이 높아질수록 색깔을 연하게, 낮아질수록 진하게 표시한다.
4. 우모법은 지형의 경사가 급하면 선을 굵고 짧게, 경사가 완만하면 선을 가늘고 길게 표시한다.

13
평균구배 $= \dfrac{\text{표고차}}{\text{수평거리}} \times 100$

$\therefore \dfrac{190 - 170}{400} \times 100 = \dfrac{20}{400} \times 100 = 5\%$

14
AB측선의 방위각 : 100° 20′
BC측선의 방위각 : 100° 20′ − 73° 20′ = 27°
CD측선의 방위각 : 27° + 80° 20′ = 107° 20′

2상한에 존재하는 각이므로
CD측선의 방위 : S180−107° 20′ E
∴ S72° 20′ E

15
촬영 진행방향의 중복은 종중복도이다.

16
• 평면직각좌표에서는 점의 좌표가 양수가 되도록 종축에 600,000 m, 횡축에 200,000 m를 더한다.
• 평면직각좌표의 중부원점의 좌표는 북위 38° 동경 127° 이다.

17
• 편각법은 곡선 시점에서의 접선과 현이 이루는 각을 이용하여 곡선을 설치하는 방법으로 정확도가 높아 가장 많이 이용된다.
• 중앙종거법 현 길이의 중점에서 수선을 올려 곡선을 설치하는 방법으로 기존 곡선의 검사 또는 수정에 사용된다.

18
$\Delta r = \dfrac{h}{H} r = \dfrac{200}{1,000} \times 100 = 20\text{m}$

$m = \dfrac{1,000\text{m}}{0.1\text{m}} = 10,000$

축척 $= \dfrac{1}{10,000}$ 이므로

도면상 기복 변위 $= \dfrac{20,000}{10,000} = 2\text{mm}$

19 • 원주를 360등분할 때 그 한 호에 대한 중심각을 1도(°)로 표시한다.

• 1라디안(radian)은 $\dfrac{360°}{2\pi}$ 이다.

• 수평각 관측법에서 가장 정밀한 측정 방법은 조합각 관측법이다.

• 평면직각좌표에서 종축(Y)을 기준으로 어느 측선까지 우회한 각도를 방위각이라 한다.

20 교각 $I = 135° - 45° = 90°$

접선길이 $= R \times \tan\dfrac{I}{2} = 100 \times \tan45° = 100\text{m}$

2023년 지방공무원 경력경쟁 705~708쪽

01 ④	02 ①	03 ④	04 ②	05 ③
06 ④	07 ①	08 ④	09 ②	10 ①
11 ③	12 ①	13 ④	14 ①	15 ②
16 ③	17 ④	18 ③	19 ②	20 ③

01 우리나라의 평면직각좌표의 원점은 가상점이므로 지표상에 실재로 존재하지 않는다.

02 정오차는 수학적, 물리적인 법칙에 따라 일정하게 발생하며, 측정 횟수가 증가함에 따라 그 오차가 누적되므로 누적 오차라고도 한다.

03 GNSS 측량 측점 간 시통에 관계없이 상공으로부터 위성 신호 수신이 가능하면 위치 결정이 가능한 측량이다.

04 삼각점 성과표는 삼각점의 위치 및 인접 삼각점과의 관계를 정리하여 수록한 표를 책자 또는 데이터베이스화한 자료이다.

이 표에는 각 삼각점의 경위도, 평면 직각 좌표, 표고, 진북 방향각 및 인접 삼각점에 대한 방향각, 거리 등이 기재되어 있다.

05 • 외업에 많은 시간이 필요하다.

• 부속품이 많아 부속품 분실이 염려된다.

• 표정에서는 도면 방향과 지상 방향을 일치시킨다.

• 구심에서는 도상 측점과 지상 측점을 동일 연직선으로 맞춘다.

06 경중률은 표준편차의 제곱에 반비례하므로

$1 : \dfrac{1}{3^2} : \dfrac{1}{2^2} = 1 : \dfrac{1}{9} : \dfrac{1}{4}$

∴ 경중률은 36 : 4 : 9이다.

07 경사도 $= \dfrac{\text{높이}}{\text{수평거리}}$ 이다.

수평거리로 환산하면 약 50m이므로

∴ 경사도 $=$ 약 $\dfrac{1}{50}$ 이다.

08 빛의 굴절률, 기압, 온도, 습도 등은 우연오차의 원인이고, 반사 프리즘을 측점에 정확히 세우지 못한 것은 과실에 해당하고, 이론적인 중심과 불일치할 때는 기계적인 오차이므로 정오차에 해당한다.

09 거리오차와 각 오차 비는 같으므로

$100 : 0.005 : 206265'' : x$

$x = \dfrac{0.005 \times 206265''}{100} = 10.313''$

10 $2.7\text{m} + 1.1\text{m}(\text{기계높이}) = 1.5\text{m}(\text{흠관높이}) + x$

∴ $x = 2.3\text{m}$

11 $\tan\theta = \dfrac{(경거차)}{(위거차)} = \dfrac{14-247}{-83-150} = \dfrac{-233}{-233} = 1$

$\tan\theta$ 값이 1 이므로 $45°$ 이다.

위거와 경거가 모두(−)이므로 3상한에 위치

그러므로 방위각은 $180+45 = 225°$가 된다.

12 주곡선의 간격이 10m이므로 축척은 1 : 25,000이다.

(가)의 등고선은 가는 파선으로 간곡선에 해당한다.

간곡선은 주곡선 간격의 절반이므로

140m−5m=135m 등고선이다.

13 지형의 자연적 도법에는 영선법과 음영법이 있고,
부호적 도법에는 점고법, 등고선법, 채색법이 있다.

14 중력측량은 질량을 측정하는 것으로 3차원(x, y, z)
좌표를 구하고자 할 때는 사용되지 않는다.

15 하천의 수면 폭에서의 유속 분포는 유심부에서 최대
이고 양안으로 갈수록 점차 감소한다.

16 곡선시점$(B.C) = $ 교점간의 거리 − 접선장
$\qquad\qquad = 358.2\text{m} - 115.5\text{m} = 242.7\text{m}$

곡선종점$(E.C) = $ 곡선시점 + 곡선길이
$\qquad\qquad = 242.7\text{m} + 209.4\text{m} = 452.1\text{m}$

즉, 말뚝간의 간격이 20m이므로 곡선종점까지의 거
리는 440m + 12.1m 이다.

따라서, 종단현은 12.1m 가 된다.

17 $V = \dfrac{10 \times 8}{4}\left(\sum h_1 + 2\sum h_2 + 3\sum h_3 + 4\sum h_4\right)$

$V = 20 \times \{75 + (2 \times 30) + (3 \times 15)\} = 3,600\text{m}^3$

$\sum h_1 = 15 + 13 + 14 + 16 + 17 = 75$

$\sum h_2 = 14 + 16 = 30$

$\sum h_3 = 15$

$h = \dfrac{V}{nA} = \dfrac{3,600}{3 \times 80} = \dfrac{3,600}{240} = 15\text{m}$ 이다.

∴ 땅고르기 계획고가 15m이므로 절토량과 성토량
이 같다.

18 터널 안에서 곡선부 중심선 측량을 다각 측량으로
할 경우 가능한 범위 내에서 현의 길이를 길게 잡고
기계를 세우는 횟수를 줄인다.

19 $\dfrac{1}{m} = \dfrac{f}{H} = \dfrac{0.2}{4,000} = \dfrac{1}{20,000}$

촬영기선 $= ma\left(1 - \dfrac{p}{100}\right) = 20,000 \times 0.2\left(1 - \dfrac{60}{100}\right)$

$\qquad\qquad = 1,600\text{m}$

20 • 주점 : 렌즈의 중심에서 사진면에 내린 수선의 발로
사진의 중심점이 된다. 사진상에서 사진지표 4개
를 대각으로 연결한 교차점을 주점으로 정하기도
한다.

• 연직점 : 렌즈 중심을 통한 연직축과 사진면과의
교점을 말한다.

• 등각점 : 사진면과 직교하는 광선과 연직선이 이루
는 각을 2등분하는 점을 말한다.

2024년 지방공무원 경력경쟁				709~712쪽
01 ③	02 ②	03 ④	04 ③	05 ④
06 ②	07 ②	08 ④	09 ②	10 ①
11 ③	12 ④	13 ③	14 ①	15 ③
16 ②	17 ④	18 ①	19 ①	20 ②

01 공공 측량

국가, 지방 자치 단체, 그 밖에 대통령령으로 정하는
기관이 관계 법령에 따른 사업 등을 시행하기 위하
여 기본 측량을 기초로 실시하는 측량. 또, 이 밖의
자가 시행하는 측량 중에서 공공의 이해 또는 안전
과 밀접한 관련이 있는 측량으로서 대통령령으로 정
하는 측량이 포함된다.

02 우리나라의 평면 직각 좌표계 원점은 서부 원점, 중부 원점, 동부 원점, 동해 원점의 4개를 기본으로 하고 있다.

평면 직각 좌표계에서는 모든 점의 좌표가 양수(+)가 되도록 종축(X축)에 600,000m, 횡축(Y축)에 200,000m를 더한다.

대삼각측량을 위한 가상의 기준점으로 모든 삼각형 X, Y좌표의 기준이 된다.

03 방향각은 기준선으로부터 어느 측선까지 시계방향으로 잰 수평각을 말하며 측량에서는 좌표축의 방향 즉, 도북방향을 기준으로 어느 측선까지 시계방향으로 잰 수평각을 가리킨다.

04 ① 단열삼각망은 측점수가 적어 경제적이나 정밀도가 가장 **낮다.**

② 각 **삼각형의 각을 모두** 측정하여 삼각법을 이용하는 계산을 기본으로 한다.

③ 유심삼각망은 동일 측점수에 비해 포함하는 면적이 넓어 넓은 지역의 측량에 적합하다.

④ 삼각망의 조정에서 점 조건은 하나의 측점 주위에서 측량한 모든 각의 합이 $360°$가 되어야 한다.

05 점고법은 도면상의 표고 또는 수심을 숫자로 나타내는 방법으로 산정, 하천, 호수 등에 주로 이용되는 지형의 표현법이다.

06 수준측량의 오차는

1. 자연조건에 의한 오차
2. **기계적 요인 (ㄱ, ㄷ)**
3. 기계기구의 취급에 의한 오차가 있다.

07 연직축 오차는 조정이 불가능한 오차이다.

08 합위거 오차는 0.5 합경거오차는 0.4 이므로

폐합오차$= \sqrt{0.5^2 + 0.4^2} = 0.5$

09 2점법에 의한 평균유속은 $V_m = \dfrac{1}{2}(V_{0.2} + V_{0.8})$

10 최대 경사 방향은 등고선과 **직각을** 이룬다.

11 중앙종거

$$M = R\left(1 - COS\frac{I}{2}\right) = 200(1 - COS\,60°) = 100\,\text{m}$$

12 곡선시점까지 거리 $20 \times 6 + 12 = 132\text{m}$

곡선길이는 209.4m

노선기점에서 종점까지 거리$=132+209.4=341.4\text{m}$

13 축척 $1 : 5,000$ 지형도에서

주곡선 간격은 5m

계곡선 간격은 25m

간곡선 간격은 2.5m

조곡선 간격은 1.25m

14 사진 측량(photogrammetry)이란

각종 센서를 이용하여 자연적, 물리적 현상 및 특성을 기록하고, 여기서 획득한 영상을 이용하여 대상물(또는 피사체)에 대하여 정량적(定量的)·정성적(定性的) 해석하여 물체와 그 주변 환경에 대한 정보를 취득하는 기법을 말한다.

즉 사진측량이란 영상을 이용하여 피사체를 정량적(위치, 형상), 정성적(특성)으로 해석하는 측량이다.

15 ① 각 측량의 정밀도가 같을 때 **거리의** 크기에 비례하여 오차를 배분한다.

② 미지점에서 출발하여 다른 미지점에 결합시키는 개방트래버스는 정밀도가 **낮은** 방법이다.

③ 각 트래버스의 측점 수를 n이라 하면 시가지에서의 오차허용 범위는 $20'' \sqrt{n} \sim 30'' \sqrt{n}$이다.

④ 바로 앞 측선의 연장선과 이루는 각인 편각은 시계방향의 **우편각(+)과** 반시계방향의 **좌편각(−)이** 있다.

16 경사거리 보정량 $=-\dfrac{h^2}{2L}=-\dfrac{2.5^2}{2\times25}=-0.125\mathrm{m}$

17 축척 $=\dfrac{f}{H}=\dfrac{0.0001}{2}=\dfrac{1}{20,000}$ 이므로

하천폭이 사진상 15mm이다.

실제폭 $=15\times20,000=300,000\mathrm{mm}=300\mathrm{m}$

18 GPS에 의한 일점위치결정의 오차 요인의 주된 내용은 위성 위치의 부정확성, 전리층의 영향, 대류권 중의 수중기의 영향, 다중 전파로의 영향 등이다. 이밖에 측점에 대한 위성의 배치가 변하면 대 위성 거리에 같은 양의 오차가 있어도 위치결정에 대한 영향이 다르다. 이 오차의 증가의 비율은 GDOP라는 수치로 나타낸다. VDOP, HDOP, PDOP, TDOP가 있다. 이중 수평위치 요소를 포함하는 것은 **GDOP와 HDOP**이다.

19 GRS80 타원체
① 편평률은 1 : 298.26이다.
② 1979년 IUGG총회에서 발표한 측지기준계이다.
③ 우리나라의 경위도 원점은 국토지리정보원 구내에 위치한다.
④ 우리나라의 경위도 원점은 ITRF2000 좌표계와 GRS80 타원체를 기준으로 정하였다.

20 장애물이 없고 비교적 좁고 사방이 시야에 있는 지역의 측량방법은 **방사법**이다. 전집법은 장애물이 있을 때 사용한다.

9급 기술직/서울시 · 지방직
경력경쟁 임용시험

측 량 학

定價 29,000원

저 자 정병노 · 염창열
       정경동

발행인 이 종 권

판권
소유

2017年 7月 25日 초 판 인 쇄
2019年 3月 13日 2차개정발행
2020年 1月 17日 3차개정발행
2021年 1月 12日 4차개정발행
2022年 1月 19日 5차개정발행
2023年 2月 16日 6차개정발행
2025年 2月   4日 7차개정발행

發行處 (주) 한솔아카데미

(우)06775 서울시 서초구 마방로10길 25 트윈타워 A동 2002호
TEL : (02)575-6144/5   FAX : (02)529-1130
〈1998. 2. 19 登錄 第16-1608號〉

ISBN 979-11-6654-641-9 13530

건축기사시리즈
①건축계획
이종석, 이병억 공저
432쪽 | 27,000원

건축기사시리즈
②건축시공
김형중, 한규대, 이명철 공저
570쪽 | 27,000원

건축기사시리즈
③건축구조
안광호, 홍태화, 고길용 공저
796쪽 | 27,000원

건축기사시리즈
④건축설비
오병칠, 권영철, 오호영 공저
564쪽 | 27,000원

건축기사시리즈
⑤건축법규
현정기, 조영호, 한웅규, 김주석
공저
622쪽 | 27,000원

건축기사 필기 10개년
핵심 과년도문제해설
안광호, 백종엽, 이병억 공저
1,028쪽 | 45,000원

건축기사 4주완성
남재호, 송우용 공저
1,412쪽 | 47,000원

건축산업기사 4주완성
남재호, 송우용 공저
1,136쪽 | 43,000원

7개년 기출문제
건축산업기사 필기
한솔아카데미 수험연구회
868쪽 | 37,000원

건축설비기사 4주완성
남재호 저
1,284쪽 | 45,000원

건축설비산업기사
4주완성
남재호 저
824쪽 | 39,000원

10개년 핵심
건축설비기사 과년도
남재호 저
1,148쪽 | 39,000원

건축기사 실기
한규대, 김형중, 안광호, 이병억
공저
1,672쪽 | 52,000원

건축기사 실기
(The Bible)
안광호, 백종엽, 이병억 공저
980쪽 | 40,000원

건축기사 실기 14개년
과년도
안광호, 백종엽, 이병억 공저
688쪽 | 31,000원

건축산업기사 실기
한규대, 김형중, 안광호, 이병억
공저
696쪽 | 33,000원

건축산업기사 실기
(The Bible)
안광호, 백종엽, 이병억 공저
300쪽 | 27,000원

실내건축기사 4주완성
남재호 저
1,320쪽 | 39,000원

실내건축산업기사
4주완성
남재호 저
1,096쪽 | 32,000원

시공실무
실내건축(산업)기사 실기
안동훈, 이병억 공저
422쪽 | 31,000원

Hansol Academy

건축사 과년도출제문제
1교시 대지계획
한솔아카데미 건축사수험연구회
346쪽 | 33,000원

건축사 과년도출제문제
2교시 건축설계1
한솔아카데미 건축사수험연구회
192쪽 | 33,000원

건축사 과년도출제문제
3교시 건축설계2
한솔아카데미 건축사수험연구회
436쪽 | 33,000원

건축물에너지평가사
①건물 에너지 관계법규
건축물에너지평가사 수험연구회
852쪽 | 32,000원

건축물에너지평가사
②건축환경계획
건축물에너지평가사 수험연구회
516쪽 | 30,000원

건축물에너지평가사
③건축설비시스템
건축물에너지평가사 수험연구회
708쪽 | 32,000원

건축물에너지평가사
④건물 에너지효율설계 · 평가
건축물에너지평가사 수험연구회
648쪽 | 32,000원

건축물에너지평가사
2차실기(상)
건축물에너지평가사 수험연구회
940쪽 | 45,000원

건축물에너지평가사
2차실기(하)
건축물에너지평가사 수험연구회
905쪽 | 50,000원

토목기사시리즈
①응용역학
안광호, 김창원, 염창열, 정용욱
공저
540쪽 | 27,000원

토목기사시리즈
②측량학
남수영, 정경동, 고길용 공저
392쪽 | 27,000원

토목기사시리즈
③수리학 및 수문학
심기오, 노재식, 한웅규 공저
396쪽 | 27,000원

토목기사시리즈
④철근콘크리트 및 강구조
정경동, 정용욱, 고길용, 김지우
공저
464쪽 | 27,000원

토목기사시리즈
⑤토질 및 기초
안진수, 박광진, 김창원, 홍성협
공저
588쪽 | 27,000원

토목기사시리즈
⑥상하수도공학
노재식, 이상도, 한웅규, 정용욱
공저
544쪽 | 27,000원

10개년 핵심 토목기사
과년도문제해설
김창원 외 5인 공저
1,076쪽 | 46,000원

토목기사 4주완성
핵심 및 과년도문제해설
이상도, 고길용, 안광호, 한웅규,
홍성협, 김지우 공저
1,054쪽 | 44,000원

토목산업기사 4주완성
과년도문제해설
이상도, 정경동, 고길용, 안광호,
한웅규, 홍성협 공저
752쪽 | 40,000원

토목기사 실기
김태선, 박광진, 홍성협, 김창원,
김상욱, 이상도 공저
1,496쪽 | 52,000원

토목기사 실기
과년도문제해설
김태선, 이상도, 한웅규, 홍성협,
김상욱, 김지우 공저
840쪽 | 37,000원

**콘크리트기사 · 산업기사
4주완성(필기)**

정용욱, 고길용, 전지현, 김지우
공저
856쪽 | 38,000원

**콘크리트기사
과년도(필기)**

정용욱, 고길용, 김지우 공저
644쪽 | 29,000원

**콘크리트기사 · 산업기사
3주완성(실기)**

정용욱, 김태형, 이승철 공저
748쪽 | 32,000원

**건설재료시험기사
4주완성(필기)**

박광진, 이상도, 김지우, 전지현
공저
742쪽 | 38,000원

**건설재료시험기사
과년도(필기)**

고길용, 정용욱, 홍성협, 전지현
공저
692쪽 | 31,000원

**건설재료시험기사
3주완성(실기)**

고길용, 홍성협, 전지현, 김지우
공저
728쪽 | 32,000원

**콘크리트기능사
3주완성(필기+실기)**

정용욱, 고길용, 염창열, 전지현
공저
538쪽 | 27,000원

**지적기능사(필기+실기)
3주완성**

염창열, 정병노 공저
640쪽 | 30,000원

측량기능사 3주완성

염창열, 정병노, 고길용 공저
568쪽 | 28,000원

**전산응용토목제도기능사
필기 3주완성**

김지우, 최진호, 전지현 공저
632쪽 | 28,000원

**건설안전기사 4주완성
필기**

지준석, 조태연 공저
1,388쪽 | 36,000원

**산업안전기사 4주완성
필기**

지준석, 조태연 공저
1,560쪽 | 36,000원

공조냉동기계기사 필기

조성안, 이승원, 강희중 공저
1,358쪽 | 41,000원

**공조냉동기계산업기사
필기**

조성안, 이승원, 강희중 공저
1,236쪽 | 36,000원

공조냉동기계기사 실기

조성안, 강희중 공저
1,040쪽 | 38,000원

**조경기사 · 산업기사
필기**

이윤진 저
1,836쪽 | 49,000원

**조경기사 · 산업기사
실기**

이윤진 저
784쪽 | 45,000원

조경기능사 필기

이윤진 저
682쪽 | 29,000원

조경기능사 실기

이윤진 저
360쪽 | 29,000원

조경기능사 필기

한상엽 저
712쪽 | 28,000원

조경기능사 실기

한상엽 저
738쪽 | 30,000원

산림기사 · 산업기사 1권

이윤진 저
888쪽 | 27,000원

산림기사 · 산업기사 2권

이윤진 저
974쪽 | 27,000원

전기기사시리즈(전6권)

대산전기수험연구회
2,240쪽 | 131,000원

전기기사 5주완성

전기기사수험연구회
1,680쪽 | 42,000원

전기산업기사 5주완성

전기산업기사수험연구회
1,556쪽 | 42,000원

전기공사기사 5주완성

전기공사기사수험연구회
1,608쪽 | 42,000원

**전기공사산업기사
5주완성**

전기공사산업기사수험연구회
1,606쪽 | 42,000원

전기(산업)기사 실기

대산전기수험연구회
766쪽 | 43,000원

**전기기사 실기 20개년
과년도문제해설**

대산전기수험연구회
992쪽 | 38,000원

전기기사시리즈(전6권)

김대호 저
3,230쪽 | 136,000원

전기기사 실기 기본서

김대호 저
964쪽 | 38,000원

전기기사 실기 기출문제

김대호 저
1,352쪽 | 43,000원

**전기산업기사 실기
기본서**

김대호 저
920쪽 | 38,000원

**전기산업기사 실기
기출문제**

김대호 저
1,076 | 41,000원

**전기기사/전기산업기사
실기 마인드 맵**

김대호 저
232 | 기본서 별책부록

CBT 전기기사 블랙박스

이승원, 김승철, 윤종식 공저
1,168쪽 | 42,000원

**전기(산업)기사
실기 모의고사 100선**

김대호 저
296쪽 | 24,000원

전기기능사 필기

이승원, 김승철, 윤종식 공저
532쪽 | 27,000원

**소방설비기사
기계분야 필기**

김흥준, 윤중오 공저
1,212쪽 | 44,000원

**소방설비기사
전기분야 필기**

김흥준, 신면순 공저
1,151쪽 | 44,000원

공무원 건축계획

이병억 저
800쪽 | 37,000원

**7 · 9급 토목직
응용역학**

정경동 저
1,192쪽 | 42,000원

응용역학개론 기출문제

정경동 저
686쪽 | 40,000원

**측량학(9급 기술직/
서울시 · 지방직)**

정병노, 염창열, 정경동 공저
756쪽 | 29,000원

**응용역학(9급 기술직/
서울시 · 지방직)**

이국형 저
628쪽 | 23,000원

**스마트 9급 물리
(서울시 · 지방직)**

신용찬 저
422쪽 | 23,000원

**7급 공무원
스마트 물리학개론**

신용찬 저
996쪽 | 45,000원

1종 운전면허

도로교통공단 저
110쪽 | 13,000원

2종 운전면허

도로교통공단 저
110쪽 | 13,000원

1 · 2종 운전면허

도로교통공단 저
110쪽 | 13,000원

지게차 운전기능사

건설기계수험연구회 편
216쪽 | 15,000원

굴삭기 운전기능사

건설기계수험연구회 편
224쪽 | 15,000원

**지게차 운전기능사
3주완성**

건설기계수험연구회 편
338쪽 | 12,000원

**굴삭기 운전기능사
3주완성**

건설기계수험연구회 편
356쪽 | 12,000원

**초경량 비행장치
무인멀티콥터**

권희춘, 김병구 공저
258쪽 | 22,000원

**시각디자인 산업기사
4주완성**

김영애, 서정술, 이원범 공저
1,102쪽 | 36,000원

**시각디자인
기사 · 산업기사 실기**

김영애, 이원범 공저
508쪽 | 35,000원

토목 BIM 설계활용서

김영휘, 박형순, 송윤상, 신현준,
안서현, 박진훈, 노기태 공저
388쪽 | 30,000원

BIM 구조편

(주)알피종합건축사사무소
(주)동양구조안전기술 공저
536쪽 | 32,000원

Hansol Academy

BIM 기본편

(주)알피종합건축사사무소
402쪽 | 32,000원

BIM 기본편 2탄

(주)알피종합건축사사무소
380쪽 | 28,000원

**BIM 건축계획설계
Revit 실무지침서**

BIMFACTORY
607쪽 | 35,000원

**전통가옥에서 BIM을
보며**

김요한, 함남혁, 유기찬 공저
548쪽 | 32,000원

BIM 주택설계편

(주)알피종합건축사사무소
박기백, 서창석, 함남혁, 유기찬
공저
514쪽 | 32,000원

BIM 활용편 2탄

(주)알피종합건축사사무소
380쪽 | 30,000원

BIM 건축전기설비설계

모델링스토어, 함남혁
572쪽 | 32,000원

BIM 토목편

송현혜, 김동욱, 임성순, 유자영,
심창수 공저
278쪽 | 25,000원

디지털모델링 방법론

이나래, 박기백, 함남혁, 유기찬
공저
380쪽 | 28,000원

**건축디자인을 위한
BIM 실무 지침서**

(주)알피종합건축사사무소
박기백, 오정우, 함남혁, 유기찬 공저
516쪽 | 30,000원

**BIM 전문가
건축 2급자격(필기+실기)**

모델링스토어
760쪽 | 35,000원

**BIM 전문가
토목 2급 실무활용서**

채재현, 김영휘, 박준오, 소광영,
김소희, 이기수, 조수연
614쪽 | 35,000원

BE Architect

유기찬, 김재준, 차성민, 신수진,
홍유찬 공저
282쪽 | 20,000원

**BE Architect
라이노&그래스호퍼**

유기찬, 김재준, 조준상, 오주연
공저
288쪽 | 22,000원

**BE Architect
AUTO CAD**

유기찬, 김재준 공저
400쪽 | 25,000원

건축관계법규(전3권)

최한석, 김수영 공저
3,544쪽 | 110,000원

건축법령집

최한석, 김수영 공저
1,490쪽 | 60,000원

건축법해설

김수영, 이종석, 김동화, 김용환,
조영호, 오호영 공저
918쪽 | 32,000원

건축설비관계법규

김수영, 이종석, 박호준, 조영호,
오호영 공저
790쪽 | 34,000원

건축계획

이순희, 오호영 공저
422쪽 | 23,000원

건축시공학
이찬식, 김선국, 김예상, 고성석,
손보식, 유정호, 김태완 공저
776쪽 | 30,000원

**현장실무를 위한
토목시공학**
남기천,김상환,유광호,강보순,
김종민,최준성 공저
1,212쪽 | 45,000원

알기쉬운 토목시공
남기천, 유광호, 류명찬, 윤영철,
최준성, 고준영, 김명덕 공저
818쪽 | 28,000원

Auto CAD 오토캐드
김수영, 정기범 공저
364쪽 | 25,000원

친환경 업무매뉴얼
정보현, 장동원 공저
352쪽 | 30,000원

**건축시공기술사
기출문제**
배용환, 서갑성 공저
1,146쪽 | 69,000원

**합격의 정석
건축시공기술사**
조민수 저
904쪽 | 67,000원

**건축시공기술사
용어해설**
조민수 저
1,438쪽 | 70,000원

**건축전기설비기술사
(상,하)**
서학범 저
1,532쪽 | 65,000원(각권)

**디테일 기본서 PE
건축시공기술사**
백종엽 저
730쪽 | 62,000원

**디테일 마법지 PE
건축시공기술사**
백종엽 저
504쪽 | 50,000원

**용어설명1000 PE
건축시공기술사(상,하)**
백종엽 저
2,100쪽 | 70,000원(각권)

역학의 정석
김성민, 김성범 공저
788쪽 | 52,000원

**합격의 정석
토목시공기술사**
김무섭, 조민수 공저
874쪽 | 60,000원

건설안전기술사
이태엽 저
748쪽 | 55,000원

소방기술사 上
윤정득, 박견용 공저
656쪽 | 55,000원

소방기술사 下
윤정득, 박견용 공저
730쪽 | 55,000원

**소방시설관리사 1차
(상,하)**
김흥준 저
1,630쪽 | 63,000원

건축에너지관계법해설
조영호 저
614쪽 | 27,000원

ENERGYPULS
이광호 저
236쪽 | 25,000원

수학의 마술(2권)

아서 벤저민 저, 이경희, 윤미선,
김은현, 성지현 옮김
206쪽 | 24,000원

**스트레스,
과학으로 풀다**

그리고리 L. 프리키온, 애너이브
코비치, 앨버트 S.융 저
176쪽 | 20,000원

행복충전 50Lists

에드워드 호프만 저
272쪽 | 16,000원

지치지 않는 뇌 휴식법

이시카와 요시키 저
188쪽 | 12,800원

지능형홈관리사

김일진, 이의신, 송한춘, 황준호,
장우성 공저
500쪽 | 35,000원

**스마트 건설,
스마트 시티, 스마트 홈**

김선근 저
436쪽 | 19,500원

**e-Test 엑셀
ver.2016**

임창인, 조은경, 성대근, 강현권
공저
268쪽 | 17,000원

**e-Test 파워포인트
ver.2016**

임창인, 권영희, 성대근, 강현권
공저
206쪽 | 15,000원

**e-Test 한글
ver.2016**

임창인, 이권일, 성대근, 강현권
공저
198쪽 | 13,000원

**e-Test 엑셀
2010(영문판)**

Daegeun-Seong
188쪽 | 25,000원

**e-Test
한글+엑셀+파워포인트**

성대근, 유재휘, 강현권 공저
412쪽 | 28,000원

**재미있고 쉽게 배우는
포토샵 CC2020**

이영주 저
320쪽 | 23,000원

응용역학 (9급 기술직/서울시·지방직)

이국형
628쪽 | 23,000원

응용역학개론 기출문제

정경동
686쪽 | 40,000원

※ 구입처는 **전국대형서점**에서 구매하실 수 있습니다.